新世纪计算机基础教育丛书 | 丛书主编 谭浩强

Visual FoxPro 及其应用系统开发

（第二版）

史济民 主编 汤观全 张露 编著

清华大学出版社

北京

内 容 简 介

本书是《Visual FoxPro 及其应用系统开发》一书的第二版。本次再版把重点放在加强 Web 应用上，既全面介绍 Visual FoxPro 6.0 的单机应用与网络应用，又简要介绍 Visual FoxPro 9.0 的新功能；既继承了第一版“立足系统开发、注重实际应用”的编写方针，又适当增强了关系数据库的基础理论，以满足高校数据库公共课——“数据库原理与应用”的新要求。全书共 14 章，顺次介绍数据库系统概述、初识 Visual FoxPro、表的基本操作、查询与统计、结构化程序设计、菜单设计、表单设计基础、表单控件设计、表单高级设计、报表设计、系统开发实例、客户/服务器应用程序开发、关系数据库原理和 Visual FoxPro 9.0 简介等内容，其中最后 3 章是第二版新增加的。全书突出应用，兼顾基本原理；篇幅适中，并配有电子教案和《Visual FoxPro 及其应用系统开发(第二版)题解与实验指导》。

本书可供非计算机专业本科生和研究生用作数据库公共课教材，也可供高职、高专计算机应用专业作为“数据库原理与应用”课的教材，还可供 Web 数据库应用系统开发人员参考。对于主要学习 Visual FoxPro 单机应用，而对客户机/服务器应用仅作一般了解的读者，可选用编者的另一本教材《Visual FoxPro 及其应用系统开发(简明版)》(清华大学出版社，2006)。

图书在版编目(CIP)数据

Visual FoxPro 及其应用系统开发/史济民主编；汤观全，张露编著. —2 版. —北京：清华大学出版社，2007.4 (2020.1重印)
(新世纪计算机基础教育丛书/谭浩强主编)
ISBN 978-7-302-14524-0

Ⅰ. V… Ⅱ. ①史… ②汤… ③张… Ⅲ. 关系数据库—数据库管理系统，Visual FoxPro—程序设计—高等学校—教材 Ⅳ. TP311.138

中国版本图书馆 CIP 数据核字(2007)第 005083 号

责任编辑：焦　虹　薛　阳
责任校对：时翠兰
责任印制：李红英

出版发行：清华大学出版社
网　　址：http://www.tup.com.cn，http://www.wqbook.com
地　　址：北京清华大学学研大厦 A 座　　邮　　编：100084
社 总 机：010-62770175　　邮　　购：010-62786544
投稿与读者服务：010-62776969，c-service@tup.tsinghua.edu.cn
质 量 反 馈：010-62772015，zhiliang@tup.tsinghua.edu.cn
印 装 者：三河市君旺印务有限公司
经　　销：全国新华书店
开　　本：185mm×260mm　　**印　张**：24.75　　**字　　数**：565 千字
版　　次：2007 年 4 月第 2 版　　**印　　次**：2020 年 1 月第 18 次印刷
定　　价：38.00 元

产品编号：022507-03

丛书序言

Preface Preface Preface Preface

现代科学技术的飞速发展，改变了世界，也改变了人类的生活。作为新世纪的大学生，应当站在时代发展的前列，掌握现代科学技术知识，调整自己的知识结构和能力结构，以适应社会发展的要求。新世纪需要具有丰富的现代科学知识，能够独立完成面临的任务，充满活力，有创新意识的新型人才。

掌握计算机知识和应用，无疑是培养新型人才的一个重要环节。现在计算机技术已深入到人类生活的各个角落，与其他学科紧密结合，成为推动各学科飞速发展的有力的催化剂。无论学什么专业的学生，都必须具备计算机的基础知识和应用能力。计算机既是现代科学技术的结晶，又是大众化的工具。学习计算机知识，不仅能够掌握有关知识，而且能培养人们的信息素养。这是高等学校全面素质教育中极为重要的一部分。

高校计算机基础教育应当遵循的理念是：面向应用需要；采用多种模式；启发自主学习；重视实践训练；加强创新意识；树立团队精神，培养信息素养。

计算机应用人才队伍由两部分人组成：一部分是计算机专业出身的计算机专业人才，他们是计算机应用人才队伍中的骨干力量；另一部分是各行各业中应用计算机的人员。这后一部分人一般并非计算机专业毕业，他们人数众多，既熟悉自己所从事的专业，又掌握计算机的应用知识，善于用计算机作为工具解决本领域中的任务。他们是计算机应用人才队伍中的基本力量。事实上，大部分应用软件都是由非计算机专业出身的计算机应用人员研制的。他们具有的这个优势是其他人难以代替的。从这个事实可以看到在非计算机专业中深入进行计算机教育的必要性。

非计算机专业中的计算机教育，无论目的、内容、教学体系、教材、教学方法等各方面都与计算机专业有很大的不同，绝不能照搬计算机专业的模式和做法。全国高等院校计算机基础教育研究会自1984年成立以来，始终不渝地探索高校计算机基础教育的特点和规律。2004年，全国高等院校计算机基础教育研究会与清华大学出版社共同推出了《中国高等院校计算机基础教育课程体系2004》(简称CFC2004)；2006年、2008年又共同推出了《中国高等院校计算机基础教育课程体系2006》(简称CFC2006)及《中国高等院校计算机基础教育课程体系2008》(简称CFC2008)，由清华大学出版社正式出版发行。

1988年起，我们根据教学实际的需要，组织编写了《计算机基础教育丛书》，邀请有丰富教学经验的专家、学者先后编写了多种教材，由清华大学出版社出版。丛书出版后，迅速受到广大高校师生的欢迎，对高等学校的计算机基础教育起了积极的推动作用。广大读者反映这套教材定位准确，内容丰富，通俗易懂，符合大学生的特点。

1999年，根据新世纪的需要，在原有基础上组织出版了《新世纪计算机基础教育丛书》。由于内容符合需要，质量较高，被许多高校选为教材。丛书总发行量1000多万册，这在国内是罕见的。

最近，我们又对丛书作了进一步的修订，根据发展的需要，增加了新的书目和内容。本丛书有以下特点：

(1) 内容新颖。根据21世纪的需要，重新确定丛书的内容，以符合计算机科学技术的发展和教学改革的要求。本丛书除保留了原丛书中经过实践考验且深受群众欢迎的优秀教材外，还编写了许多新的教材。在这些教材中反映了近年来迅速得到推广应用的一些计算机新技术，以后还将根据发展不断补充新的内容。

(2) 适合不同学校组织教学的需要。本丛书采用模块形式，提供了各种课程的教材，内容覆盖了高校计算机基础教育的各个方面。丛书中既有理工类专业的教材，也有文科和经济类专业的教材；既有必修课的教材，也包括一些选修课的教材。各类学校都可以从中选择到合适的教材。

(3) 符合初学者的特点。本丛书针对初学者的特点，以应用为目的，以应用为出发点，强调实用性。本丛书的作者都是长期在第一线从事高校计算机基础教育的教师，对学生的基础、特点和认识规律有深入的研究，在教学实践中积累了丰富的经验。可以说，每一本教材都是他们长期教学经验的总结。在教材的写法上，既注意概念的严谨和清晰，又特别注意采用读者容易理解的方法阐明看似深奥难懂的问题，做到例题丰富，通俗易懂，便于自学。这一点是本丛书一个十分重要的特点。

(4) 采用多样化的形式。除了教材这一基本形式外，有些教材还配有习题解答和上机指导，并提供电子教案。

总之，本丛书的指导思想是内容新颖、概念清晰、实用性强、通俗易懂、教材配套。简单概括为："新颖、清晰、实用、通俗、配套"。我们经过多年实践形成的这一套行之有效的创作风格，相信会受到广大读者的欢迎。

本丛书多年来得到了各方面人士的指导、支持和帮助，尤其是得到了全国高等院校计算机基础教育研究会的各位专家和各高校老师们的支持和帮助，我们在此表示由衷的感谢。

本丛书肯定有不足之处，希望得到广大读者的批评指正。

丛书主编

全国高等院校计算机基础教育研究会荣誉会长

谭 浩 强

第二版前言

Foreword Foreword Foreword Foreword

本书第一版自2000年首印，迄今已发行100万余册，并获得教育部全国普通高等学校优秀教材一等奖。许多高校选用本书作为数据库课程的教材。

1998年推出的Visual FoxPro 6.0中文版，已具有全面支持Internet和Intranet应用的功能。但由于当时国内Web数据库的普及率还不高，局域网也主要采用工作站/服务器模式而不是今天流行的客户/服务器模式，所以第一版内容基本未涉及网络数据库。进入新世纪以来，微软公司相继推出了Visual FoxPro 7.0～Visual FoxPro 9.0等新版本，进一步完善了对Web数据库前端应用的支持。为此，本次再版把重点放在加强网络应用上，同时增强关系数据库的基础理论，以满足高校数据库公共课——“数据库原理与应用”的教学要求。考虑到学校和读者的差异，特分编为以下两种教材。

1. Visual FoxPro及其应用系统开发(简明版)

书中着重介绍Visual FoxPro 6.0的单机应用，在对第一版删繁就简的同时，增加了对网络应用基本概念以及关系数据库基础理论的简要说明。本书适用于非计算机专业的本科生或高专、高职学生作为数据库公共课教材，或作为计算机等级考试培训辅导教材，以及数据库应用系统开发人员的参考用书。

2. Visual FoxPro及其应用系统开发(第二版)

书中全面介绍Visual FoxPro 6.0的单机应用与网络应用，简要介绍Visual FoxPro 9.0的新功能，同时加强关系数据库的基础理论。本书可供上机条件较好的非计算机专业本科生和研究生作为数据库公共课教材，也可供高职、高专计算机应用专业作为“数据库原理与应用”课的教材，并可作为网络数据库应用系统开发人员参考用书。

每种教材均配有“电子教案”和“习题解答与实验指导”。

作为当今唯一的既兼容SQL、又保留本身“自含型”语言的PC数据库开发环境，Visual FoxPro也为初学者提供了一个适用的、容易入门的教学平台。它包含“结构化”和“可视化”两类程序设计，支持程序执行和交互操作两类工作方式，既可通过辅助工具实现用户界面的可视化设计和部分程序的自动生成，又可通过 COM 组件实现对多媒体应用和 Web 应用的支持，从而覆盖了可在 PC 上实现的、涉及数据库开发的主要常用技术。

本书第一版就已明确提出，数据库公共课要以掌握系统开发为最终目标，并据此在全书采用了"语言基础—程序设计—系统开发"三段式结构。本次改版继承了上述行之有效的方针，将全书分为三篇。通过适当的内容选择和结构安排，循序渐进地展示出 Visual FoxPro 的开发方法与强大的环境功能。

本书共 14 章，内容依次为：数据库系统概述、初识 Visual FoxPro、表的基本操作、查询与统计、结构化程序设计、菜单设计、表单设计基础、表单控件设计、表单高级设计、报表设计、系统开发实例、客户/服务器应用程序开发、关系数据库原理和 Visual FoxPro 9.0 简介。本书由史济民主编。与第一版相比，新增了绪论和最后 3 章。其中数据库系统概述一章由史济民编写，客户/服务器应用程序开发一章由汤观全、史济民合写，关系数据库原理一章及 Visual FoxPro 9.0 一章分别由张露、汤观全编写。其余各章分别由第一版的编者修订。

限于编者水平，书中不足之处，诚恳希望读者提出改进意见。

编　者

第一版前言

Foreword Foreword Foreword Foreword

继《FoxBASE+及其应用系统开发》与《FoxPro 及其应用系统开发》两本教材之后,《Visual FoxPro 及其应用系统开发》又与读者见面了。

作为前两本教材的姊妹书,本书保持了前两本书的结构与风格,同时在内容与重点上又有新的发展。主要表现在以下方面。

(1) 继续遵循由"语言基础－程序设计－系统开发"组成的三段教学法

将全书 10 章划分为上、中、下三篇。对多数人来说,学习 Visual FoxPro(以下简称 VFP)的目的最终是为了掌握 VFP 应用系统的开发技术,但是从初学语言到学会系统开发技术要跨越几个台阶,不可能一步到位。三段法符合循序渐进的原则。前两本教材迄今已累计印刷 90 万册,足见这种编写方式受到了读者的认同。

(2) 将程序设计的重点从面向过程转向面向对象

在 PC 机数据库系统 Xbase 家族中,VFP 是第一个全面支持面向对象程序设计(OOP)的数据库语言。本书中篇除了用一章简介传统的结构化程序设计外,其余 5 章均结合 VFP 6.0 的工具着重介绍 OOP 方法,并穿插讨论了 OOP 的基本概念,使读者从感性到理性逐步熟悉 OOP 的思想与方法。

(3) 利用交互操作来实现 OOP 的思想,是 VFP 的又一特色,也是本书的特点。

作为微软公司可视化系列的一员,VFP 将早期 Xbase 数据库语言从以命令方式为主的交互操作首次转变为以图形界面操作为主的可视化程序设计。本书从上篇起,就用较多的篇幅描述交互操作方式,使之在书中反复出现,逐渐深入人心,为读者在潜移默化中接受并体会到可视化程序设计的优越性创造了条件。

VFP 6.0 拥有近 500 条命令、200 余种标准函数,而且涉及到 OOP 与可视化程序设计等许多新概念。为了编写一本包括系统开发且篇幅适中,既可自学又适于课堂教学的教材,编者在本书的结构安排、内容选择上均煞费苦心。我们希望本书的出版,能像它的前两本姊妹书一样,继续得到高校师生与广大读者的欢迎。

本书由史济民主编。史济民编写了第1章和第3、4、10章的部分小节，并承担全书的策划、修改和定稿。其余部分均由汤观全执笔。书中例题均在VFP 6.0中文版环境中运行通过。鉴于本书覆盖面较宽，篇幅紧凑，编者水平有限，有些观点与选材难免不当，诚恳希望读者不吝指正。

编　者

目录

Catalog Catalog Catalog Catalog

0 数据库系统概述

上篇 语言基础

1 初识 Visual FoxPro

2 表的基本操作

中篇 程序设计

7 表单控件设计 —— 192

8 表单高级设计 —— 237

下篇 系统开发

第0章 数据库系统概述

计算机应用日新月异，几乎无处不在，无时不在。但无论应用范围多么广泛，形式怎样变化，所涉及的技术不外乎"信息处理"和"信息管理"两个方面。前者包括信息的获取、表示、加工/计算、转换等技术，后者包括信息的存储、组织、查询使用等技术。数据库公共课主要讨论信息管理的基础技术，在高校计算机公共课中占有重要的地位。

作为全书的绪论，本章主要介绍与数据库系统相关的基本概念，包括计算机数据管理技术的发展、数据模型、数据库管理系统、数据库应用系统及其开发环境等。

0.1 数据库的基本概念

0.1.1 从文件管理到数据库管理

数据库技术是在20世纪60年代后期兴起的一种数据管理技术。在数据库出现之前，计算机用户就使用数据文件来存放数据。常用高级语言，从早期的FORTRAN到今天的C语言，都支持使用数据文件。有一种常见的数据文件的格式是，一个文件包含若干个"记录"(record)，一个记录又包含若干个"数据项"(data item)，用户通过对文件的访问实现对记录的存取。通常称支持这种数据管理方式的软件为"文件管理系统"，它自20世纪50年代末问世以来，一直是操作系统的重要组成部分。

随着社会信息量的迅速增长，计算机要处理的数据量不断增加。文件管理系统所采用的一次最多存取一个记录的访问方式，以及在不同文件之间缺乏相互联系的结构，越来越不能适应管理大量数据的需要。于是数据库管理系统应运而生，并在1969年诞生了世界上第一个商品化的数据库系统——美国IBM公司的IMS(Information Management System，信息管理系统)。

从文件管理到数据库管理，代表了两代不同的数据管理技术。今天，数据库管理已成为计算机信息管理的主要方式。但在数据量较小的一些场合中，由文件管理系统支持的数据文件仍在使用。

0.1.2 数据库系统的特点

与基于数据文件的应用系统(以下简称为文件应用系统)相比，数据库系统有下列特点。

1. 数据结构化

在文件应用系统中，各个文件不存在相互联系。从单个文件来看，数据一般是有结构的；但从整个系统来说，数据又是没有结构的。数据库系统则不同，在同一数据库中的数据文件也存在联系，即在整体上服从一定的结构形式。

2. 数据共享

共享是数据库系统的目的，也是其重要特点。一个数据库中的数据不仅可为同一企业或机构之内的各个部门共享，也可为不同单位、地域甚至不同国家的用户共享。而在文件应用系统中，数据一般是由特定的用户专用的。

3. 数据独立性

在文件应用系统中，数据结构和应用程序相互依赖，一方的改变总是要影响另一方的改变。数据库系统则力求减小这种相互依赖，实现数据的独立性。虽然目前还未能完全做到这一点，但较之文件应用系统已大有改善。

4. 可控冗余度

数据专用时，每个用户拥有并使用自己的数据，难免有许多数据相互重复，这就是冗余。实现共享后，不必要的重复将全部消除，但为了提高查询效率，有时也保留少量重复数据，其冗余度可由设计人员控制。

表 0.1 以对照的形式，列出了数据库系统与一般文件应用系统的主要性能差别。

表 0.1　数据库系统与一般文件应用系统的性能对照

序号	文件应用系统	数据库系统
1	文件中的数据由特定的用户专用	数据库内数据由多个用户共享
2	每个用户拥有自己的数据，导致数据重复存储	原则上可消除重复。为方便查询，允许少量数据重复存储，但冗余度可以控制
3	数据从属于程序，二者相互依赖	数据独立于程序，强调数据的独立性
4	各数据文件彼此独立，从整体看是“无结构”的	各文件的数据相互联系，从整体看是“有结构”的

0.1.3　数据库系统的分代

经过 30 余年的发展，数据库系统已走过了第一、第二两代——格式化数据库系统和关系型数据库系统，现正向第三代——对象-关系数据库系统迈进。

1. 格式化数据库系统

格式化数据库系统是对第一代数据库系统的总称，其中又包括层次型数据库系统与网状型数据库系统两种类型。这一代数据库系统具有以下的共同特征。

(1) 采用“记录”为基本的数据结构。在不同的“记录型”(record type)之间，允许存在相互联系。图 0.1 显示了因联系方式不同而区分的两类数据模型。图 0.1(a)为“层次模型”(hierarchical model),其总体结构为“树形”,在不同记录型之间只允许存在单线联系;图 0.1(b)为“网状模型”(network model),其总体结构呈网形,在两个记录型之间允许存在两种或多于两种的联系。前者适用于管理具有家族形系统结构的数据库,后者则更适于管理在数据之间具有复杂联系的数据库。

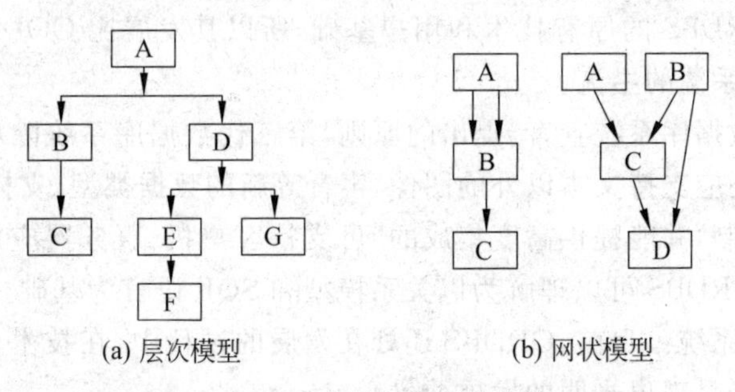

图 0.1 格式化数据库的数据模型

(2) 无论层次模型还是网状模型,一次查询只能访问数据库中的一个记录,存取效率不高。对于具有复杂联系的系统,用户查询时还需详细描述数据的访问路径(称为存取路径),操作也比较麻烦。因此自关系数据库兴起后,格式化数据库系统已逐渐被关系数据库系统所取代,目前仅在一些大中型计算机系统中继续使用。

2. 关系型数据库系统(Relational DataBase Systems,RDBS)

早在 1970 年,IBM 公司 San Jose 研究实验室的研究员科德(E. F. Codd)就在一篇论文中提出了“关系模型”(relational model)的概念,从而开创了关系数据库理论的研究。20 世纪 70 年代中期,国外已有商品化的 RDBS 问世,数据库系统随之进入了第二代。80 年代后,RDBS 在包括 PC 在内的各型计算机上纷纷实现,目前在 PC 上使用的数据库系统主要是第二代数据库系统。

与第一代数据库系统相比,RDBS 具有下列优点。

(1) 采用人们习惯使用的表格作为基本的数据结构,通过公共的关键字段来实现不同二维表之间(或“关系”之间)的数据联系。关系模型呈二维表形式,简单明了,使用与学习都很方便。

(2) 一次查询仅用一条命令或语句,即可访问整个“关系”(或二维表),因而查询效率较高,不像第一代数据库那样每次仅能访问一个记录。通过多表联合操作(也称为“多库”操作),还能对有联系的若干二维表实现“关联”查询。

3. 对象-关系数据库系统(Object-Relational DataBase Systems,ORDBS)

关系型数据库系统管理的信息,可包括字符型、数值型、日期型等多种类型,但本质上都属于单一的文本(text)信息。随着多媒体应用的扩大,对数据库提出了新的需求,希望数据库系统能存储图形、声音等复杂的对象,并能实现复杂对象的复杂行为。将数据库技术与面向对象技术相结合,便顺理成章地成为研究数据库技术的新方向,构成第三代数据库系统的基础。

20世纪80年代中期以来，对于面向对象的数据库系统（Object-Oriented DataBase Systems，OODBS）的研究十分活跃。1989年和1990年，相继发表了《面向对象数据库系统宣言》和《第三代数据库系统宣言》，后者主要介绍对象-关系数据库系统（ORDBS）。一批代表新一代数据库系统的商品也陆续推出。由于ORDBS是建立在RDBS技术之上的，可以直接继承RDBS的原有技术和用户基础，所以其发展比OODBS更为顺利，正在成为第三代数据库系统的主流。

根据《第三代数据库系统宣言》提出的原则，第三代数据库系统除应包含第二代数据库系统的功能外，还应支持文本以外的图像、声音等新的数据类型，支持类、继承、函数/方法等丰富的对象机制，并能提供高度集成的、可支持客户机/服务器应用（见0.3节）的用户接口。简言之，ORDBS可以理解为以关系模型和SQL语言为基础、扩充了许多面向对象的特征的数据库系统。目前，ORDBS还处在发展的过程中，在技术上和应用上仍有许多工作要做，但已经呈现出光明的发展前景。

0.1.4 数据库系统的分类

1987年，著名的美国数据库专家厄尔曼（J. D. Ullman）教授在一篇题为《数据库理论的过去和未来》的论文中，曾把数据库理论概括为4个分支：关系数据库理论、分布式数据库理论、演绎数据库理论和面向对象数据库理论。今天，关系数据库已在各种类型的计算机上获得普遍的应用，成为当今数据库系统的主流。其余3个分支，在过去10余年间也取得了不小的进展，并在理论研究的基础上开发出各种实用的数据库系统。现择要简述如下。

1. 面向对象数据库

如前所述，数据库的分代是根据所采用的数据模型划分的。这里所谓的数据模型，首先是指把数据组织起来所采用的数据结构，同时也包含数据操作和数据完整性约束等要素。与第一代数据库常见的层次模型和网状模型相比，关系模型不仅简单易用，理论也比较成熟，但如果用它来存储和检索包括图形、文本、声音、图像在内的多媒体数据，就很难满足需要了。所以当面向对象技术兴起后，人们就探索用对象模型来组织多媒体数据库，推动并促进了第三代数据库——对象式数据库的诞生。

多媒体数据库是面向对象数据库的重要实例。它管理的数据不仅容量大，而且长短不一；检索方法也从传统数据库的“精确查询”，改变为以“非精确匹配和相似查询”为主的“基于内容”的检索。20世纪90年代，一些著名的第二代数据库如Oracle、Sybase等都在原来关系模型的基础上引入了对象机制，扩展了对多媒体数据的管理功能。1998年，据称是世界上第一个“真正面向对象的”多媒体数据库——Jasmine数据库也在美国问世。

2. 分布式数据库

如果说多媒体应用促进了面向对象数据库的发展，则网络的应用与普及，无疑是推动分布式数据库发展的主要动力。在早期的数据库中，数据都是集中存放的，即所谓的集中式数据库。分布式数据库则把数据分散地存储在网络的多个节点上，彼此用通信线路连接。例如，一个银行有众多储户，如果他们的数据集中存放在一个数据库中，所有的储户在存、取款时都要访问这个数据库，网络通信量必然很大；若改用分布式数据库，将储户的数据分散地存储在离各自住所最近的储蓄所，则大多数时候数据可就近存取，仅有少数时候数据需远程调用，从而大大减少了网络上的数据传输量。现在在 Internet/Intranet 上流行的 Web 数据库，就是分布式数据库的实例。它使全城（市）的储户通过同一银行的任何一个储蓄所，都能够实现通存通兑。

分布式数据库也是多用户数据库，可供多个用户同时在网络上使用。但多用户数据库并非总是分布存储的。以飞机订票系统为例，它允许乘客在多个售票点进行订票，但同一航空公司的售票数据通常是集中存放的，而不是分散存放在各个售票点上。

3. 演绎数据库

传统数据库存储的数据都代表已知的事实（fact），演绎数据库（deductive database）则除存储事实外，还能存储用于逻辑推理的规则。例如，某演绎数据库存储有“科长领导科员”的规则。如果库中同时存有“甲是科长”、“乙是科员”等数据，它就能推理得出“甲领导乙”的新事实。

由于这类数据库是由“事实 ＋ 规则”所构成的，所以有时也称为“基于规则的数据库”（rule-based database）或“逻辑数据库”（logic database）。它所采用的数据模型则称为逻辑模型（logic data model）或基于逻辑的数据模型。

随着人工智能不断走向实用化，对演绎数据库的研究也日趋活跃。演绎数据库与专家系统和知识库（knowledge base）一起被称为智能数据库。它们共同的关键是逻辑推理，如果推理模式出了问题，便可能导致荒诞的结果。

0.2 数据库管理系统

数据库管理系统（DataBase Management System，DBMS）是处于用户（应用程序）和操作系统之间的一种软件，其作用是对数据库中的数据实现有效的组织与管理。无论开发还是运行数据库系统，都需要 DBMS 的支持。本节将简要介绍 DBMS 的基本功能与发展现状。

0.2.1 数据库管理系统的基本功能

由于数据库的建立和查询都是通过数据（库）语言进行的，所以 DBMS 首先要具有支持某一特定数据语言的功能，例如，关系数据库通常都支持“结构查询语言”（Structured Query Language，SQL），就像编译程序总是要支持某种高级语言一样。一般来说，数据库管理系统的基本功能主要应包括下列几个方面。

1. 数据定义功能

DBMS 能向用户提供“数据定义语言”（Data Definition Language，DDL），用于描述数据库的结构。以上述的 SQL 为例，其 DDL 一般设置有 Create Table/Index、Alter Table、

Drop Table/Index 等语句，可分别供用户建立、修改、删除关系数据库的二维表结构，或者定义、删除数据库表的索引。

2. 数据操作功能

对数据进行检索和查询，是数据库的主要应用。为此，DBMS 将向用户提供"数据操作语言"(Data Manipulation Language, DML)，支持用户对数据库中的数据进行查询、更新(包括增加、删除、修改)等操作。仍以 SQL 语言为例，其查询语句的基本格式为：

```
Select <查询的字段名>
From <库表的名称>
Where <查询条件>
```

这种语句灵活多变，可包含多达十几种子句，使用十分方便。

3. 控制和管理功能

除 DDL 和 DML 两类语句外，DBMS 还具有必要的控制和管理功能，其中包括：在多用户使用时对数据进行的"并发控制"，对用户权限实施监督的"安全性检查"，数据的备份、恢复和转储功能，以及对数据库运行情况的监控和报告等。通常，数据库系统的规模越大，这类功能也越强，所以大型机 DBMS 的管理功能一般比 PC 的 DBMS 更强。

4. 数据通信功能

数据通信功能主要包括数据库与操作系统的接口以及用户应用程序与数据库的接口。

0.2.2 数据库管理系统的发展现状

随着数据库系统从第一代发展到第三代，DBMS 也取得了迅速的发展。目前在计算机上使用的 DBMS 大都是关系数据库管理系统(Relational DataBase Management System, RDBMS)。

1964 年，美国通用电气公司开发成功世界上第一个 DBMS——IDS(Integrated Data Store)系统，奠定了网状数据库系统的基础。1969 年，美国 IBM 公司推出了基于层次模型的 IMS 系统，成为世界上第一个实现商品化的 DBMS 产品。目前网状数据库已几乎不再使用，层次模型数据库早些年在大型计算机中尚有使用，现在也很少见了。

早在 1970 年，E. F. Codd 就开创了关系数据库的理论研究。1974 年，该实验室成功开发了世界上最早的关系数据库系统 System R，随后又陆续推出了 SQL/DS 与 DB2 等商品化产品。1980 年以后，各种 RDBMS 先后问世，其中流行较广的有常用于大、小型计算机的 Oracle、Sybase、Informix，以及常用于 PC 的 dBASE、FoxBASE、FoxPro 等。

近 10 年来，一批新一代的商品数据库系统已在欧美各国陆续推出。除上文提到过的 Jasmine 系统外，比较知名的还有美国 Object Design 公司的 ObjectStore，Versant Object Technology 公司的 Versant，以及法国 O2 Technology 公司的 O2，Ontos 公司的 ONTOS 等系统。有些关系数据库系统商品也对原有的数据模型进行了扩充，发展成为对象-关系数据库系统。但总地来说，对象模型还不是很成熟，在技术上和理论上都有不少工作尚待完成。

0.3 数据库系统的应用模式

数据库应用系统（DataBase Application Systems，DBAS）专指建立在数据库上的应用系统。一个 DBAS 通常由数据库和应用程序两部分组成，它们都需要在 DBMS 支持下开发。

随着计算机应用由单机扩展到网络，数据库系统也发生了从集中式到分布式、从单用户到多用户等变化，并随之出现了单用户数据库系统、集中式多用户数据库系统、客户/服务器分布式数据库（二层）、客户/服务器多层数据库等多种类型的数据库系统。

所谓应用模式，集中反映了上述数据库系统各自的应用特点与工作方式。由于应用模式的变化总是伴随着数据库软硬件配置的变化，所以有些教材从体系结构出发，又将数据库系统划分为单用户结构、主从式结构、客户/服务器结构等系统结构。二者所讨论的内容大致上相互对应，只是考察的角度不同罢了。

本节将简述 DBAS 的应用模式。

0.3.1 单用户应用模式

单用户应用模式是指在同一时间内只能由一个用户使用的数据库系统，早期的 PC 数据库系统是这类模式最常见的例子。在这类系统中，数据库内的数据集中存储在一台计算机上，应用程序和数据库管理系统也存储在同一台计算机上。支持这类应用模式的 PC DBMS 产品主要有：dBASE 、FoxBASE + 、FoxPro、Visual FoxPro 以及 Microsoft Access 等。单用户数据库概念清楚，管理简单，运行效率也比较高。但 PC DBMS 的功能一般不如大、中型计算机的 DBMS 完善，尤其在完整性检验和安全管理等控制性能上还有欠缺。

0.3.2 多用户集中应用模式

集中应用模式常见于小型以上计算机早期使用的多用户数据库系统。顾名思义，这类系统中的数据也是集中存储的，它们在分时操作系统和集中式 DBMS 的支持下，可支持多个用户通过终端对主机中的数据库进行并发存取（concurrent access），所以有时亦称为主从式数据库系统。上面提到的 Oracle、Sybase、Informix 等 DBMS 的早期版本，就是支持这类应用模式的 RDBMS 的常见代表。

值得指出的是，集中式多用户数据库也可在局域网环境中使用。在早期局域网常见的“资源共享”（resource sharing）模式中，网内的 PC 用户可通过打印服务器共享公共的打印机，或通过文件服务器共享应用软件或公用数据库。这时，数据库的数据都存放在同一服务器上，供联网的工作站共享，因此也属于集中式多用户数据库，有时又称为工作站/服务器（Workstation/Server，W/S）模式。在 20 世纪 90 年代广泛流行的 Novell 局域网上常见的 dBASE 数据库应用系统，就是其中的一例。

图 0.2 显示了多用户集中式应用的上述两种环境。

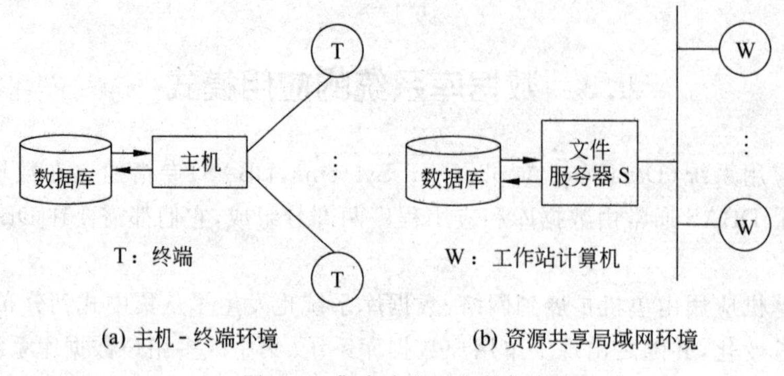

图 0.2　集中式多用户数据库

0.3.3　客户机/服务器应用模式

上述的 W/S 模式是局域网数据库最初的应用模式，图 0.2(b)显示了它的结构。其主要特点是，数据库的所有数据处理全都由工作站来完成；服务器仅用于存储公用数据库，相当于工作站外部存储器的延伸。其优点是，服务器除需要有大容量的存储器以外，对其他硬件的要求不高；但工作站的硬件配置却直接影响数据处理的效率。另外，所有数据都要在工作站与服务器之间来回传输，因而网络流量大，容易造成拥挤和堵塞。作为改进，客户机/服务器(Client/Server, C/S)模式应运而生。

自 20 世纪 80 年代以来，C/S 模式在网络数据库应用中迅速发展，先后出现了二层和多层两种结构。前者主要用于局域网，后者多用于互联网或企业内部网(Intranet)。与 W/S 结构相比，C/S 模式不仅具有负荷均衡、能够充分利用网络资源的优点，同时网络传输量也可以大大减少。因此，它现已成为数据库网络应用的主流模式，在第 11 章将详细介绍这种模式。

综合以上讨论，现将关系数据库的主要应用模式归纳于表 0.2，供读者参考。

表 0.2　数据库系统常见的应用模式

应用模式	常用环境	主要特点
集中式单用户数据库	微型机	概念清楚，管理简单，运行效率高
集中式多用户数据库	“主机-终端型”大、小型计算机	负载集中于主机
	早期局域网(资源共享型)	负载集中于工作站，“瘦”服务器
分布式二层 C/S 结构	局域网，Intranet	网络负载均衡，“胖”服务器
分布式多层 C/S 结构	面向整个 Internet 提供数据共享	客户机配备标准浏览器，升级简单

Visual FoxPro 既支持单用户应用模式，也支持 C/S 应用模式(包括二层和三层)。本书将同时介绍 Visual FoxPro 在单机和网络中的应用。

0.4 数据库应用系统与开发环境

目前流行的主流DBMS是RDBMS，采用的数据语言主要是SQL。在许多公司推出的不同版本SQL语言的基础上，各种数据库开发与维护工具越来越多，涌现了一批能够帮助用户快速开发或生成RDBAS的应用开发环境。本节将对此作简要说明。

0.4.1 SQL及其接口

在介绍数据库开发环境之前，先就RDBMS的常用语言及其应用程序接口作扼要介绍。

1. RDBMS的常用语言

作为关系数据语言的国际标准，SQL已在商品化的RDBMS中被广泛采用，其中包括服务器或小型以上计算机使用的DB2、Oracle、Sybase、Microsoft SQL Server，以及PC使用的Visual FoxPro、Access等，许多公司的SQL在功能上都超过了SQL标准。但需指出的是，SQL的国际标准仅仅规定其数据定义、数据查询和控制管理等功能，并不要求它像普通高级语言那样，提供构造程序控制结构所需要的分支和循环等语句，因而有别于完整的程序设计语言。

在大多数商品化的RDBMS中，对SQL通常都有两种使用方式。

(1) 自含式(self-contained)SQL——主要供联机使用，适用于非专业人员以交互方式进行建库和查询；

(2) 嵌入式(embedded)SQL——可嵌入诸如C、C++、Visual Basic等高级语言中使用，此时被嵌入的语言称为宿主语言(host language)，适用于专业人员开发完整的DBAS。

在早期PC RDBMS常用的诸如dBASE、FoxPro、Visual FoxPro等语言中，一般都包含分支和循环语句，具有独立开发DBAS的能力。为了方便编程，这类语言与SQL一样也采用命令式的语言，用户在程序中只需用命令说明需要“干什么”(what)，无须指出“怎么干”(how)。其易学易用程度不比SQL逊色，但其数据查询与控制功能一般不如SQL。

2. RDBMS的编程接口

前已指出，RDBMS是通过SQL实现数据库的各种操作的，而C、C++、Visual Basic等高级语言原来不具备访问数据库的功能。但如果在C、C++、Visual Basic等语言编写的应用程序与RDBMS之间插入一个编程接口，就可使上述应用程序也支持数据库应用。常见的做法有以下3种。

(1) 采用嵌入式SQL。这是早期常用的方法。作为开发数据库应用的专用工具，它其实就是RDBMS为应用程序提供的编程接口。

(2) 采用API接口。作为嵌入式SQL的一种替代方法，有些RDBMS在其应用编程接口(Applications Programming Interface,API)中提供一组称为 DataBase Connectivity Library 的库函数。通过调用这些库函数,应用程序就可方便地实现连接/断开数据库、执行 SQL 查询、读取查询结果等数据库操作。

(3) 采用 ODBC 接口。早期的 API 接口缺乏统一的标准,各公司开发的 API 常随 DBMS 而不同,因而不能通用。为此,Microsoft 公司于 1991 年提出了一种称为“开放数据库互连”(Open DataBase Connectivity,ODBC)的公共接口。它的基本思想是,向应用程序提供一组标准的 ODBC 函数和 SQL 语句,让使用不同语言编写的应用程序都能通过同一个编程接口访问异构的数据库,如图 0.3 所示。由于 ODBC 接口对用户屏蔽了不同 DBMS 的差异,因而被广泛采用。目前流行的 RDBMS 几乎都配置有 ODBC 驱动程序,使之成为事实上的编程接口标准。

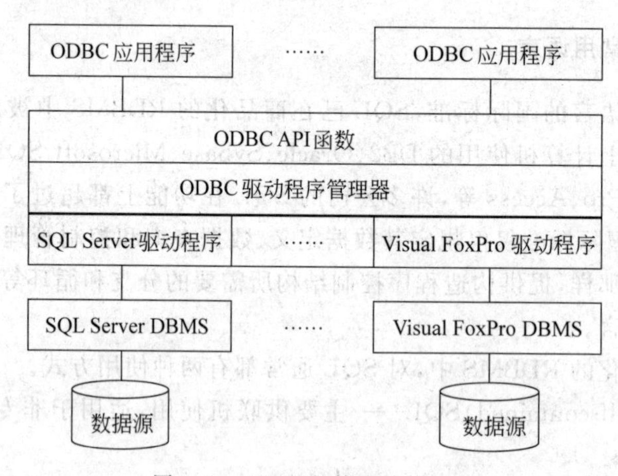

图 0.3　ODBC 的体系结构示例

0.4.2　典型的 RDBAS 开发环境

在 RDBMS 的支持下,仅用 SQL 及其接口已可以编写实用的应用程序了。但如果程序的所有代码都从头编写,则不但效率低,且要求开发人员有较高的专业水平。随着计算机辅助软件工程(Computer Aided Software Engineering,CASE)技术的问世,各种开发 DBAS 的工具也迅速发展,一些大公司纷纷推出了基于 SQL 和面向对象技术的数据库集成开发环境(Integrated Development Environment,IDE),有效地提高了 DBAS 的开发效率。这类开发环境通常包含许多工具,易学易用,许多代码可以由系统自动生成,即使非专业用户也不难用它们来开发 DBAS。Borland 公司的 Delphi、Oracle 公司的 Developer/2000、Sybase 公司的 PowerBuilder 等,都是这类环境的典型代表。它们通常都具有下列特征。

(1) 引入了面向对象程序设计的思想,把数据表、窗口、报表等均定义为对象,并以面向对象的方式进行管理。

(2) 支持可视化程序设计,能方便地实现“所见即所得”(What you see is what you get,WYSIWYG)的图形用户界面。

(3) 大量提供向导、设计器、生成器等工具,能自动生成所需的应用或应用程序代码,大大减少用户的编程工作量。

(4) 支持 C/S 开发模式。

(5) 支持 ODBC 编程接口。

由此可见，这类环境实际上已超越了 RDBMS 阶段，成为介于第二代与第三代 DBMS 之间的开发环境。本书介绍的 Visual FoxPro 也可以纳入这一类，加上它与 dBASE、FoxPro 等一脉相传、拥有自含式的命令语言，初学者很容易入门，所以也是一个适用的数据库教学平台。

习　　题

1. 与文件管理系统相比，数据库系统有哪些优点？

2. 什么是数据模型，它包含哪些方面的内容？数据库问世以来，出现过哪些主要的数据模型？

3. 简述和比较第一、二、三代数据库系统的基本特点。

4. 什么是数据库管理系统，它通常有哪些基本功能？

5. 关系数据库系统有哪几种主要的应用模式？分别说明它们的适用环境及工作特点。

6. 什么是编程接口，RDBMS 常用的编程接口有哪几种？

7. 简述 ODBC 接口的工作过程。

8. 怎样理解 Visual FoxPro 既是教学平台，又是开发平台的含义？

上篇　语言基础

第1章 初识 Visual FoxPro

Visual FoxPro(简称 VFP)是 PC 关系数据库 Xbase 家族的新成员。从 dBASE→FoxBASE→FoxPro→Visual FoxPro,Xbase 家族在 PC 平台上长期独占鳌头,拥有广大的用户群。

作为导引,本章将对 Visual FoxPro 作初步介绍,包括 Visual FoxPro 的由来、特点、界面组成、工作方式与系统工具等。

1.1 Visual FoxPro 的产生与特点

1.1.1 Visual FoxPro 的产生

早在 20 世纪 70 年代末期,由美国 Ashton-Tate 公司研制的 dBASE Ⅱ已开始用于 8 位微机,成为当时最流行的 PC 关系数据库管理系统。1984 年和 1985 年,该公司又陆续推出 dBASE Ⅲ和 dBASE Ⅲ+,继续风靡于 16 位微机市场。1987 年,美国 FOX 软件公司公布了与 dBASE 兼容的 FoxBASE+,不仅功能更强,运行速度也有明显提高。它们全都在 DOS 平台上运行,可提供命令执行和程序执行两类工作方式,其中程序执行方式流行更广。

1989 年,FOX 软件公司开发了 FoxBASE+的后继产品——FoxPro,其早期版本(1.0 版与 2.0 版)仍在 DOS 平台上运行。1992 年,美国微软公司收购了 FOX 公司,第二年就推出了 FoxPro for Windows(2.5 版),使它从字符界面演变到图形用户界面。该版与其后的 2.6 版都提供了一批辅助工具,使用户可通过交互方式来生成所需的界面与程序,不仅简化了编程,也为后来的可视化程序设计(visual programming)打下了基础。

1995 年,微软公司首次将可视化程序设计引入了 FoxPro,并将其新版本取名为 Visual FoxPro 3.0,简称 VFP 3.0。与 FoxPro 相比,Visual FoxPro 的改进主要表现在以下几个方面。

(1) 继续强化界面操作,把传统的命令执行方式扩充为以界面操作为主、命令方式为辅的交互执行方式,大量使用向导、设计器等界面操作工具,充分体现了直观、易用的特点。

(2) 将面向对象程序设计引入 FoxPro,把 Visual FoxPro 的应用程序设计扩展为既有结构化设计,又有面向对象程序设计的可视化程序设计,大大减轻了用户编程的工作量。

(3) 数据处理单元从 FoxPro 的 16 位改成 Visual FoxPro 的 32 位,使处理速度、运算能力和存储能力均成倍地提高。

1998年，微软推出了 Visual FoxPro 6.0（中文版）。由于其优越的性能以及对 Internet 应用与 Intranet 应用的支持，它在同类的 PC DBMS 中脱颖而出，初步形成为兼有 SQL 与本身“自含型”语言，包含“结构化”和“可视化”两类程序设计，支持 C/S 应用模式与网络应用的交互式 PC 数据库开发环境，也为初学者提供了一个适用和容易入门的数据库教学平台。

1.1.2 Visual FoxPro 的新版本

进入21世纪以来，微软公司又相继公布了 Visual FoxPro 7.0（2001年）、Visual FoxPro 8.0（2003年）和 Visual FoxPro 9.0（2004年）等英文版。每一次的版本升级，都在单机应用与网络应用两个方面有所改进。但是从 Visual FoxPro 6.0 到 Visual FoxPro 9.0，微软始终把 Visual FoxPro 定位于“单机数据库应用与 C/S 模式中的前端应用”，以区别于同为该公司开发的、通常用于“C/S 模式后端（服务器端）应用”的 SQL Server 2002。

现在，Visual FoxPro 已成为 PC 用户常用的数据库应用开发工具。正如 Visual FoxPro 8.0“在线帮助”所指出的，它为开发者提供的面向对象语言和工具集，适用于建立广泛的数据库应用——从桌面机到客户/服务器系统，直到利用 COM 组件或 XML Web 服务的各种 Web 应用。作为一种数据库应用开发环境，其开发产品可包括数据库应用系统、数据库服务器（如 SQL 服务器）的前端应用，以及多层数据库系统内部的中间层 COM 组件。

所以，尽管 Visual FoxPro 7.0 以后的新版本都没有配置中文版，而且面临 C# 和 VB.NET 等支持数据库应用的其他语言的挑战，不少国内外企业至今仍以它为开发中小型数据库应用系统的优先选择工具。

1.1.3 Visual FoxPro 的特点

自1995年推出第一个版本的 Visual FoxPro 3.0 以来，仅仅9年的时间，Visual FoxPro 已经升级到 9.0 版。本节将综合简介 Visual FoxPro 6.0 及其以上版本的主要特点。

1. 功能强大的自含型命令式开发语言

传统的微机 RDBMS 多采用自含型开发语言，不借助其他语言就能独立地开发数据库应用系统。由于这类语言具有命令式语言简明易用的风格，一开始就受到微机用户的欢迎。但早期的 dBASE Ⅱ 仅有71条命令、17种函数；Visual FoxPro 6.0 已拥有近500条命令、200余种函数；到 Visual FoxPro 9.0，其命令、函数、类和组件总计约有1000余种，仅新增加的菜单命令就有数十条。

尤需指出，Visual FoxPro 从一开始就引入了 SQL，到 Visual FoxPro 6.0，移植的 SQL 命令已达到8种，基本上覆盖了 SQL 的数据定义和数据操作两部分语言。这不仅加强了系统的查询功能，也为 Visual FoxPro 与其他数据库的连接提供了方便。

2. 支持面向对象的程序设计

既支持结构化程序设计，也支持面向对象程序设计，构成了 Visual FoxPro 程序设计的重要特点。它引入了面向对象的机制，预先定义和提供了一批"基类"(base class)，允许用户在基类的基础上定义自己的类、子类(subclass)和控件(control)；通过填写属性表，调用"方法"(method)程序，以及拖动对象图标等手段来进行对象的设计，从而减少了编程工作量，使软件的质量与开发速度均获得显著的提高。到 Visual FoxPro 6.0，这种预先定义的"基类"已接近 30 种，可以满足一般应用程序的设计需求。

从 Visual FoxPro 6.0 版起提供的"组件管理库"(component gallery，参见下文图 1.2(a)的工具菜单)，含有近 100 种"基础类"(foundation class)，可供开发人员直接调用。基础类是集成度比基类更高的类，其功能针对性也更强。例如，在基类"按钮"的基础上，Visual FoxPro 可提供"确定钮"、"取消钮"等基础类。所以有人把基础类比作"大控件"，它们比仅仅使用由基类提供的(小)控件进一步提高了开发效率。到 Visual FoxPro 9.0，基础类已增加到数百种。

3. 通过 COM 组件实现应用集成

OLE(读作 O-lay)是美国微软公司早期开发的技术。利用这种技术，Visual FoxPro 可以共享包括 Visual Basic、Word 与 Excel 等在内的微软其他应用软件的数据。微软 1993 年推出的 OLE 2.0 规范，使 Visual FoxPro 能够把"OLE 控件"制成可插入到应用程序中的可重用的组件。与此同时，随着 OLE 技术在互联网上的扩展，一种称为 ActiveX 控件的组件也迅速流行(参阅第 7.5 节)。从 OLE 技术到 OLE 控件再到 ActiveX 控件，逐步形成了"组件对象模型"(Component Object Model，COM)的新概念。它们独立于所属的应用程序，能够把图像、声音、视频等信息以链接或嵌入的方式加入 Visual FoxPro 的应用程序中，从而增强了 Visual FoxPro 数据库对多媒体功能的支持。Visual FoxPro 7.0 以上的版本还提供了一种称为 OLE DB Provider(OLE DB 供应者)的新接口，可为其他语言和应用程序的用户访问 Visual FoxPro 数据提供便利。

Visual FoxPro 是一种优秀的数据库应用软件，但其制图功能比不上 MS Graph，文本排版功能也比不上 MS Word。通过 COM 组件，用户就可在 Visual FoxPro 与其他支持"OLE 拖放"的 Visual Basic、Word、Excel 与 Windows IE 等应用程序之间移动数据，进而在充分利用不同软件特长的基础上实现软件的应用集成。

4. 支持网络应用

从 6.0 版起，Visual FoxPro 即全面支持 Internet 和 Intranet 应用，而且能通过选择以客户/服务器方式提供的产品，在不同的计算机上安装不同的版本(客户机版本或服务器版本)。借助其网络功能，Visual FoxPro 可以通过浏览器直接访问 Web 上的数据源；对于来自远程数据库的异种数据，也可支持用户通过远程视图访问它们，并在需要时更新表中的数据。

使用 Web 页向导，Visual FoxPro 能够将数据库中的记录转换为 Web 页的数据，并增加了可扩展标记语言(eXtensible Markup Language,XML)与 Visual FoxPro 交换数据的功能。如果事先安装了 IIS 和一个称为 MS SOAP Toolkit 2.0 的工具包,用户还可以在 Visual FoxPro 应用程序中配置更多的 Web 服务。

5. 大量使用可视化的辅助设计工具

最后,也是最重要的特点,是 Visual FoxPro 提供了大量的辅助设计工具。到 Visual FoxPro 6.0,系统提供的向导、设计器、生成器等工具已多达 40 余种。它们全都采用图形界面,能引导用户以简单的操作快速完成各种设计任务。Visual FoxPro 应用程序所需的所有对象,包括表、查询、视图、报表,以致菜单、表单及各种控件,几乎都可用这些工具来设计。还需指出的是,所有上述工具的设计结果都能自动生成 Visual FoxPro 代码,从而使用户摆脱繁琐的编程,大大加快开发的进程。

Visual FoxPro 7.0 以上的新版本还增加了多种工具,如智能化编辑工具和 Visual FoxPro 9.0 的 Report Properties(报表属性)对话框等,后者对报表设计器的数据环境、报表保护、用户界面、对象布局和多细节带等方面进行了多种改进,显著改善了报表的设计与输出效果。

综上可见,Visual FoxPro 不仅提供了 SQL 和自含型的命令式语言,还及时引入了面向对象的大量可视化设计工具和项目管理器,为用户提供了高效的开发与维护环境。

在本书余下的篇幅中,将同时介绍 Visual FoxPro 6.0(中文版)的单机应用与网络应用功能,并且在第 13 章对 Visual FoxPro 9.0 作简单介绍。

1.2 Visual FoxPro 的界面组成

与其他 Windows 应用程序一样,Visual FoxPro 也采用图形用户界面,并在其界面中大量使用窗口(windows)、图标(icons)、菜单(menus)等技术,且主要通过以鼠标为代表的指点式输入设备(pointing device)来操作,所以有些文献也称这类界面为 WIMP 界面。

1.2.1 Visual FoxPro 的窗口

本小节介绍 Visual FoxPro 界面常见的主要窗口,包括程序窗、命令窗和工具窗,以及图标在窗口中的应用。

1. 程序窗

Visual FoxPro 运行时,屏幕上会出现一个程序窗,作为开发或运行 Visual FoxPro 程序的场所。图 1.1 显示了 Visual FoxPro 6.0 中文版程序窗的一个画面,它由以下几部分组成。

(1) 标题栏。显示 Microsoft Visual FoxPro 等词,表明它是 Visual FoxPro 的程序窗。

(2) 控制按钮。在标题栏右端有 3 个控制按钮,自右至左依次如下。

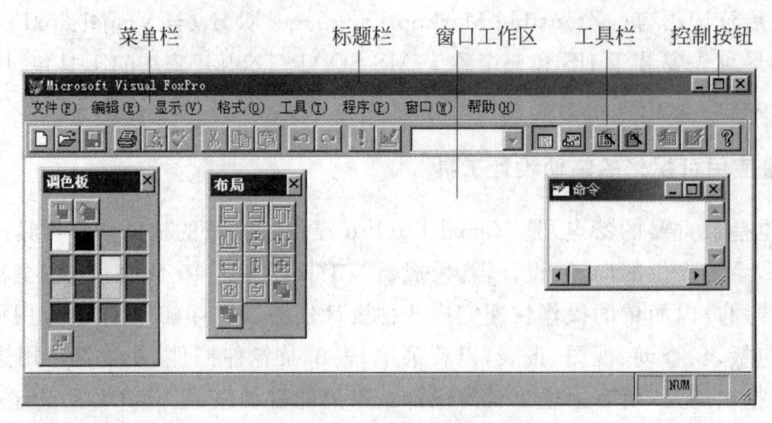

图 1.1　Visual FoxPro 6.0 中文版的程序窗

① 关闭按钮 ☒：用于关闭 Visual FoxPro 程序窗；

② 最大化按钮 ☐：用于把窗口放大到整个屏幕；

③ 最小化按钮 ▁：用于把程序窗缩小为一个图标。

(3) 菜单栏。显示 Visual FoxPro 系统菜单(亦称主菜单)所包含的选项，供用户选择。任何选项被用户选中后，其下方会弹出一个子菜单，列出该子菜单展开后的内容。

(4) 工具栏。由若干工具按钮组成，每个按钮对应于一项特定的功能。Visual FoxPro 可提供十几个工具栏。用户通过菜单栏中的"显示"选项，可决定哪些工具栏需要在程序窗中显示。Visual FoxPro 初始启动时，一般仅在菜单栏的下方显示一个"标准"(或"常用")工具栏。其余的工具栏(如在图 1.1 中显示的"调色板"和"布局"工具栏)要否显示由用户决定。

这里讲述一下命令、菜单和工具栏的异同。前已提到，Visual FoxPro 有近 500 条命令，其中仅有一部分常用的命令列为菜单命令，所以菜单命令的数量远小于 500。工具按钮中，也有相当一部分与菜单命令具有相同的功能，但工具栏的操作往往比菜单栏的操作更为简便，所以 Visual FoxPro 仅将最常用的命令放入工具栏。

需要指出的是，工具按钮和菜单命令的功能并不总是某些命令功能的重复，其中也包含了对 Visual FoxPro 命令功能的扩充。在多数情况下，菜单命令对应于常用命令，工具按钮对应于最常用命令，但并非总是这样。

(5) 窗口工作区。主要用于：

① 显示命令或程序的执行(运行)结果；

② 显示 Visual FoxPro 提供的工具栏。

(6) 窗口边框。窗口的外边线，移动外边线可缩、放窗口。

(7) 窗口角。位于两条边线的交点，移动交点可使角两边的边线同时伸长或缩短。

2. 命令窗

窗口内可以打开其他窗口。命令窗和下文即将介绍的工具窗，都是窗内有窗的例子。

如图 1.1 所示，命令窗是一个标题为"命令"(command)的小窗口。它的主要作用是显示命令，适用于以下两种情况：

(1) 当选择命令操作方式时，显示用户从键盘发出的命令；

(2) 当选择界面操作方式时，每当操作完成，系统将自动把与操作相对应的命令在命令窗内显示。

不论采用哪一种操作方式，用过的命令总会在命令窗中保存下来，供备查或再次使用。

3. 工具窗

Visual FoxPro 的工具栏有条形与窗形两种形式，采用窗形时便称为工具窗，如图1.1中的"调色板"工具窗。工具窗标题栏的右端通常有一个"关闭"按钮，窗内除工具按钮外没有其他内容。

Visual FoxPro 初始启动时，"常用"工具栏一般为条形，但条形与窗形可互相转换。例如，当把工具窗拖曳到程序窗的边界时，它就会变成条形。

4. 窗口中的图标

图标是用来表示不同程序和文件的小图像，在 Visual FoxPro 的界面中处处可见。

在程序窗标题栏的左端通常有一个图标，代表在该窗口中运行的程序。在控制按钮或工具按钮的表面也都绘有图标，各自代表该按钮所对应的程序。例如，在图 1.1 中，"狐狸头"和"笔"图标分别代表主程序窗和命令窗的对应程序；而控制按钮表面上的"×"、"□"、"-"则分别代表实现窗口关闭、最大化和最小化使用的程序等。

文件(files)与文档(documents)也可用图标来表示。例如，在图 1.10 中，数据库、自由表是文件，表单、报表和标签是文档，都分别用不同的图标来表示。由于图标具有直观和形象化的优点，故而受到用户的欢迎。

1.2.2 Visual FoxPro 的菜单

Visual FoxPro 主要使用两类菜单，即下拉式菜单和弹出式菜单。

系统主菜单为下拉式菜单。它平时只显示菜单栏中包含的若干选项。如果有某个选项被选中，就会在选项下方拉伸出一个子菜单(参阅图 1.2)，这也是下拉式菜单名称的由来。弹出式菜单平时不显示，仅当右击鼠标时才弹出，用其中的菜单项向用户提供及时的帮助。Visual FoxPro 有许多设计器，在它们窗口中提供的"快捷菜单"，就是弹出式菜单的实例。

Visual FoxPro 菜单具有对数据环境的敏感性，故也可称为敏感菜单。其敏感性的主要表现如下。

(1) 子菜单的内容可变。以"显示"(View)子菜单为例，在没有打开任何文件的情况下，它只有"工具栏"(Toolbars)一个菜单项；当用户打开浏览窗对某个表进行浏览时，子菜单将改变成如图 1.2(b)所示的内容。

(2) 菜单项的颜色可变。菜单项可有深、浅两种显示颜色(参看图 1.2(c))，随当时的数据环境而变化。如果某一菜单项当前为灰色，则表示它暂时不能使用。

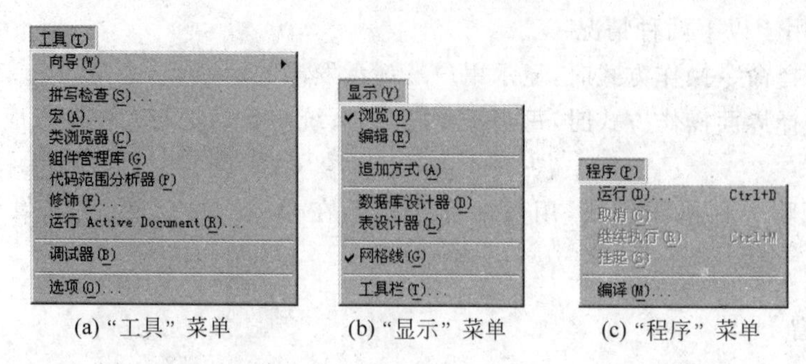

(a)“工具”菜单　　(b)“显示”菜单　　(c)“程序”菜单

图 1.2　Visual FoxPro 6.0 的部分子菜单

Visual FoxPro 还允许在菜单中使用下列符号：

① 菜单项名称中带下划线的英文字母，代表该菜单项的访问键；

② 菜单项名称前带有选择标记(√)，表示该菜单项提供的功能目前有效；

③ 菜单项名称后带有省略号(…)，表示该菜单项选中后将打开一个同名的对话框；

④ 菜单项右方带有向右的三角形箭头(▶)，表示把鼠标移动到该菜单项上，其右边会显示出它的下级菜单。

1.2.3　Visual FoxPro 的对话框

对话框在 Visual FoxPro 中有着广泛的应用，它其实也是一种窗口，专用于人-机对话。用户通过对话框可选择所需的数据或操作；Visual FoxPro 则借助于对话框向用户发出提示或警告，或者引导他们正确地进行操作。在 Visual FoxPro 中大量使用的向导、设计器等工具，实际上也是由特定的对话框系列构成的。可见不熟悉对话框，就不能熟练地使用 Visual FoxPro。

典型的对话框是由若干个按钮和矩形框构成。每个按钮代表一种操作命令，故有时也称为命令按钮(command button)。矩形框一般可分为 3 类，即文本框、选择框与列表框。现以表向导的“步骤 2”对话框(如图 1.3 所示)为例分述如下。

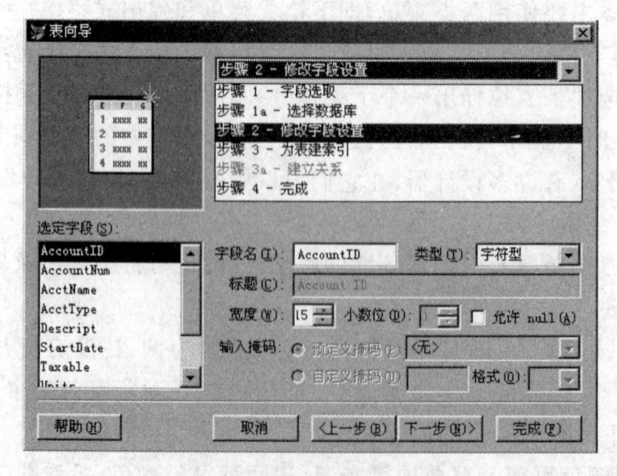

图 1.3　表向导的“步骤 2”对话框

(1) 文本框。供用户输入一串字符，作为对系统提问的回答。在图 1.3 中，“字段名”、“标题”和“自定义掩码”都是文本框。

(2) 选择框。供用户在若干个可选项中选择其中的一项或者几项。它又可细分为单选按钮(option button，在中文版 Visual FoxPro 6.0 中译为选项按钮，请读者注意)和复选框(check box)两类，前者一次只能选择一个可选项，后者一次可同时选择几项。图 1.3 中有两个单选按钮，均以圆圈(○)为标志；一个复选框，以小方框(□)为标志。

(3) 列表框(list box)。用于显示一组相关的数据，如一个数据库表中的所有字段名。当相关数据较多，在一个框中容纳不下时，系统会自动在列表框的下方或右侧增加滚动条，对数据实现滚动显示。图 1.3 中的“选定字段”框就是列表框的一个例子，其右侧的滚动条能使框内数据上下滚动显示。

当对话框的空间较小时，可利用组合框(combo box)来节省空间。这种框可看成是由一个文本框和一个列表框组合而成的。它平时只显示一行文本，其右端有一个带“▼”图标的下拉按钮。一旦单击下拉按钮，随即在文本行下方拉出一个列表框，故又称下拉列表框。在图 1.3 中有 4 个下拉列表框，其中的一个(用于显示步骤顺序)已经展开，其余 3 个都是缩拢的。

除上述 3 类矩形框外，在图 1.3 的对话框中还设有两个“微调控件”(spinner，又译为“数码器”)。利用控件中的“▲”、“▼”两个按钮，可以将数码文本框(本例为“宽度”和“小数位”)中的数值在较小范围内增加或减小。

图 1.3 中共设 5 个按钮，标题为“取消”、“完成”、“＜上一步”、“下一步＞”与“帮助”，分别用于取消对话、结束对话、返回上一步、转入下一步和提供帮助信息。

与程序窗、命令窗等不同，对话框一般不设置(实际上也不需要)最大化、最小化等按钮。但有些对话框在“关闭”按钮 ✕ 的左方还加设了一个“帮助”按钮 ? ，用于向用户提供帮助信息。

还需指出的是，并非所有的对话框都必须包含上述的全部矩形框。最简单的对话框可能只含有一条提示或提问，外加一两个命令按钮，如图 1.4 所示。与此相反，有些复杂

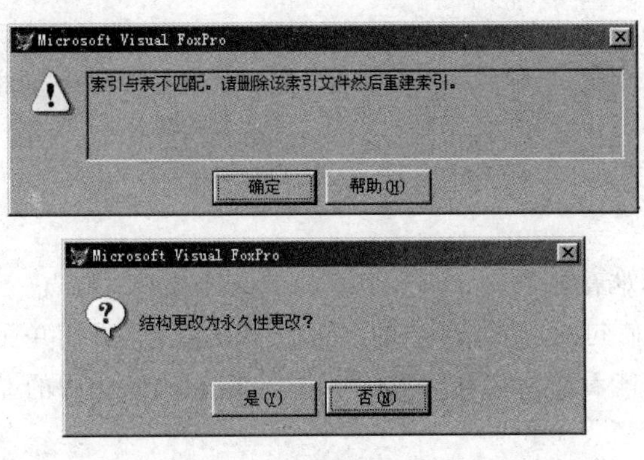

图 1.4　简单对话框示例

的对话框还可以“选项卡”(Tag)的形式,使一个对话框包含多张重叠的选项卡。这种多卡框实际上相当于多个对话框,图 1.8 显示的项目管理器对话框,就是这类对话框的一例。

有些对话框中还带有扩展按钮。单击这种按钮,可使原来的对话框扩展出部分新内容,变成一个更大的对话框。扩展按钮通常在按钮的表面上以“双大于号”(>>)为图标。

1.3 Visual FoxPro 的命令与工作方式

Visual FoxPro 以命令的方式执行语言的各种功能(包括数据定义和数据操作功能),它属于命令式语言。它的一条命令相当于一般高级语言中的一段程序,可以完成相当复杂的功能。

1.3.1 Visual FoxPro 的命令

上文已多次提到过 Visual FoxPro 命令,本节继续介绍命令的格式与特点。

1. 命令格式

一般来说,Visual FoxPro 的命令总是由一个称为命令字的动词开头,后随一个宾语和若干(命令)子句,用来说明命令的操作对象、操作结果与操作条件。以下给出了若干简单示例。

```
(1) use SB                                   && 打开名称为 SB(设备)的表文件
(2) list                                     && 列表显示当前表(即 SB)的所有记录
(3) list for 价格<10000                      && 只显示价格低于 1 万元的设备
(4) copy to ZSB for 主要设备                 && 把当前表 SB 中的主要设备复制到
                                             && 名称为 ZSB(主设备)的表中
(5) sort to JGPX on 价格 fields 名称,价格    && 取出当前表 SB 中的“名称”和“价格”
                                             && 两个字段,按价格进行排序后存入名为
                                             && JGPX(价格排序)的新表中
(6) replace all 价格 with 1.2 * 价格         && 将当前表 SB 中“价格”字段的所有
                                             && 数据都提高 1.2 倍
```

2. 命令特点

从以上的示例不难看出,Visual FoxPro 的命令具有下列特点。

(1) 采用英文祈使句的形式,命令的各部分简洁规范(最简单的命令仅含一个命令字),初通英语的人都能看懂。Visual FoxPro 中文版允许命令中的专用名词使用汉字,但其余词汇仍用英文。

(2) 操作对象、结果(目的地)和条件均可用命令子句的形式来表示。子句的数量

不限(有些命令有二三十条子句),顺序不拘(例如,"copy to ZSB for 主要设备"和"copy for 主要设备 to ZSB"是等效的)。它们使命令的附属功能可以方便地增删,十分灵活。

(3) 命令中只讲对操作的要求,不描述具体的操作过程,言简意赅,所以又称为"非过程化"(non-procedural)语言,而常见的高级语言都是"过程化"(procedural)语言。

Visual FoxPro 的命令既可用交互的方式逐条执行,也可编写成程序,以"程序文件"的方式执行。命令中的词汇(专用名词除外)还可以缩写,仅仅写出它们的前 4 个字母(例如,replace 可缩写为 repl)即可。

3. 命令分类

到 6.0 版,Visual FoxPro 已拥有近 500 条命令,大致可分为以下 7 类。

(1) 建立和维护数据库的命令。

(2) 数据查询命令。

(3) 程序设计命令:包括程序控制、输入/输出、打印设计、运行环境设置等命令。

(4) 界面设计命令:包括菜单设计、窗口设计、表单(包括其中的控件)设计等命令。

(5) 文件和程序的管理命令。

(6) 面向对象的设计命令。

(7) 其他命令。

全面介绍这些命令需要很多篇幅。作为入门教材,这既无必要也不可能。从第 2 章开始,将陆续介绍 Visual FoxPro 的部分常用命令。

1.3.2 Visual FoxPro 的工作方式

从 dBASE 到 Visual FoxPro,都支持两类不同的工作方式,即交互操作方式与程序执行方式。

1. 交互操作方式

在 FoxBASE+ 以前,交互操作方式是指命令执行方式。用户只需记住命令的格式与功能,在系统的圆点提示符(·)出现时从键盘上发一条所需的命令,即可在屏幕上显示执行的结果。早期的语言命令较少,使用命令方式可省去编程的麻烦,曾一度为初学者乐用。

随着 Windows 的逐步流行,越来越多的应用程序支持图形界面操作。基于 DOS 的单一菜单操作方式,改变为综合运用菜单、窗口和对话框技术的 Windows 界面操作。在著名的 Word、Excel 等办公软件中,界面操作已成为主要的甚至是唯一的工作方式。顺应这一潮流,FoxPro(尤其是 FoxPro for Windows)也开始支持界面操作,从而成为同时支持命令执行与界面操作两种交互操作方式的数据库管理系统。

继 FoxPro 之后推出的 Visual FoxPro 进一步完善了界面操作,使交互操作方式的内涵逐渐从以命令方式为主转变为以界面操作为主、命令方式为辅。由 Visual FoxPro 提供的向导、设计器等辅助设计工具，其直观的可视化界面正被越来越多的用户所熟悉和欢迎。

2. 程序执行方式

交互操作虽然方便，但用户操作与机器执行互相交叉，会降低执行速度。为此，在实际工作中常常根据需要解决的问题，将 Visual FoxPro 的命令编成特定的序列，并将它们存入程序文件(或称命令文件)。用户需要时，只需通过特定的命令(如 DO 命令)调用程序文件，Visual FoxPro 就能自动执行这一程序文件，把用户的介入减至最小限度。

程序执行方式不仅运行效率高，而且可重复执行。要执行几次就调用几次，何时调用便何时执行。因此学习 Visual FoxPro 的主要目的是学会编写应用程序，开发基于 Visual FoxPro 的 DBAS。

但是，开发 Visual FoxPro 应用程序要求同时进行结构化程序设计与面向对象程序设计，其庞大的命令集也令初学者望而生畏。幸运的是，Visual FoxPro 提供了大量的辅助设计工具，不仅可直接产生应用程序所需要的界面，而且能自动生成 Visual FoxPro 的程序代码。另一方面，系统提供的管理工具——项目管理器，也使 Visual FoxPro 应用系统的开发变得有条不紊。在 1.4 节中，将简单介绍 Visual FoxPro 的这些工具。

1.4 Visual FoxPro 的设计与管理工具

为了提高开发 DBAS 的自动化程度，Visual FoxPro 提供了 3 类支持可视化的辅助设计工具和一种称为项目管理器的管理工具。现简介如下。

1.4.1 向导

向导(wizard)是一种快捷的设计工具。它通过一组对话框依次与用户对话，引导用户分步完成 Visual FoxPro 的某项任务。向导运行时，系统以系列对话框的形式逐步提示每一步操作的详细步骤，引导用户选定所需的选项，回答系统提出的询问。图1.5(a)～图 1.5(e)显示了在创建数据表时，用表向导辅助设计依次显示出来的 5 个对话框，读者从中可见一斑。

Visual FoxPro 有 20 余种向导工具。从创建表、视图、查询等数据文件，到建立报表、标签、图表、表单等 Visual FoxPro 文档，直至创建 Visual FoxPro 的应用程序、SQL 服务器上的数据库等操作，均可使用相应的向导工具来完成。表 1.1 列出了 Visual FoxPro 6.0 提供的部分向导的名称及其简明用途。

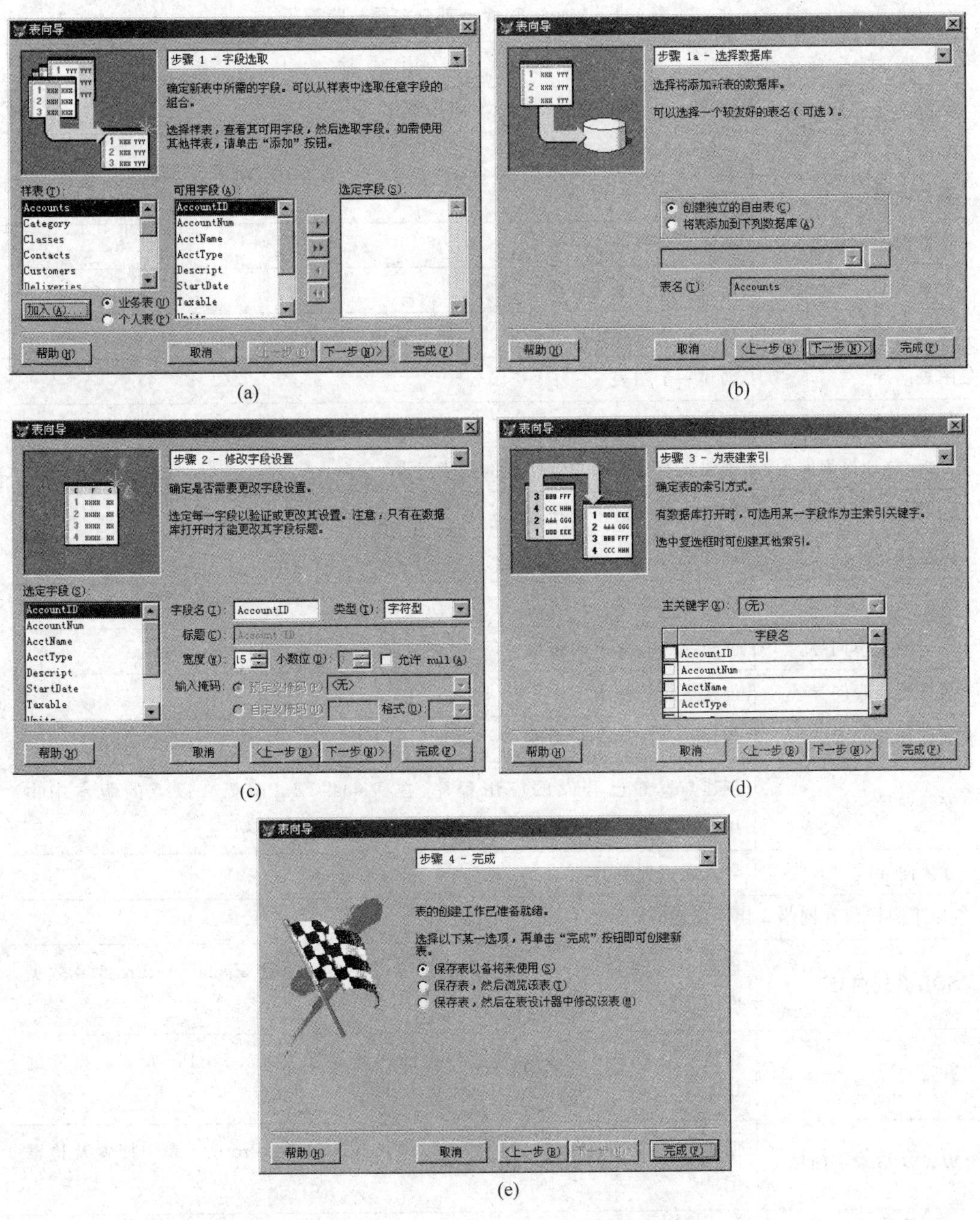

图 1.5　Visual FoxPro 表向导的系列对话框

向导的最大特点是“快”，操作简捷，运行也很迅速。但由于它强调通用性，完成的任务一般比较简单。所以常见的做法是：先用向导创建一个较简单的框架，然后用相应的设计器对它修改。例如，创建新表时，可先用表向导来创建，然后用表设计器作进一步修改。

表 1.1 Visual FoxPro 部分向导一览表

向导名称	用　　途
应用程序向导	创建一个 Visual FoxPro 6.0 应用程序
表向导	创建一个表
查询向导	创建查询
本地视图向导	创建一个视图
交叉表向导	创建一个交叉表查询
文档向导	格式化项目和程序文件中的代码并从中生成文本文件
图表向导	创建一个图表
报表向导	创建报表
分组/总计报表向导	创建具有分组和总计功能的报表
一对多报表向导	创建一个一对多的报表
标签向导	创建邮件标签
表单向导	创建一个表单
一对多表单向导	创建一个一对多的表单
数据透视表向导	创建数据透视表
邮件合并向导	创建一个邮件合并文件
安装向导	创建与发布已开发的应用程序，在 Visual FoxPro 7.0 以上的版本中由 InstallShield Express 代替
导入向导	导入或追加数据
(以下向导仅在网络应用中使用)	
SQL 升迁向导	创建一个 SQL Server 数据库，使之尽可能多地重复 Visual FoxPro 6.0 数据库的功能
升迁向导	创建一个 Oracle 数据库，使之尽可能多地重复 Visual FoxPro 6.0 数据库的功能
WWW 搜索页向导	创建 Web 页面，使该页的访问者可以从 Visual FoxPro 6.0 表中搜索及检索记录
远程视图向导	创建远程视图

1.4.2 设计器

设计器(designer)通常比向导具有更强的功能，可用来创建或者修改 Visual FoxPro 应用程序所需要的组件。表 1.2 列出了 Visual FoxPro 部分设计器的用途。与向导相似，设计的对象也包括数据文件与 Visual FoxPro 文档两大类。

表 1.2　Visual FoxPro 的部分设计器

设计器	用　途
表设计器	创建表并在其上建立索引
查询设计器	运行本地表查询
视图设计器	运行远程数据源查询,创建可更新的查询
表单设计器	创建表单,用以查看并编辑表中数据
报表设计器	创建报表,显示及打印数据
标签设计器	创建标签布局以打印标签
数据库设计器	设置数据库,查看并创建表间的关系
连接设计器	为远程视图创建连接
菜单设计器	创建菜单或快捷菜单

图 1.6 显示了视图设计器的程序窗,由上、下两部分组成。上半部分为窗口工作区,在设计视图时用于显示视图的结构;下半部分为选项卡区,供用户在设计视图时与系统进行交互。本例图共有 7 张叠置的选项卡,分别使用"字段名"、"联接"、"筛选"等作为选项卡的标题。单击任一标题,一张与之相应的选项卡即被激活,并浮动到最上层来显示。选项卡越多,设计时可供用户设置和选择的内容也越丰富。

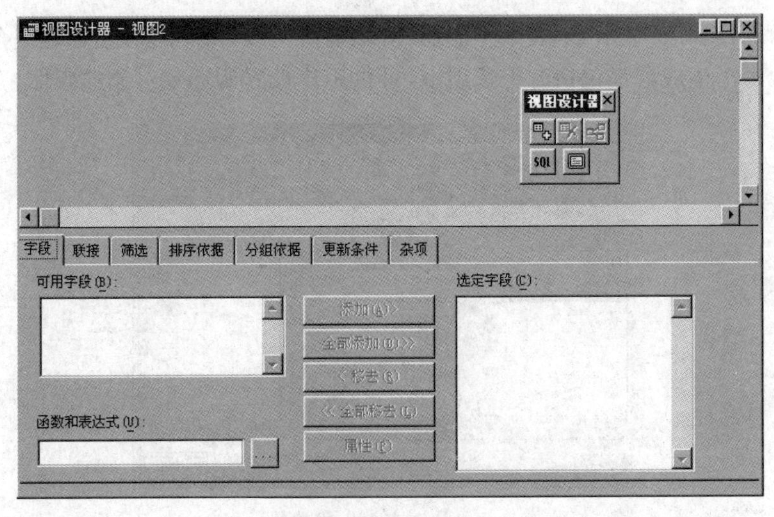

图 1.6　视图设计器的程序窗

1.4.3　生成器

生成器(builder)是 Visual FoxPro 6.0 使用的中译名。它更确切的译名为构造器,其主要功能是在 Visual FoxPro 应用程序的组件中加入某类控件(如组合框或列表框),或为之设置属性等。表 1.3 显示了由 Visual FoxPro 提供的部分生成器(构造器)。

表 1.3　Visual FoxPro 的部分生成器

生　成　器	功　　能
组合框生成器	为组合框设置属性
命令按钮组生成器	为命令按钮组设置属性
编辑框生成器	为编辑框设置属性
表单生成器	向表单添加字段控件
表格生成器	为表格控件设置属性
列表框生成器	为列表框控件设置属性
选项组生成器	为选项按钮组控件设置属性
文本框生成器	为文本框控件设置属性
自动格式生成器	对选中的同类控件应用一组格式
参照完整性生成器	设置触发器,确保数据库表间的参照完整性
应用程序生成器	① 选择一个已建数据库、表单或报表的应用程序 ② 创建一个框架,向其中添加组件 ③ 使用数据库模板,从零开始创建

作为示例,图 1.7 显示了"表单生成器"对话框。与设计器相似,它也是一个选项卡对话框。通常每个生成器都包括若干选项卡,可供用户设置所选定对象的属性。

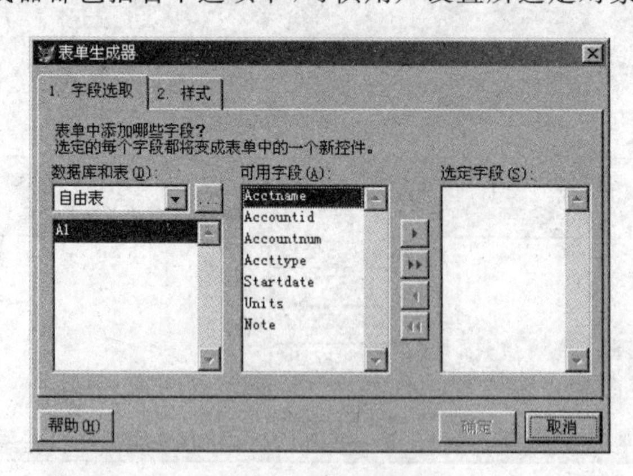

图 1.7　表单生成器

需要再次重申,不只是生成器,而是所有上述的 3 类工具都能自动生成 Visual FoxPro 的代码。希望读者记住这一点,以免误解。以下各章将陆续介绍上述工具的用法。

1.4.4　项目管理器

如果说辅助设计工具能从技术上加快开发速度,则项目管理器(program manager)将从管理上对开发给予有效的支持。其主要作用是对被开发系统的数据、文档、源代码和类库(class library)等资源进行集中、高效的管理,借以满足 DBAS 在开发中经常变化的用户需求。

在 Visual FoxPro 中,通常为每个 DBAS 建立一个项目文件(扩展名为.PJX)。其方法有二:一是在开始开发时就为之建立一个 PJX 文件,以后增加的每一个组件都存入文件中;二是等到开发基本完成时,再用项目管理器把它们组织起来。不言而喻,项目文件一旦建立,也可以用于维护,其高效管理不仅可加快开发的进度,而且可延长 DBAS 的生命周期。所以有人把项目管理器称为 Visual FoxPro 的"控制中心"。

1. 项目管理器的界面

图 1.8 显示了项目管理器打开后的对话框。它窗口简洁,具有以下两个明显的特点。

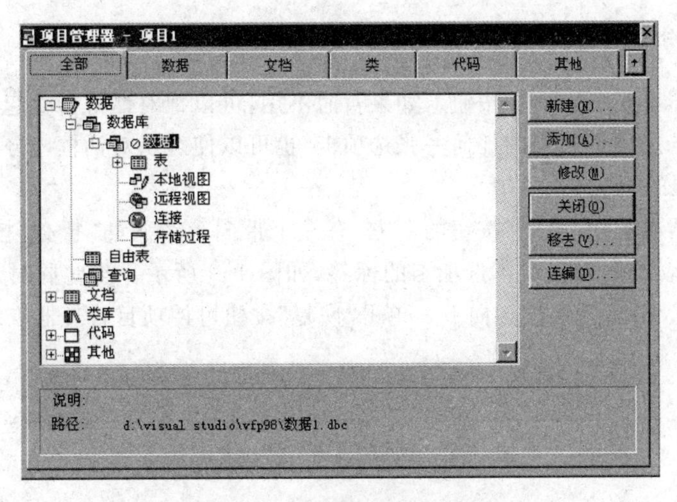

图 1.8　项目管理器对话框

(1) 采用选项卡和目录树结构,使项目的内容一目了然。

对话框共包含"全部"、"数据"、"文档"等 6 个选项卡,当前显示的是"全部"选项卡的内容。

在选项卡中采用目录树结构,其内容可详(目录展开时)可略(目录折叠时),能使用户作到一览无遗,一目了然。如果只需要了解某一部分(如数据或文档)的具体内容,可以通过相应的选项卡单独显示该部分的目录树。

(2) 用功能按钮操作,为项目内容的变动提供了很大方便。

在项目管理器对话框右侧设有 6 个功能按钮,可供用户随时调整项目的内容,以适应开发与维护的过程中不断发生的变动。其中前 5 个功能按钮主要用于文件操作,其含义自明;最后一个是"连编"(build)按钮,可用于编译和连接当前项目中的所有文件,使之形成为能在 Windows 环境下独立运行的可执行文件(.exe 文件)。

2. 打开与关闭项目管理器

(1) 使用 Modify project 命令打开

① Modify project ＜项目名＞

用于修改(若项目文件已经存在)或创建(若项目文件不存在)指定项目名的项目文件。

② Modify project [?]

命令中的"?"为可选项。不论带不带"?",命令执行时系统将显示一个"打开"对话框,用户可从中选定一个已有的项目文件,或输入新的待创建的项目文件名。

(2) 借助 Windows 的资源管理器打开

先打开资源管理器,找到需要的项目文件;然后双击这一文件,即可同时打开 Visual FoxPro(如果原来尚未打开)和包含该项目文件的项目管理器。

借助菜单操作也可打开项目管理器,但不及以上的方法简便,这里不再细述。

关闭项目管理器十分简单,只需单击其对话框右上角的"关闭"按钮即可。

3. 折叠与分离项目管理器

项目管理器不设"最小化"按钮。如果暂时不用,可以把对话框折叠起来,以缩小占用的空间。这时若想使用其中的任何一张选项卡,也可以使之从对话框中分离出来使用。

(1) 对话框的折叠

项目管理器右上角"关闭"按钮的下方,有一个带向上箭头的"折叠"按钮。单击此按钮可隐去所有选项卡,只剩下选项卡的标签,如图 1.9 所示。与此同时,"折叠"按钮也变成了"恢复"按钮,箭头改为向下。单击"恢复"按钮可使项目管理器恢复原样。

图 1.9　折叠后的项目管理器窗口

(2) 选项卡的分离

当项目管理器处于折叠状态时,用鼠标拖动任何一个选项卡的标签,都可使该选项卡脱离项目管理器而成为一个独立的窗口,如图 1.10 所示。分离后的选项卡的标签变成灰色,其窗口可以像任何子窗口一样在 Visual FoxPro 主窗口中移动。单击分离选项卡的"关闭"按钮,即可使该卡恢复原位,标题也变回深色。

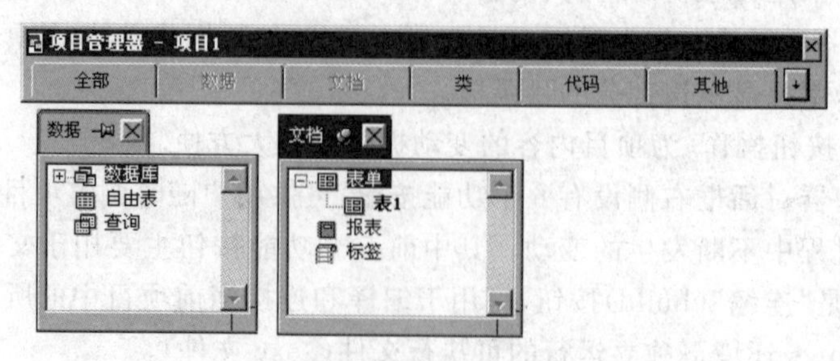

图 1.10　从项目管理器分离的选项卡

关于项目管理器的用法,本书第 3、9 两章将继续介绍。在 10.3 节,还将结合一个实例——“汽车修理管理系统”，说明怎样利用项目管理器来管理项目的开发，以及制作和发布项目.exe应用程序的方法。

习　题

1. Visual FoxPro 有哪些主要的特点？
2. Visual FoxPro 的程序窗由哪些部分组成？
3. Visual FoxPro 主要使用哪几种菜单？它们各用于哪些场合？
4. 对话框可能包含哪些组成部分？简述各组成部分的作用。
5. 什么是命令式语言？举例说明 Visual FoxPro 命令的特点。
6. Visual FoxPro 有哪两种工作方式？简单说明各种方式的特点。
7. 简述下列各工具的作用。

(1) 向导；(2) 设计器；(3) 生成器。

8. 试述项目管理器的主要作用。

第2章　表的基本操作

Visual FoxPro 支持交互方式和程序方式两种使用方式。

Visual FoxPro 具有典型的 Windows 图形用户界面。它的许多功能都能以界面操作来实现，也可以通过执行命令来完成。界面操作方式和命令方式都属于交互方式。由于界面操作方式能为初学者提供方便，也是可视化程序设计的基础，因此，熟练掌握界面操作已成为学会 Visual FoxPro 的必由之路；但命令方式也不能忽视，它将为学习编程打下基础。

本章及第 3 章将着重介绍 Visual FoxPro 的交互方式。本章首先介绍使用表设计器建立与修改表的方法，随后阐明 Visual FoxPro 表达式的概念，讨论对表和记录进行维护的命令。需要说明的是，Visual FoxPro 将表分为数据库表和自由表两种，3.6 节将讲解数据库表的概念，其前仅讨论自由表。

2.1　表的建立与修改

2.1.1　建立表结构

1. 预备知识

在介绍建立表结构之前，这里先讲一下预备知识，包括命令窗口操作说明和本书设置用户文件默认目录的两项约定，以方便读者理解教材内容和提高上机效率。

(1) 命令窗口操作

Visual FoxPro 启动后，其主窗口中会出现一个标题为“命令”的窗口(参阅图 1.1)，光标在窗口内左上角闪烁。用户若在其中输入 Visual FoxPro 命令，按回车键后该命令即被执行。

命令窗口还有两个附加功能：①当选定菜单命令或按钮后，命令窗口内会自动显示相应的命令(例如，在例 2-1 中执行第(1)步骤后，窗口中会出现命令 CREATE)，这有利于用户对照学习 Visual FoxPro 命令；②执行过的命令依次保留在命令窗口中，可供用户修改、重用或剪贴，有效地减少了命令的重复输入。

命令窗口的操作方法与一般的窗口一样，用鼠标拖动它的标题栏可移动其位置，而拖动它的任一边或任一角可改变其大小。

若要使命令窗口不显示，可在“窗口”菜单中选定“隐藏”命令；而要使它再次出现，可选定“窗口”菜单的“命令窗口”命令，或按 Ctrl+F2 快捷键。

(2) 用户文件默认目录

本教材约定，所有例题的文件均建立在“c:\vfpex”目录下。为此，在启动 Visual

FoxPro 后，可先设置上述路径为默认值。其操作步骤为：选定“工具”菜单的“选项”命令→在如图 2.1 所示的“选项”对话框中选定“文件位置”选项卡→在列表中选定“默认目录”选项→单击“修改”按钮→在“更改文件位置”对话框中选定“使用默认目录”复选框，然后在“定位默认目录”文本框内输入路径“c:\vfpex”（或通过文本框右侧显示 3 个点的对话按钮来选定路径）→单击“确定”按钮返回“选项”对话框→单击“确定”按钮关闭“选项”对话框。

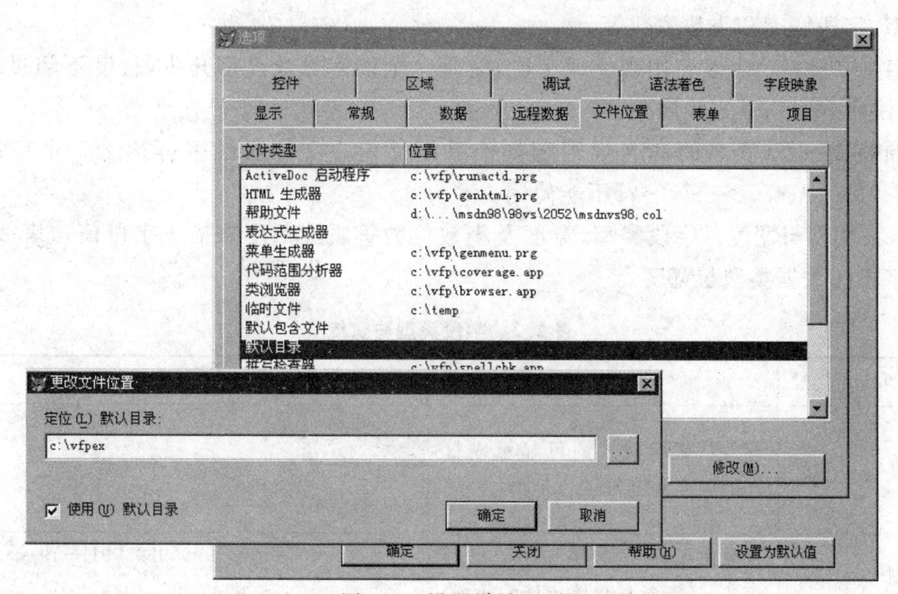

图 2.1　设置默认目录

若在命令窗口内输入命令 SET DEFAULT TO c:\vfpex，可达到同样的效果。若在关闭“选项”对话框前单击“设置为默认值”按钮，则每次启动 Visual FoxPro 后都将以该路径为默认值。

2. Visual FoxPro 的字段属性

人们在日常工作中经常用到二维的表格，表 2.1 的“设备清单”就是一个二维表。

表 2.1　设备清单

编号	名称	启用日期	价 格	部门	主要设备	备注	商标
016-1	车床	03/05/90	62044.61	21	.T.	memo	gen
016-2	车床	01/15/92	27132.73	21	.T.	memo	gen
037-2	磨床	07/21/90	241292.12	22	.T.	memo	gen
038-1	钻床	10/12/89	5275.00	23	.F.	memo	gen
100-1	微机	08/12/97	8810.00	12	.T.	memo	gen
101-1	复印机	06/01/92	10305.01	12	.F.	memo	gen
210-1	轿车	05/08/95	151000.00	11	.F.	memo	gen

Visual FoxPro 采用关系型数据模型,能将二维表作为数据库表存储到计算机中。建表时,二维表标题栏的列标题将成为表的字段。标题栏下方的信息则输入到表中成为表的数据,每一行数据构成表的一个记录。也就是说,表由结构和数据两部分组成。根据"设备清单"建立的表 SB.DBF,将含有 8 个字段和 7 个记录,其中每个记录含有 8 个字段值。例如,"设备清单"中的数据"微机"便是第 5 个记录"名称"字段的值。

所谓建立表结构,其实就是定义各个字段的属性。基本的字段属性可包括字段名、字段类型、字段宽度和小数位数等。

(1) 字段名。字段名用来标识字段,它是一个以字母或汉字开头,长度不超过 10 的字母、汉字、数字、下划线序列。

顺便提一下,表名的命名规则随操作系统而定。文件名最多可达 255 个字符,仅\、/、:、?、*、"、<、>、|等字符不能使用。

(2) 类型与宽度。字段类型、宽度及小数位数等属性都用来描述字段值。表 2.2 列出了字段的数据类型与宽度。

表 2.2　字段类型与宽度

类型	代号	说　明	字段宽度	范　围
字符型	C	存放从键盘输入的可显示或打印的汉字和字符	1 个字符占 1 个字节,最多 254 个字节	最多 254 个字符
数值型	N	存放由正负号、数字和小数点所组成,且能参与数值运算的数据	最多 20 位	-.9999999999E+19~.9999999999E+20
货币型	Y	与数值型不同的是数值保留 4 位小数	8 个字节	- 922337203685477.5808~922337203685477.5807
日期型	D	格式为 mm/dd/yy, mm、dd、yy 分别代表月、日、年。例如,05/15/95 表示 1995 年 5 月 15 日	8 个字节	01/01/0001~12/31/9999
日期时间型	T	存放日期与时间。例如,05/15/95 12:00:00 AM 表示 1995 年 5 月 15 日上午 12 点钟	8 个字节	01/01/0001 ~ 12/31/9999, 加上午 00:00:00~下午 11:59:59
逻辑型	L	存放逻辑值 T 或 F。其中,T 表示"真";F 表示"假"	1 个字节	"真"值.T. 或"假"值.F.
浮点型	F	同数值型,为与其他软件兼容而设置		
整型	I	存放不带小数的数值	4 个字节	- 2147483647~2147483647
双精度型	B	存放精度要求较高的数值,或真正的浮点数	8 个字节	+/-4.94065645841247E-324~+/-8.9884656743115E307

续表

类型	代号	说　明	字段宽度	范　围
备注型	M	能接收一切字符型数据，数据保存在与表的主名相同的备注文件中，其扩展名为.FPT。该文件随表的打开自动打开，但被损坏或丢失时，则表就打不开	4个字节	只受存储空间限制
通用型	G	用来存放图形、电子表格、声音等多媒体数据。数据也存储于扩展名为.FPT的备注文件中	4个字节	只受存储空间限制

字段宽度指明允许字段存储的最大字节数。对于字符型、数值型和浮点型3种字段，建表时应根据数据的实际需要设定合适的宽度；其他类型字段的宽度均由Visual FoxPro统一规定，例如，日期型宽度为8，逻辑型宽度为1等；备注型与通用型字段的宽度一律为4个字节，用于表示数据在.FPT文件中的存储地址。

(3) 小数位数

只有数值型、浮点型与双精度型字段才有小数位数。需要指出的是，小数点和正负号都须在字段宽度中占一位。例如，设备最大价格若为6位整数与2位小数，则该字段的宽度应设定为9位。由此可知，纯小数的小数位数至少应比字段宽度小1；若字段值限用整数，则应定义小数位数为0。

根据上述规定，表2.1的“设备清单”将拥有如表2.3所示的表结构。假定此表取名为SB，其表结构可表示为：

```
sb(编号 C(5),名称 C(6),启用日期 D,价格 N(9,2),部门 C(2),主要设备 L,备注 M,商标 G)
```

表2.3　设备表的结构

字段名	类　型	宽　度	小数位数
编号	字符型	5	
名称	字符型	6	
启用日期	日期型	8	
价格	数值型	9	2
部门	字符型	2	
主要设备	逻辑型	1	
备注	备注型	4	
商标	通用型	4	

3. 用表设计器建立表结构

[**例2-1**]　用表设计器建立表SB.DBF的结构。

① 新建表：选定“文件”菜单→选定“新建”命令→选定如图 2.2 所示的“新建”对话框中的“表”选项按钮→选定“新建文件”按钮，使出现如图 2.3 所示的“创建”对话框。

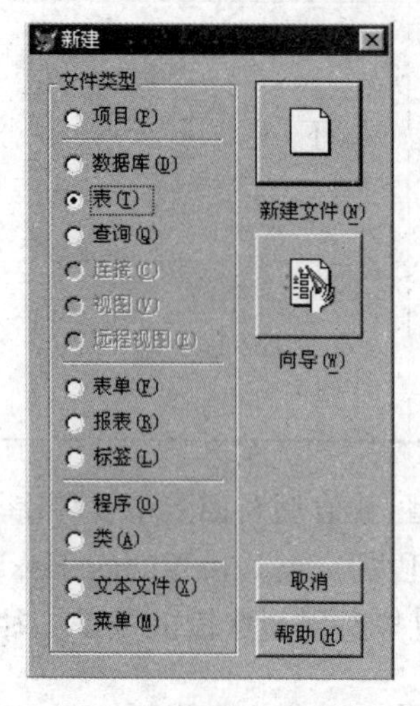

图 2.2 “新建”对话框

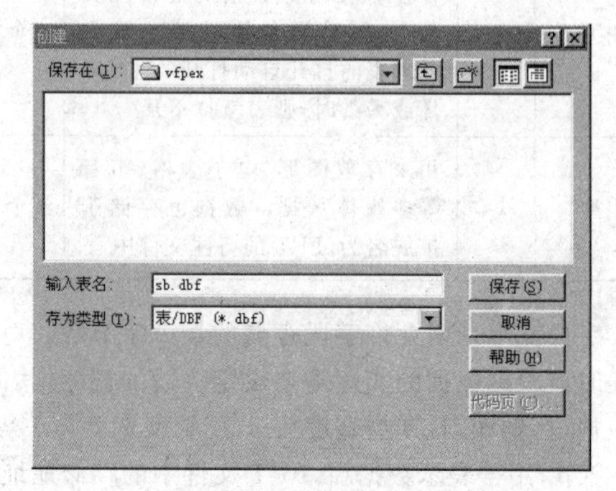

图 2.3 “创建”对话框

② 输入表名：在“保存在”组合框中选定文件夹 vfpex→在“存为类型”组合框中选定表→在“输入表名”文本框中输入 sb→选定“保存”按钮，即出现 sb.dbf 表设计器(参阅图 2.4)。

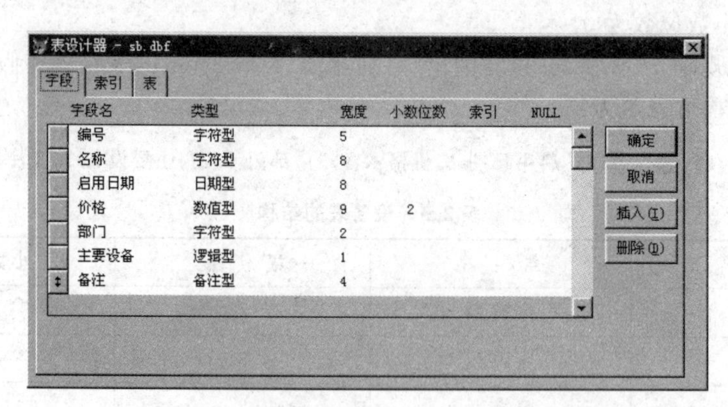

图 2.4 “表设计器”的“字段”选项卡

③ 用表设计器定义字段的属性值：按表 2.3 设定各字段的属性值，如图 2.4 所示。注意 sb.dbf 还包含一个商标字段，可操作表设计器中的滚动条使它显示出来。

字段属性设定完成后单击“确定”按钮，即出现如图 2.5 所示的对话框，询问“现在输

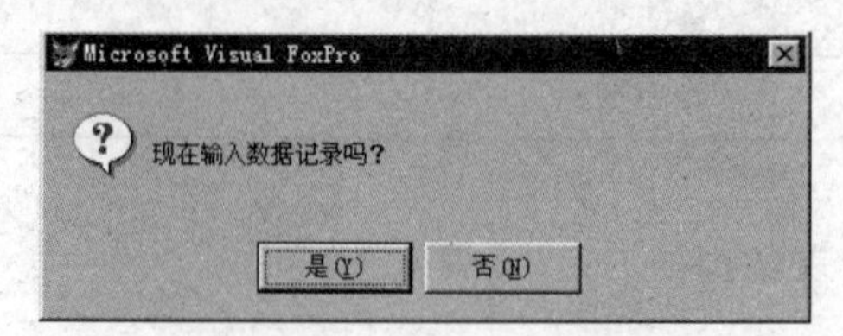

图 2.5 输入记录询问对话框

入数据记录吗?”。若单击“否”按钮,即关闭表设计器窗口,建立结构结束。虽然此时尚未输入表的数据,但是文件 sb. dbf 已经产生。若单击“是”按钮,将出现 SB 记录编辑窗口(参阅图 2.6),供用户按表 2.1 输入 sb. dbf 的记录。

4. 表设计器的“字段”选项卡

表设计器包括“字段”、“索引”、“表”等 3 个选项卡,可以创建并修改数据库表、自由表、字段和索引,或实现诸如有效性规则和默认值等高级功能。下面仅介绍“字段”选项卡的操作方法,以示一斑。

(1)“字段名”列的文本框:供输入字段名。

(2)“类型”列的组合框:供选取字段类型。只要单击组合框右端的下三角箭头按钮,即出现类型列表,用户可选定其中某一类型。

(3)“宽度”列的微调器:微调器的文本区可直接输入数字。其右端还有两个按钮,单击上箭头按钮数字增大,单击下箭头按钮数字减小。前已提到,仅字符型、数值型或浮点型字段需要用户设定宽度,其他类型字段的宽度由 Visual FoxPro 规定,操作时光标将跳过该列。

(4)“小数位数”列的微调器:用于输入或微调小数位数。仅数值型或浮点型字段允许用户设定小数位数。

(5)“索引”列:关于索引请阅 3.1.2 节。

(6) NULL 列的按钮:NULL 值表示无明确的值,不同于零、空串或空格。选定 NULL 按钮,其面板上会显示“√”号,表示该字段可接收 NULL 值,便于 Visual FoxPro 与可能包含 NULL 值的 Microsoft Access 或 SQL 数据通用。本书不展开讨论 NULL 值。

(7)“移动”按钮:“字段名”列左方有一列按钮,其中仅有一个按钮标有上下双箭头,将它向上或向下拖动能改变字段的次序。单击某空白按钮,它会变成双箭头按钮。

(8)“删除”按钮:要删除一个字段,可选定某字段后再单击“删除”按钮。

(9)“插入”按钮:要插入一个字段,可选定某字段后再单击“插入”按钮。但需注意的是,新字段将插入在当前字段之前。

2.1.2 输入表数据

从例 2-1 可知,建立表结构后若要立即输入数据,就会出现 SB 记录编辑窗口(参阅图 2.6)。此时窗口中各字段的排列次序及字段名右侧文本区宽度都与表结构定义相符;其中日期型字段的两个“/”间隔符已在相应的位置标出;“备注型”与“通用型”字段中已分别显示 memo 与 gen 标志,意味着这两种字段用其他方法来输入或修改数据。

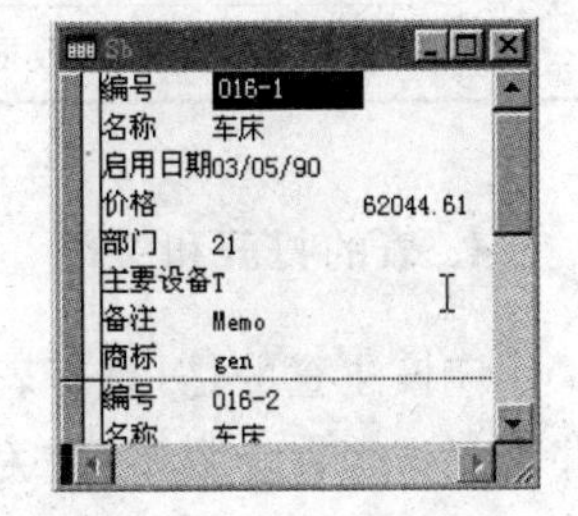

图 2.6 记录编辑窗口

1. 数据输入要点

(1) 表的数据可通过记录编辑窗口按记录逐个字段输入。一旦在最后一个记录的任何位置上输入数据,Visual FoxPro

即自动提供下一记录的输入位置。

(2) 逻辑型字段只能接收 T、Y、F、N 这 4 个字母之一(不论大小写)。T 与 Y 同义,若输入 Y 也显示 T;同样,F 与 N 同义,若输入 N 也显示 F。

(3) 日期型数据必须与日期格式相符,默认按美国日期格式 mm/dd/yy 输入。若要设置中国日期格式 yy.mm.dd,只要在命令窗口中输入命令 SET DATE ANSI 便可。若还要显示世纪,可输入命令 SET CENTURY ON。回到美国日期格式的命令为 SET DATE AMERICAN。

(4) 当光标停在"备注型"或"通用型"字段的 memo 或 gen 区时,若不想输入数据可按回车键跳过;若要输入数据,按 Ctrl+PgDn 键或双击都能打开相应的字段编辑窗口(参阅表 2.4)。

某记录的"备注型"或"通用型"字段非空时,其字段标志首字母将以大写显示,即显示为 Memo 或 Gen。

根据上述数据输入要点,读者便可按照表 2.1 为 SB.DBF 输入共计 7 个记录的数据。

2. "备注型"字段数据的输入

如上所述,打开当前记录的"备注型"字段编辑窗口就可以输入或修改备注信息。

作为练习,读者可在 SB.DBF 的第 1 个记录的"备注"字段中输入备注信息"从光华仪表厂租入",第 4 个记录的"备注"字段中输入"97 年 12 月封存"。

"备注"字段的文本可利用"编辑"菜单进行剪切、复制和粘贴,还可利用"格式"菜单的"字体"选项设置字体、字体样式和字的大小。

"通用型"字段数据的处理较为复杂,将在第 2.1.5 节另行介绍。

3. 编辑窗口的打开和关闭

前已涉及表的记录编辑窗口、字段编辑窗口的打开。不同的编辑窗口的打开方法可能不同,而关闭的方法却是一致的。表 2.4 列出了这些窗口的打开和关闭方法。

表 2.4 编辑窗口打开和关闭的方法

<table>
<tr><th colspan="2">窗口开关操作</th><th>记录编辑窗口</th><th>备注型或通用型字段编辑窗口</th></tr>
<tr><td colspan="2">打 开</td><td>打开表,选定显示菜单的浏览命令(参阅 2.1.4 节)</td><td>双击 memo 或 gen 区,或光标在该区时按 Ctrl+PgDn 键</td></tr>
<tr><td rowspan="2">关闭</td><td>数 据 存 盘</td><td colspan="2">单击窗口右上角的"关闭"按钮,或按 Ctrl+W 键</td></tr>
<tr><td>废弃本次输入的数据</td><td colspan="2">按 Esc 键或按 Ctrl+Q 键</td></tr>
</table>

4. 表的打开和关闭

应该注意的是,只有表打开后才能打开编辑窗口对它修改或检索;但编辑窗口的关闭并不意味着表会关闭;表关闭时数据会自动存盘。实际上,即使在建表过程中,有时也会因种种原因需将表关闭,以后再打开该表来修改结构、数据,或继续输入数据。

(1) 用 USE 命令打开或关闭表

命令格式：USE [＜文件名＞]

功能：在当前工作区中打开或关闭表。表打开时，若该表有备注型或通用型字段，则自动打开同名的.FPT 文件。

说明：

① ＜文件名＞表示被打开的表的名字；省略＜文件名＞表示关闭当前工作区(工作区的概念参阅 3.2.3 节)。例如，在命令窗口中输入命令 USE SB，即打开表 SB.DBF；若要关闭该表，可输入命令 USE。

② 打开一个表时，该工作区中原来打开的表自动关闭。

③ 已打开的表总有一个记录指针，指针所指的记录称为当前记录。表刚打开时，记录指针指向第一个记录。

④ 表操作结束后应及时关闭，以便将内存中的数据保存到表中。

(2) 打开表的其他常用方法

① 通过"文件"菜单的"打开"命令来打开表。

打开 SB.DBF 的操作步骤为：选定"文件"菜单的"打开"命令→在"打开"对话框(参阅图 2.7)的"搜索"组合框中选定文件夹"vfpex"，在"文件类型"组合框中选定"表"类型，在列表框中选定 SB.DBF→选定"确定"按钮。

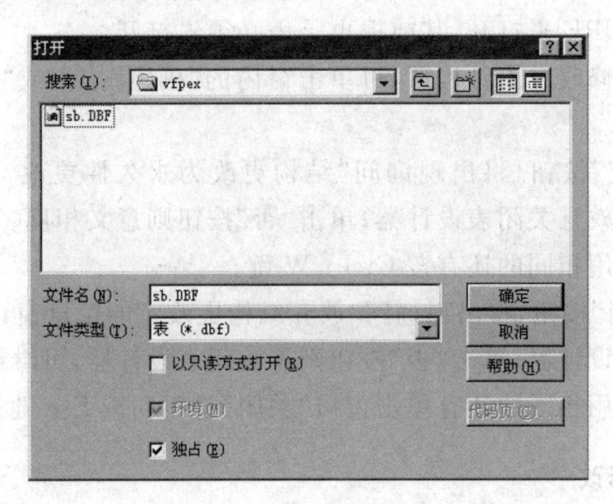

图 2.7 "打开"对话框

注意：若要修改结构或记录还应选定"打开"对话框中的"独占"复选框，否则打开的表是只读的，不能修改。

② 通过"窗口"菜单的"数据工作期"命令来打开表。数据工作期将在 3.2.3 节介绍。

(3) 关闭表的其他方法

① 可用以下命令之一来关闭表。

CLEAR ALL：关闭所有的表，并选择工作区 1；从内存释放所有内存变量及用户定义的菜单和窗口，但不释放系统变量。

CLOSE ALL：关闭所有打开的数据库与表，并选择工作区 1；关闭表单设计器、查询设计器、报表设计器和项目管理器。

CLOSE DATABASE [ALL]：关闭当前数据库及其中的表；若无打开的数据库，则关闭所有自由表，并选择工作区 1。若带有 ALL，则关闭所有打开的数据库及其中的表和所有打开的自由表。

CLOSE TABLES [ALL]：关闭当前数据库中所有的表，但不关闭数据库；若无打开的数据库，则关闭所有自由表。若带有 ALL，则关闭所有数据库中所有的表和所有自由表，但不关闭数据库。

② 通过“窗口”菜单的“数据工作期”命令来关闭表。

③ 通过退出 Visual FoxPro 来关闭。选定“文件”菜单的“退出”命令，或在命令窗口中输入命令 QUIT。

2.1.3 修改表结构

表建立后若要修改结构，例如，改变字段属性、增加或删除字段等，可以打开表设计器或利用表向导来操作。

1. 用表设计器来修改

当表处于打开状态时，“显示”菜单中就会包含“表设计器”命令，选定该命令即出现表设计器(参阅图 2.4)，供用户对表结构进行修改。表设计器也可在命令窗口输入命令 MODIFY STRUCTURE 来打开，其前提也是表必须先打开。

在表设计器窗口修改过表结构后，可单击窗内的“确定”按钮或“取消”按钮对作出的修改进行确认或取消。

(1) 若单击“确定”按钮，将出现询问“结构更改为永久性更改?”的信息窗口。单击“是”按钮表示修改有效且关闭表设计器；单击“否”按钮则意义相反。

与“确定”按钮作用相同的还有按 Ctrl＋W 键。

(2) 若单击“取消”按钮，将出现询问“放弃结构更改?”的信息窗口。单击“是”按钮表示修改无效且关闭表设计器；单击“否”按钮则不关闭表设计器，可继续修改。

与“取消”按钮作用相同的还有单击窗口“关闭”按钮和按 Esc 键。

2. 用表向导来修改

Visual FoxPro 和 Windows 都提供了多种向导。向导包括一系列对话框，它提示用户一步一步操作直至完成，省去了用户记忆操作步骤的麻烦。

用表向导来修改表结构或建立新表的结构，都必须利用已有的表来实现。用户通过打开“表向导”对话框开始操作，共分字段选取、修改字段设置、表索引、完成等 4 个步骤，每一步都显示一个设置窗口。

(1) 打开“表向导”对话框的方法

方法一：选定“文件”菜单的“新建”命令→选定如图 2.2 所示“新建”对话框的“表”选项按钮→选定“向导”按钮，使出现“表向导”对话框(参阅图 2.8)。

方法二：在“工具”菜单中，选定“向导”选项的“表”命令，使出现“表向导”对话框。

(2) 字段选取窗口的操作

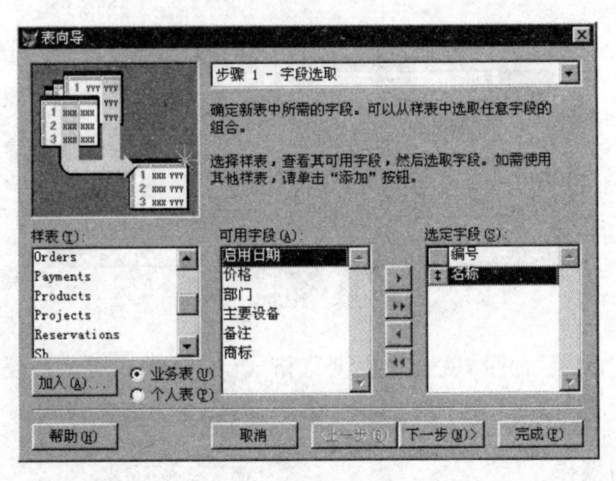

图 2.8 “表向导”对话框

① 选表：“表向导”对话框打开后，在“样表”列表中将显示 Visual FoxPro 示例应用程序所包含的表(通过“帮助”菜单的“目录”命令可以查看示例应用程序)以供用户选择，用户还可利用“加入”按钮来添加需要的表。假如添加了 sb. dbf，并在样表列表中选定它，“可用字段”列表中就会显示 SB 表的所有字段。

② 确定字段：用户所要的字段应从“可用字段”列表中选取，并使用箭头按钮将它们送到“选定字段”列表中。

箭头按钮可用于从“可用字段”列表向“选定字段”列表添加字段，或从“选定字段”列表中移去字段。向右箭头按钮用于将“可用字段”列表中选定的一个字段送入“选定字段”列表；向右双箭头按钮则能将“可用字段”列表的全部字段送入“选定字段”列表。向左箭头按钮与向左双箭头按钮的功能是反向传送字段。

③ 选定“下一步”按钮进入下一步骤。

其他步骤一般可省略。单击“完成”按钮是操作“表向导”的最后一步。单击此按钮后，向导将要求输入表名，若取名与原名相同，则表示修改了表结构；而若输入新的名字，即建立一个新的表结构。

2.1.4 修改表数据

Visual FoxPro 允许表数据在窗口中显示、查看和修改，并为此提供了 BROWSE(浏览)、CHANGE(修改)、EDIT(编辑)等多种命令。本书主要介绍 BROWSE 命令和它的浏览窗口。

1. 两种记录显示方式

浏览窗口显示表记录的格式分为编辑和浏览两种，前者如图 2.6 所示，一个字段占一行，记录按字段竖直排列；后者如图 2.9 所示，一个记录占一行。

打开任一个表(如 SB)后，“显示”菜单中就会自动增加一个“浏览”命令。此时上述两种显示格式可通过“显示”菜单来切换：若当前正按编辑格式显示(如图 2.6 所示)，只要

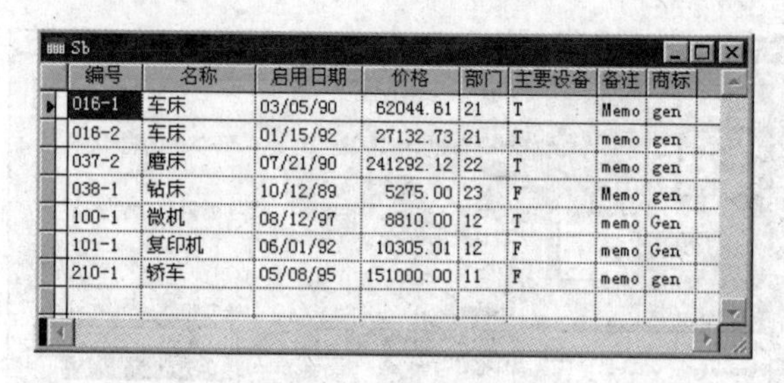

Sb

编号	名称	启用日期	价格	部门	主要设备	备注	商标
016-1	车床	03/05/90	62044.61	21	T	Memo	gen
016-2	车床	01/15/92	27132.73	21	T	memo	gen
037-2	磨床	07/21/90	241292.12	22	T	memo	gen
038-1	钻床	10/12/89	5275.00	23	F	Memo	gen
100-1	微机	08/12/97	8810.00	12	T	memo	Gen
101-1	复印机	06/01/92	10305.01	12	F	memo	Gen
210-1	轿车	05/08/95	151000.00	11	F	memo	gen

图 2.9 浏览窗口

选定“显示”菜单的“浏览”命令，就会换成浏览格式（如图 2.9 所示）；反之，若当前正按浏览格式显示，只要选定“显示”菜单的“编辑”命令，就会变为编辑格式。

2. 浏览窗口的操作

(1) 打开浏览窗口

可任选界面操作方式和命令方式之一来打开浏览窗口。

① 界面操作方式　打开要浏览的表（如 SB），然后选定“显示”菜单的“浏览”命令。

② 命令方式　在命令窗口先后输入以下命令：

```
USE <表名>          && 例如,USE sb
BROWSE              && 浏览命令,第 4 章将详细介绍
```

上述两种方法的共同点是，在打开浏览窗之前，必须打开要浏览的表。

(2) 滚动查看

当记录或字段较多，窗口内不能全部显示出来时，浏览窗口就会自动出现水平或垂直滚动条。查看数据时，可单击滚动条两端的箭头或拖曳其中的滑块，使表数据在窗口中滚动。也可按 PgUp 或 PgDn 键来上下翻页查看。

若要修改记录，还必须在打开表时设置独占方式，即在“打开”对话框中选定“独占”复选框。修改时只要单击字段的某位置，就可根据光标指示进行修改。

(3) 一窗两区

浏览窗口左下角有一黑色小方块，称为窗口分割器。将分割器向右拖动，便可将窗口分为两个分区（参阅图 2.10）。两个分区显示同一表的数据，显示格式可以相同也可以不同。光标所在的分区称为活动分区，活动分区的数据修改后，另一分区的数据会随之变化。单击某分区就可使它成为活动分区；此外，“表”菜单的“切换分区”命令也用于改变活动分区。

设置两个分区后，可通过“表”菜单的“链接分区”命令使两个区链接或解除链接；该命令前显示对号(√)时，表示分区处于链接状态。

两个分区链接后，在一个分区选定某记录，另一分区中也会显示该记录。若将一个分区设置为记录浏览格式，另一分区设置为编辑格式（如图 2.10 所

图 2.10 具有两个分区的浏览窗口

示)，则当在一个分区选择某记录时，另一分区中就可看到该记录的全貌。解除链接后，记录的选定与另一分区的显示状况无关，两个分区就能显示不同的记录，可用于对比不同记录的数据。

［**例 2-2**］ 以一窗两区显示 SB.DBF 的数据，并要求一个分区为浏览格式，另一分区为编辑格式。

操作结果如图 2.10 所示。操作步骤如下：

① 打开 SB.DBF：选定“文件”菜单的“打开”命令→在“打开”对话框中选定表 SB.DBF→选定“确定”按钮。

若该表已打开或新建后未关闭，则可省略这一步，因为表新建时处于打开状态。

② 设置显示格式：选定“显示”菜单的“浏览”命令→将分割器向右拖放到适当位置→单击右分区→选定“显示”菜单的“编辑”命令。

3. 在浏览窗口追加与删除记录

浏览窗口集成了浏览、修改、追加与删除等多种功能，所以当窗口被打开并成为活动窗口时，“显示”菜单中会出现一个“追加方式”命令，同时系统菜单中还增加了一个“表”菜单(参阅表 2.5)。若记录显示窗口是非活动的，单击其内部任何一处即变为活动窗口。

表 2.5　追加与删除记录的部分菜单命令

<table>
<tr><th>菜单</th><th>菜单命令</th><th>等效命令</th><th>功　能</th></tr>
<tr><td>显示</td><td>追加方式</td><td></td><td>在表末追加一个新记录，连续追加</td></tr>
<tr><td rowspan="3">表</td><td>追加新记录</td><td>APPEND</td><td>在表末追加一个新记录</td></tr>
<tr><td>彻底删除</td><td>PACK</td><td>将具有删除标记的记录从磁盘上删除</td></tr>
<tr><td>追加记录</td><td>APPEND FROM</td><td>在表末追加一批记录，来源可为其他表、文本文件等之一</td></tr>
</table>

(1) 追加记录。记录的追加是将新记录添加到表的末尾。“追加方式”与“追加新记录”的不同之处是：前者为连续追加，当添加出来的记录输入数据后，Visual FoxPro 就会自动开辟出另一新记录的位置；而选定“追加新记录”命令后仅添加一个记录，再要添加时需要再选定“追加新记录”命令。

(2) 删除记录。删除记录分为打上删除标记和从磁盘上删除两个步骤。

在记录显示窗口，单击记录左侧的矩形域，该矩形域就变黑，这一黑色矩形域就是删除标记；再次单击它，黑色矩形域会变白，这称为恢复记录。“表”菜单中也包含“删除记录”命令与“恢复记录”命令，但未列入表 2.5。

选定“表”菜单的“彻底删除”命令，就能将所有具有删除标记的记录从磁盘上删除。

2.1.5　通用型字段

Visual FoxPro 除能处理数字、文本外，也能使用图形、图像、声音等多媒体数据。它的通用型字段就可以存储多媒体数据。

通用型字段在许多方面和备注型字段类似。其一，它的内容也存储在.FPT 文件中。

其二，在记录显示窗口中，备注型字段数据区标出 memo 字样，通用型字段则标以 gen 字样，存储过内容后 gen 的第一个字符就会变为大写 G。其三，要编辑其内容可将光标移到 gen 区后按 Ctrl＋PgDn 键，或直接双击该区；退出编辑可按 Ctrl＋W 键或双击通用型字段窗口的“关闭”按钮。

1. 通用型字段数据的输入

通用型字段的数据可通过剪贴板粘贴，或通过“编辑”菜单的“插入对象”命令来插入图形，例 2-3 说明了后一种情形。

［**例 2-3**］ 在 SB. DBF 的“微机”记录中输入它的“商标”。

(1) 打开“微机”记录的通用型字段窗口：选定“文件”菜单的“打开”命令→在“打开”对话框中选定表 SB. DBF→选定“确定”按钮→选定“显示”菜单的“浏览”命令→双击“微机”记录的“商标”字段的 gen 区，使出现标题为“Sb. 商标”的通用型字段窗口（参阅图 2.11 ）。

编号	名称	启用日期	价格	部门	主要设备	备注	商标
016-1	车床	03/05/90	62044.61	21	T	Memo	gen
016-2	车床	01/15/92	27132.73	21	T	memo	gen
037-2	磨床	07/21/90	241292.12	22	T	memo	gen
038-1	钻床	10/12/89	5275.00	23	F	Memo	gen
100-1	微机	08/12/97	8810.00	12	T	memo	Gen
101-1	复印机	06/01/92	10305.01				en
210-1	轿车	05/08/95	151000.00				en

Sb. 商标

Fox. bmp

图 2.11 “Sb. 商标”通用型字段窗口

(2) 往通用型字段窗口中插入图形：选定“编辑”菜单的“插入对象”命令→在如图 2.12 所示的“插入对象”对话框中选定“由文件创建”选项按钮，然后通过“浏览”按钮选定文件“C:\vfp\Fox. bmp”→选定“确定”按钮，在图 2.11 中的“Sb. 商标”通用型字段窗口内即显示商标图形。

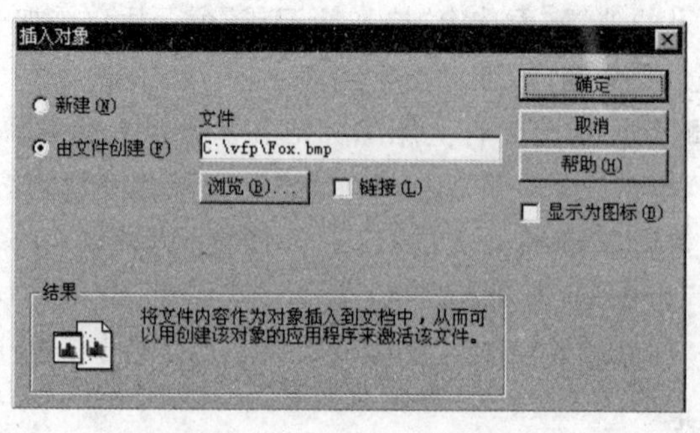

图 2.12 “插入对象”对话框

下面结合本例说明几点。

(1) 通用型字段窗口也可用命令来打开。若 SB. DBF 已打开，执行下述命令就能打开第一个记录的“Sb. 商标”窗口：

```
MODIFY GENERAL 商标
```

(2) 例 2-3 中插入的图形是位图文件(扩展名为. BMP)，其实其他类型的图形及声音等多媒体数据也可供插入。

例如，为 SB. DBF 的“复印机”记录增入它的“商标”，可选取文件 C:\VFP\GALLERY\GRAPHICS\WEBSITE. ICO，这是一个图标文件(扩展名为. ICO)。

若要插入声音，主机必须先装好声卡、音箱以及声卡驱动程序。插入声音文件的过程则与插入图形一样，即打开某通用型字段窗口后，选定“编辑”菜单的“插入对象”命令→在“插入对象”对话框中选定“由文件创建”选项按钮，然后通过“浏览”按钮选定文件(如 C:\WINDOWS\MEDIA\DING. WAV)，文件插入后通用型字段窗口将出现一个图标，双击该图标就会发出乐声。

(3) “插入对象”对话框中的“由文件创建”选项按钮，其功能是插入已有的对象；若选定“新建”选项按钮，并在“对象类型”列表框中选定“BMP 图形”选项，选定“确定”按钮后将出现 Microsoft Visual FoxPro 画图窗口，供画出新的图画。

(4) 上述插入的 BMP 图形也可以通过剪贴板来粘贴，操作步骤如下：用 Windows 的画图程序打开 FOX. BMP→选用画图窗口工具箱中的“选定”按钮，然后拖出包含图形的虚框来选定该图形→选定“编辑”菜单的“复制”命令→进入 Visual FoxPro，打开通用型字段窗口→选定“编辑”菜单的“粘贴”命令，剪贴板中的图形就送入了该窗口。

上述操作步骤描述了利用剪贴板将 Windows 的图形传送到 Visual FoxPro。其实，Word 的图形、Excel 的表格，都能通过剪贴板向 Visual FoxPro 传送；反之，通用型字段数据也可通过剪贴板传送到这些应用程序。

2. 通用型字段数据的编辑

若要修改已存入的图形，则必须使用图形编辑工具。操作步骤很简单，只要双击通用型字段窗口，就会回到产生该图形的编辑环境，便可编辑图形。

仍以例 2-3 为例。若双击“Sb. 商标”窗口即出现画图窗口，便可编辑图形。但须注意画图窗口标题栏中的名字：若在通用型字段窗口插入对象，当未选定“插入对象”对话框中的“链接”复选框(如图 2.12 所示)时，打开的窗口的标题栏名为“Sb. 商标”，此时可直接修改通用型字段的图形。但若选定了“链接”复选框，画图窗口标题栏名则为 FOX. BMP，此时修改的将是通用型字段图形的源对象，而源对象的改变也使通用型字段窗口的图形相应变化。此外，当选定“链接”复选框后，“编辑”菜单中的“链接”命令颜色将变深，可供用户选用。

上述操作涉及到在 Windows 应用程序之间交换数据时常用的 OLE(对象的链接与嵌入)方法。在这类数据交换中，存储源对象的应用程序称为 OLE 服务器，存储链接或嵌入对象的应用程序称为 OLE 客户。Visual FoxPro 的通用型字段总是用作 OLE 客户，其服务器可以是画图程序或 Word、Excel 等。

“链接”与“嵌入”其实代表了两种不同的方法。对象的链接是指：OLE 服务器存储着 OLE 对象,但客户应用程序中仅存储指向该 OLE 对象的指针,不存储 OLE 对象本身。故客户使用的 OLE 对象来自服务器,而且源 OLE 对象的变化能使客户使用的 OLE 对象立即(实时地)变化。而对象的嵌入是指: OLE 服务器和客户都存储 OLE 对象,但后者的 OLE 对象是从前者得到的,而服务器 OLE 对象的变化不能使客户 OLE 对象自动发生变化。

在上述操作中,根据在“插入对象”对话框中是否选定“链接”复选框,就可区分 OLE 对象为“链接”或“嵌入”方式。与嵌入方式相比,链接方式节省了存储空间,因为前者要存储两个相同图形。

3. 通用型字段数据的删除

若要删除已存入的图形,可先打开通用型字段窗口,然后选定“编辑”菜单的“清除”命令。通用型字段数据被删除的标志是该字段显示的 Gen 恢复为 gen。

2.2 表达式与函数

作为程序设计语言,Visual FoxPro 与其他语言一样拥有常量、变量、表达式和函数等不同形式的数据。现分述如下。

2.2.1 常量与变量

1. 常量

常量是固定不变的数据。与字段变量相对应,它也有数值型、字符型、日期型、日期时间型、逻辑型和货币型等多种类型。

(1) 数值型常量

整数、小数或用科学记数法表达的数都是数值型常量。例如,10、-100、2.81828、0.281828E1。

(2) 字符型常量

字符型常量是用双引号、单引号或方括号等定界符括起来的字符串。例如,"微机"、'PC'、[计算机]、"3.14159"。

Visual FoxPro 字符串的最大长度为 254 个字符。

若字符串中含有定界符,则必须用另一种定界符括起来,例如,"I'm a student."。

(3) 日期型和日期时间型常量

日期型常量必须用花括号括起来。例如,{06/30/1999}、{6/30/99},空白的日期可表示为{}或{/}。

日期时间型常量的写法如{9/15/99 8:45},空白的日期时间可表示为{/ :}。

还有一种“严格的日期格式”为:

```
^yyyy-mm-dd[,][hh[:mm[:ss]][a|p]]
```

格式中的符号^表明该日期格式是严格的,并按照 YMD 的格式来解释日期和日期时间。其中的-号可用正斜杠代替，如{^2001/08/30}。

必须注意的是，执行命令时 Visual FoxPro 6.0 默认使用严格的日期格式。如果要使用通常的日期格式，必须先执行 SET STRICTDATE TO 0 命令，否则会引起出错；若要设置严格的日期格式，可执行命令 SET STRICTDATE TO 1。

(4) 逻辑型常量

逻辑型常量只有真和假两种值，.T.、.t.、.Y. 和.y. 都表示真；.F.、.f.、.N. 和.n. 都表示假。

(5) 货币型常量

货币型常量以 $ 符号开头，并四舍五入到小数点后 4 位。例如，货币型常量 $100.12345，计算结果为 $100.1235。

2. 变量

变量是指在命令操作和程序运行过程中其值允许变化的量。在 Visual FoxPro 中，又包括内存变量、字段变量和系统内存变量 3 种。

(1) 内存变量

内存变量可用来存储数据，定义内存变量时需为它取名并赋初值，建立后存储于内存中。

① 内存变量的命名规则

内存变量与字段、文件的命名规则(参阅 2.1.1 节)有所不同。在 Visual FoxPro 中除字段和文件外，所有的用户命名，如内存变量、函数的取名，均遵守以下规则：以字母(也可汉字)或下划线开头；由字母、数字、下划线组成；至多 128 个字符；不可与系统保留字同名。所谓系统保留字是指 Visual FoxPro 语言使用的字，例如，USE 命令中的 USE 就是一个系统保留字。

② 内存变量赋值命令

命令格式 1：

```
<内存变量> = <表达式>
```

命令格式 2：

```
STORE <表达式>  TO <内存变量表>
```

功能：计算<表达式>，然后将计算结果赋给内存变量。

[**例 2-4**]　定义内存变量 S，N1，N2，N3。

用下面两条命令定义内存变量：

```
s= 'Visual FoxPro'            && 字符串 Visual FoxPro 赋给变量 S,结果 S 值为 Visual
                              && FoxPro,并成为字符型变量
STORE 2 * 4 TO n1,n2,n3       && 计算 2 * 4 得 8,结果 3 个变量值都是 8,都成为数字型变量
```

说明：

• 命令后的符号 &&，表示该符号后跟随的是本命令行的注解，它只对命令起注释

作用,与命令执行无关,本书常用来解释命令功能。

• 内存变量在赋值时定义了它的值及类型,其类型与所赋的值的类型相同。
• STORE 命令的<内存变量表>可包括多个内存变量,但须用逗号来分隔。该命令可将同一值赋给多个内存变量,而"="命令仅可为一个内存变量赋值。

③ 内存变量显示命令

命令格式:

```
LIST|DISPLAY MEMORY [LIKE <通配符>] [TO PRINTER [PROMPT] | TO FILE <文件名>]
```

功能:显示当前已定义的内存变量名、作用范围、类型和值。

说明:

• LIKE 子句表示将选出与通配符相匹配的内存变量,<通配符>有?和 * 两种,前者代表单个字符,后者代表一个或多个字符。若要显示例 2-4 中建立的内存变量,执行命令 LIST MEMORY LIKE ?? 后,主窗口中便显示下列内容:

```
S    Pub   C    "Visual FoxPro"
N1   Pub   N    8                    (          8.00000000)
N2   Pub   N    8                    (          8.00000000)
N3   Pub   N    8                    (          8.00000000)
```

省略该选项则列出全部内存变量(包括系统内存变量),并同时显示当前内存变量总的个数、字节数等。

• 选项 TO PRINTER 能将屏幕显示内容输出到打印机,使用[PROMPT]则能提供是否要打印的提示窗口。选项 TO FILE <文件名>能将显示内容存入文件。

④ 内存变量清除命令

命令格式:

```
RELEASE [<内存变量表>] [ALL[LIKE|EXCEPT<通配符>]]
```

功能:从内存中清除指定的内存变量。

例如:

```
RELEASE a,b               && 清除内存变量 a 和 b
RELEASE ALL               && 清除用户定义的所有内存变量
RELEASE ALL LIKE a*       && 清除所有首字母为 A 的内存变量
RELEASE ALL EXCEPT ?b*    && 清除除第 2 个字符为 B 以外的所有内存变量
```

(2) 数组

数组是按一定顺序排列的一组内存变量,数组中的各个变量称为数组元素。数组必须先定义后使用。

① 数组的定义

命令格式:

```
DIMENSION|DECLARE <数组名> (<下标 1> [,<下标 2>]) [,<数组名> (<下标 1> [,<下标 2>])
…]
```

功能：定义一维或二维数组，及其下标的上界。

说明：

- 系统规定各下标的下界为 1。例如，命令“DIMENSION x(3)，a(2,3)”分别定义了数组名为 x 的一维数组与数组名为 a 的二维数组。数组 x 下标的上界为 3，由于下界规定为 1，故该数组有 3 个数组元素，表示为 x(1)、x(2)与 x(3)。对于二维数组，常将第 1 个下标称为行标，第 2 个下标称为列标，故二维数组 a 具有 2 行 3 列共 6 个元素，分别表示为 a(1,1)、a(1,2)、a(1,3)、a(2,1)、a(2,2)与 a(2,3)。
- 理论上 Visual FoxPro 中最多可定义 65000 个数组，且每个数组最多可包含 65000 个元素，实际上最大个数将受可用内存的制约。

② 数组的赋值

- 在一般高级语言中，同一数组各元素的类型必须相同。Visual FoxPro 则不然，它不仅允许同一数组的元素取不同类型，而且同一个元素的前、后类型也可以改变。在定义数组时，系统将各数组元素的初值设置为“.F.”。
- 用赋值命令可为数组元素单个地赋值，也可为整个数组的各个元素赋以相同值。例如，赋值命令“a＝8”可为上面定义的二维数组 a 的 6 个元素都赋以同样的初值 8。
- 二维数组各元素在内存中按行的顺序存储，而且也可按一维数组来表示其数组元素。例如，上述二维数组 a 中的元素 a(2,2)排在第 2 行第 2 列，由于每行有 3 个元素，所以该元素也可用 a(5)来表示。

(3) 字段变量

表的每一个字段都是一个字段变量。例如，SB.DBF 中的编号、名称和单价等都是字段变量。说字段是变量，是由于对于某一字段，它的值允许因记录而异。请看名称字段的值：

```
USE sb
?名称        && SB.DBF 打开后记录指针指向第 1 个记录，显示车床（?命令参阅 2.2.2 节）
GO 5         && 将记录指针指向第 5 个记录（GO 命令参阅 2.5.1 节）
?名称        && 显示微机
```

字段变量在建立表结构时定义，修改表结构时可重新定义，或增删字段变量。

为简便计，内存变量常称为变量，而字段变量则直接以字段来称呼。

(4) 系统内存变量

Visual FoxPro 提供了一批系统内存变量，它们都以下划线开头，分别用于控制外部设备（如打印机、鼠标等）、屏幕输出格式，或处理有关计算器、日历、剪贴板等方面的信息。例如，

① _DIARYDATE：存储当前日期。

② _CLIPTEXT：接收文本并送入剪贴板。例如，执行命令_CLIPTEXT＝"Visual FoxPro"后，剪贴板中就存储了文本 Visual FoxPro。

2.2.2 表达式

表达式一般是常量、变量、函数和运算符的组合。例如，表达式 2＊PI()＊R 能计算

半径为 R 的圆的周长,其中 2 是常量;PI()是函数,系统默认值为 3.14;R 是变量,计算表达式前需通过输入或赋值取得初值; * 是乘号运算符。

Visual FoxPro 可提供 5 类运算符: 算术、关系、逻辑、字符、日期与日期时间,详见表 2.6。其中前 3 种运算符生成的表达式分别称为算术表达式、关系表达式和逻辑表达式。

表 2.6 算术、关系、逻辑运算符

运算	优先级	运 算 符	意 义	运算举例(注解表示显示结果)	
算术	8	( )	圆括号		
	7	ˆ或 **	乘方	?3ˆ2	&&9
	6	*	乘		
		/	除		
		%	取模: 取两数相除的余数	?15%4	&&3
	5	+	加		
		−	减		
关系	4	＜	小于	?63＜54	&&.F.
		＜＝	小于等于	?{01/01/92}＜＝{01/01/92}	&&.T.
		＞	大于	?"ABC"＞"AAAA"	&&.T.
		＞＝	大于等于	?"大专"＞＝"大学"	&&.T.
		＝	相等: 串比较时串首同就得真	?"ABC"＝"AB"	&&.T.
		＝＝	完全相等: 两串全同才得真	?"ABC"＝＝"AB"	&&.F.
		＜＞、#或!＝	不相等	?.T.＜＞.F.	&&.T.
		$	包含: 左串是右串的子串才得真	?"BC"$"ABCD"	&&.T.
逻辑	3	NOT 或 !	非: 结果是右边逻辑值的反	?NOT"BC"$"ABCD"	&&.F.
	2	AND	与: 两边都真才得真	?.T. AND"ABC"＞"AB"	&&.F.
	1	OR	或: 两边有一为真就得真	?.T. OR 4＝5	&&.T.

1. 算术表达式、关系表达式和逻辑表达式

(1) 算术表达式的所有操作数必须是数值,运算的结果也是数值。运算顺序是先乘方,再乘除与取模,后加减,同一级别的运算则从左向右依次进行。有圆括号时圆括号内先算,若有圆括号嵌套,则按先内后外次序处理。

(2) 在关系表达式运算中,两个操作数的类型必须一致,比较的结果是逻辑值。数值型数据按数值大小进行比较;日期型数据按年、月、日的先后进行比较;字符型数据按相应

位置上两个字符 ASCII 码值的大小进行比较。

(3) 逻辑运算的操作数须是能得出逻辑值的表达式,运算结果也是逻辑值。若操作数类型不符要求,将会出现“操作符/操作数类型不一致”的出错提示。关系运算常用来描述某种条件,而逻辑运算可用于描述复合的条件。若两个条件中有一个成立便算成立,应使用 OR 运算,而两个条件同时成立才算成立,应使用 AND 运算;至于 NOT 则用于否定一个条件。

这里还要补充说明以下两点。

(1) 表达式计算按表 2.6 列出的优先级从高到低执行。例如,计算表达式“.T. AND "ABC"＞"AB"”,Visual FoxPro 将先比较字符串"ABC"和"AB"的大小,然后进行“与”运算。

(2) 表达式值显示命令

命令格式: ?|?? ＜表达式表＞

功能: 计算表达式的值,并将其显示在屏幕上。

说明:

① 命令格式中的符号|表示或。

② ?表示从屏幕下一行的第一列起显示结果。例如,显示例 2-4 中变量 S 和 N1 的值。

```
?s              && 在 Visual FoxPro 主窗口中显示 Visual FoxPro
?n1             && 换一行后显示 8
```

③ ??表示从当前行的当前列起显示结果。例如,

```
?s              && 显示 Visual FoxPro
?? '数据库应用'&& 紧接在上一命令显示结果 Visual FoxPro 的后面显示“数据库应用”
```

④ ＜表达式表＞表示可用逗号来隔开多个表达式,命令执行时遇逗号就空一格。例如,

```
? 'S= ',s       && 显示 S=Visual FoxPro
```

2. 字符、日期与日期时间运算

在表 2.6 中,＋和－两个算术运算符也可用作字符运算符、日期与日期时间运算符。

(1) 字符运算符

＋运算符: 用于连接两个字符串。

－运算符: 用于连接两个字符串,并将前一个字符串尾部的空格移到结果字符串的尾部。例如,

```
?"信息 "＋"技术"      && 显示“信息 技术”
?"信息 "－"技术"      && 显示“信息技术 ”
```

(2) 日期与日期时间运算符

日期或日期时间的运算,以运算符＋表示数据相加,以运算符－表示数据相减。

对日期型数据进行运算指日期的加减，且加减的单位为天数。例如，

```
SET STRICTDATE TO 0              && 使用通常的日期格式
?{06/30/98}-61                   && 日期表达式。日期型数据减去 61 天，显示日期 04/30/98
?{12/31/99}-{12/31/98}           && 日期相减，显示数值 365
SET CENTURY ON                   && 日期或日期时间型数据输出时在年份前冠以世纪
?{12/31/99}+1                    && 显示日期 01/01/2000
SET CENTURY OFF                  && 日期或日期时间型数据输出时年份不要含世纪
```

对日期时间型数据进行运算指日期时间的加减，且加减的单位为秒数。在下例中，将为日期时间型数据增加 60 秒(即 1 分)，

```
?{09/01/1998 12:00am}+60         && 日期时间表达式。显示日期时间 09/01/1998 12:01:00am
```

若表达式中含有变量，则它必须是当前表的字段或者是已赋过值的内存变量，否则系统将提示"找不到变量"。

(3) 以上两类运算使用的表达式，有时也称为字符表达式、日期表达式和日期时间表达式。

在 Visual FoxPro 中，表达式广泛用于命令、函数、对话框、控件及其属性之中。在第 2.3 节将介绍表达式在 Visual FoxPro 命令的常用子句中的应用。

2.2.3　函数

函数用于提供特定的功能。Visual FoxPro 拥有 200 余种函数，具有强大的功能。

1. 函数的要素

函数有函数名、参数和函数值 3 个要素。

(1) 函数名起标识作用。

(2) 参数是自变量，一般是表达式，写在括号内。

(3) 函数运算后会返回一个值，称为函数值，这就是函数的功能。函数值会因参数值而异。

例如，平方根函数，其函数名为 SQRT(参阅表 2.7)，下面计算参数值为 4 时的函数值：

```
?SQRT(4)      && 显示函数值 2.00
```

有的函数省略参数(称为哑参)，但仍有返回值，例如，函数 DATE()能返回系统当前日期。

2. 函数的类型

所谓函数类型就是函数值的类型。在表达式中嵌入函数时必须了解函数值的类型，免得发生数据类型不一致的错误。

使用 TYPE 函数能返回表达式的类型，也能测出函数的类型。例如，

```
?TYPE("DATE()")      && 显示 D,表明函数 DATE()是日期型函数
```

3. 常用函数

表 2.7～表 2.11 分类介绍了 Visual FoxPro 的常用函数，包括数值型函数、字符处理

函数、日期处理函数、逻辑型函数和其他函数。

表 2.7 数值型函数

函数	功能	例子(注解表示结果)
ABS(<数值表达式>)	求<数值表达式>的绝对值	? ABS(-4) && 4
SQRT(<数值表达式>)	求<数值表达式>的平方根	? SQRT(4) && 2.00
EXP(<数值表达式>)	求 e 的<数值表达式>次方的值	? EXP(2) && 7.39
INT(<数值表达式>)	返回<数值表达式>的整数部分	? INT(7.5) && 7
MAX(<数值表达式 1>,<数值表达式 2>)	返回两个数值表达式中的较大者	? MAX(4,7) && 7
MOD(<数值表达式 1>,<数值表达式 2>)	取模,即返回<数值表达式 1>除以<数值表达式 2>所得的余数	? MOD(8.7,3) && 2.7
ROUND(<数值表达式 1>,<数值表达式 2>)	<数值表达式 1>四舍五入,保留<数值表达式 2>位小数	? ROUND(3.1415,3) && 3.142
RAND(<数值表达式>)	返回伪随机数	? RAND() && 随机数,如 0.85

表 2.8 字符处理函数

函数	功能	例子(注解表示结果)
SUBSTR(<字符表达式>,<数值表达式 1>[,<数值表达式 2>])	返回<字符表达式>中第<数值表达式 1>位起的长度为<数值表达式 2>的子串	? SUBSTR("ABCD",2,2) && "BC"
LEFT(<字符表达式>,<数值表达式>)	返回<字符表达式>左起<数值表达式>个字符的子串	? LEFT("ABCD",2) && "AB"
RIGHT(<字符表达式>,<数值表达式>)	返回<字符表达式>右起<数值表达式>个字符的子串	? RIGHT("ABCD",2) && "CD"
LEN(<字符表达式>)	返回字符串的长度	? LEN("ABCD") && 4
AT(<字符表达式 1>,<字符表达式 2>[,<数值表达式>])	返回字符串<字符表达式 1>在<字符表达式 2>中第<数值表达式>次出现的位置	? AT("BC","ABCD",1) && 2
ALLTRIM(<字符表达式>)	删除字符串前导和末尾的空格	? ALLTRIM(" ABCD ") && "ABCD"
SPACE(<数值表达式>)	返回<数值表达式>个空格	? SPACE(4) && " "
UPPER(<字符表达式>)	将小写字母转换为大写	? UPPER("aBc") && "ABC"
LOWER(<字符表达式>)	将大写字母转换为小写	? LOWER("aBc") && "abc"
VAL(<字符表达式>)	将字符串转换为数值	? VAL("3.14") && 3.14

续表

函　数	功　能	例子(注解表示结果)
STR(＜数值表达式 1＞[,＜数值表达式 2＞[,＜数值表达式 3＞]])	将数值＜数值表达式 1＞转换为长度为＜数值表达式 2＞位，具有＜数值表达式 3＞位小数的字符串	?STR(3.14,5,1) &&" 3.1"
CHR(＜数值表达式＞)	从＜数值表达式＞表示的 ASCII 码返回字符	?CHR(65)　　&&"A"
ASC(＜字符表达式＞)	返回字符的 ASCII 码值	?ASC("A")　　&&65

表 2.8 说明：

(1) STR 函数中＜数值表达式 2＞的默认值为 10，＜数值表达式 3＞的默认值为 0。例如，STR(3.1415)的值是"   3"，该字符串之中有 9 个空格。

(2) AT 函数中＜数值表达式 3＞的默认值为 1，即求第一次出现的位置。

(3) SUBSTR 函数中若＜数值表达式 2＞省略，则子串取到＜字符表达式＞的最后一个字符。例如，SUBSTR("ABCDEF",3)的值是"CDEF"。

表 2.9　日期处理函数

函　数	功　能	例子(注解表示结果)
CTOD(＜字符表达式＞)	将＜字符表达式＞转换为日期	?CTOD("10/1/99") &&10/01/99
DTOC(＜日期表达式＞)	将＜日期表达式＞转换为字符串	?DTOC({10/1/99})&&"10/01/99"
DTOS(＜日期表达式＞)	＜日期表达式＞转换为 YYYYMMDD 格式字符串	?DTOS({10/1/99})&&"19991001"
TIME()	以 HH:MM:SS 的格式返回系统当前时间	?TIME()　　&&"14:56:12"
DATE()	返回系统的当前日期	?DATE()　　&&02/01/99
YEAR(＜日期表达式＞)	返回年份	?YEAR(DATE()) &&1999

表 2.10　逻辑型函数

函　数	功　能	例　子
BOF([＜工作区＞])	记录指针指向首记录之前时返回.T.，否则返回.F.	参阅 2.5.1 节
EOF([＜工作区＞])	记录指针指向末记录之后时返回.T.，否则返回.F.	
FOUND([＜工作区＞])	用 LOCATE,CONTINUE,SEEK 或 FIND 来查询，若查到返回.T.，否则返回.F.	参阅例 4-4
FILE([＜字符表达式＞])	若＜字符表达式＞表示的文件存在则返回.T.，否则返回.F.	
MDOWN( )	若鼠标左键按下则返回.T.，否则返回.F.(用于程序中)	

表 2.10 说明：＜工作区＞表示工作区号或工作区别名，用来指定工作区(参阅 3.2.3 节)。

表 2.11　其他函数

函　数	功　能	例　子
DBF([＜工作区＞])	返回工作区中打开表的名称	
RECNO([＜工作区＞])	返回工作区中当前记录的记录号	参阅 2.5.1 节
TYPE("＜字符表达式＞")	返回表达式类型，以 N、C、D、L 等之一表示	

2.3　Visual FoxPro 命令的常用子句

Visual FoxPro 命令大都含有多种子句，每种子句表达某种功能；许多命令子句中都包含了表达式。本节简单介绍 4 种常用的子句，以及表达式在这些子句中的应用。

2.3.1　4 种常用的命令子句

不少 Visual FoxPro 命令中带有＜范围＞、FOR＜条件＞、WHILE＜条件＞与 FIELDS＜表达式表＞等 4 个常用子句，下面以 LIST|DISPLAY 命令为例来介绍这些子句。

命令格式：

```
LIST|DISPLAY [<范围>][FOR <条件>][WHILE <条件>] [[FIELDS] <表达式表>]
    [OFF][ TO PRINT [PROMPT]|TO FILE <文件>]
```

功能：在表中按指定范围与条件筛选出记录并显示出来，或送至指定的目的地。命令的开头动词既是命令的名字，也用来表示命令的操作，如“LIST”、“DISPLAY”等。

说明：

(1) 范围子句

范围子句用来确定执行该命令所涉及的记录，它有 4 种限定方法：

```
ALL             所有记录
NEXT <N>        从当前记录起的 N 个记录
RECORD <N>      第 N 个记录
REST            从当前记录起到最后一个记录止的所有记录
```

省略范围子句时通常表示 ALL，如 LIST 命令；但也有例外，DISPLAY 命令在省略范围子句时的默认范围为当前记录。

(2) FOR 子句

FOR 子句中的＜条件＞用于指定选择记录的条件。若命令中还含有范围子句，则在指定的范围中筛选出符合条件的记录。例如，

```
USE sb
```

```
GO 2                            && 记录指针指向第 2 个记录
LIST NEXT 5 FOR 价格>10000      && 显示第 2,3,6 等 3 个记录
```

(3) WHILE 子句

该子句也带有操作＜条件＞,但它仅在当前记录符合条件时开始依次筛选记录,一旦遇到不满足条件的记录时就停止操作。例如,将上述 3 条命令中的 LIST 命令的 FOR 子句改为 WHILE 子句,将显示第 2,3 两个记录。

若一条命令中同时有 FOR 与 WHILE 子句,则优先处理后者。

(4) FIELDS 子句

范围、FOR 与 WHILE 子句都能将表中需要操作的记录筛选出来,FIELDS 子句则能确定需要操作的字段。该子句的保留字 FIELDS 可以省略,而＜表达式表＞用来列出需要的字段,甚至较为复杂的表达式,LIST 命令将按筛选得到的记录依次算出表达式的值,并显示出来。例如,

```
LIST RECORD 5 FIELDS 编号,名称,价格    && 显示第 5 个记录的编号、名称、价格字段的值
```

FIELDS 子句省略时显示除备注型、通用型字段外的所有字段。

(5) OFF 子句

LIST 和 DISPLAY 命令都能自动显示记录号。若不要显示记录号,可在命令中使用 OFF 选项。

注意:LIST 和 DISPLAY 命令除命令动词外格式一致,功能略有区别。前者以滚动方式输出,后者则为分屏输出;在省略范围时,前者默认所有记录,后者只指当前一个记录。

[**例 2-5**] 按下列要求显示 SB.DBF 的有关信息:

(1) 列出前 3 个记录。

(2) 列出部门代码为 21(一车间)的编号、名称与备注。

(3) 列出 1995 年前所启用设备的编号、名称、价格与启用日期,还要求其中的价格打 9 折,并且不显示记录号。

```
USE sb
LIST NEXT 3                                                  && (1)
LIST 部门,编号,名称,备注 FOR 部门= "21"                       && (2)
LIST 编号,名称,价格 * 0.9,启用日期 FOR YEAR(启用日期)<1995 OFF  && (3)
```

2.3.2 命令子句中的表达式

从上面的叙述可见,＜范围＞子句和 FOR＜条件＞、WHILE＜条件＞、FIELDS＜表达式表＞等 4 个常用子句中均包含了表达式。其中,范围子句中的＜N＞其实是一个算术表达式;FOR 和 WHILE 子句中的＜条件＞都是逻辑表达式,例如,FOR 价格＞10000,FOR 部门="21"等;FIELDS 子句有时也写作 FIELDS＜字段列表＞,其实列表中的每一项均可以是表达式,例如,例 2-5(3)中的"价格 * 0.9"就是一个表达式。

2.3.3 命令和子句的书写规则

(1) 命令动词与子句、子句与子句、子句内的各部分(如 NEXT 与 3,FOR 与条件)之间必须用空格隔开,但各子句的次序允许任意排列。若将例 2-5(2)的命令改写为

```
LIST FOR 部门= "21" 部门,编号,名称,备注
```

执行结果没有变化。

(2) 命令动词与各子句中的保留字,包括以后将介绍的函数名都可简写为前 4 个字符,而且对其中出现的英文字母,使用大小写等效。例如,MODIFY STRUCTURE 只需表达为 MODI STRU。

(3) 一条命令的长度可达 8192 个字符。若一行写不下,可在适当位置输入续行符“;”并按回车键,然后在下一行继续输入该命令。

(4) 命令或函数格式中以“|”分隔的两项表示两者之中只选其一,如 LIST | DISPLAY 。用中括号“[ ]”括起来的部分表示可选项。用尖括号“＜ ＞”括起来的部分表示由用户定义的内容。但这些符号并非命令或函数的组成部分。

2.4 表的维护命令

表中的数据需要经常维护。2.1 节已介绍用界面操作方式修改数据的方法,本节将讨论以命令方式进行数据维护的命令。

2.4.1 表的复制

对已有的表进行复制以得到它的一个副本,是保护数据安全的措施之一。

1. 从表复制出表或其他类型的文件

命令格式:

```
COPY TO <文件名> [< 范围>] [FOR <条件>] [WHILE <条件>]
    [FIELDS <字段名表> | FIELDS LIKE <通配字段名> | FIELDS EXCEPT <通配字段名>]
    [[TYPE] [SDF|XLS|DELIMITED[WITH <定界符> |WITH BLANK|WITH TAB]]]
```

功能:将当前表中选定的部分记录和部分字段复制成一个新表或其他类型的文件。

[**例 2-6**] 表的复制示例。

```
USE sb
COPY TO a1        && 对 sb.dbf 原样复制,同时生成 A1.DBF 与 A1.FPT
COPY TO a2 FIELDS 名称,编号 FOR LEFT(部门,1)= "2"
    && A2.DBF 只含有各车间所具设备的名称与编号两个字段内容,而且名称排在编号前
```

说明:

(1) 对于含有备注型字段的表,系统在复制扩展名为.DBF 的文件的同时自动复制扩展名为.FPT 的备注文件。

(2) 复制所得的新表必须被打开,也即被选作为当前表后才可进行操作。接上例,

```
LIST              && 显示 SB.DBF 的记录数据
USE a2
LIST              && 显示 A2.DBF 的记录数据
```

(3) <通配字段名>指表示字段名时可使用通配符 * 号和?号, FIELDS LIKE 表示取<通配字段名>指出的字段,FIELDS EXCEPT 表示取<通配字段名>外的字段。

(4) 新文件的类型除了可以是表之外,还可以是系统数据格式、定界格式等文本文件,或 Microsoft Excel 文件。文本文件是 ASCII 字符文件,可用字符编辑程序来编辑,它与表不同,即没有结构只有数据,系统默认的扩展名为 . TXT。Excel 文件只能在 Excel 中打开。

若不含 TYPE 子句,默认新文件的类型是表。

若要得到 Excel 文件,TYPE 子句中必须取 XLS。

若要得到文本文件,则 TYPE 子句中必须取 SDF 或 DELIMITED,具体情况如下:

① SDF 表示数据无定界符,数据间也无分隔符;

② 不带 WITH 的 DELIMITED 表示用逗号作为分隔符,定界符为双引号;

③ DELIMITED WITH <定界符>表示用指定的字符作为定界符,分隔符为逗号;

④ DELIMITED WITH BLANK 表示用空格作为分隔符,没有定界符;

⑤ DELIMITED WITH TAB 表示用制表符作为分隔符,定界符为双引号。

注意:这里的定界符指字符型字段的定界符,其他类型字段没有定界符;分隔符是指字段之间用来分隔的字符。

[例 2-7] 以系统数据格式将 sb. dbf 的前 3 个记录复制到文本文件。

```
USE sb
COPY TO b1 NEXT 3 SDF        && 以系统数据格式复制,产生文本文件 B1.TXT
TYPE b1.txt                  && 用 TYPE 命令显示文本文件 B1.TXT 的内容
    016-1 车床      19900305 62044.6121T
    016-2 车床      19920115 27132.7321T
    037-2 磨床      19900721241292.1222T
```

从例 2-7 中可知,系统数据格式文件中的记录都是定长的且以回车符结尾;数据之间无分隔符,数据也无定界符;记录中每个字段的宽度固定,字段数据不足宽度时,数值型置前导空格,字符型则后补空格;日期型数据改变为 yyyymmdd 的形式;逻辑型数据两侧的圆点被去除;备注型和通用型数据被舍弃。

若例 2-7 中 COPY 命令的 SDF 改为 XLS,将产生文件 B1. XLS,该文件在 Excel 中打开后与 Visual FoxPro 表显示形式一致。

若例 2-7 中 COPY 命令的 SDF 改为 DELIMITED,将产生文件 B1. TXT,用 TYPE 命令显示如下:

```
"016-1","车床",03/05/1990,62044.61,"21",T,
"016-2","车床",01/15/1992,27132.73,"21",T,
"037-2","磨床",07/21/1990,241292.12,"22",T,
```

2. 复制表的结构

命令格式：

```
COPY STRUCTURE TO <文件名> [FIELDS <字段名表>]
```

功能：仅复制当前表的结构，不复制其中的数据。若使用 FIELDS 选项，则新表的结构只包含其指明的字段，同时也决定了这些字段在新表中的排列次序。

例如，

```
USE sb
COPY STRUCTURE TO sb2 FIELDS 名称,价格,编号,备注
```

3. 复制任何文件

命令格式：

```
COPY FILE <文件名 1> TO <文件名 2>
```

功能：从＜文件名 1＞文件复制得＜文件名 2＞文件。

说明：

(1) 若对表进行复制，该表必须处于关闭状态，例如，复制 SB 表。

```
USE                              && 若 SB.DBF 是打开的,则须关闭它
COPY FILE SB.DBF TO SB1.DBF      && 复制得 SB1.DBF
COPY FILE SB.FPT TO SB1.FPT      && 复制得 SB1.FPT
```

(2) ＜文件名 1＞和＜文件名 2＞都可使用通配符 * 号和?号。

除文件复制外，Visual FoxPro 还可提供文件改名、删除和显示等命令，详见表 2.12。

表 2.12 文件改名、删除、显示命令

命 令 格 式	功 能
RENAME ＜原文件名＞ TO ＜新文件名＞	文件改名
ERASE | DELETE FILE ＜文件名＞	删除文件
DIR [＜驱动器＞][＜通配符＞][TO PRINT]	显示文件目录
TYPE ＜文件名＞ [TO PRINT]	显示文本文件的内容

2.4.2 表数据的替换

1. 成批替换数据

在浏览窗口中修改数据必须由用户输入修改值，而 REPLACE 命令能直接将字段值用指定的表达式值来替换，因此在程序设计中常使用该命令。

命令格式：

```
REPLACE <字段名 1>WITH <表达式 1> [ADDITIVE]
    [,<字段名 2>WITH <表达式 2> [ADDITIVE]]… [<范围>] [FOR <条件>] [WHILE <条件>]
```

功能：在当前表的指定记录中，将有关字段的值用相应的表达式值来替换。若＜范围＞与＜条件＞等选项都省略，只对当前记录的有关字段进行替换。

说明：

（1）该命令对＜范围＞内符合＜条件＞的记录用＜表达式 i＞的值来替换＜字段 i＞的值。例如，

```
USE sb
REPLACE 价格 WITH 价格-1000, 部门 WITH "11" FOR 主要设备
                  && 主要设备的价格都减少 1000,部门均改为 11
APPEND BLANK    && 追加 1 个空白记录
REPLACE 编号 WITH "301-1", 名称 WITH "扫描仪" && 填写末记录的编号和名称两个字段
```

（2）ADDITIVE 用于备注型字段，表示将表达式值添加到字段的原有内容后，而不是取代。例如，

```
USE sb
REPLACE 备注 WITH ","+编号+名称 ADDITIVE
        && SB.DBF 首记录"备注"字段数据变为"从光华仪表厂租入,100-1 车床"
```

2. 单个记录与数组间的数据传送

在 Visual FoxPro 中，数组元素值或内存变量值能传送到表内以替代记录中的数据，反之也能将记录中的数据送入数组或内存变量。

（1）将记录传送到数组或内存变量

命令格式：

```
SCATTER [FIELDS <字段名表>|FIELDS LIKE <通配字段名>|FIELDS EXCEPT <通配字段名>]
[MEMO] TO <数组名> [BLANK] | MEMVAR [BLANK]
```

功能：将当前记录的字段值按＜字段名表＞顺序依次送入数组元素中，或依次送入一组内存变量。

说明：

① 使用 MEMVAR 能将数据复制到一组内存变量之中。这些内存变量由系统自动建立，每个内存变量与相应字段的名称、类型、大小完全相同，为与字段变量相区分，使用时可在其前加上 m。例如，

```
USE sb
GO 5
SCATTER MEMVAR
?m.编号, m.名称, m.价格
```

这种内存变量的实用性表现在表关闭之后。

BLANK 子句表示建立一组空的内存变量。

② 使用 TO ＜数组名＞子句能将数据复制到＜数组名＞所示的数组元素中。Visual FoxPro 会自动建立数组,或自动扩大虽已存在但却不够大的数组。

③ 若省略 FIELDS 子句,只传送除备注型字段外的所有字段值。若要传送备注型字段值,还需使用 MEMO 选项。

(2) 将数组或内存变量的数据传送到记录

命令格式:

```
GATHER FROM <数组名>|MEMVAR
    [FIELDS <字段名表>|FIELDS LIKE <通配字段名>|FIELDS EXCEPT <通配字段名>]
    [MEMO]
```

功能:将数组或内存变量的数据依次传送到当前记录,以替换相应字段值。

说明:

① 由于 GATHER 命令是将数据传送到当前记录,故修改记录前需确定记录指针位置。例如,

```
USE sb
GO 4
SCATTER TO A MEMO          && 第 4 个记录(包括备注型字段)的数据传送给数组 A
?a(1),a(2),a(4),a(7)       && 显示: 038-1 钻床 5275.00 1997 年 12 月封存
a(4)=6000
GATHER FROM a
DISPLAY                    && 显示第 4 个记录,价格已由 5275.00 改变为 6000.00
```

② 若数组元素个数多于字段数,则多出的数组元素不传送;而数组元素个数少于字段数,则多出的字段的值不会改变。

③ 内存变量值将传送给与它同名的字段;若某字段无同名的内存变量,则不对该字段进行数据替换。

④ 若使用 FIELDS 子句,仅＜字段名表＞中的字段才会被数组元素值替代。省略 MEMO 子句时,该命令将忽略备注型字段。即使包含 MEMO 子句,该命令也忽略通用型字段。

3. 成批记录与数组间的数据传送

SCATTER 与 GATHER 命令只能在表的单个记录与数组间进行数据传送。现在介绍表的成批记录与数组之间传送数据的两条命令。

(1) 将表的一批记录复制到数组

命令格式:

```
COPY TO ARRAY <数组名>[FIELDS <字段名表>][<范围>][FOR<条件>][WHILE<条件>]
```

功能:将当前表选定的数据复制到＜数组名＞表示的数组之中,但不复制备注型字段。

说明:

① 若命令中指定的数组不存在，Visual FoxPro 会自动建立它。

② 可以将单个记录的数据复制到一维数组中。

③ 该命令能将当前表的多个记录复制到二维数组中。复制时 1 行存储 1 个记录，即第 1 个字段值送到该行第 1 列，第 2 个字段值送到该行第 2 列，依次类推。若数组列数少于字段数，则多余字段的数据将被忽略；若多于字段数，则多余的列元素其值不变。这样，各个选定记录将依次复制到数组各行中。若数组行数少于选定的记录数，则多出的记录便不复制；若多于记录数，则剩下的数组行各元素值不变。从中可以看出，若数组事先已定义，该命令不再调整它的大小。请看下例：

```
USE sb
DIMENSION jz(2,3)        && 建立 2 行 3 列的二维数组 jz
COPY TO c1 FIELDS 编号,价格,启用日期,名称     && C1.DBF 有 4 个字段
COPY TO ARRAY jz FOR 价格>10000 FIELDS 编号,价格,启用日期
                         && 满足条件的记录有 5 个,但仅可复制 2 个记录到数组
?jz(1,1), jz(1,2), jz(1,3), jz(2,1), jz(2,2), jz(2,3)
                         && 显示: 016-1 62044.61 03/05/90 016-2 27132.73 01/15/92
```

(2) 从数组向表追加记录

命令格式：

```
APPEND FROM ARRAY <数组名>[FOR<条件>] [FIELDS<字段名表>]
```

功能：将满足条件的数组行数据按记录依次追加到当前表中，但忽略备注型字段。

说明：

① <数组名>可以是一维或二维数组。数组的行数就是所追加新记录的个数，即一维数组追加 1 个记录，而二维数组的每 1 行追加 1 个新记录。

注意：即使<数组名>是一维数组，本命令和 GATHER 命令功能也不一致，本命令在表尾追加 1 个记录，而 GATHER 命令则对表的当前记录替换数据。

② 若数组列数多于字段数，则多余列的数组元素将被忽略；反之，若字段数多于数组列数，则多出来的字段留空。接上例，

```
USE c1
APPEND FROM ARRAY jz      && 从数组 JZ 追加记录到 C1.DBF
LIST     && JZ 仅 2 行, 故 C1 追加 2 个记录; JZ 仅 3 列,而 C1 有 4 个字段,故第 4 个字段留空
```

2.4.3 逻辑表的设置

在表中选择数据是常见的操作，BROWSE、LIST 等命令都可包含 FOR 和 FIELDS 子句，用来选择记录和字段。但是，使用命令子句来实现数据选择仅在执行该命令时生效一次。使用过滤器和字段表等逻辑表的好处是，一旦为一个表设置逻辑表后，则对该表执行任何操作时一直有效，直至撤销逻辑表为止。

1. 过滤器

有时 Visual FoxPro 中的若干命令都要求满足某种条件，若每一个命令中都输入一

个相同的条件，显然浪费了人力和时间。这时可以使用过滤器将不满足条件的记录"遮蔽"起来，即让这些记录在逻辑上消失，当操作完以后，再去掉过滤器来恢复这些记录。

命令格式：

```
SET FILTER TO [<条件>]
```

功能：从当前表过滤出符合<条件>的记录，不符合<条件>的记录将被"遮蔽"，随后的操作仅限于满足过滤条件的记录。

说明：省略<条件>表示取消之前所设置的过滤器。

［**例 2-8**］ 为 SB 表设置过滤器，使其后的操作只对 1990—1995 年的记录起作用。

```
USE SB
SET FILTER TO YEAR(启用日期)>=1990 AND YEAR(启用日期)<=1995
LIST                    && 只显示 1990—1995 年的记录
SET FILTER TO           && 取消过滤器
LIST                    && 显示全部记录
```

2. 字段表

字段表用于限定命令操作所能作用的字段。

命令格式：

```
SET FIELDS TO [[<字段名 1>[,<字段名 2>…]]
    |ALL[LIKE <通配字段名>|EXCEPT <通配字段名>]]
SET FIELDS ON|OFF
```

说明：

(1) SET FIELDS TO 命令用来为当前表设置字段表，ALL 表示所有字段都在字段表中。

(2) 命令 SET FIELDS ON|OFF 决定字段表是否有效。ON 状态时，只能访问字段表所列的字段，此时其他字段就像不存在一样。当用 SET FIELDS TO 命令设置字段表时，SET FIELDS 自动置 ON。OFF 表示取消字段表，恢复到原来状态，系统默认为 OFF 状态。

［**例 2-9**］ 对 SB.DBF 命令设置字段表，使有效字段为编号、名称和部门。

```
USE SB
SET FIELDS TO 编号,名称,部门
LIST                    && 显示 3 个字段的数据
SET FIELDS OFF          && 取消字段表的作用
LIST                    && 显示所有字段的数据
```

2.4.4 建立或修改表结构

建立或修改表结构，无论通过菜单操作还是使用 MODIFY STRUCTURE 命令，只要是打开表设计器来操作，都属于交互方式。若要在程序执行过程中建立或修改表的结构，还可使用 Visual FoxPro 提供的 CREATE TABLE 和 ALTER TABLE 两种命令。

1. 表结构的建立

命令格式：

```
CREATE TABLE <表名>
    (<字段名 1><字段类型>[(<字段宽度> [,<小数位数>])][,<字段名 2>…])
```

功能：建立一个由＜表名＞表示的表，表中含有指定的字段。

说明：

(1) ＜字段类型＞用字符表示，如 D 为日期型。＜字段宽度＞和＜小数位数＞都用数字表示。

(2) 命令格式中的小括号是必需的。

［**例 2-10**］ 建立设备大修表 DX. DBF。

```
CREATE TABLE dx(编号 c(5),年月 c(4),费用 n(6,1))
LIST STRUCTURE        && 主窗口显示 DX.DBF 的结构
INSERT INTO dx VALUES("016-1","8911",2763.5)
INSERT INTO dx VALUES("016-1","9112",3520.0)
INSERT INTO dx VALUES("037-2","9206",6204.4)
INSERT INTO dx VALUES("038-1","8911",2850.0)
LIST OFF              && 主窗口显示所有记录
```

主窗口所显示 DX. DBF 的记录数据如下：

```
编号    年月    费用
016-1   8911   2763.5
016-1   9112   3520.0
037-2   9206   6204.4
038-1   8911   2850.0
```

本例建立的 DX. DBF 用来记载设备大修的年月与费用，本书将用于举例。

2. 表结构的修改

命令格式：

```
ALTER TABLE <表名>
    ADD | ALTER [COLUMN] <字段名><字段类型>[(<字段宽度>[, <小数位数>])]
ALTER TABLE <表名>DROP [COLUMN] <字段名 1>|RENAME COLUMN <字段名 2>TO <字段名 3>
```

功能：修改＜表名＞表示的表的结构。

说明：

(1) ADD［COLUMN］子句的＜字段名＞用于指定要添加的字段。字段的类型、宽度及小数位数分别由＜字段类型＞、＜字段宽度＞、＜小数位数＞来表示。例如，为例 2-10 建立的 DX. DBF 添加名为“摘要”的备注型字段

```
ALTER TABLE dx ADD 摘要 m(4)
```

(2) ALTER [COLUMN] 子句的 <字段名> 指定要修改的已有字段,用户可以重新指定字段类型、宽度及小数位数,它们分别由<字段类型>、<字段宽度>、<小数位数>来表示。

(3) DROP [COLUMN] 子句的 <字段名 1> 指定要删除的字段,例如,

```
ALTER TABLE dx DROP 摘要
```

(4) RENAME COLUMN 子句,将<字段名 2>表示的字段名改为<字段名 3>表示的字段名。

2.5 记录的维护命令

本节介绍对表内记录进行维护的命令,包括记录的定位、移位、插入、追加、删除与恢复等命令。

2.5.1 记录的定位与移位

在表中存取数据,往往先要进行记录定位。记录定位就是将记录指针指向某个记录,使之成为当前记录,RECNO()的值就是当前记录的记录号。表打开时,记录指针总是指向第一个记录。

1. 记录定位命令

命令格式 1:

```
GO[TO] TOP|BOTTOM
```

命令格式 2:

```
[GO[TO]] <数值表达式>
```

说明:

(1) “GO TOP”将记录指针指向表的第一个记录。

(2) “GO BOTTOM”将记录指针指向表的最后一个记录。

(3) “GO <数值表达式>”将记录指针指向表中的某个记录,<数值表达式>指出该记录的记录号。

记录定位方法请看下述的例子:

```
USE SB              && 当前记录为第 1 个记录
?RECNO()            && 显示: 1
GO BOTTOM           && 记录指针指向第 7 个记录,当前记录为第 7 个记录
?RECNO()            && 显示: 7
GO 4                && 当前记录为第 4 个记录
?RECNO()            && 显示: 4
2                   && 当前记录为第 2 个记录
?RECNO()            && 显示: 2
```

```
USE
```

2. 记录移位命令

命令格式：

```
SKIP [<数值表达式>]
```

功能：从当前记录开始移动记录指针，<数值表达式>表示移位记录的个数。

说明：负值表示向文件头方向移位，否则表示向文件尾方向移位；<数值表达式>省略等同于<数值表达式>的值为1。例如，

```
USE SB
?RECNO(),BOF()          && 显示：1 .F.
SKIP-1                  && 记录指针向文件头方向移位 1 个记录
?BOF(),RECNO()          && 显示：.T. 1(应注意,记录号仍为 1)
SKIP 6                  && 记录指针从第 1 个记录开始向文件尾方向移位 6 个记录
?RECNO(),EOF()          && 显示：7 .F.
SKIP
?RECNO(),EOF()          && 显示：8 .T.
```

从上例中可以看出，当前记录是第一个记录时执行命令"SKIP-1"后，函数BOF()值为真。但若再执行命令"SKIP-1"，屏幕将会显示"已到文件头。"的越界信息。同样可以看出，记录指针指向最后一个记录时执行命令"SKIP"后，函数EOF()值为真。也须注意的是，若再执行命令"SKIP"，屏幕将会显示"已到文件尾。"的越界信息。

2.5.2 记录的插入与追加

插入记录的要求可有多种情况：新记录要插在当前记录之前还是之后？要否插在表的末尾？要否插入空白记录？记录数据以界面操作方式输入还是以命令方式输入？数据来源于何种类型的文件？是否要成批追加记录？下面几条命令将回答这些问题。

1. 插入新记录

INSERT命令用来插入表记录。

命令格式：

```
INSERT [BLANK] [BEFORE]
```

说明：

(1) 使用BEFORE子句能在当前记录之前插入新记录，省略该子句则在当前记录之后插入新记录。

(2) 使用BLANK子句立即插入一条空白记录，省略该子句则出现记录编辑窗口，等待用户输入记录。

2. 追加新记录

INSERT命令可以在表的任意位置插入新记录，但若要在表尾追加新记录则须先将

记录指针移到末记录。下面的命令都可直接在表尾追加记录。

(1) INSERT-SQL 命令

命令格式：

```
INSERT INTO 表名[(字段名 1 [,字段名 2, …])] VALUES(表达式 1 [, 表达式, …])
```

功能：在表尾追加一个新记录，并直接输入记录数据。

说明：

① 表不必事先打开，字段与表达式的类型必须相同。例如，在 SB.DBF 末尾追加一个新记录。

```
INSERT INTO sb(编号,名称,启用日期,价格,主要设备,备注);
    VALUES ("110-1","打印机",{08/15/97},5000.00,.F.,"调拨")
```

② 若字段名全部省略，就须按表结构字段顺序填写 VALUES 子句的所有表达式。

追加新记录时还可将数组或内存变量的值填入该记录之中，命令格式如下：

```
INSERT INTO 表名 FROM ARRAY 数组名|FROM 内存变量
```

说明：

① 数组元素依次填入新加的记录之中。

② 若存在与字段同名的内存变量，则它的值填入新加的记录之中。

(2) APPEND 命令

APPEND 命令也可在表尾追加记录，但它只可追加空白记录或以交互方式填写记录数据。

命令格式：

```
APPEND [BLANK]
```

说明：

① 使用 BLANK 子句能在表尾追加一条空白记录，留待以后填入数据。

② 若省略 BLANK 子句就会出现记录编辑窗口，并且窗口内会有空白的记录位置，等待用户输入数据。

(3) APPEND FROM 命令

该命令用于追加成批记录。

命令格式：

```
APPEND FROM <文件名> [FIELDS <字段名表>] [FOR <条件>]
    [[TYPE] [DELIMITED[WITH <定界符> |WITH BLANK|WITH TAB]|SDF|XLS]]
```

功能：在当前表末尾追加一批记录，这些记录来自于另一文件。

说明：

① 源文件的类型可以是表，也可以是系统数据格式、定界格式等文本文件，或 Microsoft Excel 文件。

不含 TYPE 子句时，源文件的类型是表。

若源文件是 Excel 文件，TYPE 子句中必须取 XLS。

若源文件是文本文件，TYPE 子句中必须取 SDF 或 DELIMITED。

② 执行该命令时源文件不需打开。

［**例 2-11**］ 将例 2-6 产生的表 A1. DBF 中所有记录的"名称"和"价格"字段的值追加到 SB. DBF 的末尾。

```
USE sb
APPEND FROM a1 FIELDS 名称,价格        && A1 表中 7 个记录的 2 个字段值追加到 SB 表的末尾
```

［**例 2-12**］ 将例 2-7 产生的文本文件 B1. TXT 的记录追加到 SB. DBF 的末尾。

```
use sb
APPEND FROM b1 SDF     && B1.TXT 是系统数据格式的文本文件
```

2.5.3 记录的删除与恢复

2.1.4 节已介绍过删除记录要分两步：先在要删的记录上加删除标记，再用 PACK 命令将带有删除标记的记录从表中真正删除。无论界面操作还是命令方式都是一样的。

1. 逻辑删除命令

命令格式：

```
DELETE [<范围>] [FOR <条件>] [WHILE <条件>]
```

功能：对当前表在指定<范围>内满足<条件>的记录加上删除标记。若可选项都省略，只指当前记录。

2. 物理删除命令

命令格式：

```
PACK
```

功能：从物理上删除记录，也即真正删除带有删除标记的记录。

例如，物理删除非主要设备记录，可连用 DELETE 和 PACK 命令：

```
USE SB
DELETE FOR NOT 主要设备          && 为所有的非主要设备记录加上删除标记
PACK                             && 物理上删除带有删除标记的记录
LIST
```

3. 记录恢复命令

记录的恢复是指去掉删除标记，但已被物理删除的记录是不可恢复的。

命令格式：

```
RECALL [<范围>] [FOR <条件>] [WHILE <条件>]
```

功能：对当前表在指定＜范围＞内满足＜条件＞的记录去掉删除标记。若可选项都省略，只恢复当前记录。

请看下例：

```
USE SB
DELETE FOR 价格<=20000 AND 价格>10000
LIST             && 已逻辑删除的记录，LIST 时其第 1 个字段左侧显示删除标记 * 号
RECALL FOR LEFT(编号,1)="1"              && 编号首位是 1 的记录去掉删除标记
LIST
```

4. 记录清除命令

命令格式：

```
ZAP
```

功能：物理删除当前表中的所有记录。

执行 ZAP 相当于执行 DELETE ALL 和 PACK 两条命令。

习　题

1. 建立商品表 SP.DBF，其结构如下：

sp(货号 C(6)，品名 C(8)，进口 L，单价 N(7,2)，数量 N(2)，开单日期 D，生产单位 C(16)，备注 M，商标 G)

记录：

货号	品名	进口	单价	数量	开单日期	生产单位	备注	商标
LX-750	影碟机	T	5900.00	4	08/10/96	松下电器公司		
YU-120	彩电	F	6700.00	4	10/10/96	上海电视机厂		
AX-120	音响	T	3100.00	5	11/10/95	日立电器公司		
DV-430	影碟机	T	2680.00	3	09/30/96	三星公司	96年9月1日起调价	
FZ-901	取暖器	F	318.00	6	09/05/96	中国富利电器厂		
LB-133	音响	T	4700.00	8	12/30/95	松下电器公司		
SY-701	电饭锅	F	258.00	10	08/19/96	上海电器厂	本产品属改进型	
NV-920	录放机	T	1750.00	6	07/20/96	先锋电器公司		

操作要求：

(1) 建立 SP.DBF 的结构后，立即输入前 6 个记录的数据，其中头两个记录的商标字段，由读者在 Windows 环境下选两个图标分别输入。数据输入后存盘退出。

(2) 打开 SP.DBF，分别查看其结构与记录，包括备注字段与商标字段的数据。

(3) 追加最后两个记录，结束后分别以浏览格式和编辑格式查看数据。

2. 分别用链接、嵌入方法为 SB.DBF 的“轿车”增加“商标”，图形文件自选。

3. 简述各 LIST 命令的执行结果。

(1)

```
x1=8*4
x2="pqr"
xy=.t.
xz={^1996/12/30}
LIST MEMORY LIKE x?
RELEASE x1,x2
LIST MEMORY LIKE x?
```

(2)

```
USE sp
LIST FOR SUBSTR(品名,1,4)="影碟"
LIST FOR RIGHT(品名,2)="机"
LIST FOR "电"$品名
LIST FOR AT("电",品名)<>0
```

4. 指出表达式运算的优先级：

"ABCD" $ "AD" OR (1.1+2)^3>66

5. 打开 SP.DBF，试为下列要求分别写出命令序列。

(1) 显示第 5 个记录。

(2) 显示第 3 个记录开始的 5 个记录。

(3) 显示第 3 个记录到第 5 个记录。

(4) 显示数量少于 5 的商品的货号、品名与生产单位。

(5) 显示进口商品或 1995 年开单的商品信息。

(6) 显示上海商品信息。

(7) 显示单价大于 4000 元的进口商品信息或单价大于 5000 元的国产商品信息。

(8) 列出 1995 年开单的商品的货号、品名、单价与开单日期，其中单价按 9 折显示。

(9) 列出单价小于 2000 元以及单价大于 5000 元的进口商品信息。

(10) 显示从第 3 个记录开始的所有国产商品信息。

(11) 列出货号的后 3 位为“120”的全部商品信息。

(12) 列出货号的第 1 个字母为“L”或者第 2 个字母为“V”的全部商品信息。

(13) 列出公司生产的单价大于 3000 元的所有商品信息。

6. 对表 SP.DBF 按如下要求进行复制，写出命令序列。

(1) 复制 SP.DBF 的结构，并将复制后的表结构显示出来。

(2) 复制一个仅有货号、品名、单价、数量、备注等 5 个字段的表 SP1.DBF。

(3) 将 SP.DBF 复制为表 SP3。

(4) 复制具有货号、品名、数量、生产单位等 4 个字段的表 SP4。

(5) 将第 2 个到第 6 个记录中单价不小于 3000 的进口商品复制为表 SP5。

(6) 将 1996 年 1 月 1 日及其以后开单的商品复制为表 SP6。

(7) 将表 SP.DBF 按系统数据格式复制为文本文件 SP.TXT，再将 SP.TXT 中的数据添加到表 SP6 中去。

7. 从 SP.DBF 复制出 SP1.DBF，对 SP1.DBF 按以下要求写出命令序列。

(1) 列出 SP1.DBF 的结构与记录数据。

(2) 将表 SP1.DBF 中的“数量”字段值用 2 倍的数量进行替换。

(3) 在第 3 个记录之后插入一个空记录，并自行确定一些数据填入该空记录中。

(4) 在第 3 个记录与第 7 个记录上分别加上删除标记。

(5) 撤销第 3 个记录上的删除标记并将第 7 个记录从表中删除。

(6) 将 SP.DBF 的全部记录追加到 SP1.DBF 中去，并查看经追加后的记录。

(7) 用 SCATTER 与 GATHER 命令对 SP1.DBF 的第 3 个记录作如下修改：将单价由 3100.00 元改为 3500.00 元，在“备注”字段中填入内容“新产品提价”。

8. 由 SP.DBF 复制出备份文件 SP1.DBF 和 SP2.DBF，SP1 以界面操作方式修改结构，SP2 以命令方式修改结构，要求如下：

(1) 将“数量”字段的宽度由 2 改为 3。

(2) 将字段名“货号”改为“编号”，宽度由 6 改为 5。

(3) 添加一个字段“总价 N(9,2)”。

(4) 删除名为“生产单位”的字段。

第3章 查询与统计

在数据库系统中，数据查询与统计是最常见的两种应用。本章讨论顺序查询和索引查询两种传统查询方法，数据工作期、查询设计器和视图设计器3种界面操作查询工具，以及统计命令与函数，并将讨论的范围从自由表扩大到数据库表和视图。

界面操作查询工具体现了界面友好、易于使用的特色。在 Visual FoxPro 环境中，用户既可直接使用 SELECT-SQL 命令，也可通过查询设计器和视图设计器自动生成 SQL 的 SELECT 命令，使用户充分享用 SQL 功能强大、结构灵活的查询功能。

3.1 排序与索引

表中的记录通常按输入的先后顺序排列，用 LIST 等命令显示表时将按此顺序输出。若要以另一种顺序来输出记录，例如，要求 SB. DBF 的记录按价格从大到小输出，则要对表进行排序或索引。排序与索引都能改变记录输出顺序，后者还能决定记录的存取顺序。

3.1.1 排序

排序就是按照表中的某个(些)字段重排记录。排序后将产生一个新表，其记录按新的顺序排列，但原文件保持不变。下述命令可实现排序。

命令格式：

```
SORT TO <新文件名> ON <字段名 1> [/A|/D] [/C] [,<字段名 2> [/A|/D] [/C]…]
    [<范围>] [FOR <条件 1>] [WHILE <条件 2>]
    [FIELDS <字段名表> | FIELDS LIKE <通配字段名> | FIELDS EXCEPT <通配字段名>]
```

说明：

(1) ON 子句的字段名表示排序字段，记录将随字段值的增大(升序)或减小(降序)来排序。选项/A 和/D 分别用来指定升序或降序，默认按升序排序。选项/C 表示不区分字段值中字母的大小写，即将同一字母的大写与小写看成一样。

不可选用备注型或通用型字段来排序。

(2) 可在 ON 子句中使用多个字段名实现多重排序，即先按主排序字段＜字段名 1＞排序，对于字段值相同的记录再按第二排序字段＜字段名 2＞排序，依此类推。

(3) 省略＜范围＞、FOR ＜条件 1＞和 WHILE ＜条件 2＞等子句表示对所有记录排序。

(4) FIELDS 子句指定新表应包含的字段，默认包含原表所有字段。

[**例 3-1**] 对 SB. DBF 分别按以下要求排序：

(1) 将非主要设备按"启用日期"降序排序,并要求新表只包含编号、名称、启用日期3个字段。

(2) 将主要设备按"部门"降序排序,当部门相同时则按"价格"升序排序。

```
USE sb
SORT TO rqx ON 启用日期/D FIELDS 编号,名称,启用日期 FOR NOT 主要设备
USE rqx                       && 打开新表 RQX.DBF
LIST                          && 主窗口显示如下
           记录号  编号    名称      启用日期
                1  210-1  轿车      05/08/95
                2  101-1  复印机    06/01/92
                3  038-1  钻床      10/12/89
SORT TO bmx ON 部门/D,价格 FOR 主要设备
USE bmx
LIST                          && 主窗口显示如下
记录号  编号   名称  启用日期         价格  部门  主要设备  备注  商标
     1  037-2  磨床  07/21/90  241292.12    22    .T.       memo  gen
     2  016-2  车床  01/15/92   27132.73    21    .T.       memo  gen
     3  016-1  车床  03/05/90   62044.61    21    .T.       memo  gen
     4  100-1  微机  08/12/97    8810.00    12    .T.       memo  Gen
```

3.1.2 索引

1. 索引的概念

文件中的记录一般按其在磁盘上的存储顺序输出,这种顺序称为物理顺序。执行排序后,在新文件中形成了新的物理顺序。索引则不同,它不改变记录的物理顺序,而是按某个索引关键字(或其表达式)来建立记录的逻辑顺序。在索引文件中,所有关键字值按升序或降序排列,每个值对应原文件的一个记录号,这样便确定了记录的逻辑顺序。例如,要显示所有记录,系统就依次按索引文件中的记录号取出表中的物理记录,达到按关键字值顺序来列出记录的效果。

虽然排序与索引的结果都会增加一个文件,但索引文件只包括关键字和记录号两个字段,比被索引的表要小得多;索引起作用后,增删或修改表的记录时索引文件会自动更新,故而索引的应用远比排序为广。

2. 索引的种类

(1) 按扩展名来分类

Visual FoxPro 支持复合索引和单索引两类索引文件,前者扩展名为 CDX,后者扩展名为 IDX。

复合索引文件允许包含多个索引,每个索引都有一个索引标识,代表一种记录逻辑顺序。这种索引文件总以压缩方式存储,以便少占存储空间。

复合索引文件又有结构的和非结构的两种。若定义复合索引文件时,用户为它取了

名字,则其为非结构的,否则为结构的。打开非结构复合索引文件需使用 SET INDEX 命令或 USE 命令中的 INDEX 子句。结构复合索引文件的主名与表的主名相同,它随表的打开而打开,在添加、更改或删除记录时还会自动维护,在各类索引文件中,选用它最为省事。

单索引文件只包含一个索引,这种类型是为了与 FoxBASE+开发的应用程序兼容而保留的。但若将它定义为压缩(compact)的,将不能被 FoxBASE+使用。

由于其他索引文件不常使用,以下仅讨论结构复合索引文件。

(2) 按功能来分类

索引除具有建立记录逻辑顺序的作用外,还能控制是否允许相同的索引关键字值在不同记录中重复出现,或允许在永久关系中建立参照完整性,表 3.1 列出了 4 种索引功能类型。

表 3.1 索引功能分类表

<table>
<tr><th>索引类型</th><th>关键字重复值</th><th>说 明</th><th>创建修改命令</th><th>索引个数</th></tr>
<tr><td>普通索引</td><td>允许</td><td>可作为一对多永久关系中的“多方”</td><td rowspan="2">INDEX</td><td rowspan="3">允许多个</td></tr>
<tr><td>唯一索引</td><td>允许,但输出无重复值</td><td>为与以前版本兼容而设置</td></tr>
<tr><td>候选索引</td><td rowspan="2">不允许,输入重复值将禁止存盘</td><td>可用作主关键字,并允许在永久关系中建立参照完整性</td><td>INDEX
CREATE TABLE
ALTER TABLE</td></tr>
<tr><td>主索引</td><td>仅用于数据库表,可用作主关键字,并允许在永久关系中建立参照完整性</td><td>CREATE TABLE
ALTER TABLE</td><td>仅允许 1 个</td></tr>
</table>

说明:

(1) 主关键字是能唯一标识记录的索引关键字,不会出现关键字重复值。例如,姓名字段通常不用作主关键字,因为可能会出现同名同姓的字段值。

(2) 唯一索引型索引文件,对于关键字值相同的记录,索引中只列入其中的第一个记录。

表中提到的数据库表、永久关系、参照完整性等概念将在后面的章节中介绍。

3. 索引的建立

利用表设计器来建立索引较为方便,不过那是界面操作。本节准备先从有关命令着手介绍,最后才打开表设计器来看一下命令的执行结果。

命令格式:

```
INDEX ON <索引关键字>TAG <索引标识名>
        [FOR <条件>] [ASCENDING|DESCENDING] [CANDIDATE]
```

功能:建立结构复合索引文件及索引标识,或增加索引标识。

说明：

(1) ＜索引关键字＞表示要建立索引的字段，或字段表达式。TAG 子句的＜索引标识名＞则为该索引定义一个标识。

(2) 默认的索引类型为普通索引，选用 CANDIDATE 则表示候选索引。主索引只能在数据库表中建立，建立方法将在第 3.6.2 节介绍。

(3) 记录逻辑顺序默认为升序，也可用 ASCENDING 选项表示升序。DESCENDING 选项表示降序。

［**例 3-2**］ 为 SB.DBF 建立一个结构复合索引文件，其中包括 3 个索引：

(1) 记录以价格降序排列，索引为普通索引型。

(2) 记录以部门升序排列，部门相同时则按价格升序排列，索引为普通索引型。

(3) 记录以部门升序排列，部门相同时则按价格降序排列，索引为候选索引型。

```
USE sb
INDEX ON 价格 TAG jg DESCENDING    && 建立 SB.CDX,并为价格字段建立普通索引,索引标识为
                                   && JG
LIST                               && 记录已按价格降序排列
INDEX ON 部门+STR(价格,9,2) TAG bmjg ;
      && 以字段表达式"部门+STR(价格,9,2)"建立普通索引,索引标识 BMJG 增入 SB.CDX
LIST  && 索引表达式运算后升序排列,致使记录按部门升序、部门相同按价格升序排列
INDEX ON VAL(部门)-价格/1000000 TAG bmjg1 CANDIDATE ;
      && 以字段表达式建立候选索引,索引标识 bmjg1 增入 SB.CDX
LIST  && 索引表达式运算后升序排列,致使记录按部门升序、部门相同按价格降序排列
```

索引建立后可打开表设计器来查看：选定“显示”菜单的“表设计器”命令，然后选定“索引”选项卡，即出现如图 3.1 所示的对话框，其中显示了已建的 3 个索引。

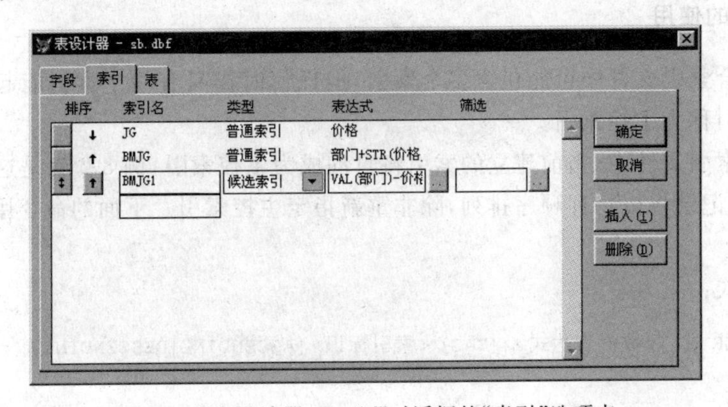

图 3.1 “表设计器-sb.dbf”对话框的“索引”选项卡

用表设计器建立或修改索引有两种办法。其一，在“字段”选项卡“索引”列的组合框中(参阅图 2.4，单击“索引”列中单元格将会显示组合框)选定向上箭头为升序索引，向下箭头为降序索引，该行“字段名”为索引关键字。其二，使用“索引”选项卡。在该选项卡可输入索引关键字表达式、选择索引类型、指定索引升序或降序、定义索引名，并能显示“字段”选项卡中建立的索引。此外，索引名列下部的空白框用于直接输入新索引；“插入”按

钮用来在当前行前插入一个空行，以供输入新索引；“删除”按钮则用于删除选定的索引。

若要修改索引关键字，既可在“索引”选项卡中的“表达式”列单元格直接修改表达式；也可单击单元格后的对话按钮打开“表达式生成器”对话框(参阅图 3.2)进行修改。例如，将索引名为 bmjg1 的表达式改变为“部门＋编号”：单击 bmjg1 索引行，接着单击该行“表达式”列单元格右侧的对话按钮，使显示“表达式生成器”对话框→在“表达式”列表框中输入“部门＋编号”，或在“字段”列表框中双击“部门”，再在“数学”组合框中选定＋号，然后在“字段”列表框中双击“编号”→选定“确定”按钮。

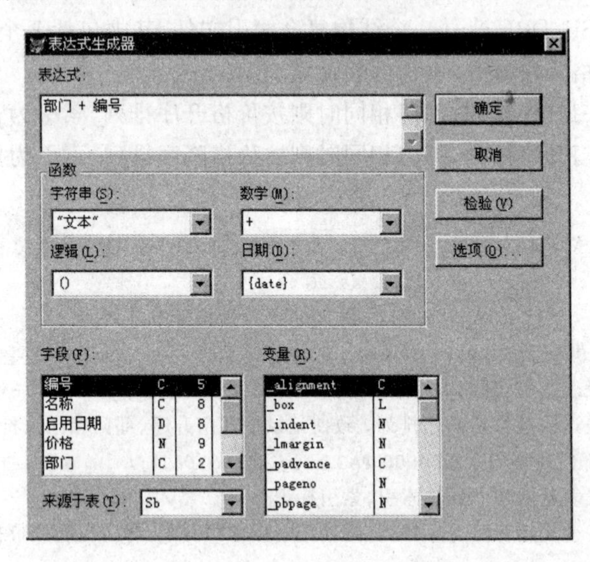

图 3.2 “表达式生成器”对话框

4. 索引的使用

一个复合索引文件中可能包含多个索引，但任何时候只有一个索引能起作用。当前起作用的索引称为主控索引。

在复合索引文件中，当前建立的索引将自动成为主控索引，例 3-2 就是这种情形。若表重新打开，记录将按物理顺序排列，除非重新指定主控索引。下面的命令用于指定主控索引。

命令格式：

```
SET ORDER TO [<数值表达式>|[TAG] <索引标识>[ASCENDING|DESCENDING]]
```

说明：

(1) ＜数值表达式＞表示索引建立的次序号，用于将该索引指定为主控索引；＜索引标识＞也用于指定主控索引。

(2) SET ORDER TO 或 SET ORDER TO 0 命令取消主控索引，表中记录将按物理顺序输出。

[**例 3-3**] 根据例 3-2 建立的索引改变主控索引。

```
USE sb
SET ORDER TO jg        && 用索引标识 jg 指定主控索引
LIST                   && 记录按价格降序排列
SET ORDER TO 3         && 用索引序号 3 指定 BMJG1 为主控索引
LIST                   && 记录以部门升序排列,部门相同时则按价格降序排列
SET ORDER TO           && 取消主控索引
LIST                   && 记录按物理顺序显示
SET ORDER TO 2         && 用索引序号 2 指定 BMJG 为主控索引
LIST                   && 记录按部门升序排列,部门相同时则按价格升序排列
```

5. 索引的更新

(1) 自动更新

当表中数据发生变化时(例如,对它进行插入、删除、添加或更新操作之后),已打开的索引文件将随数据的改变自动改变记录的逻辑顺序,实现索引的自动更新。例 3-3 中,若执行"SET ORDER TO jg"命令之后打开 BROWSE 窗口,便可见记录已按价格降序排列。此时若将第 6 个记录的价格 8810.00 修改为 810.00,再用 BROWSE 命令打开浏览窗口,将可看到该记录已被调整为第 7 个记录。

(2) 重新索引

若未指定主控索引,修改表的记录时索引文件就不会自动更新。如果仍要维持记录的逻辑顺序,可用命令 REINDEX 重建索引;当然也可用 INDEX ON 命令再次建立索引。两者效果相同。

6. 索引的删除

命令格式:

```
DELETE TAG ALL | <索引标识 1> [,<索引标识 2>]…
```

功能:删除打开的结构复合索引文件的索引标识。

说明:ALL 子句用于删除结构复合索引文件的所有索引标识。若某索引文件的所有索引标识都被删除,则该索引文件也被删除。

例如,删除例 3-2 建立的结构复合索引文件中的索引标识 BMJG1:

```
USE sb
DELETE TAG bmjg1
```

3.2 查询命令

所谓查询,即按照指定条件在表中查找所需的记录。本节将介绍两种传统的查询方法:顺序查询和索引查询。Visual FoxPro 还支持 SQL 型的查询命令,即 SELECT-SQL 命令,3.5 节将介绍这一命令。

3.2.1 顺序查询命令

顺序查询包括 LOCATE 和 CONTINUE 两条命令。

命令格式：

```
LOCATE FOR <条件> [<范围>] [WHILE <条件>]
```

功能：搜索满足<条件>的第一个记录。若找到，记录指针就指向该记录；若表中无此记录，搜索后 Visual FoxPro 主窗口的状态条中将显示"已到定位范围末尾。"，表示记录指针指向文件结束处。

说明：

(1) 省略<范围>表示 ALL。

(2) 查到记录后，要继续往下查找满足<条件>的记录必须用 CONTINUE 命令。

[例 3-4] 在 SB.DBF 中查询价格小于 15000 元的非主要设备。

```
USE sb
LOCATE FOR 价格<15000 AND NOT 主要设备
DISPLAY  && 显示：记录号 编号 名称 启用日期 价格 部门 主要设备 备注 商标
         &&          4 038-1 钻床 10/12/89 5275.00 23 .F.   memo gen
CONTINUE
?RECNO(),名称,价格,主要设备   && 显示：6 复印机 10305.01 .F.
CONTINUE                    && 状态条显示:已到定位范围末尾。
```

3.2.2 索引查询命令

索引查询依赖二分法算法来实现，在 2^{10} 个记录中寻找一个满足给定条件的记录，不超过 10 次比较就能进行完毕；而顺序查询最多需比较 1024 次。可见顺序查询速度较慢，适用于记录数较少的表。索引查询速度很快，但其算法要求表的记录是有序的，这就需要事先对表进行索引或排序。

SEEK 和 FIND 两条命令均可用来进行索引查询。FIND 是为了与旧版本兼容而保留的，但 SEEK 的用法更灵活，本书只介绍 SEEK 命令。

命令格式：

```
SEEK <表达式>
```

功能：在已确定主控索引的表中按索引关键字搜索满足<表达式>值的第一个记录。若找到，记录指针就指向该记录；若找不到该记录，则在主窗口的状态条中显示"没有找到。"。

[例 3-5] SEEK 命令用法示例。

```
USE sb
INDEX ON 编号 TAG bh
SEEK "038-1"          && 不可写为：SEEK 编号="038-1"
?RECNO()              && 显示:4
```

```
INDEX ON 启用日期 TAG qyrq
SEEK {3/5/90}
?FOUND()               && 显示.T.,表示找到该日期
INDEX ON 价格 TAG jg
SEEK 1000.00
?RECNO(),FOUND()       && 除在状态条显示"没有找到。"外,还在主窗口显示: 8  .F.
```

在使用 LOCATE、CONTINUE、SEEK、FIND 查询数据时,若查到,FOUND 函数就返回.T.,否则返回.F.。

对于字符表达式,系统允许模糊查询,即只要字符表达式值与索引关键字值左子串相同,就认为找到。命令"SET EXACT ON | OFF"用于设置匹配环境,ON 表示完全匹配,用于精确查询;OFF 表示模糊匹配,系统默认为 OFF。运算符==和=有类似的功能,前者表示完全匹配,后者表示模糊匹配。

[**例 3-6**] 模糊查询与精确查询示例。

```
USE sb
SET ORDER TO TAG bh
SEEK "03"             && 按编号前两个字符查找
?RECNO(),FOUND()      && 显示: 3 .T.
SET EXACT ON          && 设置完全匹配环境
SEEK "03"
?FOUND()              && 返回.F.
SET EXACT OFF         && 恢复成模糊匹配环境
```

3.2.3 工作区和数据工作期

在说明工作区和数据工作期的概念之前,先引入在下文例题中常用的 4 个表。其中 SB.DBF 与 DX.DBF 已分别见于第 2.1 节和例 2-10,另外两个表的内容如下。

BMDM.DBF:

结构: bmdm(代码 c(2),名称 c(6))

记录:

记录号	代码	名称
1	11	办公室
2	12	设备科
3	21	一车间
4	22	二车间
5	23	三车间

ZZ.DBF:

结构: zz(编号 c(5), 增值 n(8,2))

记录:

记录号	编号	增值
1	016-1	2510.00
2	016-1	1000.00
3	038-1	1200.00

在上述这两个表中,BMDM.DBF 表达了 SB.DBF 中"部门"字段的意义,例如,代码 12 表示的部门名称是设备科。用代码表示汉字名称不仅可使输入或修改变得简便,而且能排除二义性。ZZ.DBF 用来记载设备的增加值。若设备添加了附件,附件的价值就是增值。

1. 工作区

每次打开一个表，DBMS就把它从磁盘调入到内存的某一个工作区，以便为数据操作提供足够的内存操作空间。

每个工作区只允许打开一个表，在同一工作区打开另一个表时，以前打开的表就会自动关闭。反之，一个表只能在一个工作区中打开，在其未关闭时若试图在其他工作区中打开它，Visual FoxPro会显示信息框提示出错信息"文件正在使用。"。

(1) 工作区号

Visual FoxPro提供了32767个工作区，编号从1～32767。前10个工作区除使用1～10为编号外，还可依次用A～J 10个字母来表示，后者称为工作区别名。

其实表也有别名，并可用命令"USE <文件名> ALIAS <别名>"来指定。例如，命令"USE SB ALIAS SEBEI"即指定SEBEI为SB.DBF的别名。若未对表指定过别名，则表的主名将被默认为别名。例如，命令"USE SB"表示SB.DBF的别名也是SB。

(2) SELECT命令

格式：

```
SELECT <工作区号> |<别名>
```

功能：选定某个工作区，用于打开一个表。

说明：

① 用SELECT命令选定的工作区称为当前工作区，Visual FoxPro默认1号工作区为当前工作区。函数SELECT()能够返回当前工作区的区号。

引用非当前工作区表的字段必须冠以别名，引用格式为：别名.字段名。例如，

```
CLOSE ALL              && 关闭所有打开的表,当前工作区默认为 1 号工作区
?SELECT()              && 显示: 1
USE bmdm
GO 3
?名称                  && 显示: 一车间
SELECT 2               && 选定 2 号工作区为当前工作区
USE sb
GO 4
?名称,bmdm.名称        && 显示: 钻床 一车间,后一内容为非当前工作区 BMDM.DBF 名称字段值
```

② 命令"SELECT 0"表示选定当前尚未使用的最小号工作区，该命令使用户不必记忆工作区号，以后要切换到某工作区，只要在SELECT命令中使用表的别名便可。要注意的是，只有已打开的表方可在SELECT命令中使用其别名。

[**例3-7**] 通过多区操作从部门代码查出部门名。

```
CLOSE ALL                  && 关闭所有打开的表,当前工作区为 1 号工作区
SELECT 0                   && 1 号工作区未打开过表,选定的工作区即该区
USE sb
GO 3                       && 移至 3 号记录,注意该记录的部门字段值为 22
SELECT 0                   && 选定 2 号工作区为当前工作区
```

```
USE bmdm
INDEX ON 代码 TAG dm
SEEK sb.部门                  && 即 SEEK 22
?sb.编号,a.名称,名称
    && 显示“037-2 磨床    二车间”。这里“a.名称”指 sb.名称,“名称”指 bmdm.名称
SELECT sb                     && 选定 SB.DBF 所在工作区为当前工作区
?编号,名称,bmdm.名称          && 显示“037-2 磨床      二车间”
```

③ 命令“USE ＜表名＞ IN ＜工作区号＞|＜别名＞”能在指定的工作区打开表,但不改变当前工作区,要改变工作区仍需使用 SELECT 命令。

2. 数据工作期

为了方便用户了解和配置当前的数据工作环境,Visual FoxPro 提供一种称为数据工作期(data session)的窗口,用于打开或显示表、建立表间关系、设置工作区属性。这种环境还可保存为视图文件(view file,扩展名为.VUE),以后需要同样环境时,只需直接打开这一文件,从而免去了重复设置环境的麻烦。

例如,执行下述命令序列将设置一种数据工作环境,供用户对按照“编号”索引了的 SB 表进行索引查询。

```
USE sb
INDEX ON 编号 TAG bh
```

1) 数据工作期窗口

“数据工作期”窗口可用菜单或命令方式打开和关闭,具体方法见表 3.2。

表 3.2 数据工作期窗口的打开与关闭

	菜单方式	命令方式	其他方法
打开	选定“窗口”菜单的“数据工作期”命令	SET 或 SET VIEW ON	
关闭	选定“文件”菜单的“关闭”命令	SET VIEW OFF	双击该窗口的控制菜单框

如图 3.3 所示,“数据工作期”窗口由 3 个部分组成。左边的“别名”列表框用于显示迄今已打开的表,并可从多个表中选定一个当前表。右边的“关系”列表框用于显示表之

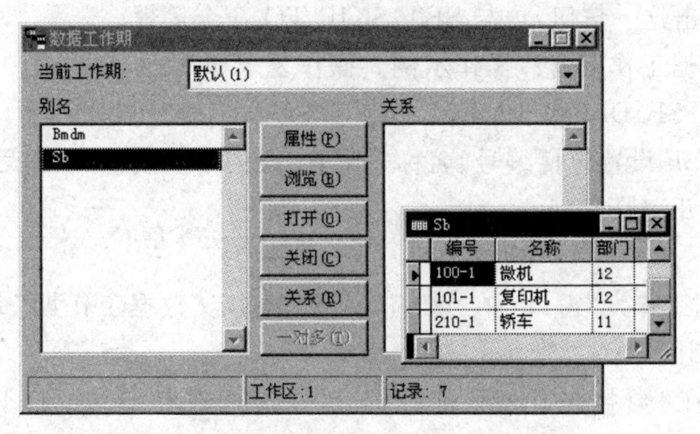

图 3.3 “数据工作期”窗口与“浏览”窗口

间的关联状况。中间一列有6个功能按钮，它们的功能如下。

① “属性”按钮：用于打开“工作区属性”对话框(参阅图3.4)，与“表”菜单(打开“浏览”窗口即出现)的“属性”命令功能相同。

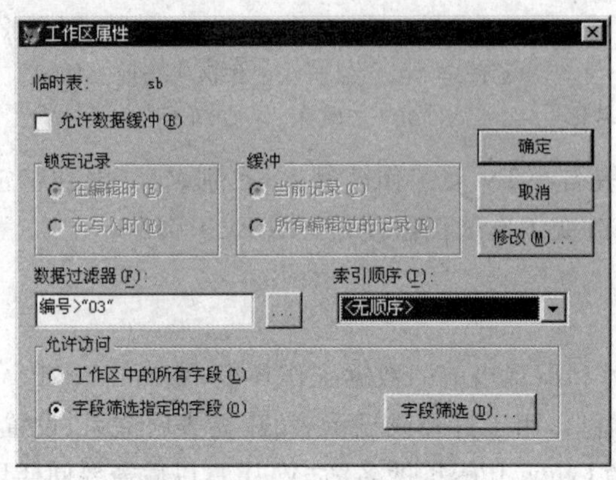

图3.4 “工作区属性”对话框

该对话框可对表进行多种设置。选定其“修改”按钮会出现表设计器，可用于修改当前表的结构、建立或修改索引；在“索引顺序”组合框中可选择主控索引；通过其“字段筛选”按钮与“数据过滤器”文本框还可设置字段表与过滤器。当选定“允许数据缓冲”复选框后，还可对多用户操作进行记录锁定，并可设置是记录缓冲还是表缓冲。

在多用户环境中，修改记录前进行记录锁定能防止因其他用户访问而发生的冲突。但编辑时锁定(保守式缓冲)与写入时锁定(开放式缓冲)来比较，显然前者降低了系统运行速度。“当前记录”表示仅缓冲当前记录(记录缓冲)，而“所有编辑过的记录”指缓冲所有编辑过的记录(表缓冲)，显然前者能使系统运行较快。

② “浏览”按钮：为当前表打开“浏览”窗口，供浏览或编辑数据。

③ “打开”按钮：弹出“打开”对话框来打开表；若某数据库已打开，还可打开数据库表。

④ “关闭”按钮：关闭当前表。

⑤ “关系”按钮：以当前表为父表建立关联。

⑥ “一对多”按钮：系统默认表之间以多对一关系关联(参阅第3.3.3节)；若要建立一对多关系，可单击这一按钮，这与SET SKIP TO命令等效。

[**例3-8**] 数据工作期窗口操作示例。操作要求如下。

(1) 同时打开SB.DBF和BMDM.DBF。

(2) 为SB.DBF设置包括编号、名称、部门字段的字段表，并以编号大于03为条件设置过滤器，随后打开浏览窗口。

操作步骤如下：

① 打开“数据工作期”窗口：在“窗口”菜单中选定“数据工作期”命令，使显示“数据工作期”窗口(参阅图3.3)。

② 打开表：在“数据工作期”窗口选定“打开”按钮→在“打开”对话框中选定SB.DBF→选定“确定”按钮返回“数据工作期”窗口。

以同样方法打开 BMDM.DBF。

③ 设置字段表和过滤器：在“别名”列表框中选定表 SB→选定“属性”按钮→在“工作区属性”对话框(参阅图 3.4)中选定“字段筛选”按钮→在如图 3.5 所示的“字段选择器”对话框中把编号、名称、部门字段从“所有字段”列表框移到“选定字段”列表框中→选定“确定”按钮返回“工作区属性”对话框→选定“字段筛选指定的字段”选项按钮→在“数据过滤器”文本框中输入条件“编号＞"03"”→在“索引顺序”组合框中选定“无顺序”(表示不使用索引)选项→选定“确定”按钮返回“数据工作期”窗口。

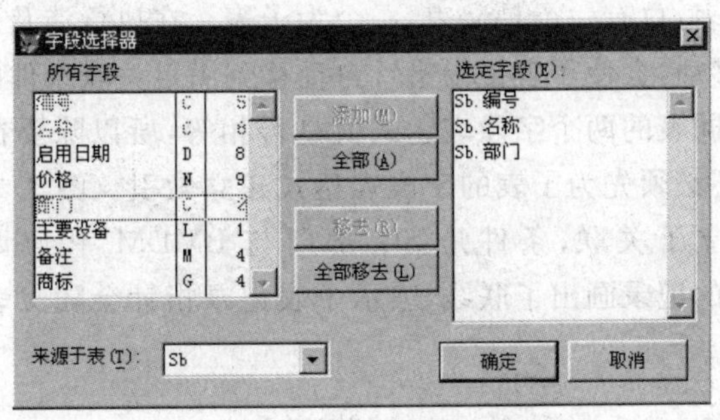

图 3.5 “字段选择器”对话框

④ 打开 SB.DBF 浏览窗口：选定“浏览”按钮，操作结果如图 3.3 所示。

2) 数据工作环境的保存与恢复

① 数据工作环境保存到视图文件

在“数据工作期”窗口尚未关闭时，可使用“另存为”命令来建立默认扩展名为.VUE 的文件。例如，为例 3-7 所设置的环境建立视图文件，操作步骤如下：选定“文件”菜单的“另存为”命令→在“另存为”对话框的“保存视图为”文本框中输入 SB→选定“保存”按钮，即产生文件 SB.VUE。

注意：必须事先关闭“浏览”窗口(参阅图 3.3)，否则“文件”菜单的“另存为”命令以淡色显示而无法选用。

若未打开“数据工作期”窗口，则可通过如下命令保存当前数据工作环境：

```
CREATE VIEW <视图文件名>
```

② 从视图文件恢复数据工作环境

只要执行打开视图文件命令 SET VIEW TO ＜视图文件名＞，即可恢复以前所建立的环境。若要查看该环境，可以打开“数据工作期”窗口。

使用“文件”菜单的“打开”命令，也可以选择.VUE 文件进行打开，但这种方法仅可用于交互方式。

3.3 表的关联

当查询多个表中的数据时，常采用关联和联接两种方法。本节先介绍关联，联接(join，过去常译为连接，本书使用 Visual FoxPro 中文版的译名)方法将在第 3.5 节说明。

3.3.1 关联的概念

每个打开的表都有一个记录指针(见第 2.2.3 节),用以指示当前记录。所谓关联,就是使不同工作区的记录指针临时建立起一种联动关系,使一个表的记录指针移动时另一个表的记录指针能随之移动。

1. 父表与子表

建立关联的两个表,总有一个是父表,一个为子表。在执行涉及这两个表数据的命令时,父表记录指针的移动,会使子表记录指针自动移到满足关联条件的记录上。

关联要求比较不同表的两个字段表达式值是否相等,所以除要在关联命令中指明这两个字段表达式外,还必须先为子表的字段表达式建立索引。图 3.6 表示在 SB.DBF 和 BMDM.DBF 之间建立了关联,条件是 SB.部门与 BMDM.代码两个字段的值相等,图 3.6 中对符合条件的记录画出了联线,表示子表记录指针会随父表记录指针的移动而移动。

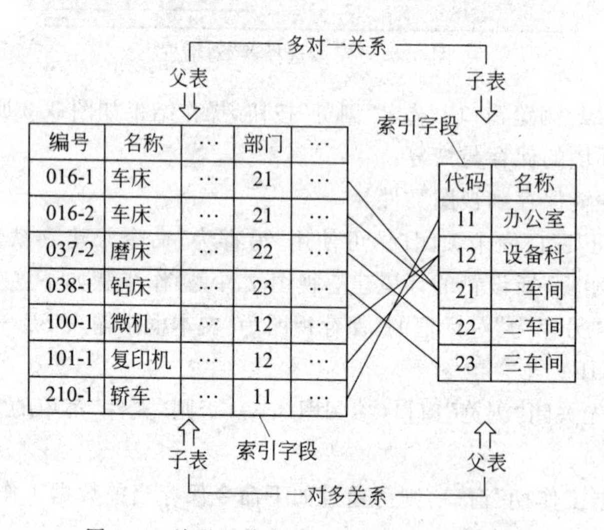

图 3.6 关联及其多对一关系与一对多关系

2. 多对一关系

按照字段表达式值相等来实现关联的原则,若出现父表有多条记录对应子表中一条记录的情况,便称这种关联为多对一关系。在图 3.6 中,若将 SB.DBF 作为父表,则父表的部门字段值有多于一个的 21,而 BMDM.DBF 代码字段值仅有一个 21,表示这两个表是按照多对一关系来关联的。

3. 一对多关系

与多对一关系相反,若出现父表的一条记录对应子表中多条记录的情况,这种关联称为一对多关系。在图 3.6 中,若将 BMDM.DBF 作为父表,则父表代码字段值中仅有一个21，而SB.DBF部门字段值有多于一个的21，表示这两个表是按照一对多关系来关联的。

Visual FoxPro不处理“多对多关系”，若出现“多对多关系”，可先将其中的一个表进行分解，然后以多对一关系或一对多关系处理。

3.3.2 在数据工作期窗口建立关联

打开“数据工作期”窗口，就可以建立关联。此时的步骤一般如下：

(1) 打开需建立关联的表。

(2) 为子表按关联的关键字建立索引或确定主控索引。

(3) 选定父表工作区为当前工作区，并与一个或多个子表建立关联。

(4) 说明建立的关联为一对多关系。若省略本步骤则表示多对一关系。

[**例3-9**] 查询1992年起启用的设备，要求显示查到的设备的编号、名称、启用日期和部门名。

分析：由于查到设备后要显示部门的名称而不是代码，可将表SB.DBF和BMDM.DBF进行关联。关联时将SB的部门字段值与BMDM的代码字段值进行比较。

解一：以SB.DBF为父表，BMDM.DBF为子表建立多对一关系(参阅图3.9)。

(1) 打开表：在“窗口”菜单中选定“数据工作期”命令，然后用“打开”按钮分别打开SB.DBF和BMDM.DBF。

(2) 为子表的“代码”字段建立索引：在“别名”列表框中选定表BMDM→选定“属性”按钮→在“工作区属性”对话框中选定“修改”按钮→在“表设计器”窗口中单击字段名为“代码”的行的“索引”列→组合框中选定升序→选定“确定”按钮返回“工作区属性”对话框→选定“确定”按钮返回“数据工作期”窗口。

(3) 建立关联：在“别名”列表框中选定表SB→选定“关系”按钮→在“别名”列表框中选定表BMDM→在如图3.7所示“设置索引顺序”对话框中选定“确定”按钮→在“表达式生成器”对话框的“字段”列表框中双击“部门”字段(参阅图3.8)→选定“确定”按钮，多对一关系建立完成。“数据工作期”窗口显示如图3.9所示。

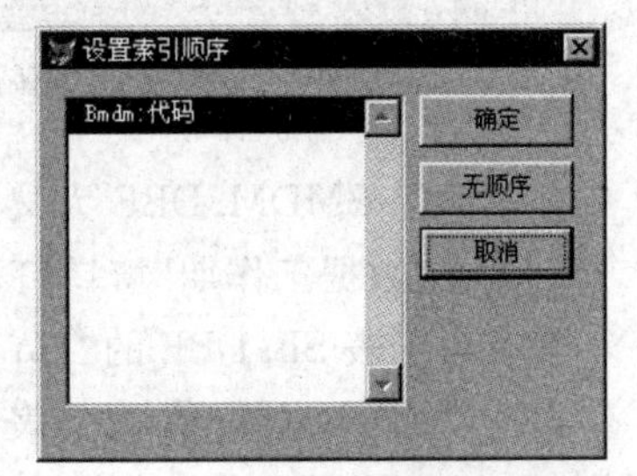

图3.7 “设置索引顺序”对话框

其中的“设置索引顺序”对话框的作用是选定一个索引作为主控索引。

(4) 建立视图文件：选定“文件”菜单的“另存为”命令→在“另存为”对话框的“保存视图为”文本框中输入SBBM→选定“保存”按钮，即产生文件SBBM.VUE。

(5) 显示结果：向命令窗口中输入如下两条命令。

```
SET STRICTDATE TO 0      && 使用通常的日期格式
BROWSE FIELDS BMDM.名称:H= '部门名',Sb.编号,Sb.名称:H= '设备名',;
    Sb.启用日期 FOR Sb.启用日期>={01/01/92}
```

执行结果如图3.10所示。其中的BROWSE命令，用参数“:H=”将字段栏目名变得更易理解。

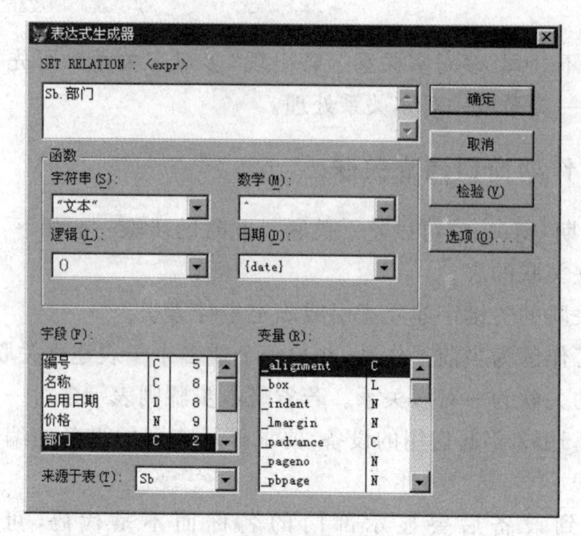

图 3.8 “表达式生成器”对话框

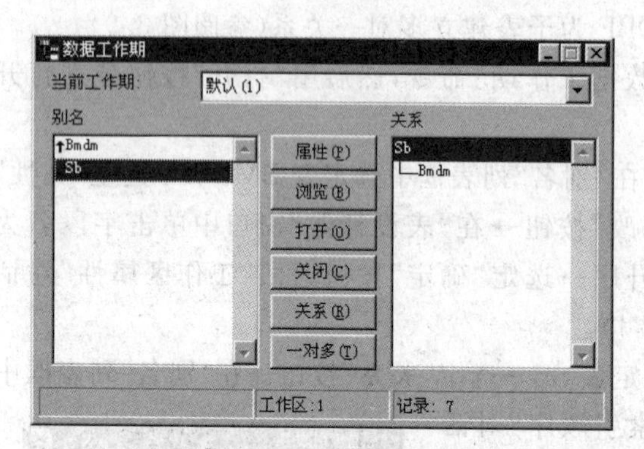

图 3.9 建立多对一关系后的“数据工作期”窗口

部门名	编号	设备名	启用日期
一车间	016-2	车床	01/15/92
设备科	100-1	微机	08/12/97
设备科	101-1	复印机	06/01/92
办公室	210-1	轿车	05/08/95

图 3.10 多对一关系显示部门名

解二：以 BMDM. DBF 为父表，SB. DBF 为子表建立一对多关系。

(1) 在“数据工作期”窗口打开 SB. DBF 和 BMDM. DBF。

(2) 为子表 SB. DBF 的“部门”字段建立索引。

(3) 以 BMDM. DBF 为父表建立关联：在“别名”列表框中选定表 BMDM→选定“关系”按钮→在“别名”列表框中选定表 SB→在“设置索引顺序”对话框的列表中选定“Sb. 部门”选项→选定“确定”按钮关闭“设置索引顺序”对话框→在“表达式生成器”对话框的“字段”列表框中双击“代码”字段→选定“确定”按钮。

(4) 说明一对多关系：选定“一对多”按钮→在如图 3.11 所示的“创建一对多关系”对话框中将子表从“子表别名”列表框移入“选定别名”列表框中→选定“确定”按钮。

一对多关系建立后的“数据工作期”窗口如图 3.12 所示，该图在“关系”列表框中显示形式与图 3.9 有所不同，父表与子表的连线，在子表一端用双线表示。

(5) 显示结果：向命令窗口中输入如下命令。

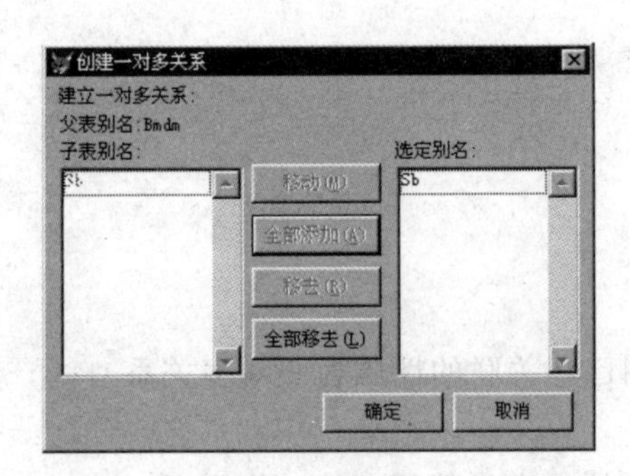

图 3.11 “创建一对多关系”对话框

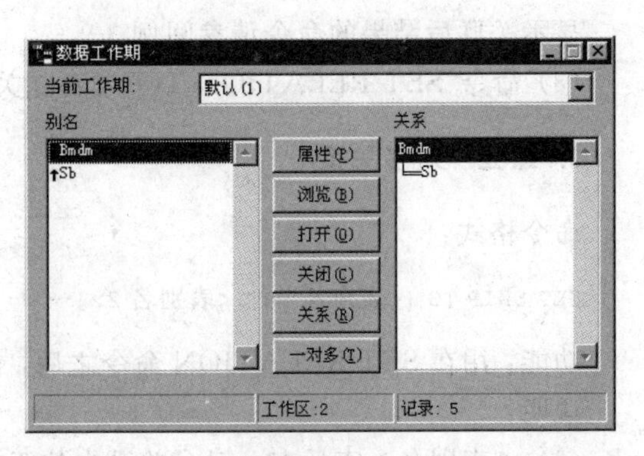

图 3.12 建立一对多关系后的“数据工作期”窗口

```
SET STRICTDATE TO 0
BROWSE FIELDS BMDM.名称:H='部门名',;
    Sb.编号, Sb.名称:H='设备名',Sb.启用日期 FOR Sb.启用日期>={01/01/92}
```

命令执行结果如图 3.13 所示。该图与图 3.10 略有不同，设备科有两个记录，仅第一个记录显示部门名，体现了一对多关系浏览窗口的特点。

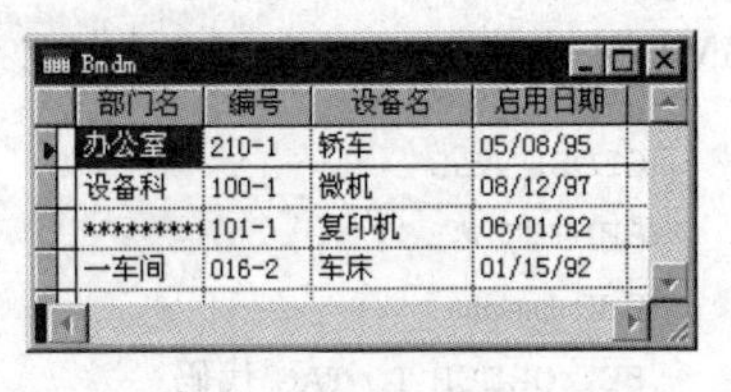
Bmdm

部门名	编号	设备名	启用日期
办公室	210-1	轿车	05/08/95
设备科	100-1	微机	08/12/97
*********	101-1	复印机	06/01/92
一车间	016-2	车床	01/15/92

图 3.13 一对多关系显示部门名

由本例可见，当两个表建立关联后，在浏览窗口显示涉及到两个表的数据时，就像浏览单个表的数据一样方便。

3.3.3 用 Relation 命令建立关联

1. 建立多对一关系

命令格式：

```
SET RELATION TO [<表达式 1>INTO <别名 1> ,…,<表达式 N> INTO <别名 N>]
    [ADDITIVE]
```

功能：以当前表为父表，与另外一个或多个子表建立关联。

说明：

(1) <表达式>用来指定父表的字段表达式，其值将与子表的索引关键字值对照，看二者是否相同。<别名>表示子表或其所在的工作区。

(2) ADDITIVE 保证在建立关联时不取消以前建立的关联。

例 3-9 设置的多对一关系可用如下命令序列来表达：

```
SELECT 2
USE bmdm                                  && 打开子表
INDEX ON 代码 TAG 代码 ADDITIVE           && 子表在代码字段建立索引
SELECT 1
USE sb                                    && 打开父表
SET RELATION TO sb.部门 INTO bmdm ADDITIVE && 指定在部门字段对子表设置多对一关系
```

显示关联后结果的命令请参阅例3-9。

(3) 命令“SET RELATION TO”可解除关联。

2. 建立一对多关系

命令格式：

```
SET SKIP TO [<表别名 1>[,<表别名 2>]…]
```

功能：用在SET RELATION命令之后，说明已建关联的性质为一对多关系。

说明：

(1) <表别名>表示在一对多关系中位于多方的子表或其所在的工作区。

(2) 不带可选项的命令“SET SKIP TO”用于取消一对多关系，但SET RELATION命令建立的多对一关系的关联仍继续存在。

[**例 3-10**] 列出所有设备的价格、增值和部门名，试写出命令序列。

分析：本题涉及SB、ZZ和BMDM 3个表，属于“一父多子”的关系；从数据看，SB与BMDM为多对一关系，SB与ZZ为一对多关系。

```
CLOSE ALL
SELECT 2
USE bmdm                        && 子表 1
SET ORDER TO TAG 代码
SELECT 3
USE zz                          && 子表 2
INDEX ON 编号 TAG bh
SELECT 1
USE sb                          && 父表
SET RELATION TO sb.部门 INTO bmdm
SET RELATION TO sb.编号 INTO zz ADDITIVE
SET SKIP TO zz                  && 子表 ZZ 为多方
BROWSE FIELDS 编号,价格,zz.增值,bmdm.名称;:H='部
门名'
```

上述命令序列执行结果如图3.14所示。

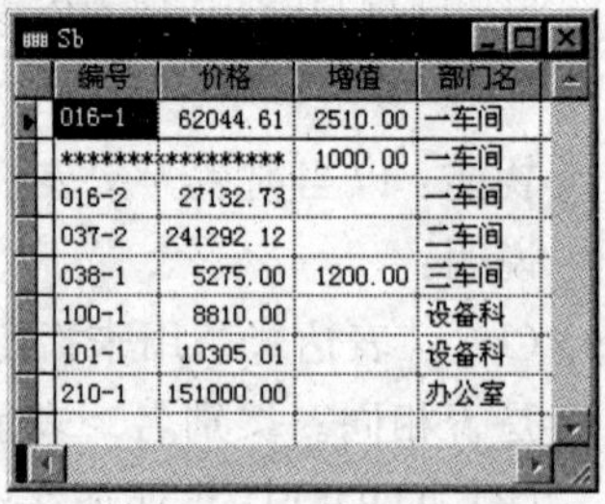

Sb

编号	价格	增值	部门名
016-1	62044.61	2510.00	一车间
******************		1000.00	一车间
016-2	27132.73		一车间
037-2	241292.12		二车间
038-1	5275.00	1200.00	三车间
100-1	8810.00		设备科
101-1	10305.01		设备科
210-1	151000.00		办公室

图3.14 一父多子浏览窗口

若一父多子关系已建立，要清除父表与某个子表之间的关联，可使用命令“SET RELATION OFF INTO <别名>”。该命令在父表所在工作区使用，<别名>指子表别名或其所在工作区的别名。

3.4 统计命令

统计是数据库应用的常见内容。本节将介绍Visual FoxPro提供的5种统计命令，包括计数命令、求和命令、求平均值命令、计算命令和汇总命令。

1. 计数命令

命令格式：

```
COUNT [<范围>] [FOR <条件 1>] [WHILE <条件 2>] [TO <内存变量>]
```

功能：计算指定范围内满足条件的记录数。

说明：

(1) 通常记录数显示在主窗口的状态条中，使用 TO 子句还能将记录数保存到＜内存变量＞中，便于以后引用。

(2) 省略范围则指表的所有记录。

［**例 3-11**］ 统计设备科拥有的设备台数，试写出命令序列。

```
SET VIEW TO sbbm                 && 恢复例 3-9 所建立的 sb 表与 bmdm 表的关联
LOCATE FOR bmdm.名称='设备科'
dm=bmdm.代码                     && 将 bmdm 表当前记录的代码保存到内存变量 dm 中
COUNT FOR sb.部门=dm TO ts       && 由于两个表指针联动，不可直接用 bmdm.代码来代替 dm
?'设备科设备台数:',ts            && 显示"设备科设备台数:  2"
```

2. 求和命令

命令格式：

```
SUM [<数值表达式表>][<范围>][FOR <条件 1>][WHILE <条件 2>]
    [TO <内存变量表>|ARRAY <数组>]
```

功能：在打开的表中，对＜数值表达式表＞的各个表达式分别求和。

说明：

(1) ＜数值表达式表＞中各表达式的和数可依次存入＜内存变量表＞或数组。若省略该表达式表，则对当前表所有的数值表达式分别求和。

(2) 省略＜范围＞则指表中所有记录。

［**例 3-12**］ 试根据 SB. DBF 与 ZZ. DBF 求各设备的价格和与增值和，试写出命令序列。

```
CLOSE ALL
USE sb IN 0                      && 在可用的最小编号工作区打开 sb 表
SUM 价格 TO mjg
SELECT 0
USE zz
SUM zz.增值 TO mzz
?'价格和,增值和:',mjg,mzz        && 显示"价格和,增值和:  505859.47   4710.00"
```

3. 求平均值命令

命令格式：

```
AVERAGE [<数值表达式表>][<范围>][FOR <条件 1>][WHILE <条件 2>]
    [TO <内存变量表>|ARRAY <数组>]
```

功能：在打开的表中，对＜数值表达式表＞中的各个表达式分别求平均值。

该命令用法与 SUM 相同，不另举例。

4. 计算命令

CALCULATE 命令用于对表中的字段进行财经统计，其计算工作主要由函数来完成。

命令格式：

```
CALCULATE <表达式表>[<范围>][FOR <条件 1>][WHILE <条件 2>]
    [TO <内存变量表>|ARRAY <数组>]
```

功能：在打开的表中，分别计算＜表达式表＞ 的表达式。

注意：表达式中至少须包含系统规定的 8 个函数之一。其中常用的函数有 AVG(＜数值表达式＞)、CNT()、MAX(＜表达式＞)、MIN(＜表达式＞)、SUM(＜数值表达式＞)5 个，这 5 个函数的功能与表 3.3(见 3.5 节)所列一致，仅计算记录数函数 CNT()的格式与表 3.3 中的 COUNT 不一样。另 3 个函数为 NPV、STD 和 VAR，详见系统 HELP，这里不再说明。

［**例 3-13**］ 求所有设备价格与增值的总和，试写出命令序列。

```
CLOSE ALL
USE sb IN 0
CALCULATE SUM(价格) TO jgh
SELECT 0
USE zz
CALCULATE SUM(增值) TO zzh
?'价格与增值总和:',jgh+ zzh     && 显示"价格与增值总和: 510569.47"
```

5. 汇总命令

汇总命令可对数据进行分类合计。例如，工资计算系统中可能要按部门汇总工资、库存管理系统中可能要按车间汇总零件金额等。

命令格式：

```
TOTAL TO <文件名>ON <关键字>[FIELDS <数值型字段表>]
    [<范围>][FOR <条件 1>][WHILE <条件 2>]
```

功能：在当前表中，分别对＜关键字＞值相同的记录的数值型字段值求和，并将结果存入一个新表。一组关键字值相同的记录在新表中产生一个记录；对于非数值型字段，只将关键字值相同的第一个记录的字段值放入该记录。

说明：

(1) ＜关键字＞指排序字段或索引关键字，即当前表必须是有序的，否则不能汇总。

(2) FIELDS 子句的＜数值型字段表＞指出要汇总的字段。若省略，则对表中所有数值型字段汇总。

(3) 省略＜范围＞则指表中所有记录。

［**例 3-14**］ 在 DX.DBF 中按设备的编号来汇总大修费用，试写出命令序列。

```
USE dx
INDEX ON 编号 TAG bh
TOTAL ON 编号 TO jghz FIELDS 费用          && 按编号汇总费用，写入
                                           && 新表 JGHZ.DBF
USE jghz
BROWSE FIELDS 编号，费用 TITLE '大修费用汇总表'
```

汇总结果如图 3.15 所示。

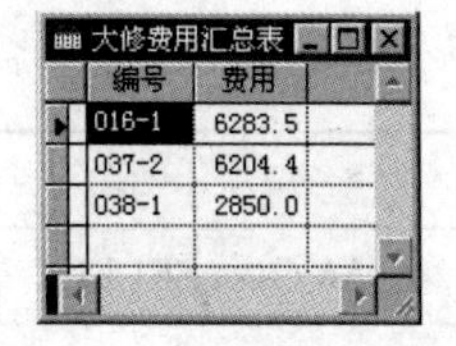

图 3.15　大修费用汇总表

注意：通常在汇总结果中选出关键字字段与汇总字段来显示，因为显示其他字段值没有实用价值。

3.5　SELECT-SQL 查询

SELECT-SQL 是从 SQL 移植过来的查询命令，具有强大的单表与多表查询功能。Visual FoxPro 支持在命令窗口直接使用 SELECT-SQL 命令，也允许通过一种称为"查询设计器"的窗口来设计查询步骤、生成查询文件，然后运行定制的查询。

Visual FoxPro 还允许将查询结果以图形的形式输出，本节末将对此作简单介绍。

3.5.1　直接用命令查询

在命令窗口发一条 SELECT-SQL 命令，即可按命令的要求执行一次查询。现简述如下。

1. SELECT-SQL 命令

命令格式：

```
SELECT [ALL | DISTINCT]
  [<别名>.]<SELECT 表达式>[AS <列名>][,[<别名>.]<SELECT 表达式>[AS <列名>]…]
FROM [FORCE][<数据库名>!]<表名>[<本地名>]
  [[INNER|LEFT[OUTER]|RIGHT[OUTER]|FULL[OUTER] JOIN <数据库名>!]<表名>[<本地名>]
    [ON <联接条件>…]
[[INTO <目标>]|[TO FILE <文件名>[ADDITIVE]|TO PRINTER [PROMPT]|TO SCREEN]]
[PREFERENCE <名字>] [NOCONSOLE] [PLAIN] [NOWAIT]
[WHERE <联接条件>[AND <联接条件>…][AND|OR <筛选条件>[AND|OR <筛选条件>…]]]
[GROUP BY <组表达式>[,<组表达式>…]]
[HAVING <筛选条件>]
[UNION [ALL] <SELECT 命令>]
[ORDER BY <关键字表达式>[ASC|DESC] [,<关键字表达式>[ASC|DESC]…]]
```

[TOP <数值表达式> [PERCENT]]

说明：

(1) SELECT 子句：ALL 表示选出的记录中包括重复记录，这是默认值；DISTINCT 则表示选出的记录中不包括重复记录。

[＜别名＞.]＜SELECT 表达式＞ [AS ＜列名＞]：＜SELECT 表达式＞可以是字段名，也可以包含用户自定义函数和系统函数(见表 3.3)。＜别名＞是字段所在的表名，＜列名＞用于指定输出时使用的列标题，可以不同于字段名。

表 3.3　＜SELECT 表达式＞中可用的系统函数

函　数	功　能
AVG(＜SELECT 表达式＞)	求＜SELECT 表达式＞值的平均值
COUNT(＜SELECT 表达式＞)	统计记录个数
MIN(＜SELECT 表达式＞)	求＜SELECT 表达式＞值中的最小值
MAX(＜SELECT 表达式＞)	求＜SELECT 表达式＞值中的最大值
SUM(＜SELECT 表达式＞)	求＜SELECT 表达式＞值的和

当 SELECT 表达式中包含上述函数时，输出行数不一定与表的记录数相同。例如，

```
SELECT 编号,价格 * 0.17 AS 增值税 FROM sb          &&“查询”窗口每个记录显示一行数据
SELECT AVG(价格) * 0.17 AS 增值税均值 FROM sb      &&“查询”窗口只显示一行平均值数据
```

SELECT 表达式可用一个 * 号来表示，此时指定所有的字段。

(2) FROM 子句及其选项：用于指定查询的表与联接类型。

选择工作区与打开＜表名＞所指的表均由 Visual FoxPro 自行安排。对于非当前数据库，用“＜数据库名＞!＜表名＞”来指定该数据库中的表。＜本地名＞是表的暂用名，取了本地名后，本命令中该表只可使用这个名字。

JOIN 关键字：用于联接其左右两个＜表名＞所指的表。

INNER|LEFT[OUTER]|RIGHT[OUTER]|FULL[OUTER]选项：指定两表联接时的联接类型，联接类型有 4 种，详见表 3.5。其中的 OUTER 选项表示外部联接，既允许满足联接条件的记录，又允许不满足联接条件的记录。省略 OUTER 选项，效果不变。

ON 子句：用于指定联接条件。

FORCE 子句：严格按指定的联接条件来联接表，避免 Visual FoxPro 因进行联接优化而降低查询速度。

需要指出的是，选择、投影、联接和除法是关系数据库创始人 E. F. Codd 提出的 4 种关系运算。Visual FoxPro 直接支持其中的前 3 种运算。例如，过滤命令 SET FILTER TO ＜条件＞ 和在许多命令中常见的 FOR＜条件＞子句，可用于在表的水平方向“选择”满足条件的记录；字段表命令 SET FIELDS TO ＜字段名表＞和常用命令子句 FIELDS ＜字段名表＞则支持“投影”运算，可用于在表的垂直方向筛选出可用的字段；而在

SELECT-SQL 命令中，FROM…JOIN…ON 子句则支持“联接”运算。但最后一种关系运算——“除法”在 Visual FoxPro 中没有相对应的专用命令，这里就不细述了。

(3) INTO 与 TO 子句：用于指定查询结果的输出去向，默认查询结果显示在浏览窗口中。

INTO 子句中的 <目标>可以有 3 种选项，见表 3.4。

表 3.4　目标选项

目　　标	输出形式
ARRAY <数组>	查询结果输出到数组
CURSOR <临时表名>	查询结果输出到临时表
DBF <表名>	查询结果输出到表

TO FILE 子句的<文件名>表示输出到指定的文本文件，并取代原文件内容。ADDITIVE 表示只添加新数据，不清除原文件的内容。

TO PRINTER 表示输出到打印机，PROMPT 表示打印前先显示打印确认框。

TO SCREEN 表示输出到屏幕。例如，显示设备增值税的平均值：

```
SELECT AVG(价格) * 0.17 AS 增值税均值;
  FROM sb TO SCREEN     && 平均值显示在“增值税均值”字样下方
```

(4) PREFERENCE 子句：用于记载浏览窗口的配置参数，再次使用该子句时可用<名字>引用此配置。

(5) NOCONSOLE 子句：禁止将输出送往屏幕。若指定过 INTO 子句则忽略它的设置。

(6) PLAIN 子句：输出时省略字段名。

(7) NOWAIT 子句：显示浏览窗口后程序继续往下执行。

(8) WHERE 子句：若已用 ON 子句指定了联接条件，WHERE 子句中只能指定筛选条件，表示在已按联接条件产生的记录中筛选记录。也可以省去 JOIN 子句，一次性地在 WHERE 子句中指定联接条件和筛选条件。例如，查询大修过的设备的编号、名称和部门名：

```
SELECT dx.编号,sb.名称,bmdm.名称 AS 部门名 FROM sb,dx,bmdm;
  WHERE dx.编号 =sb.编号 AND bmdm.代码 =sb.部门
```

(9) GROUP BY 子句：对记录按<组表达式>值分组，常用于分组统计。

(10) HAVING 子句：当含有 GROUP BY 子句时，HAVING 子句可用作记录查询的限制条件；无 GROUP BY 子句时 HAVING 子句的作用如同 WHERE 子句。

(11) UNION 子句：在 SELECT-SQL 命令中可以用 UNION 子句嵌入另一个 SELECT-SQL 命令，使这两个命令的查询结果合并输出，但输出字段的类型和宽度必须一致。例如，执行下面的命令将首先显示所有设备的编号，接着显示经过增值的设备的编号：

```
SELECT sb.编号 FROM sb;
    UNION ALL SELECT zz.编号 FROM zz
```

UNION 子句默认组合结果中排除重复行，使用 ALL 则允许包含重复行。

(12) ORDER BY 子句：指定查询结果中的记录按＜表达式＞排序，默认为升序。＜表达式＞只可以是字段，或表示查询结果中列的位置的数字。选项 ASC 表示升序，DESC 表示降序。

例如，将 SB.DBF 的记录按部门升序排列，部门相同时按价格降序排列：

```
SELECT 编号,名称,部门,价格 FROM sb ORDER BY 部门,价格 DESC
```

(13) TOP 子句：TOP 子句必须与 ORDER BY 子句同时使用。＜数值表达式＞表示在符合条件的记录中选取的记录数，范围为 1～32767，排序后并列的若干记录只计一个。含 PERCENT 选项时，＜数值表达式＞表示百分比，记录数为小数时自动取整，范围为 0.01～99.99。例如，在上例命令中若增加子句“TOP 50 PERCENT”，表示在符合条件的记录中选取 50%的记录。

2. 单表查询示例

SELECT-SQL 命令既可用于单表查询，也可用于多表查询。该命令可选的子句很多，乍看时格式较长，其实它的基本形式可以简化为 SELECT-FROM[-WHERE]的结构，并不复杂。如果灵活地配上 GROUP BY、ORDER BY、HAVING、TO|INTO 等子句，就能方便地实现用途广泛的各种查询，并将结果输出到不同的目标。下面先介绍单表查询的示例。

[**例 3-15**] 查找大修过的所有设备。

```
SELECT DISTINCT 编号 FROM dx
```

本例不带 TO|INTO 子句，查询结果默认在浏览窗口显示。浏览窗口中将分 3 行显示下列编号：016-1，037-2，038-1。由于选用了 DISTINCT，016-1 仅显示一次。

[**例 3-16**] 求出每一设备的增值金额，并送至打印机打印。

```
SELECT 编号,SUM(增值) FROM zz;
    GROUP BY 编号 TO PRINTER
```

打印结果如下：

编号	SUM 增值
016-1	3510.00
038-1	1200.00

其中的数值 3510.00，是 016-1 设备两次增值 2510.00 与 1000.00 之和。

[**例 3-17**] 找出大修费用已超过 5000 元的设备，并将结果存入数组 ADX。

```
SELECT 编号 FROM dx ;
    GROUP BY 编号 HAVING SUM(费用)> 5000 INTO ARRAY adx
FOR i= 1 TO ALEN(adx) && ALEN 函数返回数组元素的个数
```

```
  ? adx(i)
NEXT
```

本例执行时先将 DX 表按编号分组，求出各组的大修费总和。然后用 HAVING 子句中的条件排除大修费未超过 5000 元的组。最终装入 ADX 数组的只有两个编号，即 016-1 和 037-2。程序中还通过循环语句将这些数组元素值显示出来。

［**例 3-18**］ 求价格低于 20000 元的设备名称、启用日期与部门，并按启用日期升序排序。

```
SELECT 名称,启用日期,部门 FROM sb ;
   WHERE 价格<20000 ORDER BY 启用日期 ASC
```

命令执行后，将在浏览窗口中显示以下查询结果：

```
钻床      10/12/89    23
复印机    06/01/92    12
微机      08/12/97    12
```

3. 多表查询示例

SELECT-SQL 命令也支持多表查询，能够在一次查询中检索几个工作区中的表数据。在实现多表查询时，通常通过公共的字段将若干个表两两地“联接”起来，使它们能像一个表那样接受检索。因此在有些教材中，多表查询也称为联(或连)接查询。以下请看几个例子。

［**例 3-19**］ 查找增值设备的编号、名称及每次增值的金额。

表 ZZ 有设备编号与增值金额，但设备名称只能从表 SB 查得，故本例查询涉及 SB 和 ZZ 两个表，它们的共同字段是“编号”。

解一：

```
SELECT sb.编号,sb.名称,zz.增值 ;
   FROM sb INNER JOIN zz ON sb.编号=zz.编号
```

解二：

```
SELECT sb.编号,sb.名称,zz.增值 FROM sb,zz ;
   WHERE sb.编号=zz.编号
```

以上两解的差异如下：解一的 FROM 子句只指定表 SB，另用 JOIN 子句指明要联接的表 ZZ，再用 ON 子句描述联接条件；解二的 FROM 子句同时列出 SB 和 ZZ 两个表，它们的联接在命令中是隐含的，联接条件用 WHERE 子句来描述。两解的执行结果是一样的，均如图 3.19 所示。

［**例 3-20**］ 试汇总设备的大修费用，要求如下：

(1) SB. 编号头 3 位小于 038。

(2) 显示设备名称与大修费用小计。

(3) 显示结果按大修费用小计降序排列。

分析：为显示设备名称与大修费用小计，需将SB表和DX表进行联接；为对大修费用小计，需要按字段dx.编号进行分组并求出每组大修费用之和。

解一：

```
SELECT sb.名称, SUM(dx.费用) FROM sb INNER JOIN dx ON sb.编号 =dx.编号;
    WHERE LEFT(sb.编号,3) <"038";
    GROUP BY dx.编号;
    ORDER BY 2 DESCENDING
```

由于不可使用SUM(dx.费用)作为排序表达式，故命令的ORDER BY子句中用数字2来表示按查询结果中的第2列排序。查询结果如图3.25所示。

解二：

```
SELECT sb.名称, SUM(dx.费用) FROM sb,dx ;
    WHERE sb.编号 =dx.编号 AND LEFT(sb.编号,3) <"038";
    GROUP BY dx.编号;
    ORDER BY 2 DESCENDING
```

可以想见，上述命令将完成相当复杂的操作。但用户只需按照题意写出相应的子句，将操作的顺序和查询优化都交给系统自动处理。现再举一个涉及三表查询的例子。

[**例3-21**] 找出增值设备的名称、所属部门和累计增值金额。

不难看出，本例查询将涉及ZZ、SB和BMDM三个表。若使用SELECT-SQL命令，可以写作：

```
SELECT sb.名称 AS 设备名,bmdm.名称 AS 部门名,SUM(zz.增值) AS 累计增值额;
    FROM sb,bmdm,zz;
    WHERE sb.编号=zz.编号 AND sb.部门=bmdm.代码 GROUP BY zz.编号
```

3.5.2 用查询设计器建立查询

不熟悉SELECT-SQL的用户可通过Visual FoxPro提供的查询设计器来进行数据查询。查询设计器产生的查询结果除可当场浏览外，还有多种输出方式。查询设置也可以保存在文件中，供以后打开查询设计器使用或修改。

1. 查询设计器的操作步骤

利用查询设计器查询数据的基本操作步骤是：打开查询设计器→进行查询设置，即设置被查询的表、联接条件、字段等输出要求和查询结果的去向→执行查询→保存查询设置。

[**例3-22**] 查询要求同例3-19，试用查询设计器来显示设备的编号、名称和增值。

操作步骤如下。

(1) 打开查询设计器窗口：选定“文件”菜单的“打开”命令→在“打开”对话框的“文件类型”组合框中选定查询(*.qpr)选项→在“文件名”文本框中输入新查询文件名MCZZ(若是已存在的文件，则在列表框中选定文件)→选定“确定”按钮，即出现如图3.16

所示的“查询设计器”及“打开”对话框。

说明：打开查询设计器的方式分菜单和命令两种，而“文件”菜单中又有“新建”命令和“打开”命令两种情况。实际上，要打开查询设计器，不管新建查询还是打开已有的查询，都可从“文件”菜单的“打开”命令开始操作；也可用下述命令来打开：MODIFY QUERY ＜查询文件名＞。

(2) 确定要查询的表 SB.DBF 与 ZZ.DBF：在如图 3.16 所示的“打开”对话框的列表框中选定 SB.DBF→选定“确定”按钮，则该表就被增入查询设计器的上部窗格→通过“添加表或视图”对话框的“其他”按钮将 ZZ.DBF 增入查询设计器。

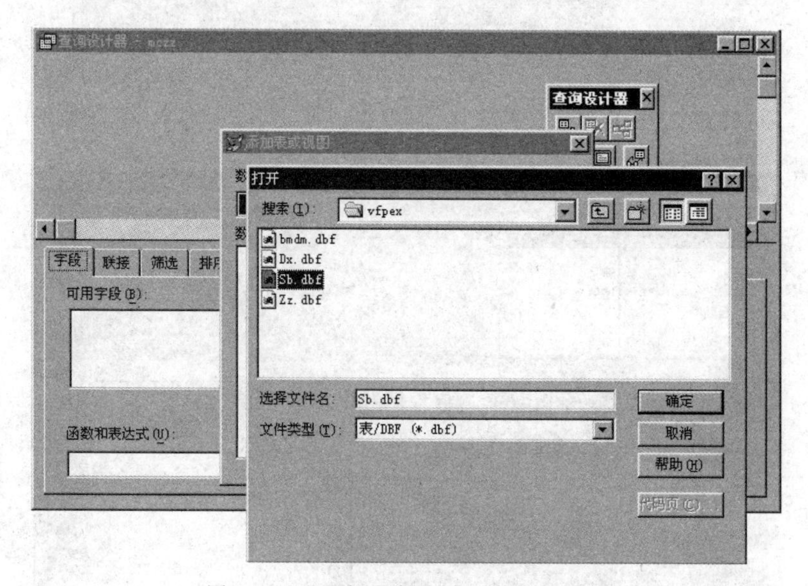

图 3.16 “查询设计器”窗口的初始状态

说明：增入查询设计器的表，第一个表在“打开”对话框的列表框中选定。若还需要其他表，可在 Visual FoxPro 自动提供的“添加表或视图”对话框中添加。用户可在其中直接选用数据库表，或利用“其他”按钮来选定所需的表。

只要查询设计器窗口成为当前窗口，就可用“查询”菜单的“添加表”命令来增入表，也可用该菜单的“移去表”命令将选定的表从窗格中移去，但移去的表在磁盘上并未删除。

(3) 设置联接条件：ZZ.DBF 增入查询设计器后即出现如图 3.17 所示的“联接条件”对话框，其中显示 Visual FoxPro 根据字段值自动配对的联接条件，即 SB.编号与 ZZ.编号进行内部联接。选定“确定”按钮认可，然后关闭“添加表或视图”对话框，查询设计器便成为当前窗口。

说明：若 Visual FoxPro 自动配对的联接条件不符合用户需要，可在“联接条件”对话框中修改。该对话框中的“取消”按钮表示不要联接条件。

(4) 选取输出字段：在查询设计器的“字段”选项卡中将 SB.编号、SB.名称和 ZZ.增值 3 个字段从“可用字段”列表框移入“选定字段”列表框(参阅图 3.18)。

说明：创建查询允许不设联接条件，但若未选取输出字段则查询不能运行。

(5) 执行查询：选定“查询”菜单的“运行查询”命令即出现如图 3.19 所示的“查询”浏

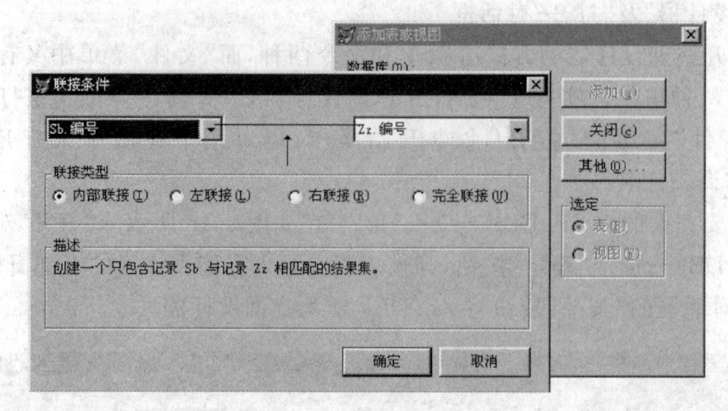

图 3.17 “联接条件”对话框

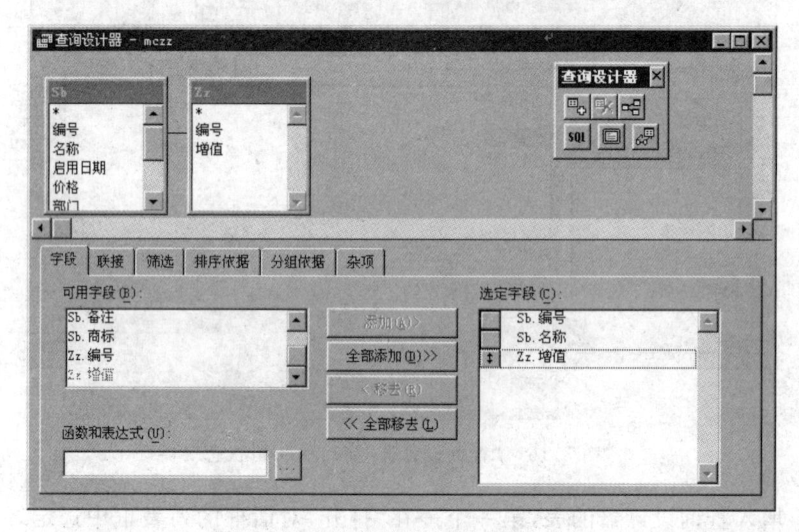

图 3.18 查询设计器的“字段”选项卡

览窗口，由图中可见，当 SB.编号与 ZZ.编号相同时产生一行。

说明：执行查询除可在“查询”菜单选定“运行查询”命令外，还有以下 3 种方法。

方法一：在查询设计器窗口右击，选定快捷菜单的“运行查询”命令。

方法二：选定“程序”菜单的“运行”命令→在“打开”对话框选定某查询文件→选定“运行”按钮。

方法三：执行命令“DO ＜查询文件名＞”。应注意此时不可省略扩展名，例如，DO MCZZ.QPR。

(6) 查询的保存：将查询设计器切换为当前窗口，按 Ctrl＋W 组合键，查询设置存入查询文件 MCZZ.QPR。

说明：查询经过修改后，在查询设计器窗口关闭前可用以下 3 种方法之一来保存查询设置，以免下次重新设置。查询设置将保存在扩展名为 QPR 的查询文件中。

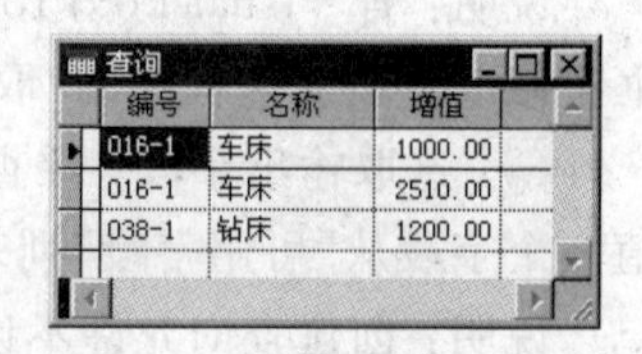

图 3.19 查询的浏览窗口

方法一：按 Ctrl＋W 组合键后，窗口的设置存盘且窗口被关闭。

方法二：单击窗口右上角的“关闭”按钮，双击窗口左上角的控制菜单按钮，或打开控制菜单后选定“关闭”命令，都会出现确认对话框要用户回答要否保存查询。确认对话框中的“是”按钮用于保存查询，“否”按钮不保存本次修改且关闭窗口，“取消”按钮返回到查询设计器窗口。

方法三：选定“文件”菜单的“保存”命令后，窗口的设置存盘但窗口不关闭。

2. 查询设计器的界面组成

如图 3.18 所示，“查询设计器”分为上部窗格和下部窗格两部分，上部窗格用来显示查询或视图中的表，下部窗格则包含“字段”等 6 个选项卡。“查询设计器”打开后，Visual FoxPro 还能在查询菜单、快捷菜单和查询设计器工具栏中提供有关的功能。

1）上部窗格

上部窗格显示已打开的表，每一个表用内含字段和索引的大小可调整的窗口表示。

将表添入上部窗格的方法为：选定“查询”菜单（或快捷菜单）中的“添加表”命令，或选定查询设计器工具栏的“添加表”按钮，使出现“添加表或视图”对话框，即可在此对话框中选取要添加的表。当添入表时还会弹出一个“联接条件”对话框，若两个表具有相同字段，会自动在该框中列出字段相等的式子作为默认的联接条件，但允许用户修改；选定“确定”按钮返回查询窗口后，该联接条件即自动显示在“联接”选项卡中。

若在分属于两个表的字段之间出现联线，则表示它们之间设置了联接条件。联接条件除可在添加表时设置外，也可在表间拖动已索引的字段来创建。若要显示“联接条件”对话框来修改联接条件只要双击某条联线，或选定查询设计器工具栏的“添加联接”按钮即可。

2）下部窗格

下部窗格包含了以下 6 个选项卡，例 3-23 中包括了前 5 个选项卡的图形，请读者参阅。

①“字段”选项卡

该选项卡允许指定要在查询结果中显示的字段、函数或其他表达式。如图 3.22 所示即指定了 1 个字段 SB.名称和 1 个求和的函数 SUM(DX.费用)。

- “可用字段”列表框：用于列出已打开的表的所有字段，以供用户选用。
- “函数和表达式”文本框：用来指定一个表达式，该表达式既可直接在文本框中输入，也可通过文本框右侧的对话按钮在表达式生成器中生成。
- “添加”按钮：用于将“可用字段”列表框或“函数和表达式”文本框中的选定项添入“选定字段”列表框。“移去”按钮则用于反向操作。
- “选定字段”列表框：用来列出输出表达式。上下拖动选项左边的双箭头按钮还可调整输出的顺序。

注意：在下面将介绍的“排序依据”或“分组依据”选项卡中使用的所有表达式，均须预先在“字段”选项卡中设定。

② “联接”选项卡

该选项卡(参阅图 3.20)用于指定联接条件,联接条件可用来为一个或多个表或视图匹配和选择记录。例如,在图 3.20 中显示了 SB.DBF 与 DX.DBF 的联接条件,即“Inner Join DX.编号＝SB.编号”。

在“查询”菜单中“查看 SQL”命令,可用于显示与查询操作等效的 SELECT-SQL 命令,联接条件即被列在该命令的 ON 子句中。

下面解释该选项卡的各个列能够提供的选项。

- “类型”列:指定联接的类型。若要修改联接类型,可单击“条件”行的“类型”列位置,使显示一个联接类型组合框。该组合框中包括 5 个选项,其中 1 个选项为“无”,表示不进行联接,其余 4 项联接类型见表 3.5。

表 3.5　联接类型

联接类型	意　义	查询结果
Inner Join(内部联接)	只有满足联接条件的记录包含在结果中	aa　aa
Left Outer Join(左联接)	左表某记录与右表所有记录比较字段值,若有满足联接条件的产生一个真实值记录,若都不满足则产生一个含.NULL.值的记录,直至左表所有记录都比较完	aa　aa bb　.NULL. cc　.NULL.
Right Outer Join(右联接)	右表某记录与左表所有记录比较字段值,若有满足联接条件的产生一个真实值记录,若都不满足则产生一个含.NULL.值的记录,直至右表所有记录都比较完	.NULL.　11 aa　aa
Full Join(完全联接)	先按右联接比较字段值,再按左联接比较字段值;不列入重复记录	.NULL　11 aa　aa bb　.NULL. cc　.NULL.

表 3.5 中解释了各联接类型的含义,并对查询结果举例说明。其中用到了 2 个表:表 A1 有 1 个字段 D1 及 3 个记录,字段值依次为 AA、BB、CC;表 A2 有 1 个字段 D2 及 2 个记录,字段值依次为 11、AA。查询以 D1＝D2 为联接条件,查询结果中列出了 D1 与 D2 的值。

- “字段名”列:用于指定联接条件的第一个字段。在创建新条件时,单击字段会显示一个包含所有可用字段的下拉列表。
- “条件”列:用于指定比较类型。除可使用常用的关系运算符外,还可使用以下 3 种条件。

Between:表示在低值(含低值)与高值(含高值)之间,两值间用逗号隔开。例如,联接条件“启用日期 Between 01/14/92,01/16/92”,表示启用日期为 1992 年 1 月的第 14、15、16 日的记录均满足条件。函数 BETWEEN(＜表达式＞,＜低值表达式＞,＜高值表达式＞)有类似的功能,即＜表达式＞值在低值与高值之间返回.T.。

In:表示取值范围是以逗号分隔的几个值。例如,联接条件“部门 IN 11,21,23”,表示部门是 11、21、23 的记录满足条件。函数 INLIST(＜表达式＞,＜表达式 1＞[,＜表达式 2＞…])有类似的功能,即＜表达式＞与其他各表达式之一值相等就返回.T.。

Is NULL:表示可包含 null 值。

- “否”列:选定“否”列按钮并使其打上勾“√”,表示取上述条件之反,如“√=”表示不等于。
- “值”列:指定联接条件中另一表的字段。
- “逻辑”列:用于在联接条件列表中添加 AND 或 OR 运算,仅当本行联接条件与下一行联接条件组成复合条件时使用。
- “插入”按钮:在所选定联接条件上方插入一个空白条件行,供用户设置新的联接条件。
- “移去”按钮:从查询中删除选定的联接条件。

③ “筛选”选项卡

指定选择记录的筛选条件。筛选条件通常用于在联接条件选出记录的基础上筛选记录,这种条件被列在 SELECT-SQL 命令的 WHERE 子句中。

由图 3.21 可见,筛选条件与联接条件的格式相仿,但应注意联接条件的“值”列在筛选条件为“实例”列。“实例”列只能指定具体的筛选值,不可包含字段,也就是说,筛选条件只能将字段值与筛选值进行比较,而联接条件必须比较两个表的字段值。

④ “排序依据”选项卡

如图 3.23 所示,该选项卡可用来指定多个排序字段或排序表达式,选定排序种类为升序或降序。

排序字段可直接在该选项卡选定,而排序表达式必须先在“字段”选项卡中设定,然后在“排序依据”选项卡中选定。

⑤ “分组依据”选项卡

分组是指将表中具有相同字段值(或表达式值)的记录合并为一组,此时整个表的所有记录便分成了若干组。如图 3.24 所示,“分组依据”选项卡用来指定分组字段或分组表达式,选项卡中的“满足条件”按钮可用于为分好的记录组设置选择记录的条件。

分组表达式必须先在“字段”选项卡中设定,然后在“分组依据”选项卡中选定。

⑥ “杂项”选项卡

指定是否要对重复记录进行查询,并且是否对记录做限制,包括返回记录的最多条数或最大百分比等。

[**例 3-23**] 试通过查询设计器重做例 3-20 所要求的查询。

操作步骤如下:

(1) 打开查询设计器:向命令窗口输入命令 MODIFY QUERY FYHZ,即出现 FYHZ 查询设计器(参阅图 3.20)。

(2) 确定要查询的表 SB.DBF 和 DX.DBF:在“打开”对话框的列表框中双击 SB.DBF→选定“添加表或视图”对话框的“其他”按钮,然后在“打开”对话框的列表框中双击 DX.DBF。

(3) 设置联接条件“DX.编号=SB.编号”:DX.DBF 增入查询设计器后即出现“联接条件”对话框,选定“确定”按钮认可 SB.编号与 DX.编号进行内部联接,然后关闭“添加表

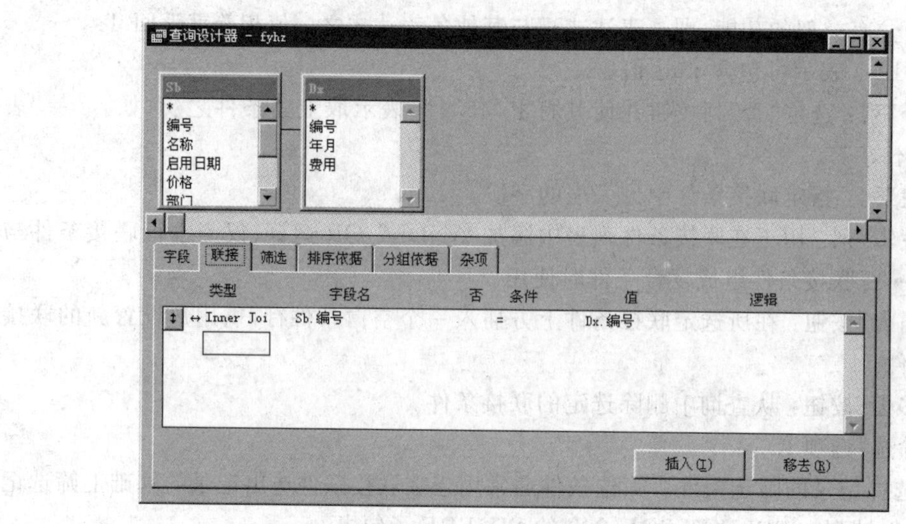

图 3.20 “联接”选项卡

或视图”对话框。

选定“联接”选项卡，其列表框中已显示如图 3.20 所示的联接条件“Inner Join DX.编号＝SB.编号”。

(4) 设置筛选条件“LEFT(SB.编号,3)＜"038"”：选定如图 3.21 所示的“筛选”选项卡→在“字段名”组合框中选定＜表达式＞选项→在“表达式生成器”对话框的“表达式”列表框中输入 LEFT(SB.编号,3)→选定“确定”按钮返回查询设计器窗口→在“条件”列组合框中选定运算符＜→在“实例”列文本框中输入字符串"038"。

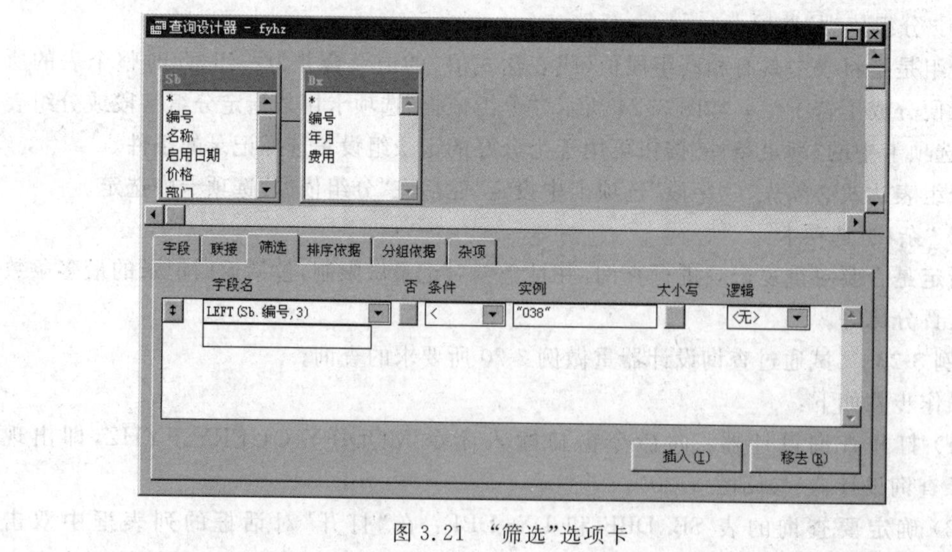

图 3.21 “筛选”选项卡

(5) 设置输出表达式 SB.名称和 SUM(DX.费用)：选定如图 3.22 所示的“字段”选项卡→将 SB.名称从“可用字段”列表框移入“选定字段”列表框→在“函数和表达式”文本框中输入 SUM(DX.费用)，选定“添加”按钮将该表达式移入“选定字段”列表框。

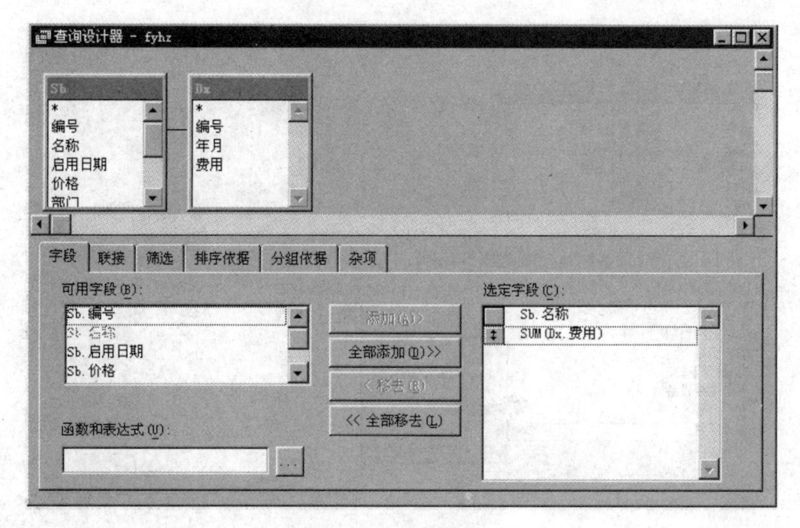

图 3.22 “字段”选项卡

(6) 设置按表达式 SUM(DX.费用)降序输出：选定如图 3.23 所示的“排序依据”选项卡→在“选定字段”列表框选定表达式 SUM(DX.费用) →选定“排序选项”区的“降序”选项按钮→选定“添加”按钮将该表达式从“选定字段”列表框移入“排序条件”列表框。

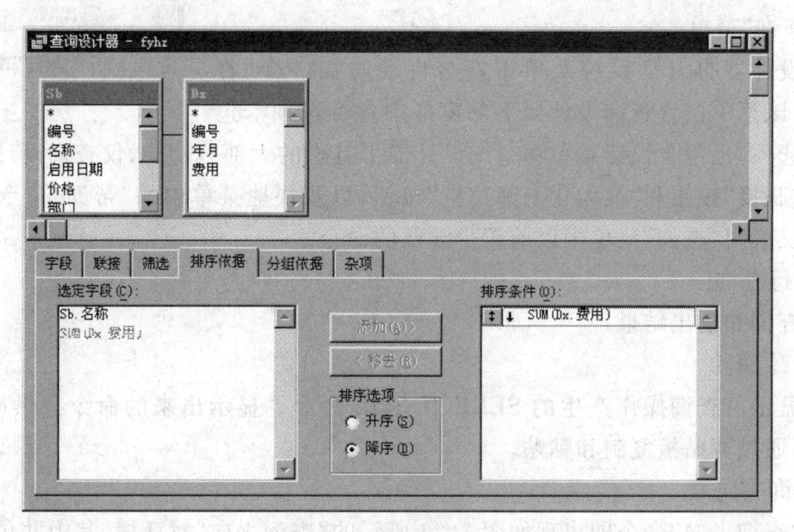

图 3.23 “排序依据”选项卡

(7) 按字段 DX.编号分组：选定如图 3.24 所示的“分组依据”选项卡→双击“可用字段”列表框的字段 DX.编号，将它移入“分组字段”列表框→选定“确定”按钮返回查询窗口。

(8) 执行查询：在查询设计器窗口右击，选定快捷菜单的“运行查询”命令，即出现如图 3.25 所示的浏览窗口。

若选定快捷菜单的查看 SQL 命令，就会显示一个只读窗口，其内含的 SELECT-SQL 命令与例 3-20“解一”相同。

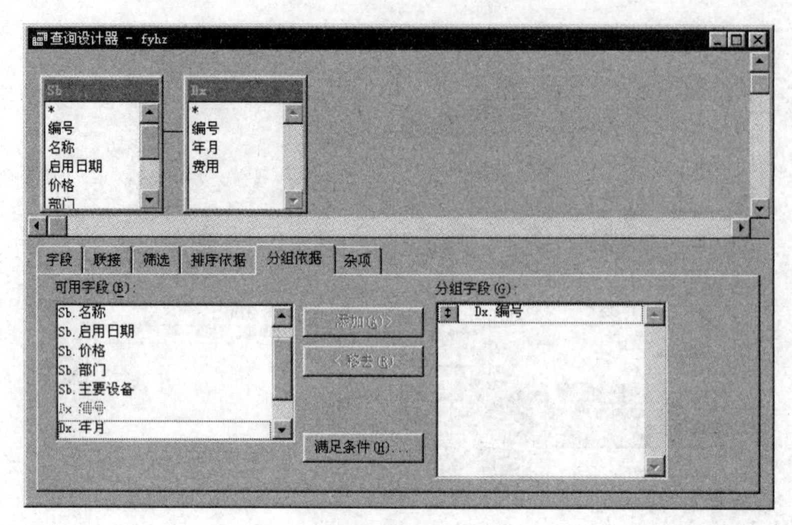

图 3.24 “分组依据”选项卡

(9) 保存查询：将查询设计器切换为当前窗口，按Ctrl＋W组合键，以上(1)～(7)步骤的查询设置即存入查询文件FLHZ.QPR。

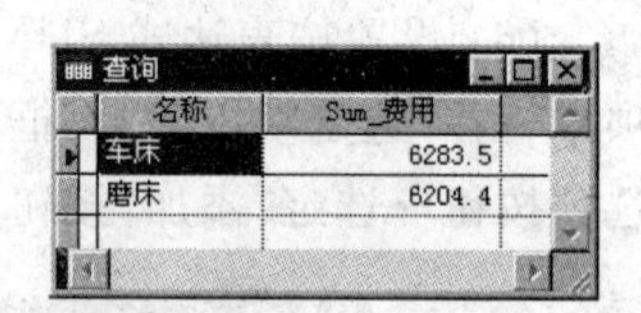

图 3.25 “查询”浏览窗口

3) “查询”菜单

查询设计器打开后系统菜单中就会自动增加一个“查询”菜单。该菜单包含查询设计器下部窗格中各个选项卡包含的所有选项，也包含快捷菜单和查询设计器工具栏的大部分功能，仅查询设计器工具栏中的“添加联接”按钮和“最大化上部窗格”按钮，以及快捷菜单中的“帮助”命令未包含在内。下面仅说明“查询”菜单中以前较少涉及的命令。

① 运行查询

执行查询并输出结果。

② 查看SQL

用于显示由查询操作产生的SELECT-SQL命令。显示出来的命令只供阅读，不能编辑，但可通过剪贴板复制和粘贴。

③ 查询去向

选定“查询去向”命令即出现如图3.26所示的“查询去向”对话框，其中共包括7个按钮，表示查询结果的不同的输出类型。

“浏览”按钮：在浏览窗口中显示查询结果。

“临时表”按钮：将查询结果保存到临时表中。

“表”按钮：将查询结果作为表文件保存起来。

“图形”按钮：使查询结果可利用Microsoft的图形功能，该图形功能其实是由包含在Visual FoxPro中的一个独立的OLE应用程序提供的，将在3.5.3节介绍。

“屏幕”按钮：在当前输出窗口中显示查询结果，也可指定输出到打印机或文件。

“报表”按钮：向报表文件发送查询结果。

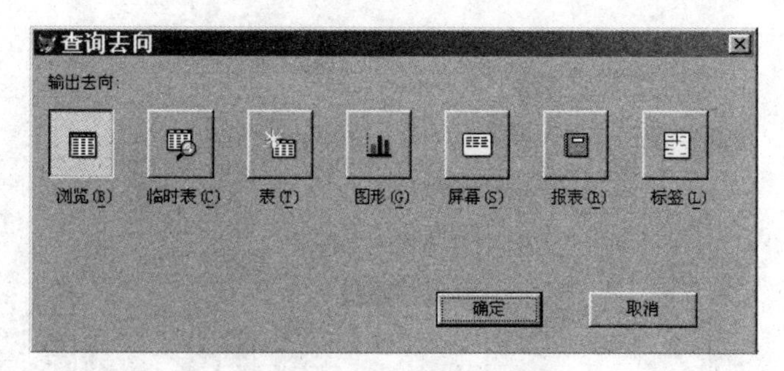

图 3.26 “查询去向”对话框

“标签”按钮：向标签文件发送查询结果。

3.5.3 查询结果的图形处理

前已指出，Visual FoxPro 允许将查询结果以图形的形式输出。本节将通过一个例子，简单介绍怎样利用 Visual FoxPro 的图形向导工具输出图形，包括在查询中输出统计图和处理通用型字段中的图形等。

［**例 3-24**］ 试将例 3-23 的查询结果以柱形图输出。

(1) 使查询结果可用于 Microsoft 图形：在命令窗口执行命令

```
_GENGRAPH = "\VFP\WIZARDS\WZGRAPH.APP"
```

命令中的_GENGRAPH 为系统变量，WZGRAPH.APP 应用程序由 Visual FoxPro 提供。该命令一次性执行后就能使“查询去向”对话框中的“图形”按钮变成可用，否则该按钮不能被激活。

(2) 打开查询设计器：向命令窗口输入命令 MODIFY QUERY FYHZ。

(3) 确定输出类型：选定“查询”菜单的“查询去向”命令，使出现如图 3.26 所示的“查询去向”对话框→选定“图形”按钮→选定“确定”按钮返回查询设计器。

(4) 图形设置：选定“查询”菜单的“运行查询”命令→在“图形向导”对话框的“可用字段”列表框中将“Sum_费用”拖放到“数据系列”列表框中，将“名称”拖放到显示“坐标轴”字样的矩形框中，拖放结果如图 3.27 所示→选定“下一步”按钮→在如图 3.28 所示的“图形向导”对话框(步骤 3)中选定“三维柱形图图形”按钮→选定“下一步”按钮→在“输入图形的标题”文本框中输入“大修费用汇总图”(此图未列出，在该步骤中可预览图形)→选定“完成”按钮→在“另存为”对话框的“保存表单”文本框中输入 fyhz(此处表单文件扩展名.SCX 可省略)→选定“保存”按钮使图形存入表单文件→单击表单设计器窗口的“关闭”按钮将该窗口关闭。

(5) 运行表单文件输出图形：执行命令 DO FORM fyhz，即显示如图 3.29 所示的大修费用汇总三维柱形图。

从本例可以看到，Visual FoxPro 能通过图形向导引导用户方便地输出图形。下面说明几个与本例有关的问题。

(1) “图形向导”对话框中含有柱形图、折线图、圆饼图等多种统计图供用户挑选。

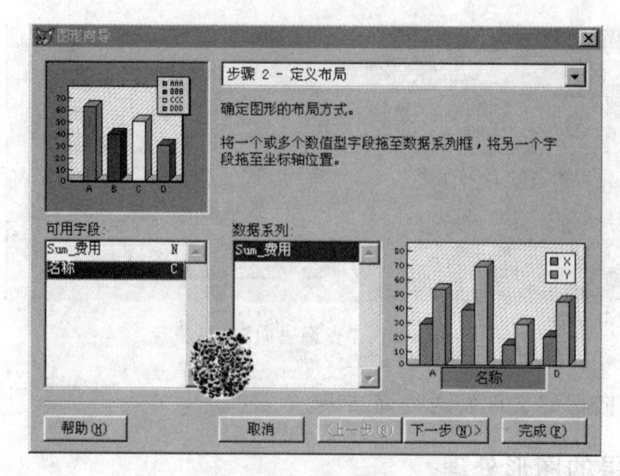

图 3.27 “图形向导”对话框步骤 2

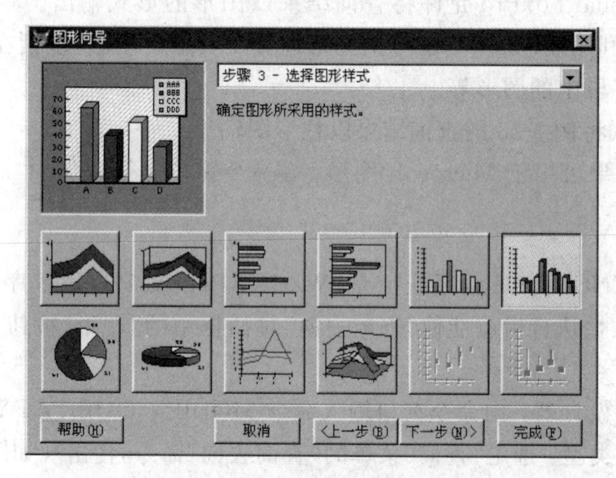

图 3.28 “图形向导”对话框步骤 3

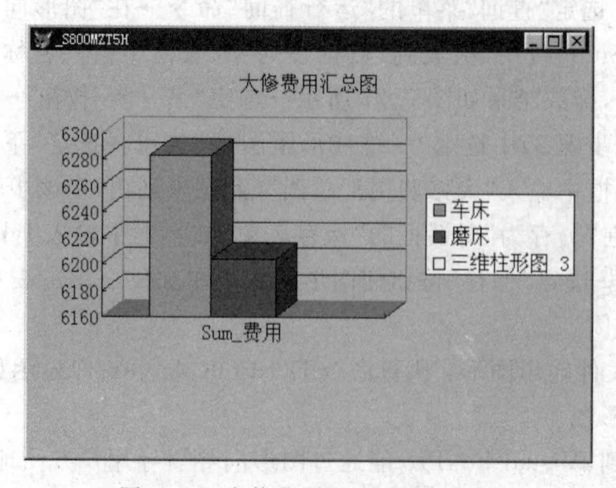

图 3.29 大修费用汇总三维柱形图

（2）为输出图形通常需选取两个以上表达式，并且至少要有一个数值表达式。这是出于构图的需要，即用数值表达式表示幅度，另一个表达式则表示坐标轴分点。若选取了N个表达式，则其中的N－1个数值表达式便可对比幅度。

（3）输出的图形将存入扩展名为.SCX的表单文件，文件主名可由用户定义。表单文件用DO FORM命令来执行，执行后即显示图形。图形还可在表单设计器修改。关于表单的更多内容可参阅第6～8章。

（4）用户也可直接调用WZGRAPH.APP应用程序来打开“图形向导”对话框。

若将与图形有关的数据存入一个表并打开它，然后用DO命令运行C:\VFP\WIZARDS下的应用程序WZGRAPH.APP，屏幕上即出现与图3.27一样的“图形向导”对话框，便可导出图形。例如，执行下述命令序列：

```
USE sb
COPY TO sb1 FIELDS 编号,价格
USE sb1
DO \VFP\WIZARDS\WZGRAPH.APP      && 出现图形向导对话框
```

（5）用户也可直接使用图形向导，此时不显式使用WZGRAPH.APP应用程序，但须先运行查询文件。使用步骤如下：运行查询文件（例如，DO fyhz.qpr），然后关闭浏览窗口→选定“工具”菜单的“向导”选项的“查询”命令→在“向导选取”对话框中选定“图形向导”选项，屏幕上即出现“图形向导”对话框，该对话框的“可用字段”列表中已显示查询文件包含的字段，便可逐步导出图形。

3.6 数据库表及其数据完整性

在Visual FoxPro之前的微机DBMS中，每一个数据库文件都是独立存在的。数据库文件之间的联系，只能在应用时用相关的命令来描述。Visual FoxPro改变了这一传统的做法，将DBF文件统称为表，并将它们区分为“数据库表”（database table）和“自由表”（free table）两大类。迄今在各章例题中建立的表都是自由表，本节将结合数据库的创建，重点讨论与数据库表相关的特征，如表间关系、表数据的完整性等。

3.6.1 创建数据库表

保存一个亲友通讯录，建一个自由表就可以了。但如果为工厂开发一个管理系统，很可能需要建立多个表，上文提到的SB、DX、BMDM和ZZ等4个表就是一个例子。当表中包含的数据相互之间具有联系时，如果把它们集中到一个数据库中，并且在各表间建立关联，从而设置属性和数据的有效性规则，使相关联的表协同工作，效果就更好了。

一个较大的项目可以创建若干个数据库，每个数据库可定义一组表。在Visual FoxPro中，建立和操作数据库通常有两种方法：(1)通过数据库设计器；(2)通过数据库操作命令。

1. 数据库设计器

数据库设计器可用来建立数据库表，或将自由表添加到数据库中使它变为数据库表。

它能在窗口中显示当前数据库全部的表、视图(见 3.7 节)和相互关系(见图 3.30),并让用户操作这些对象。

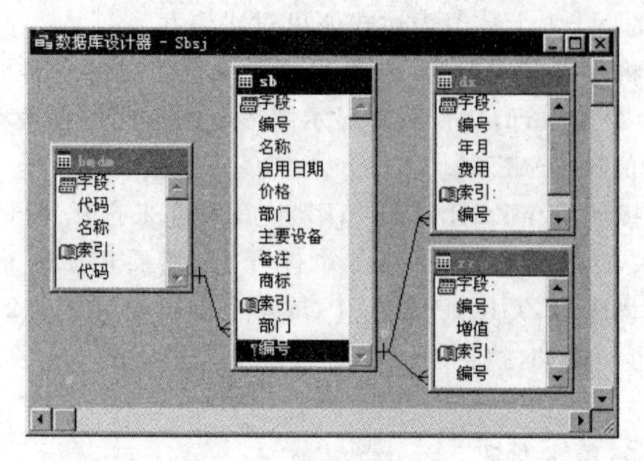

图 3.30 数据库设计器

在数据库设计器中,每个表或视图占一个大小可调、可以拖动的小窗口,其中列出了表的字段和索引,在各表的索引之间用连接线表示永久关系。当打开数据库设计器窗口时,将伴随出现"数据库"菜单和"数据库设计器"工具栏。使用菜单中的"属性"命令可以显示或隐藏数据库设计器窗口中的对象,使用菜单的"重排"命令还可以重排位置。

数据库创建后,即保存在一个扩展名为.DBC 的数据库文件中。若用命令来打开其中的任一个表,例如,命令 USE SB,在主屏幕和数据工作期窗口状态栏都会显示出它所在的数据库名,如 SBSJ(设备数据)。

[**例 3-25**] 创建数据库 SBSJ{SB,BMDM,DX,ZZ},即要求包含 SB.DBF、BMDM.DBF、DX.DBF 和 ZZ.DBF 4 个表。

操作步骤如下。

(1) 打开数据库设计器窗口:选定"文件"菜单的"新建"命令→选定"数据库选项"按钮→选定"新建"按钮→在"创建"对话框中输入数据库名 SBSJ(扩展名允许省略)→选定"保存"按钮,一个称为 SBSJ.DBC 的数据库文件随之产生,同时出现数据库设计器的空白窗口(参阅图 3.30)。

(2) 将表添入数据库设计器窗口:选定快捷菜单的"添加表"命令→在"打开"对话框中选定 SB.DBF→选定"确定"按钮,SB 窗口就出现在数据库设计器窗口中。以同样方法添加表 BMDM、DX 和 ZZ。

至此,在 SBSJ 数据库中已包含了 4 个表。但应注意,因为此时尚未建立表间关联,所以与图 3.30 不同,在各表之间还没有关系线。

顺便说明,若要在数据库设计器中移去或删除已经添加的表,可以在选定该表后按 Del 键,并在"信息"对话框中选定"移去"或"删除"按钮。

2. 数据库操作命令

Visual FoxPro 除设有创建数据库的命令外,还提供了关闭、删除数据库等命令。

(1) 创建数据库命令

```
CREATE DATABASE sbsj   && 创建数据库 SBSJ
CREATE TABLE dx(编号 c(5),年月 c(4),费用 n(6,1));
                          && 在数据库 SBSJ 中建立 DX 表,屏幕上不出现数据库设计器
```

注意：后一条命令也是从 SQL 移植过来的，故又称为 CREATE TABLE-SQL。

(2) 数据库关闭与删除命令

关闭命令 CLOSE DATABASE ALL：关闭所有的数据库。

删除命令 DELETE DATABASE <数据库名> [DELETETABLES]：当包含 DELETETABLES 子句时，删除<数据库名>表示的数据库及其中的表，否则仅删除数据库，并将其中的表变为自由表。应该注意的是，若要删除数据库必须先关闭它。

(3) 数据库表移去命令 REMOVE TABLES：从数据库中移去表，被移去的表变为自由表。

(4) 数据库文件的操作命令

数据库创建后，将保存在.DBC 文件中。其实该文件本身也是一个表，其中记载了它所有数据库表的参数，以及与索引、关联等有关的参数。

最常见的数据库文件操作是文件浏览，例如，

```
CLOSE DATABASE ALL          && 关闭所有打开的数据库
USE SBSJ.DBC                && 打开数据库文件必须指明扩展名 DBC
BROWSE
```

虽然数据库文件也可编辑，但一旦修改出错会破坏数据库，故数据库设置的修改通常在数据库设计器中进行。

3. 建立数据库表之间的关联

在数据库中，除要说明含有哪些表以外，还须根据需求定义表间的关联。利用数据库设计器建立起来的关联，将作为永久关系(persistent relationship)存储在数据库文件(.DBC)中。这种关系不仅在运行时存在，而且将一直保留，例如，在查询和视图中能自动成为联接条件；能作为表单和报表的默认关系，显示在数据环境设计器中；并据此支持建立参照完整性。

顺便说明，临时关系(temporary relationship)是指使用 SET RELATION 命令创建(或在数据工作器窗口以交互方式建立)的表间关系，不具有上述特性。

在数据库设计器中，关联呈现为两表索引之间的关系线。如图 3.30 所示，关系线的一端仅有一根线，另一端有三根线，分别代表一对多关系的“一”端与“多”端。从一个表的主索引或候选索引的所在位置，拖曳到另一表的任一索引，即可画出表间关系线。而删除永久关系也只需去掉关系线。

这里，对上面提到的主索引再补充进行说明。本书 3.1.2 节曾提到 4 种索引类型，图 3.1 所示的表设计器打开的是自由表，“索引”选项卡中的“类型”组合框最多可列出普通索引、唯一索引和候选索引 3 种索引类型。若打开的是数据库表，组合框中将列出包括主索引在内的 4 种索引类型。

主索引的作用有两个：一是主索引不允许出现重复值，发现重复值会禁止存盘，故可

用作主关键字；二是主索引可用于建立永久关系，从而建立参照完整性。

主索引可用下述命令建立或删除：

```
ALTER TABLE <表名>ADD|DROP PRIMARY KEY <索引关键字>[TAG <索引标识名>]
```

命令中的 ADD 用于添加主索引，省略 TAG 子句表示索引关键字同字段名。DROP 用于删除主索引。

例如，为数据库表 SB 添加以“编号”字段为索引关键字的主索引，可使用命令：

```
ALTER TABLE sb ADD PRIMARY KEY 编号 TAG bh
```

由于一个表最多仅可有一个主索引，删除主索引时可不必指明索引关键字。例如，

```
ALTER TABLE sb DROP PRIMARY KEY
```

［**例 3-26**］ 继续例 3-25，为数据库 SBSJ 建立永久关系。

(1) 打开数据库设计器窗口：选定“文件”菜单的“打开”命令→在“打开”对话框中选定数据库 SBSJ.DBC，选定“确定”按钮返回数据库设计器，SB 等 4 个表窗口即在设计器中显示。

(2) 按表 3.6 建立索引：选定 SB 表→选定“数据库”菜单的“修改”命令→在表设计器中以部门为关键字建立普通索引，以编号为关键字建立主索引。

表 3.6 SBSJ 永久关系索引状况

数据库表	索引关键字	索引类型
BMDM	代码	候选索引
SB	部门	普通索引
SB	编号	主索引
DX	编号	普通索引
ZZ	编号	普通索引

SB 窗口索引部分的编号左侧显示一个钥匙，表示该索引关键字是主索引。

其余 3 个表的索引可用同样方法建立。

(3) 画出关系线：从 SB 窗口索引部分的编号拖曳到 DX 窗口索引部分的编号，其间即产生一条关系线；以同样方法为 SB 窗口与 ZZ 窗口添加关系线。从 BMDM 窗口索引部分的代码拖曳到 SB 窗口索引部分的部门，使其间也产生一条关系线。最终结果如图 3.30 所示。

本例的永久关系一旦建立，当设计查询(或视图)时，就能自动在查询(或视图)设计器中反映出来。例如，新建一个查询，若添加了数据库表 SB 和 BMDM，则查询设计器上部窗格将显示用线相连的 SB 窗口和 BMDM 窗口，“联接”选项卡中也会自动列入相应的联接条件。

4. 数据库添入项目管理器

数据库既可通过项目管理器建立，也可在建成后添入其中，以方便随后的管理与开

发。请看下例。

[**例 3-27**] 创建项目管理器 SBGL,要求添入数据库 SBSJ,并查看该数据库。

(1) 打开项目管理器窗口:选定“文件”菜单的“新建”命令→选定“项目”选项按钮→选定“新建文件”按钮→在“创建”对话框中输入项目文件名 SBGL(扩展名.PJX 允许省略)→选定“保存”按钮,使出现 SBGL 项目管理器窗口(参见图 3.31)。

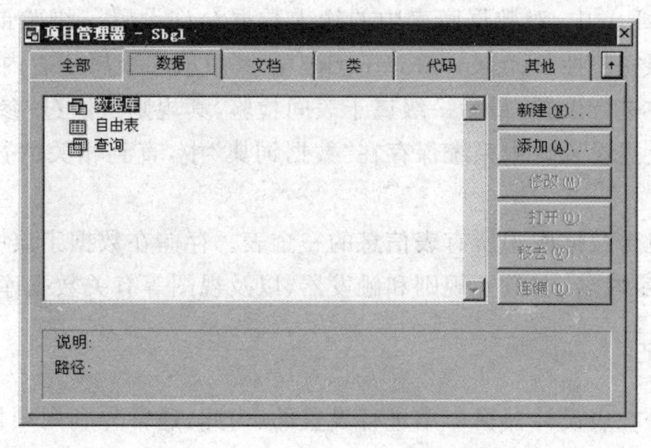

图 3.31 “项目管理器”的数据选项卡

(2) 将数据库 SBSJ 添入项目管理器窗口:在窗口中选定“数据”选项卡→选定“数据库”图标→选定“添加”按钮→在“打开”对话框中选定 SBSJ.DBC→选定“确定”按钮返回项目管理器,“数据库”图标左侧即显示一个+号,表示数据库 SBSJ 已添入。

(3) 查看数据库 SBSJ:单击“数据库”图标左侧+号,即显示数据库的名字 SBSJ→单击 SBSJ 左侧+号,显示一个“表”字→单击“表”图标左侧+号,显示出如图 3.32 所示的 SB 等 4 个表。

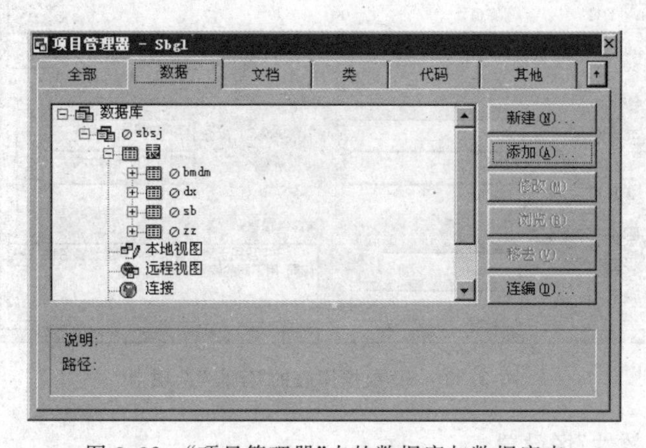

图 3.32 “项目管理器”中的数据库与数据库表

此时若选定其中某个表,便可利用窗口右侧的按钮进行表的新建、添加、修改、浏览、移去等操作。

由图 3.32 可以看出,项目管理器以目录树的形式显示各种数据,并可展开或折叠它们。若某类型项包含一个或多个数据项,则其左侧显示加号,单击加号就可展开此项的列表;若数据项已全部显示,类型项左侧就显示减号,单击减号可将展开的列表折叠起来。

3.6.2 表的数据完整性

所谓数据完整性,主要是指数据的正确性和相容性。无论单用户或多用户数据库,用户在操作中难免发生差错。如果对数据操作缺乏检验与约束,就难以保证数据的有效性。

在 Visual FoxPro 中,对数据库表中的输入数据允许设置三级验证,即字段级验证、记录级验证和参照完整性(referential integrity)。其中前二级属于表内检验,其规则一般在表设计器窗口中进行设置;最后一级属于表间检验,其规则可通过“参照完整性生成器”进行设置。所有上述设置均由系统保存在“数据词典”中,直到相关的数据库表从数据库中移去为止。

数据词典是包含数据库中所有表信息的一个表。存储在数据字典中的信息称为元数据,包括长表名或字段名、有效性规则和触发器,以及视图等有关数据库对象的定义。

1. 字段级验证

字段级验证是在表设计器窗口中进行设置的,为此,通常先利用项目管理器来打开相关的数据库表。其步骤依次为:打开 SBGL 项目管理器→选定 SB 数据库表→选定“修改”按钮打开 SB 表设计器(参阅图 3.33)→在表设计器的“字段有效性”区和“显示”区进行设置。

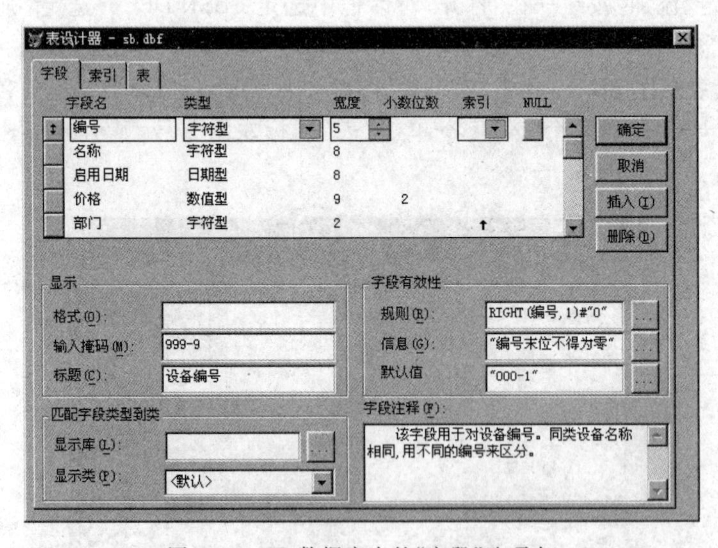

图 3.33 SB 数据库表的“字段”选项卡

(1)“字段有效性”区设置

字段有效性区用于设置有效性检验规则。它包含下述 3 个文本框,均可直接输入数据,也可通过其右边的对话按钮先显示出“表达式生成器”对话框,然后在其中进行设置。

①“规则”文本框:用于输入对字段数据有效性进行检查的规则,它实际上是一个条件,例如,图 3.33 中的“RIGHT(编号,1)#"0"”。对于在该字段输入的数据,Visual FoxPro 会自动检查它是否符合条件,若不相符合必须进行修改,直至与条件符合才允许

光标离开该字段。

②“信息”文本框：用于指定出错提示信息，当该字段输入的数据违反条件时，出错信息将照此显示，如图 3.33 中的"编号末位不得为零"。

③“默认值”文本框：用于指定字段的默认值。当增加记录时，字段默认值会在新记录中显示出来，从而提高输入速度。在本例图中，字段默认值设置为"000-1"。

（2）数据“显示”区设置

①“格式”文本框：用于输入格式表达式，借以确定字段在浏览窗口、表单或报表中显示时采用的大小写和样式。例如，输入格式码!号，能使浏览窗口输入/输出时将字母都转为大写，若输入格式码 A 表示仅允许输入字母。顺便提示，在 7.2.1 节将继续介绍另外的格式码。

②“输入掩码”文本框：用于输入输入掩码，借以指定字段的输入格式，限制输入数据的范围，控制输入的正确性。

输入掩码可以使用以下字符：

X	允许输入字符
9	允许输入数字
#	允许输入数字，空格，＋，－
$	显示 SET CURRENCY 命令指出的货币号
*	在指定宽度中，值左边显示星号
.	指出小数点位置
,	用逗号分隔小数点左边的数字

与“格式”文本框不同，输入掩码必须按位来指定格式。例如，设置 999-9，编号字段对应 9 的位仅允许输入数字，其中的符号“-”不是输入掩码，而是一个以原样显示的插入性字符，在输入数据时光标会自动跳过它。本例可使字母或符号无法输入。

在编号中用来分隔的符号“-”不需输入，既限制了输入数据的范围，也加快了输入速度。

③“标题”文本框：用于为浏览窗口、表单或报表中的字段标签输入表达式。例如，因为在如图 3.33 所示的“标题”文本框输入了“设备编号”字样，所以在浏览窗口中，编号字段的列标题也将显示为设备编号。

2. 记录级验证

记录级验证在数据库表设计器的“表”选项卡中设置，如图 3.34 所示。

（1）“记录有效性”区：设置记录有效性规则，检查同一记录中不同字段的逻辑关系。

①“规则”文本框：用于指定记录级有效性检查规则，光标离开当前记录时进行校验。

②“信息”文本框：用于指定出错提示信息。在校验记录级有效性规则时，发现输入与规则不符时该信息将会显示出来。

例如，在图 3.34 中，在“规则”文本框输入的记录级有效性规则为(图中未显示全)：

```
LEFT(编号,3)="016".AND.名称="车床".OR.LEFT(编号,3)# "016".AND.名称# "车床"
```

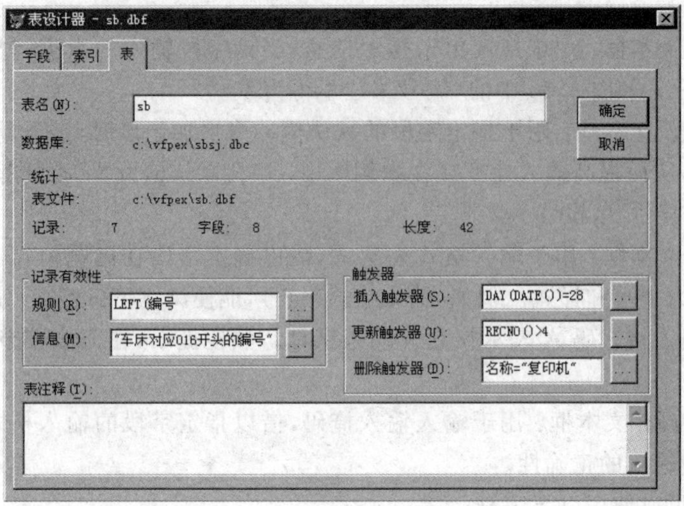

图 3.34　SB 数据库表的“表”选项卡

该规则表示符合条件的记录是编号头 3 位为 016 的车床，或编号头 3 位不是 016 的其他设备。若在浏览窗口将某记录的“车床”字样改一下，然后单击其他记录，屏幕即会显示出错信息："车床对应 016 开头的编号"，这些文字正是事先在“信息”文本框输入的内容。

(2) 触发器区：该区有 3 个触发器，分别用于指定记录插入、更新、删除的规则。

① “插入触发器”文本框：指定一个规则，每次向表中插入或追加记录时该规则被触发，据此检查插入的记录是否满足规则。

如图 3.34 所示，在“插入触发器”文本框输入的条件为 DAY(DATE())=28，表示若当天为 28 日才能满足条件，即每月只有这一天才允许插入或追加记录。若在其他日子插入或追加记录，当光标离开该记录时即显示触发器失败信息框。

② “更新触发器”文本框：指定一个规则，每次更新记录时触发该规则。如图 3.34 所示，在“更新触发器”文本框输入的条件为：RECNO()>4，表示从第 5 个记录起才满足条件，即只允许修改最后 3 个记录。

③ “删除触发器”文本框：指定一个规则，每次从表中删除记录(打上删除标记)时触发该规则。如图 3.34 所示，在“删除触发器”文本框输入的条件为：名称="复印机"，表示仅有“复印机”记录满足条件，即只允许删除这一记录，其他记录无法删除。

3. 参照完整性

参照完整性属于表间规则。对于永久关系的相关表，在更新、插入或删除记录时如果只改其一不改其二，就会影响数据的完整性。例如，修改父表中的关键字值后，子表关键字值未作相应改变；删除父表的某记录后，子表的相应记录未删除，致使这些记录成为孤立记录；对于子表插入的记录，父表中没有相应关键字值的记录等。对于这些涉及多表的数据完整性，可统称为参照完整性。

参照完整性可用手工调整方法或执行一段自编的程序来保持。此外，Visual FoxPro

提供了参照完整性规则，用户只需打开参照完整性生成器，即可选择要否保持参照完整性，并控制在相关表中更新、插入或删除记录。

(1) 打开参照完整性生成器

打开数据库设计器后，即可选用下述3种方法之一打开参照完整性生成器窗口：

① 选定数据库设计器快捷菜单的“编辑参照完整性”命令。

② 选定“数据库”菜单中的“编辑参照完整性”命令。

③ 在数据库设计器中双击两个表之间的联线，并在“编辑关系”对话框中选定“参照完整性”按钮。

例如，在项目管理器中选定SBSJ.DBC→选定“修改”按钮打开数据库设计器→在快捷菜单中选定“编辑参照完整性”命令，即出现“参照完整性生成器”窗口(参阅图3.35)。

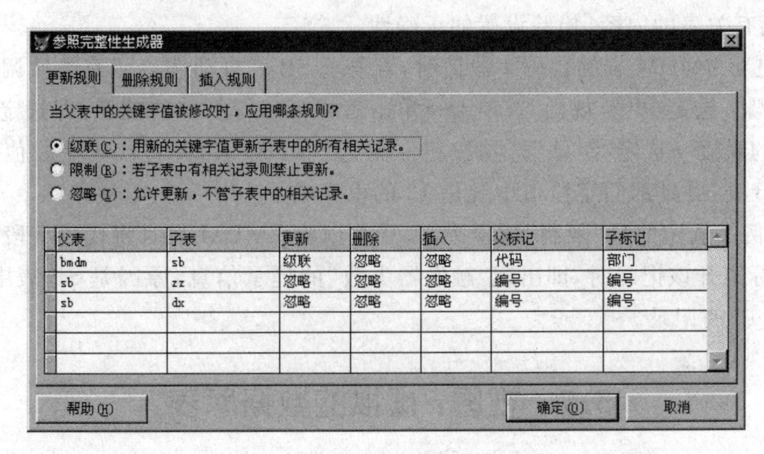

图3.35 SBSJ.DBC永久关系的“参照完整性生成器”

(2) 参照完整性生成器的界面

参照完整性生成器窗口具有“更新规则”、“删除规则”和“插入规则”3个选项卡，“级联”、“限制”和“忽略”等选项按钮和一个表格。“更新规则”选项卡用于指定修改父表中关键字值时所用的规则。“删除规则”选项卡用于指定删除父表中的记录时所用的规则。“插入规则”选项卡用于指定在子表中插入新的记录或更新已存在的记录时所用的规则。

在不同的选项卡中，各选项按钮的具体功能解释见表3.7。

表3.7 “参照完整性生成器”窗口中选项按钮的功能

	“更新规则”选项卡	“删除规则”选项卡	“插入规则”选项卡
级联	更改父表关键字段值时，Visual FoxPro会自动更改所有子表相关记录的对应值	删除父表中的记录时，相关子表中的记录将自动删除	
限制	若子表有相关记录，则更改父表关键字段值就会产生“触发器失败”的提示信息	若子表有相关记录，则在父表中删除记录就会产生“触发器失败”的提示信息	若父表没有相匹配的记录，则在子表添加记录就会产生“触发器失败”的提示信息
忽略	允许父表更新、删除或插入记录，与子表记录无关		

参照完整性生成器窗口的表格表达了表的联接情况以及是否要保持参照完整性的规则。其中父表列、子表列分别显示联接表的父表名、子表名；父标记列显示父表的索引关键字名，关键字可以是主索引字段或候选索引字段；子标记列显示子表的索引标识名；更新列、删除列和插入列则显示所选定选项按钮的名称，若单击这些列的单元格，会出现一个组合框，供用户选择级联、限制和忽略等功能。

(3) 参照完整性设置步骤

设置参照完整性可分以下 4 步：

① 选定某一规则选项卡。

② 选定某一选项按钮。

③ 在表格中选定某行并设置两表的联接。

④ 浏览有关表的内容，检验设置的正确性。

例如，更新 BMDM 表的代码字段值时，若要求 SB 表自动按参照完整性调整，可执行以下操作步骤：选定"更新规则"选项卡→单击表格第一行行首的按钮，即选定了 BMDM 与 SB 两表的联接→选定"级联"选项按钮→浏览 BMDM 表，并将代码字段值由 12 改为 18→浏览 SB 表，可见部门字段值中凡是 12 的也变成了 18。

如果上例中选定的是"限制"选项按钮，并在浏览 BMDM 表时将代码字段值由 12 改为 18，当光标离开该记录时，即出现"触发器失败"的提示信息，原因是 SB 表中也具有部门字段值为 12 的记录。

3.7 视图：虚拟的数据库表

视图(view)是在数据库表的基础上创建的一种虚拟表，在查询中有广泛的应用。由于它是从 SQL 移植而来，所以又称 SQL 视图。

多用户数据库拥有许多用户，不同的用户往往需要不同的数据。为了使用户将注意力集中在各自关心的数据上，Visual FoxPro 允许用户按个人的需要来定义视图。这样，同一个数据库在不同用户的眼中，就呈现为不同的视图。既有利于保密，又可以简化用户的操作。此外，表的结构在维护过程中难免变动，一旦表结构变动，应用程序也要跟着修改，不胜麻烦。引入视图后，如果表结构出现变化，便可用改变视图来代替改变应用程序，从而减少了应用程序对数据库表结构的依赖。

视图的数据通常从已有的数据库表或其他视图中抽取得来。如果在视图中含有取自远程数据源的数据，则该视图为远程视图；否则为本地视图。无论本地或远程视图都不是磁盘文件，所以视图实质上是一个虚拟表。不过它一经定义，就成为数据库的组成部分，可以像数据库表一样接受用户的查询。

创建和使用视图一般有两种途径：(1)使用由 SQL 移植过来的命令；(2)通过视图设计器的界面操作，有时也使用项目管理器(或数据库设计器)及视图向导来创建。

1. 视图操作命令

(1) 创建视图命令

命令格式：

```
CREATE SQL VIEW <视图名>[REMOTE]
    [CONNECTION <连接名>[SHARE]|< 已连接数据源名>] [AS SELECT-SQL 命令]
```

按照 AS 子句中的 SELECT-SQL 命令指定的要求创建一个 SQL 视图。视图的名称由命令中的<视图名>指定。

说明：

① AS 子句中的 SELECT-SQL 命令，用于指定视图从哪些数据库表提取哪些字段的数据，以及提取的条件。

② 若要创建远程视图，需使用 REMOTE 可选项，并用 CONNECTION 子句创建一个新的连接或指定一个已连接的数据源。有没有 CONNECTION 子句，是区分本地视图和远程视图的标志。

③ 注意分清它与 3.2.3 节 CREATE VIEW 命令的区别。后者创建的.VUE 文件称为视图文件，它与本节说的视图完全是两回事，读者切勿混淆。

［**例 3-28**］ 从 SBSJ 数据库所属的 SB 和 ZZ 两个表中抽取编号、名称和增值 3 个字段，组成名称为“我的视图”的 SQL 视图。

可使用以下的命令：

```
OPEN DATABASE sbsj && 含 SB、ZZ 等数据库表
CREATE SQL VIEW 我的视图;
    AS SELECT sb.编号,sb.名称,zz.增值 FROM sb,zz WHERE sb.编号= zz.编号
```

本例创建的视图可在项目管理器中浏览或修改。在项目管理器中选定数据库及视图后，即可选定“浏览”或“修改”按钮，若选定“浏览”按钮将在视图浏览窗口显示查询结果，而选定“修改”按钮则打开视图设计器，供用户修改视图。

(2) 视图维护命令

视图维护命令包括对视图的修改、删除、重命名等维护操作。例如，

```
MODIFY VIEW <视图名>[REMOTE]              && 修改指定的视图
DELETE VIEW <视图名>                      && 删除指定的视图
RENAME VIEW <原视图名>TO <目标视图名>       && 为指定的视图重新命名
```

2. 视图设计器

视图设计器是通过界面操作创建和维护视图的常用工具，其窗口与查询设计器十分相似，只是在前一个窗口的下半部分比后一窗口多了一个“更新条件”选项卡，以便用户为视图设置更新条件。也就是说，视图设计器比查询设计器多了一个更新数据的功能，当修改视图的记录数据时，能够使源表随之更新。视图的这一功能，使相关的用户不接触源表也可能更新源表的数据，这也是视图与查询的重要区别。

视图设计器可以通过项目管理器或数据库设计器来打开，方法如下：

(1) 通过项目管理器：在项目管理器中选定某个数据库→在列表中选定“本地视图”选项→选定“新建”按钮→在“新建本地视图”对话框中选定“新建视图”按钮，即显示视图

设计器。

(2) 通过数据库设计器：打开数据库设计器→选定“数据库”菜单的“新建本地视图”命令→在“新建本地视图”对话框中选定“新建视图”按钮，即显示视图设计器。

“新建本地视图”对话框中还包括一个“视图向导”按钮，用于引导用户快速地创建视图。

［**例 3-29**］ 根据例 3-28 的查询要求，用视图设计器建立视图 1，然后通过修改其中车床的增值来更新 ZZ 表原来的增值。

(1) 建立视图 1：在 SBGL 项目管理器中选定 SBSJ 数据库→在列表中选定“本地视图”选项→选定“新建”按钮→在“新建本地视图”对话框中选定“新建视图”按钮→通过“添加表或视图”对话框添加表 SB.DBF 和 ZZ.DBF，在视图设计器窗口(参阅图 3.36)可见两表已以编号联接→从“可用字段”列表框将 SB.编号、SB.名称和 ZZ.增值字段移到“选定字段”列表框中。

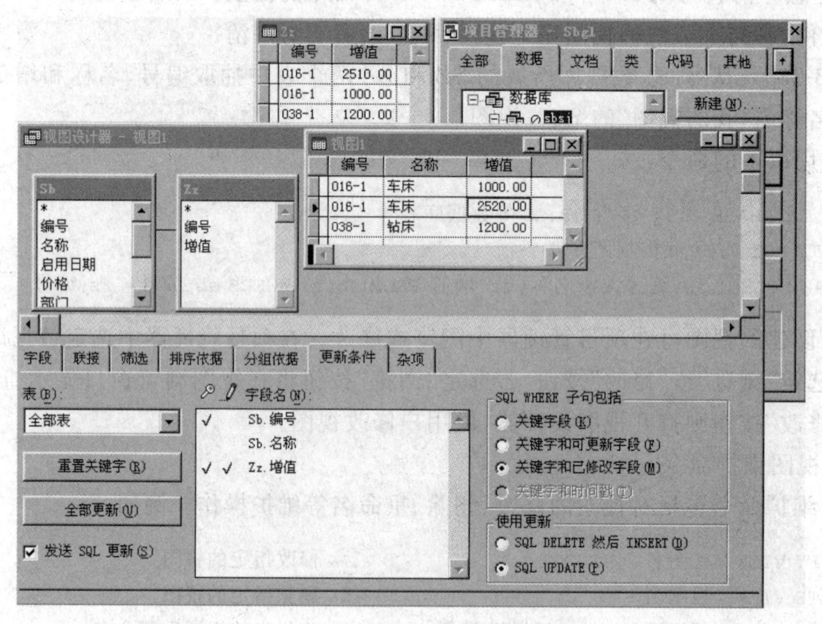

图 3.36 视图设计器更新源表数据

(2) 设置更新条件：在视图设计器窗口选定“更新条件”选项卡→单击 SB.编号左侧使之显示一个对号；单击 ZZ.增值左侧，使之显示两个对号→选定“发送 SQL 更新”复选框。

(3) 更新增值：打开 ZZ 浏览窗口→右击视图设计器窗口，在快捷菜单中选定“运行查询”命令→在视图 1 浏览窗口将增值 2510.00 改为 2520.00，然后单击另一记录使光标离开当前记录，ZZ 浏览窗口的相应数据即更新为 2520.00。

“更新条件”选项卡中钥匙符号列的对号表示该行的字段为关键字段，选取关键字段可使视图中修改的记录与表中原始记录相匹配。铅笔符号列的对号表示该行的字段为可更新字段。选定“发送 SQL 更新”复选框表示要将视图记录中的修改传送给原始表。

3. 远程视图

视图应用的一个重要方面，就是支持数据库的网络应用。创建远程视图后，就可直接使用网上远端数据库中的数据。Visual FoxPro 还支持在同一远程视图中合并使用本地数据与远程数据，从而扩大了用户的数据查询范围。

本章主要介绍本地视图。远程视图将在 11.2.3 节介绍。

习 题

1. 试对 SB.DBF 分别排序。

(1) 将价格超过 10000 元的设备按部门升序排序，并要求新文件只包含编号、名称、价格、部门 4 个字段。

(2) 将主要设备按名称降序排序，当名称相同时则按启用日期降序排序。

2. 使用表设计器来实现例 3-3 的要求，请写出操作步骤。

3. 使用命令 SB.DBF 建立一个结构复合索引文件，其中包括 3 个索引：

(1) 记录以编号降序排列，并且索引标识为普通索引型。

(2) 记录以名称降序排列，名称相同时则按启用日期降序排列，并且索引标识为唯一索引型。

(3) 记录以部门降序排列，部门相同时则按启用日期升序排列，并且索引标识为候选索引型。

4. 分别用顺序查询和索引查询两种方法查询 1992 年启用的非主要设备。

5. 分别用以下方法查询钻床的增值。

(1) 顺序查询。

(2) 索引查询。

(3) 在数据工作期窗口建立关联后查询。

6. 如果例 3-9 的一对多关系中省略说明一对多关系这一步骤，浏览窗口显示结果有何不同？

7. 现有如下两个表：

```
t1(产品编号 c(8),产品名称 c(20),型号规格 c(12),单价 n(7,1))
t2(合同号 c(10),产品编号 c(8),数量 n(10))
```

试利用数据工作期，以 T1 为父文件、T2 为子文件建立关联，使得在浏览记录时，同一种产品所订的各合同能集中在一起显示，并将完成上述要求的设置以文件名 T.VUE 存盘。

8. 用以下两种方法列出每个设备的名称、大修的费用及增值：

(1) 写出使用数据工作期窗口的操作步骤。

(2) 写出命令序列。

9. 试算出 1992 年前启用的主要设备的台数。

10. 若考生.DBF 记载了考生的姓名及语文、数学和外语的成绩,试算出每人总分及每门学科的平均成绩,并要求上述数据以考生成绩表形式显示。

11. 根据 SB.DBF 进行以下汇总:

(1) 按部门汇总价格。

(2) 设法按部门汇总设备的台数。

12. 说明表与表之间关联与联接的区别。

13. 根据第 7 题中 T1 和 T2 两个表建立查询文件 T.QPR,要求运行该文件能产生表 T3.DBF,其中包含数量大于 10 的所有合同的合同号、产品编号、单价和数量 4 个字段。

14. 对于下列查询要求,分别写出查询的操作步骤及 SQL-SELECT 命令。

(1) 查询价格小于 10 万元的设备的启用日期。

(2) 查询车间使用的设备或价格不小于 10 万元的设备的部门名,查询结果按启用日期从小到大排列。

(3) 查询 1990 年启用的设备的名称和部门名。

(4) 查询大修过的设备的编号和名称,查询结果输出到表 RESULT.DBF。

(5) 查询有增值的设备的设备名和部门名。

(6) 试算出 1992 年前启用的主要设备的台数。

(7) 试算出大修过的设备中每种设备大修费用的平均值。

15. 将例 3-24 产生的柱形图存储到 SB.DBF 第一个记录的商标字段中去。

16. 为下列查询写出 SQL-SELECT 命令序列。

(1) 查询最早启用和最晚启用的设备。

(2) 查询大修过的设备中每种设备的名称,以及每种设备大修费用与平均大修费用之差。

17. 在项目管理器中完成以下操作:

(1) 按第 7 题 T1、T2 两个表建立数据库 T{T1,T2},并分别为这两个表输入若干记录。

(2) 建立一个查询,从而产生一个包含产品编号、产品名称和合同号的表 HT.DBF。

18. 假定考生.DBF 用于记载考生的姓名及语文、数学和外语的成绩,若要求姓名只允许输入字母;语文、数学和外语只允许输入非负数,并且每门成绩不高于 100 分,3 门成绩之和不低于 250 分。在数据字典中应如何设置,试详细指明位置并写出表达式。

19. 根据如图 3.30 所示的数据库 SBSJ 的永久关系,若利用参照完整性生成器来删除 SB.DBF 的第一个记录,对其他 3 个表会否产生影响,试分级联、限制和忽略 3 种情况来说明。

20. 什么是视图?怎样在视图中设置可更新的字段?

21. 试从功能、存储、打开设计器的方法等方面比较视图与 SELECT-SQL 查询的异同。

上篇小结

传统的PC数据库开发环境都支持交互操作与程序执行两类工作方式。

在DOS时期，交互操作仅限于输入并执行命令（如dBASE）。随着Windows的流行，从FoxPro起就增加了支持基于窗口的界面操作。在Visual FoxPro环境中，交互操作进一步扩展为以界面操作为主、命令方式为辅的工作方式，尤其为初学者所乐用。

为了照顾初学者，在“语言基础”篇的第1～3章中，从零开始描述了以命令式语言为基础的Visual FoxPro界面操作方式。其中第1章为概述，第2章侧重介绍表的建立与维护，第3章主要讨论对表数据的查询与统计。值得注意的是，Visual FoxPro为了支持界面操作，不仅提供了诸如“数据工作期”等窗口，而且配置了向导、设计器等大量辅助工具，如表设计器、数据库设计器、查询设计器等，使交互操作变得更加方便。

但对于大多数读者来说，学习Visual FoxPro的主要目的是学会应用程序的设计与系统开发。因此从第4章起，将要重点讲解Visual FoxPro的另一类工作方式——程序执行方式。

这里还要强调指出的是，作为关系数据语言的国际标准，SQL已在商品化的RDBMS中被广泛采用，Visual FoxPro也不例外。本书在0.4节已提到SQL语言在数据库开发环境中的应用，上篇3.5节又以整节介绍了SELECT-SQL查询。学好这些内容，对初学者具有重要的意义。

中篇 程序设计

第 4 章　结构化程序设计

Visual FoxPro 程序设计包括结构化程序设计和面向对象程序设计。前者是传统的程序设计方法，用这种方法来实现多模块 DBAS 的开发，往往层次清楚。后者面向对象，可利用 Visual FoxPro 提供的辅助工具来设计用户界面，自动生成应用程序，用户只需编写少量过程代码。本章仅介绍结构化程序设计，包括程序的建立、执行和调试，多模块程序的组合方法等内容，从第 5 章开始将讨论基于对象的可视化程序设计。

4.1　程序文件

本节主要介绍 Visual FoxPro 程序的建立、执行以及专用于程序文件中的若干命令。

4.1.1　程序的建立与执行

1. 程序文件的建立

命令格式：

```
MODIFY COMMAND <文件名>
```

功能：打开文本编辑窗口，用来建立或修改程序文件。

说明：

(1) 程序文件由 Visual FoxPro 命令组成。＜文件名＞由用户指定，默认的扩展名为.PRG。

例如，在例 3-13 中要求分别求各设备的价格和与增值和，并且已写出命令序列。如果要为这个命令序列建立一个程序，可取程序名为 QH(求和)，然后向命令窗口输入命令 MODIFY COMMAND QH，按回车键后，主窗口中即出现一个标题为 QH.PRG 的文本编辑窗口，光标在其中闪烁，便可通过键盘输入命令。等命令都输入完毕后，可按 Ctrl＋W 键将文件存盘，编辑窗口便随之关闭，并在默认目录下建立了一个名为 QH.PRG 的程序文件。

文件名前也可指明路径，例如，MODIFY COMMAND A：\VFP\QH。

(2) 关闭编辑窗口的主要方法有：按 Ctrl＋W 键、按 Esc 键、在编辑窗口双击“控制菜单”按钮或单击“关闭”按钮。

按 Ctrl＋W 键可将文件立即存盘并且退出编辑。

如果文件已被修改过，使用其他方法关闭编辑窗口都会出现一个信息框，要用户作出回答。例如，若按 Esc 键将出现是否放弃修改的信息框，选定“是”按钮表示文件不存盘且退出编辑，选定“否”按钮则不退出编辑。若使用编辑窗口的“关闭”按钮将出现要否保存更改的信息框，单击“是”按钮文件存盘且退出编辑，单击“否”按钮表示文件不存盘且退出编辑，单击“取消”按钮则不退出编辑。

此外还可用“文件”菜单的“保存”、“另存为”、“还原”命令来关闭编辑窗口，不再细述。

(3) 文本编辑窗口也可以编辑由 ASCII 字符组成的非. PRG 文件。. PRG 文件是程序，可以运行，一般的文本文件则可读而不可运行。

2. 程序的运行

命令格式：

DO <文件名>

功能：执行由<文件名>表示的程序。

所谓执行程序，就是依次执行程序中的命令。例如 DO QH，其效果和在命令窗口中依次输入并执行命令一致。

DO 命令默认运行. PRG 程序，如果要运行的是. PRG 程序，DO 命令中的<文件名>只需取文件主名。要运行其他程序，<文件名>中须包括扩展名。例如，例 3-22 中执行查询程序的命令为 DO MCZZ. QPR。

顺便指出，Visual FoxPro 程序可以通过编译获得目标程序，目标程序是紧凑的非文本文件，运行速度快，并可起到对源程序加密的作用。

实际上 Visual FoxPro 只运行目标程序。对于新建或已被修改的 Visual FoxPro 程序，执行 DO 命令时 Visual FoxPro 会自动对它编译并产生与主名相同的目标程序，然后执行该目标程序。例如，执行命令 DO QH 时，将先对 QH. PRG 编译产生目标程序 QH. FXP，然后运行 QH. FXP。也可使用主窗口中“程序”菜单的“编译”命令来编译指定的程序或正在编辑的程序。

目标程序的扩展名也因源程序而异。例如，. PRG 程序的目标程序的扩展名为. FXP；查询程序的目标程序的扩展名为. QPX。

3. 程序书写规则

(1) 命令分行

程序中每条命令都以回车键结尾，一行只能写一条命令。若命令需分行书写，应在一行终了时输入续行符“;”，然后按回车键。

(2) 命令注释

程序中可插入注释，以提高程序的可读性。

注释行以符号“*”开头，它是一条非执行命令，仅在程序中显示。命令后也可添加注释，这种注释以符号“&&”开头。例如，

```
*本程序用于修改表的指定记录
SET DATE USA      && 日期格式置为 MM-DD-YY
```

4.1.2 程序中的专用命令

在程序文件中，常常要用到一些在交互方式中不需要甚至不能执行的专用命令。本小节仅介绍其中若干较常使用的命令。

1. 程序结尾的专用命令

若在程序末尾放一条 RETURN 命令，能使程序结束执行，并返回到调用它的上级程序继续运行，若无上级程序则返回到命令窗口。RETURN 命令一般允许省略。

CANCEL 命令也能使程序终止运行，同时清除程序中的私有变量（详见 4.3.4 节），并返回到命令窗口。

若要退出 Visual FoxPro 系统，可使用 QUIT 命令，该命令与"文件"菜单的"退出"命令功能相同。使用 QUIT 命令正常退出，就不会出现数据丢失或打开的文件被破坏等情况，还会自动删去磁盘中的临时文件；程序终止运行后将返回到 Windows。

2. 输入输出专用命令

在面向对象程序设计中，主要使用文本框等控件输入数据，从 Visual FoxPro 7.0 开始还补充了 INPUTBOX 函数，这些内容将在以后的章节介绍。这里仅在传统的数据输入命令 INPUT、ACCEPT 和@…GET 等中选择介绍 INPUT 命令。数据输出也有多种方法与函数，如?、@…SAY、WAIT 等命令和 MESSAGEBOX 函数，其中的"?"命令已见于第 2.2.2 节，WAIT 命令将在下文"3. 运行暂停命令"中讲述，MESSAGEBOX 函数详见第 4.4.2 节。这里将介绍@…SAY 命令。

(1) 输入命令

命令格式：

```
INPUT [<提示信息>] TO <内存变量>
```

功能：执行时首先在窗口中显示提示信息，随后等待用户输入数据。

说明：变量的类型随输入数据的类型而定，例如，字符型数据须加定界符。

(2) 定位输出命令

命令格式：

```
@<行,列>[SAY <表达式>]
```

功能：在窗口的指定行列输出 SAY 子句的表达式值。

说明：行与列都是数值表达式。行自顶向下编号，列自左向右编号，编号均从 0 开始。

[**例 4-1**] 试编一程序，能通过指定记录号修改设备的价格。

(1) 建立程序

输入命令 MODIFY COMMAND E4-1 后，写入以下程序。

```
* e4-1.prg
CLEAR                                  && 清屏幕
```

```
USE sb
@10,5 SAY "修改设备的价格"          && 在 Visual FoxPro 主窗口第 10 行第 5 列显示标题
?                                  && 空 1 行
INPUT "请输入记录号:" TO jlh       && 例如,输入 3
DISPLAY 价格 RECORD jlh
INPUT "请重新输入第"+STR(jlh,1)+"个记录的价格:";
TO jg
REPLACE 价格 WITH jg
DISPLAY 价格
USE
```

(2) 运行程序

输入命令 DO E4-1 后程序开始执行,若先后按照提示输入记录号和价格,显示情况如图 4.1 所示。

```
修改设备的价格

请输入记录号: 3
Record#        价格
      3   241292.12
请重新输入第3个记录的价格: 260000.00
Record#        价格
      3   260000.00
```

图 4.1 程序运行结果

3. 运行暂停命令

命令格式:

```
WAIT [<信息文本>] [TO <内存变量>] [WINDOW [AT <行>,<列>]]
   [NOWAIT] [CLEAR | NOCLEAR] [TIMEOUT <数值表达式>]
```

功能:暂停程序的运行,直到用户输入一个字符;也可只用于输出一条提示信息。

说明:

(1) WAIT 命令使 Visual FoxPro 程序暂停运行,等用户按任一键(或回车键)后,程序继续运行。

(2) <内存变量>用来保存输入的字符,如果不选 TO 子句,则输入的数据不予保存。

(3) 如果省略<信息文本>,则执行命令后屏幕显示"按任意键继续…",提示按任一键将继续运行。

(4) WINDOW 子句可使主屏幕上出现一个 WAIT 提示窗口,位置由 AT 选项的<行>、<列>来指定。若省略 AT 选项,<信息文本>将显示在主屏幕右上角。

(5) 若使用 NOWAIT 选项,系统将不等用户按键,立即往下执行。

(6) CLEAR 选项用来关闭提示窗口;NOCLEAR 表示不关闭提示窗口,WAIT 窗口将在执行到下一个 WAIT … WINDOW 命令时自动关闭。

(7) TIMEOUT 子句用来设定等待时间(单位为秒),一旦超时则自动往下执行命令。

Visual FoxPro 中 WAIT 命令主要用于输出提示信息,立即往下执行命令与设定延时时间关闭提示窗口等功能也较为常用。

[**例 4-2**] WAIT 命令输出信息示例。

```
WAIT "请检查输入内容!" WINDOW
```

命令执行时在主屏幕右上角出现一个提示窗口,其中显示"请检查输入内容!"字样,并且系统进入等待状态。用户按任一键后提示窗口关闭,程序继续运行。

4.2 程序的控制结构

结构化程序设计要求程序设计语言至少能提供3种基本的控制结构,即顺序结构、分支结构与循环结构。顺序结构按命令的书写顺序依次执行;分支结构能根据指定条件的当前值在两条或多条程序路径中选择一条执行;而循环结构则由指定条件的当前值来控制循环体中的语句(或命令)序列是否要重复执行。

Visual FoxPro在满足基本控制结构的命令以外,还提供了更多的构成控制结构的命令。例如,直接实现多分支结构的CASE命令等,从而为开发人员提供了更多的选择。现分述如下。

4.2.1 顺序结构

顺序结构的程序在运行时按照语句排列的先后顺序,一条接一条地依次执行,它是程序设计中最基本的结构。例4-1就是一个顺序结构的例子,下面再举一例。

[**例4-3**] 按9万元以上、1万元～9万元、1万元以下3级价格分档统计SB.DBF中设备的台数。

```
* e4-3.prg
SELECT COUNT(价格) FROM sb WHERE 价格>90000 INTO ARRAY gs
                                        && 数组 gs 仅有一个元素 gs(1,1)
?"9万元以上设备台数: "+STR(gs)
SELECT COUNT(价格) FROM sb WHERE 价格>=10000 AND 价格<=90000 INTO ARRAY gs
?"1万元～9万元设备台数: "+STR(gs)
SELECT COUNT(价格) FROM sb WHERE 价格<10000 INTO ARRAY gs
?"1万元以下设备台数: "+STR(gs)
USE
```

程序运行结果显示如下:

```
9万元以上设备台数:              2
1万元～9万元设备台数:           3
1万元以下设备台数:              2
```

4.2.2 分支结构

计算机具有判别功能。判别是靠程序实现的,Visual FoxPro能用条件语句或多分支语句构成分支结构,并根据条件成立与否来决定程序执行的流向。

1. 条件语句

条件语句是一个最多有两个分支的程序结构,又可分成带ELSE与不带ELSE两种情况。

语句格式:

```
IF <逻辑表达式>
   <语句序列 1>
[ELSE
   <语句序列 2>]
ENDIF
```

功能：根据<逻辑表达式>的逻辑值，选择执行两个语句序列中的一个。若<逻辑表达式>值为真，先执行<语句序列 1>，然后再执行 ENDIF 后面的语句；若其值为假，先执行<语句序列 2>，然后再执行 ENDIF 后面的语句。

该语句的执行逻辑图如图 4.2 所示，省略 ELSE 子句时的逻辑图如图 4.3 所示，此时仅有 1 个分支。

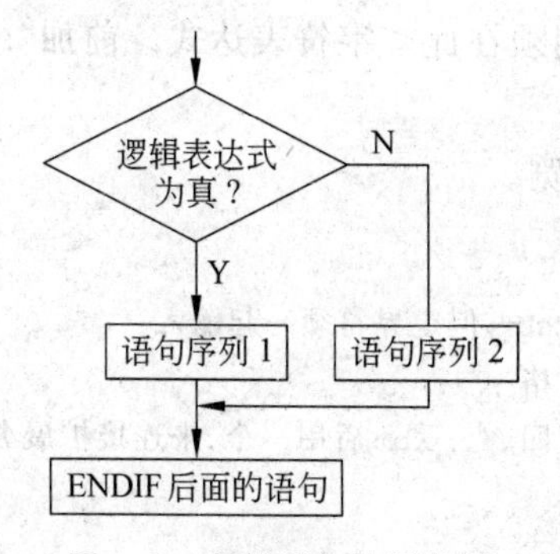

图 4.2 条件语句的逻辑图

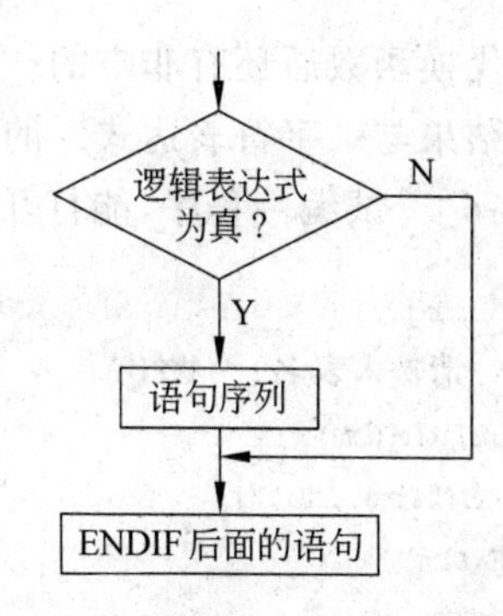

图 4.3 省略 ELSE 子句的逻辑图

［**例 4-4**］ 将 SB.DBF 中第 1 个非主要设备的价格减少 10%。

```
* e4-4.prg
USE sb
LOCATE FOR NOT 主要设备          && 查找非主要设备
IF FOUND()                       && 若查到，FOUND 函数返回.T.
   DISPLAY 名称，价格
   REPLACE 价格 WITH 价格 * (1-0.1)
   DISPLAY 名称，价格
ENDIF
USE
RETURN
```

程序 E4-4.PRG 用来查找设备并显示其有关信息，但由于条件语句省略 ELSE 子句，若查不到非主要设备，程序就结束运行。为能在查不到时显示提示信息，可令该语句带上 ELSE，即改为：

```
IF FOUND()
   DISPLAY
ELSE
   WAIT "无此设备！" WINDOW
ENDIF
```

这里将插入一种宏代换函数，它是用于编码的一个重要的函数。

函数格式：

```
&<字符型内存变量>[.<字符表达式>]
```

功能：替换出字符型内存变量的值。

［例 4-5］ 宏代换示例。

```
m=5
x="m"               && x为字符型内存变量
?x                  && 显示 m
?&x                 && 显示 5,得到了变量 x 值的值
```

若宏代换函数后还有非空的＜字符表达式＞，则须在此＜字符表达式＞前加“.”才能将宏代换结果与＜字符表达式＞的值联接起来。

［例 4-6］ 试编一程序，能打开任意一个表来浏览。

```
*e4-6.prg
INPUT "请输入表名:" TO bm          && 例如,输入"sb",但定界符须一起输入
bm=ALLTRIM(bm)                      && 删去两端空格
IF FILE("&bm..dbf")                 && 文件存在返回.T., &bm后用一个.来连接扩展名.dbf
   USE &bm
   BROWSE
ELSE
   WAIT "该文件不存在!" WINDOW
ENDIF
```

注意：Visual FoxPro 不允许直接用变量名作为表名，即 USE bm 命令包含语法错误，但可用 &bm 来表示表名。除宏代换外，也可使用名称表达式（变量名用括号括起来）来表示表名，即 USE (bm)是正确的命令。

也可以用命令 SELECT * FROM &bm 来取代 USE &bm 和 BROWSE 两条命令，但“查询”窗口显示的内容是只读的。

2. 多分支语句

语句格式：

```
DO CASE
   CASE <逻辑表达式 1>
        <语句序列 1>
   CSAE <逻辑表达式 2>
        <语句序列 2>
          …
   CASE <逻辑表达式 n>
        <语句序列 n>
[OTHERWISE
```

```
        <语句序列 n+1>]
ENDCASE
```

执行多分支语句时，系统将依次判断逻辑表达式值是否为真，若某个逻辑表达式值为真，则执行该 CASE 段的语句序列，然后执行 ENDCASE 后面的语句。

在各逻辑表达式值均为假的情况下，若有 OTHERWISE 子句，就执行<语句序列 n+1>，然后结束多分支语句，否则直接结束多分支语句。

多分支语句的执行逻辑如图 4.4 所示。

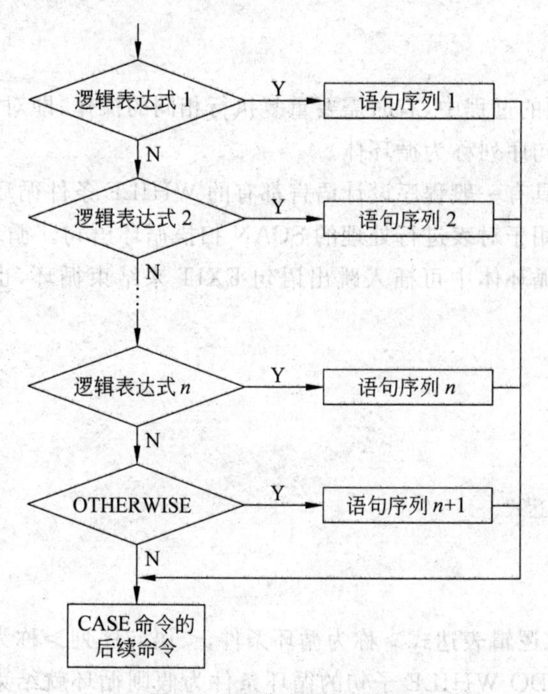

图 4.4 多分支语句框图

[例 4-7] 显示当前季节程序。

```
* e4-7.prg
yue=MONTH(DATE())                 && 获取当前月份
DO CASE
   CASE INLIST(yue,3,4,5)         && 第一个表达式的值是其余表达式值之一就返回.T.
        jj="春"
   CASE INLIST(yue,6,7,8)
        jj="夏"
   CASE INLIST(yue,9,10,11)
        jj="秋"
   CASE INLIST(yue,12,1,2)
        jj="冬"
ENDCASE
WAIT jj WINDOW                    && 当前季节显示在 WAIT 提示窗口内
```

在构成分支结构时需注意：

(1) 条件语句中的 IF 和 ENDIF 必须配对出现；同样，多分支语句中的 DO CASE 和 END CASE 也须配对出现。

(2) 为使程序清晰易读，对分支、循环等结构应使用缩格书写方式，见例 4-6 和例 4-7 两例。

(3) 表达分支、循环的每种语句都不允许在一个命令行中输入完毕，必须按本书所示语句格式一行一个回车符分行输入。由此可见，这些语句不能用于命令窗口中。

4.2.3 循环结构

在处理实际问题的过程中，有时需要重复执行相同的操作，即对一段程序进行循环操作，这种被重复的语句序列称为循环体。

Visual FoxPro 具有一般程序设计语言都有的 WHILE 条件循环语句和 FOR 步长循环语句，此外还有专用于对表进行处理的 SCAN 扫描循环语句。循环执行的次数一般由循环条件决定，但在循环体中可插入跳出语句 EXIT 来结束循环，也可以用 LOOP 语句来继续循环。

1. 条件循环

语句格式：

```
DO WHILE <逻辑表达式>
   <语句序列>
ENDDO
```

语句格式中的＜逻辑表达式＞称为循环条件，＜语句序列＞称为循环体。

语句执行时，若 DO WHILE 子句的循环条件为假则循环就结束，然后执行 ENDDO 子句后面的语句；若为真则执行循环体，一旦遇到 ENDDO 就自动返回到 DO WHILE 重新判断循环条件是否成立，以决定是否继续循环。

[**例 4-8**] 试编一程序，显示 SB.DBF 中所有单价超过 10000 元的设备名称。

```
* e4-8.prg
USE sb
DO WHILE NOT EOF( )
      IF 价格>10000
           ?名称
      ENDIF
      SKIP
ENDDO
USE
```

上述程序中的循环语句也可用命令 LIST 名称 FOR 价格＞10000 来代替，结果略有区别。使用 LIST 命令会显示字段名作为标题。

2. 步长循环

语句格式：

```
FOR <内存变量>=<数值表达式 1>TO <数值表达式 2>[STEP <数值表达式 3>]
    <语句序列>
ENDFOR | NEXT
```

语句格式中的<内存变量>称为循环变量，<数值表达式 1>、<数值表达式 2>、<数值表达式 3>分别称为初值、终值、步长。

语句执行时，通过比较循环变量值与终值来决定是否执行<语句序列>。步长为正数时，若循环变量值不大于终值就执行循环体；步长为负数时，若循环变量值不小于终值就执行循环体。执行一旦遇到 ENDFOR 或 NEXT，循环变量值即加上步长，然后返回到 FOR 重新与终值比较。

步长的默认值为 1。

［**例 4-9**］ 编写计算 S＝1＋2＋3＋…＋100 的程序。

```
*e4-9.prg
s=0                  && s 为累加器,初值为 0
FOR i=1 TO 100       && i 为计数器,初值为 1
    s=s+i            && 累加
NEXT
?"s=",s
```

3. 扫描循环

语句格式：

```
SCAN [<范围>] [FOR<逻辑表达式 1>] [WHILE<逻辑表达式 2>]
    <语句序列>
ENDSCAN
```

SCAN 循环针对当前表进行循环，<范围>子句表示记录范围，默认值为 ALL。语句执行时在<范围>中依次寻找满足 FOR 条件或 WHILE 条件的记录，并对找到的记录执行<语句序列>。

［**例 4-10**］ 根据例 4-8 的要求，用扫描循环语句编程。

```
*e4-10.prg
USE sb
SCAN FOR 价格>10000
        ?名称
ENDSCAN
USE
```

4. 循环辅助语句

在各种循环语句的循环体中可以插入 LOOP 和 EXIT 语句，前者能使执行转向循环语句头部继续循环；后者则用来立即退出循环，转去执行 ENDDO、ENDFOR 或 ENDSCAN 后面的语句。图 4.5 和图 4.6 是这两个语句转向功能的示意图。

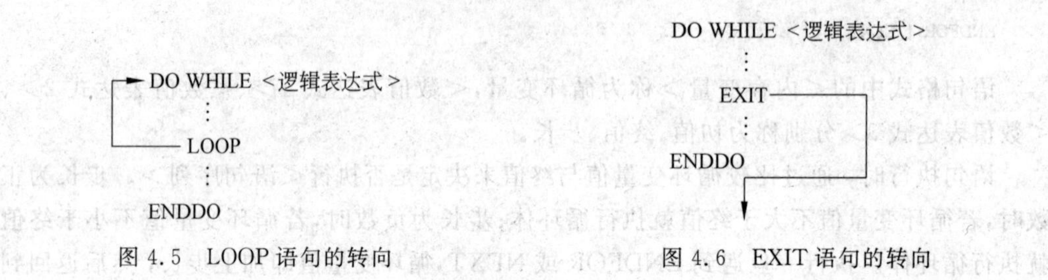

图 4.5 LOOP 语句的转向　　图 4.6 EXIT 语句的转向

［**例 4-11**］ 编程计算 S=1+2+3+…+100，并求 1～100 之间的奇数之和。

```
*e4-11.prg
STORE 0 TO i,s,t
DO WHILE i<100
   i=i+1
   s=s+i                    && 累加 i 值
   IF INT(i/2)=i/2          && i 为偶数时条件值为 .T.
      LOOP
   ENDIF
   t=t+i                    && 累加奇数
ENDDO
?"1+2+3+…+100=",s
?"1～100 奇数和为：",t
```

循环体中的 LOOP 语句往往可以省去，其实本程序从 IF 开始的 4 行语句可改为：

```
IF NOT int(i/2)=i/2
     t=t+i
ENDIF
```

注意：在 FOR 循环语句中执行 LOOP 语句，将会先修改循环变量的值，然后转向循环语句头部；在 SCAN 循环语句中执行 LOOP 语句，将会先移动记录指针，然后转去判断循环条件。

5. 多重循环

若一个循环语句的循环体内又包含其他循环，就构成了多重循环，也称为循环嵌套。较为复杂的问题往往要用多重循环来处理。

［**例 4-12**］ 在 SB.DBF 中找出价格超过 15000 元的设备的编号、名称与价格，并要求在各输出行下显示一行虚线。

```
* e4-12
CLEAR
USE sb
SCAN                          && 外循环
    IF 价格<15000
        ?编号+SPACE(3)+名称+SPACE(3)+STR(价格,9,2)
        ?                     && 起换行作用
        FOR i=1 TO 30         && 内循环,显示由 30 个-号构成的虚线
            ??"-"             && 内循环的循环体
        ENDFOR
    ENDIF
ENDSCAN
USE
```

程序执行后,显示结果如下:

```
038-1  钻床      5275.00
------------------------------
100-1  微机      8810.00
------------------------------
101-1  复印机  10305.01
------------------------------
```

设计多重循环程序要分清外循环和内循环,外循环体中必然包含内循环语句,执行外循环体就是将其内循环语句及其他语句执行一遍。本程序中显示虚线的循环语句也可用命令

```
??REPLICATE("-",30)
```

来代替,重复函数 REPLICATE 将返回 30 个"-"号。

4.3 多模块程序

把复杂的应用程序划分为模块,是结构化程序设计常用的方法。模块是可以命名的一个程序段,可以指主程序、子程序和自定义函数。本节介绍模块的构成及调用方法、多模块程序中变量的作用域、程序调试方法以及模块化程序设计等概念。

4.3.1 子程序

1. 调用与返回

对于两个具有调用关系的程序文件,常称调用程序为主程序,被调用程序为子程序。

读者已知执行 DO 命令能运行 Visual FoxPro 程序(参阅 4.1.1 节),其实 DO 命令也可用来执行子程序模块。主程序执行时遇到 DO 命令,执行就转向子程序,称为调用子程序。子程序执行到 RETURN 语句(或默认该语句处),就会返回到主程序中转出处的下一语句继续执行程序,这称为从子程序返回,或简称返主。

2. 带参数子程序的调用与返回

DO 命令允许带一个 WITH 子句,用来进行参数传递。

命令格式:

```
DO <程序名> [WITH <参数表>]
```

说明:<参数表>中的参数可以是表达式,但若为内存变量则必须具有初值。

调用子程序时参数表中的参数要传送给子程序,子程序中也必须设置相应的参数接收语句。Visual FoxPro 的 PARAMETERS 命令就具有接收参数和回送参数值的作用。

命令格式:

```
PARAMETERS <参数表>
```

功能:指定内存变量以接收 DO 命令发送的参数值,返主时把内存变量值回送给调用程序中相应的内存变量。

说明:

(1) PARAMETERS 必须是被调用程序的第一个语句。

(2) 命令中的参数被 Visual FoxPro 默认为私有变量,返主时回送参数值后即被清除。私有变量的概念请参阅 4.3.4 节。

(3) 命令中的参数依次与调用命令 WITH 子句中的参数相对应,故两者参数个数必须相同。

[**例 4-13**] 设计一个计算圆面积的子程序,并要求在主程序中带参数调用它。

主程序:

```
* e4-13.prg
ymj=0
INPUT "请输入半径: " TO bj
DO js WITH bj,ymj                    && 调用子程序
?"ymj=",ymj                          && 显示圆面积
RETURN
```

子程序:

```
* js.PRG
PARAMETERS r,s
s=PI()*r*r                           && Visual FoxPro 的 PI 函数返回 π 值
RETURN                               && 返主
```

上述程序中,在调用子程序前,调用语句中的参变量都赋了值;在调用子程序时,调用语句的 BJ 值传送给子程序的参数 R,子程序计算面积后返主时变量 S 的值回送给参变量 YMJ。

3. 子程序嵌套

主程序与子程序的概念是相对的,子程序还可调用它自己的子程序,即子程序可以

嵌套调用。Visual FoxPro 的返回命令包含了因嵌套而引出的多种返回方式。

命令格式：

```
RETURN [TO MASTER|TO <程序文件名>]
```

命令格式中的[TO MASTER]选项，使返主时直接返回到最外层主程序；可选项 TO <程序文件名>强制返回到指定的程序文件。图 4.7 是子程序嵌套示意图。

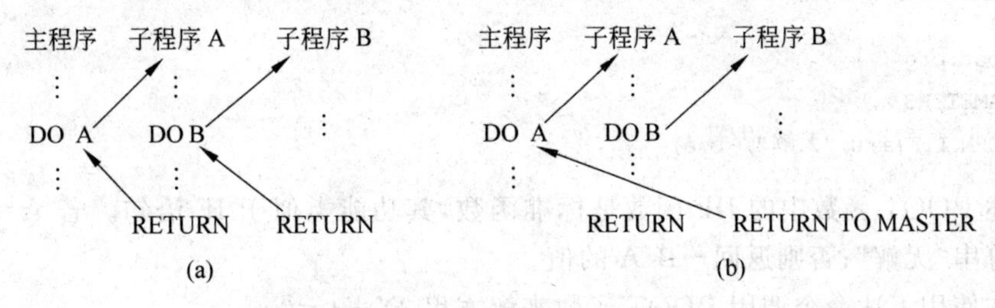

图 4.7　子程序嵌套示意图

顺便指出，任何时候要退出 Visual FoxPro，只要执行命令 QUIT。

4.3.2　自定义函数

Visual FoxPro 除提供众多的系统函数(亦称标准函数)外，还可以由用户来定义函数。

1. 自定义函数的建立

自定义函数的格式如下：

```
[FUNCTION <函数名>]
[PARAMETERS <参数表>]
      <语句序列>
[RETURN <表达式>]
```

说明：

(1) 若使用 FUNCTION 语句来指出函数名，表示该函数包含在调用程序中。若省略该语句，表示此函数是一个独立文件，函数名将在建立文件时确定，其扩展名默认为 .PRG，并可使用命令 MODIFY COMMAND <函数名>来建立或编辑该自定义函数。还需注意的是，自定义函数的函数名不能和 Visual FoxPro 系统函数同名，也不能和内存变量同名。

(2) <语句序列>组成为函数体，用于进行各种处理。简单的函数其函数体也可为空。

(3) RETURN 语句用于返回函数值，其中的<表达式>值就是函数值。若省略该语句，则返回的函数值为.T.。

(4) 自定义函数与系统函数调用方法相同，其形式为：

```
函数名[<参数表>]
```

[**例 4-14**]　设计一个自定义函数，用来求一元一次方程 AX+B=0 的根。

因为该方程中有 A、B 两个参数，所以函数格式可设计为 ROOT(＜数值表达式 1＞，＜数值表达式 2＞)。其中 ROOT 是建立函数时定义的函数名，＜数值表达式 1＞表示方程的一次项系数，＜数值表达式 2＞表示常数项。

下面给出两种解法。

解法一：自定义函数作为一个独立的文件。

自定义的求根函数 ROOT. PRG 如下：

```
* root.prg
PARAMETERS a,b
RETURN IIF(a=0,"无解",-b/a)
```

上述 ROOT 函数中的 IIF 函数是标准函数，其功能类似于 IF 语句。若 A=0，它的值是字符串"无解"；否则返回 −B/A 的值。

现在使用下述命令调用 ROOT 函数来解方程 3X+1=0：

```
?"X: ",ROOT(3,1)        && 显示结果 X: -0.3333
```

解法二：自定义函数与其调用语句包含在同一程序中。

```
* root1.prg
CLEAR
INPUT "一次项系数: " TO a
INPUT "常 数 项: " TO b
?"x: ",root(a,b)
FUNCTION root
PARAMETERS u,v
RETURN IIF(u=0,"无解",-v/u)
```

2. 数组参数的传递

在调用用户定义函数或过程时，也可将数组作为参数来传递数据。此时发送参数与接收参数都使用数组名，发送参数数组名前要加@来标记，而作为接收参数的数组无须事先定义。当例 4-14 解法二改用数组传递参数时，其程序如下：

```
* root2.prg
CLEAR
DIMENSION fs(2)
fs(1)=1
fs(2)=0
INPUT "一次项系数: " TO fs(1)
INPUT "常数项: " TO fs(2)
?"x: ",root(@fs)       && 数组名前加@可传递数组
FUNCTION root
PARAMETERS js          && 作为接收参数的数组不需定义,并且 fs(1)→js(1),fs(2)→js(2)
RETURN IIF(js(1)=0,"无解",-js(2)/js(1))
```

4.3.3 过程

如果将多模块程序中的每个模块(主程序、子程序或自定义函数)分别保存为一个.PRG文件,则每执行一个模块就要打开一次文件,势必增加总的运行时间。为此 Visual FoxPro 允许在.PRG 文件中设置多个称为过程的程序模块。

过程的格式如下:

```
PROCEDURE <过程名>
[PARAMETERS <参数表>]
    <命令序列>
[RETURN]
```

从格式可知,过程是以 PROCEDURE 开头,并标出<过程名>的程序或程序段,<命令序列>是过程体。与程序调用一样,过程也用 DO 命令调用。

过程作为程序的一部分时往往列在程序的最后,请看下例。

[**例 4-15**] 将例 4-13 的程序改变为过程调用。

```
* e4-15.prg
SET DECIMALS TO 2                  && 设置小数保留两位
ymj=0
INPUT "请输入半径: " TO bj
DO js WITH bj,ymj                  && 调用过程 js
?"ymj=",ymj
RETURN                             && 程序结束语句,允许省略
PROCEDURE js                       && 过程 js 开始语句
PARAMETERS r,s
s=PI()*r*r
RETURN                             && 过程 js 结束语句,允许省略
```

4.3.4 变量的作用域

在多模块程序中,某模块中的变量是否在其他模块中也可以使用呢? 答案是不一定,因为用户定义的变量有一定的作用域。

若以变量的作用域来分类,内存变量可分为公共变量、私有变量和本地变量 3 类。

1. 公共变量

在任何模块中都可使用的变量称为公共变量,公共变量可用下述命令来建立。

命令格式:

```
PUBLIC <内存变量表>
```

功能:将<内存变量表>指定的变量设置为公共变量,并将这些变量的初值均赋以.F.。

说明:

(1) 若下层模块中建立的内存变量要供上层模块使用,或某模块中建立的内存变量

要供其他并列模块使用，必须将这种变量设置成公共变量。

(2) Visual FoxPro 默认命令窗口中定义的变量都是公共变量，但这样定义的变量不能在程序方式下利用。

(3) 程序终止执行时公共变量不会自动清除，而只能用命令来清除，在第 2 章中提到过的 RELEASE 命令或 CLEAR ALL 命令都可用来清除公共变量。

2. 私有变量

Visual FoxPro 默认程序中定义的变量是私有变量，私有变量仅在定义它的模块及其下层模块中有效，而在定义它的模块运行结束时自动清除。

私有变量允许与上层模块的变量同名，但此时为分清两者是不同的变量，需要采用暂时屏蔽上级模块变量的办法。下述命令声明的私有变量就能起这样的作用。

命令格式：

```
PRIVATE [<内存变量表>][ALL[LIKE | EXCEPT <通配符>]]
```

功能：声明私有变量并隐藏上级模块的同名变量，直到声明它的程序、过程或自定义函数执行结束后，才恢复使用先前隐藏的变量。

说明：

(1) “声明”与“建立”不一样，前者仅指变量的类型，后者包括类型与值。PUBLIC 命令除声明变量的类型外还赋了初值，故称为建立；而 PRIVATE 并不自动对变量赋值，仅是声明而已。

(2) 若应用程序由多个人员同时开发，很可能因变量名相同造成失误，如果各人将自己所用的变量用 PRIVATE 命令来声明，就能避免发生混淆。

(3) 在程序模块调用时，参数接收命令 PARAMETERS 声明的参变量也是私有变量，与 PRIVATE 命令作用相同。

［**例 4-16**］ 变量隐藏与恢复的示例。

(1) 假定已建立了如下的程序：

```
*e4-16.prg
PARAMETERS sj                  && sj 为私有变量，程序调用前的 bj 被隐藏起来
PRIVATE mj                     && mj 为私有变量，程序调用前的同名变量 mj 被隐藏起来
mj =3.14*sj*sj
?"程序执行时的变量清单："
LIST MEMO LIKE ?j
RETURN
```

(2) 在命令窗口输入下列命令：

```
RELEASE ALL                    && 清除用户定义的所有内存变量
mj=0                           && 在命令窗口设置的变量是公共变量
bj=3
?"程序执行前的变量清单："
LIST MEMO LIKE ?j              && 显示变量清单
```

```
DO e4-16 WITH bj                    && bj 传入 e4-16
?"程序执行后的变量清单:"              && 显示变量清单
LIST MEMO LIKE ?j                   && 程序执行结束时,被屏蔽的变量 mj,bj 被恢复
```

(3) 命令及程序执行结果显示如下:

```
程序执行前的变量清单:
MJ      Pub      N    0       (      0.00000000)
BJ      Pub      N    3       (      3.00000000)
程序执行时的变量清单:
MJ      (hid)    N    0       (      0.00000000)
BJ      (hid)    N    3       (      3.00000000)
SJ      Priv     bj
MJ      Priv     N    28.26   (     28.26000000)  e4-16
程序执行后的变量清单:
MJ      Pub      N    0       (      0.00000000)
BJ      Pub      N    3       (      3.00000000)
```

3. 本地变量

本地变量只能在建立它的模块中使用,而且不能在高层或底层模块中使用,该模块运行结束时本地变量就自动释放。

命令格式:

```
LOCAL <内存变量表>
```

功能:将<内存变量表>指定的变量设置为本地变量,并将这些变量的初值均赋以.F.。

注意:LOCAL 与 LOCATE 前 4 个字母相同,故不可缩写。

4.3.5 程序调试方法

编好的程序难免有错,必须反复地检查改正,直至达到预定设计要求方能投入使用。程序调试的目的就是检查并纠正程序中的错误,以保证程序的可靠运行。调试通常分 3 步进行:检查程序是否存在错误,确定出错的位置,纠正错误。

调试需要经验,关键在查错,有时查出错误,但难以确定错误的位置,这就无法纠正错误,纠正错误要掌握程序设计技术与技巧。

1. 程序中常见错误

(1) 语法错误

系统执行命令时都要进行语法检查,不符合语法规定就会提示出错信息。例如,命令字拼写错、命令格式写错、使用了未定义的变量、数据类型不匹配、操作的文件不存在等。

(2) 超出系统允许范围的错误

例如,文件太大(不能大于 2GB),嵌套层数超过允许范围(DO 命令允许 128 层嵌套循环)等。

(3) 逻辑错误

逻辑错误指程序设计的差错，例如，计算或处理逻辑有错。

2. 查错技术

查错技术可分两类：一类是静态检查，例如，阅读程序，从而找出程序中的错误；另一类是动态检查，即通过执行程序来考察执行结果是否与设计要求相符。动态检查又有以下几种方法。

(1) 设置断点

若程序执行到某语句处能自动暂停运行，则该处称为断点。在调试程序时，用户常用插入暂停语句的办法来设置断点。例如，要看程序某处变量 X 的值，只要在该处插入下面两个语句：

```
?"X=",X              && 显示 X 值
WAIT WINDOW          && 程序暂停执行
```

程序运行后，调试者根据变量 X 显示的值来判断引起错误的语句在断点前还是在断点后。除输出某些变量的中间结果外，还可使用 DISP MEMORY、DISP STATUS 等命令来得到更多的运行信息以帮助寻找错误原因和位置。

(2) 设置错误陷阱

在程序中设置错误陷阱可以捕捉可能发生的错误，这是若发生错误就会中断程序运行并转去执行预先编制的处理程序，处理完后再返回中断处继续执行原程序。例如，ON ERROR 命令用于设置错误陷阱(参阅例 4-23)，函数 ERROR()和 MESSAGE()可用于出错处理。

(3) 使用程序调试工具

Visual FoxPro 提供了一个称为"调试器"的程序调试工具。选定"工具"菜单的"调试器"命令就能打开"调试器"窗口(参阅图 4.8)，通常可通过调试设置、执行程序和修改程序来完成程序调试。

① 调试设置

在"调试器"窗口的"窗口"菜单中选定"跟踪"、"监视"、"局部"、"调用堆栈"或"输出"命令，就可以打开相应的子窗口。

执行"调试器"窗口中"文件"菜单的"打开"命令可以选定一个程序，程序将显示在"跟踪"窗口中，以便调试和观察。"跟踪"窗口左端的竖条中可显示某些符号，常见的符号及其意义如下所示。

⇨ 正要执行的代码行

• 断点

在"跟踪"窗口中可为程序设置断点。若双击某代码行行首，竖条中便显示出一个圆点，表示该语句被设置为断点。而双击圆点则能取消断点。

"监视"窗口用于设置监视表达式，并能显示监视表达式及其当前值。

"局部"窗口用于显示程序、过程或方法程序中的所有变量、数组、对象以及对象成员。

"调用堆栈"窗口可以显示正在执行的过程、程序和方法程序。

"调试输出"窗口用于显示活动程序、过程或方法程序代码的输出。

② 程序的执行与修改

"调试器"窗口的"调试"菜单,包含用于程序执行、修改与终止的命令。其中常用的命令解释如下。

"运行":开始执行在"跟踪"窗口中打开的程序。

"继续执行":从当前代码行开始执行"跟踪"窗口中的程序,遇到断点就暂停执行。

"单步":逐行执行代码。如果下一行代码调用了函数、方法程序或者过程,那么该函数、方法程序或过程在后台执行。

"单步跟踪":逐行执行代码。

"运行到光标处":执行从当前行指示器到光标所在行之间的代码。

"定位修改"命令:在程序执行暂停时,选定"调试"菜单的"定位修改"命令将会出现一个取消程序信息框,只要选定其中的"是"按钮就会切换到文本编辑窗口,便可修改程序。

"取消"命令:用于关闭程序,并终止程序执行。

[**例 4-17**] 用调试器打开 e14-15.prg 进行调试,要求设置断点和表达式,并在执行该程序时能观察表达式和程序中的变量值。

(1) 打开调试器:选定"工具"菜单的"调试器"命令,使出现调试器窗口。

(2) 打开跟踪、监视、局部窗口:观察调试器窗口,若这些窗口未打开,则在调试器的"窗口"菜单中分别选定"跟踪"、"监视"、"局部"命令。

(3) 确定要调试的程序:在调试器窗口中选定"文件"菜单的"打开"命令→在"添加"对话框中选定 e4-15.prg→单击"确定"按钮,该程序即显示在跟踪窗口中。

(4) 在监视窗口设置表达式:在"监视"文本框中分别输入函数 PROGRAM()和 PI()。该文本框下方的列表框中将动态显示这两个函数的名字、值与数据类型。PROGRAM 函数的值是正在执行的程序或过程的名字;从设置的 PI 函数可看出其小数位数。

(5) 在跟踪窗口为代码行设置断点:双击代码行左端的垂直条即产生断点,显示为一个红色圆点。本例共设置了 3 个断点,如图 4.8 所示。

(6) 执行程序:选定"调试"菜单或快捷菜单的"运行"(或"继续执行")命令,或选定调试器窗口工具栏的"继续执行"按钮,程序就从当前语句执行到断点处。也可通过选定"调试"菜单或快捷菜单的"单步"命令来执行单条语句。注意,无论以何种方式执行,遇到输入语句(例如,e4-15.prg 中的 READ 语句)时仍会停顿,直至输入数据后才能继续操作。程序执行到第一个断点时的情况如图 4.8 所示。

4.3.6 模块化设计

数据库应用系统通常包含众多模块。早期对 DBAS 的开发大都遵循结构化程序设计的原则与方法。即使在面向对象程序设计中,这些原则与方法仍有指导意义。以下简单介绍结构化程序设计常用的自顶向下实现模块化设计的方法。

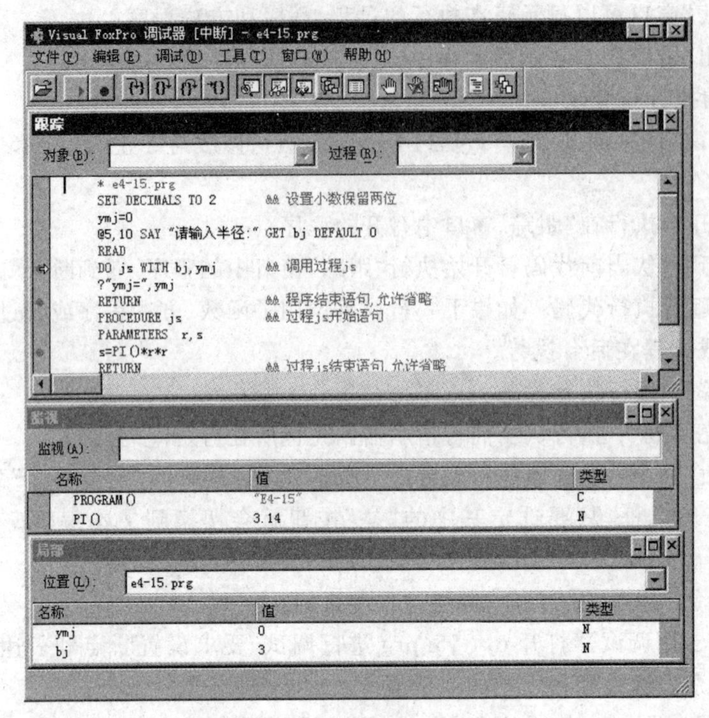

图 4.8　调试器窗口

1. 自顶向下,逐步细化(top-down stepwise refinememt)

开发数据库应用系统有“由底向上”与“自顶向下”两种设计方法。前者是从局部到整体,编写局部程序时带有一定的盲目性,将各部分综合起来也有较大难度。后者则从整体开始,逐层分解,越到下层功能越具体,它使复杂的问题简单化,既能避免全局性的差错,又能提高软件开发的效率。

大多数 DBAS 的开发采用自顶向下方法。图 4.9 显示了用这种方法开发的应用系统的层次结构。由图 4.9 可见,整个系统树状按结构逐步展开,层次清楚,模块调用关系简单明了。

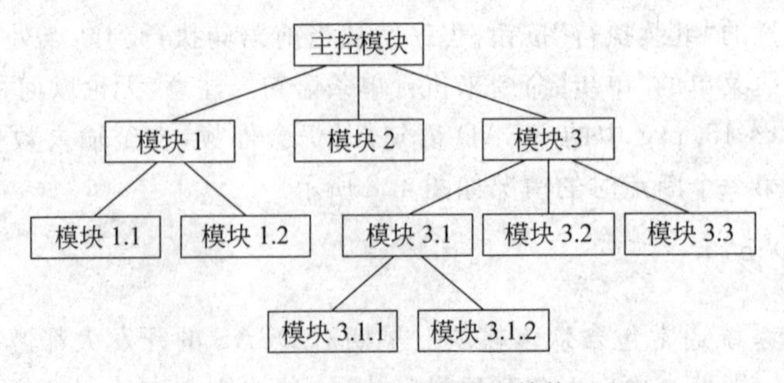

图 4.9　应用系统的层次结构

2. 对模块化的要求

模块化就是将系统分解为若干功能相关而又相对独立的模块。模块可分为控制模块和功能模块。典型的数据库应用系统通常含有输入、修改、查询、统计、打印报表等功能模块,它是一个多模块系统,通常用菜单来管理这些模块。例 4-18 将介绍一个用传统的结构化程序设计方法编写的应用程序。其中 E4-18. PRG 为控制模块(主控模块),E1. PRG、E2. PRG 为功能模块。如果将该例中的打印功能也编成子程序,程序将更加清晰。

实施模块化时,需注意模块大小适中:模块过大不容易控制复杂性;过小又会增加模块间的联系。在进行模块化设计时,一般应遵守"一种功能、一个模块"和"增强块内联系、减小块间联系"的划分原则,模块间的接口力求简单(复杂的接口易造成系统出错)。模块内部的设计与编码,除应遵循结构化程序设计倡导的"清晰第一、效率第二"和"结构化编码"等指导原则外,还须尽可能做到每个模块只有一个入口和一个出口。

[**例 4-18**] 试编一应用程序,能对 SB 表进行维护、查询和打印设备数据。

```
* e4-18.prg
CLEAR
USE sb
TEXT                && TEXT…ENDTEXT之间的内容原样显示,用作本程序的菜单
                ******************************************************
                *     1. 设备数据维护          3. 打印设备数据      *
                *     2. 按编号查询设备        4. 退出              *
                ******************************************************
ENDTEXT
DO WHILE .t.
    @6,5 CLEAR                    && 擦除活动窗口中指定行列的右下部分内容
    INPUT "请输入 1~4: " TO xz    && 选择功能
    DO CASE                       && 判别变量 xz 值从而执行某个功能
      CASE xz=1
        * DO e1                   && 调用数据维护程序 E1.PRG(暂设为注释命令)
      CASE xz=2
        * DO e2                   && 调用查询程序 E2.PRG(暂设为注释命令)
      CASE xz=3
        LIST TO PRINTER PROMPT NOCONSOLE
      CASE xz=4
        WAIT "系统将关闭!" WINDOW TIMEOUT 3
        EXIT
    ENDCASE
ENDDO
USE
```

本程序使用的菜单为全屏幕菜单,现已很少使用。Visual FoxPro 的菜单设计器能产生质量更高的菜单,第 5 章中将专题介绍。

4.4 窗口设计样例

窗口是图形界面的重要组成部分。在 Visual FoxPro 的应用程序中,用户既可按传统的编程方法用 Visual FoxPro 的窗口命令来设计简单的窗口,也可按面向对象的方法通过表单设计器来设计内容复杂的窗口。作为结构化程序设计示例,本节将给出若干用窗口命令设计的实用的例子。

4.4.1 浏览窗口的定制

在打开的表后发一条 BROWSE 命令,在屏幕上就会出现一个标准的浏览窗口,供用户对数据进行浏览与编辑。但在开发应用程序时,用户可能希望由自己来配置浏览窗的功能,使之更加符合需要。本节将向读者介绍使用 BROWSE 命令来定制浏览窗口的方法。功能键是一种方便的界面操作工具,定制的浏览窗口配上自定义的功能键,可以相得益彰。下面的几个实例,可供读者参考。

1. BROWSE 命令

命令格式:

```
BROWSE [FIELDS <字段表>]
        [FONT <字符表达式 1>[,<数值表达式 1>]][STYLE <字符表达式 2>]
        [FOR <逻辑表达式 1>[REST]][FREEZE <字段>][LAST]
        [LOCK <数值表达式 2>][LPARTITION][NAME <对象名>]
        [NOAPPEND][NODELETE][NOEDIT|NOMODIFY][NOLGRID][NORGRID]
        [NOLINK][NOMENU][NOREFRESH][NORMAL][NOWAIT]
        [SAVE][TIMEOUT <数值表达式 3>][TITLE <字符表达式 3>]
        [VALID [:F] <逻辑表达式 2>[ERROR <字符表达式 4>]][WHEN <逻辑表达式 3>]
        [WIDTH <数值表达式 4>]
        [WINDOW <窗口名 1>][IN [WINDOW]<窗口名 2>|IN SCREEN]
```

功能:浏览或编辑表中的数据。

BROWSE 命令可配 20 余种功能子句。现简释如下。

(1) [FIELDS <字段表>]

<字段表>中每个字段又可包含若干选项,字段格式为:

```
<字段名>[:R][:<数值表达式>][:V=<表达式 1>[:F][:E=<字符表达式 1>]]
    [:P=<字符表达式 2>][:B=<表达式 2>,<表达式 3>[:F]]
    [:H=<字符表达式 3>][:W=<逻辑表达式 1>]
```

下面解释各选项的用法。

① :R

表示字段为只读,不能编辑。

② :<数值表达式>

＜数值表达式＞表示栏宽，例如，"：10"表示当前字段的显示栏宽度为 10 个字符。

③ ：V = ＜表达式 1＞ [：F] [：E = ＜字符表达式 1＞]

该选项用于设置字段级数据有效性校验。＜表达式 1＞表示用于校验的条件，当光标离开字段时进行校验。默认情况下，字段值被修改才进行校验，使用"：F"不管字段值修改与否都进行校验。＜字符表达式 1＞为校验设置出错提示信息。

④ ：P = ＜字符表达式 2＞

＜字符表达式 2＞表示格式代码列表，可用的格式代码见 3.6.2 节的"格式"与"输入掩码"。例如，BROWSE FIELDS 价格 ：P ="999999.99"。

⑤ ：B = ＜表达式 2＞，＜表达式 3＞ [：F]

该选项用来设置范围检查。＜表达式 2＞表示范围下界，＜表达式 3＞则表示上界。

默认情况下，字段值被修改才进行校验，使用"：F"不管字段值修改与否都进行校验。

⑥ ：H = ＜字符表达式 3＞

系统默认字段名作为栏目名，使用该选项则＜字符表达式 3＞作为栏目名。

⑦ ：W = ＜逻辑表达式 1＞

设置光标进入字段时的校验条件。若＜逻辑表达式 1＞值为真，移动光标时允许它进入该字段，否则光标会越过该字段。

(2) [FONT ＜字符表达式 1＞[，＜数值表达式 1＞]][STYLE ＜字符表达式 2＞]

指定浏览窗口的字体、字体大小与字形。

(3) [FOR ＜逻辑表达式 1＞[REST]]

带 FOR 子句的 BROWSE 命令默认使记录指针移到首记录，REST 能使记录指针保持原来的位置。

(4) [FREEZE ＜字段＞]

使光标只能在指定＜字段＞的范围内移动。

(5) [LAST]

保存浏览窗口的外观。

(6) [LOCK ＜数值表达式 2＞]

多字段表常需左右滚动来显示字段，LOCK 子句能使某些主要字段保持显示。

使用 LOCK 子句将使浏览窗口一分为二。右分区按常规显示，左分区初始时只出现当前表的前 N 个字段，字段序号 N 由＜数值表达式 2＞表示。

(7) [LPARTITION]

指定打开浏览窗口时光标在左分区的第一个字段，默认光标在右分区的第一个字段。

(8) [NAME ＜对象名＞]

允许在浏览窗口使用表格控件的对象。

(9) [NOAPPEND][NODELETE][NOEDIT | NOMODIFY][NOLGRID][NORGRID][NOLINK][NOMENU][NOREFRESH][NORMAL][NOWAIT]

NOAPPEND：不允许通过按 Ctrl＋Y 键或通过"表"菜单的"追加记录"命令来添加记录。

NODELETE：不允许在浏览窗口设置删除标记。

NOEDIT|NOMODIFY：不允许编辑数据，但可浏览，也可添加或删除记录。

NOLGRID：删除左分区的网格线。

NORGRID：删除右分区的网格线。

NOLINK：默认浏览窗口左、右两分区按记录指针相应滚动，该子句取消这种连接。

NOMENU：使系统菜单中不出现“表”菜单。

NOREFRESH：禁止刷新浏览窗口。

NORMAL：用默认设置打开浏览窗口。

NOWAIT：打开浏览窗口后继续运行程序。

(10) [SAVE]

保持浏览窗口为活动窗口，操作其他窗口后即返回浏览窗口。仅用在程序中。

(11) [TIMEOUT <数值表达式 3>]

<数值表达式 3>指定等待输入时间，单位为 s，若超时则浏览窗口就自动关闭。仅用在程序中。

(12) [TITLE <字符表达式 3>]

用<字符表达式 3>设置浏览窗口的标题。

(13) [VALID [：F] <逻辑表达式 2> [ERROR <字符表达式 4>]]

设置光标离开记录校验。记录修改后光标要离开时计算<逻辑表达式 2>，其值为真允许光标移到其他记录。ERROR 子句的<字符表达式 4>表示的信息用来代替系统错误信息。

(14) [WHEN <逻辑表达式 3>]

设置光标进入记录校验。<逻辑表达式 3>值为真允许修改记录，否则该记录相当于只读。

(15) [WIDTH <数值表达式 4>]

<数值表达式 4>表示浏览窗口每个字段的宽度，但操作时宽度可改变。

(16) [WINDOW <窗口名 1>]

<窗口名 1>指定一个用户定义窗口(第 6 章开始讲述的表单就是一种用户定义窗口)，浏览窗口将采用此窗口的特性。

(17) [IN [WINDOW]<窗口名 2>|IN SCREEN]

<窗口名 2>指定浏览窗口的父窗口(如表单，参阅例 8-2)；SCREEN 表示父窗口是 Visual FoxPro 主窗口。

[**例 4-19**] 用 BROWSE 命令定制一个修改设备价格的浏览窗口，要求在修改价格时能显示所在的部门名。

```
* e4-19.prg
CLEAR ALL
SELECT 0
USE bmdm
INDEX ON 代码 TAG dm
SELECT 0
```

```
USE sb
BROWSE TITLE '设 备 价 格 表' NODELETE LOCK 1 NOMENU ;
       FIELDS 编号: R, 名称: R: H='设备名称', 价格: B=2001,500000: F: W=bmm()
FUNCTION bmm
SELECT bmdm
SEEK sb.部门
WAIT 名称 WINDOW NOWAIT      && WAIT 提示窗口显示部门名
SELECT sb
```

程序运行后出现的浏览窗口如图 4.10 所示。现在解释程序中 BROWSE 命令的各子句功能：

设 备 价 格 表

设备编号	设备编号	设备名称	价格
016-1	016-1	车床	62044.61
016-2	016-2	车床	27132.73
037-2	037-2	磨床	241292.12
038-1	038-1	钻床	5275.00
100-1	100-1	微机	8810.00

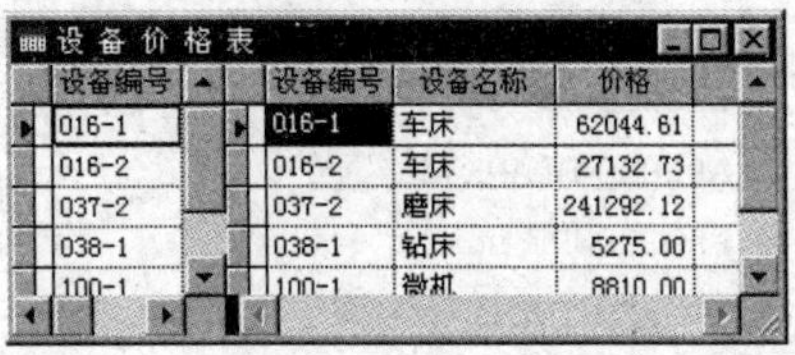

图 4.10　用于修改设备价格的浏览窗口

TITLE 子句设置浏览窗口的标题为“设 备 价 格 表”。NODELETE 不允许设置记录删除标记。LOCK 使浏览窗口左分区初始时只出现 SB.DBF 的第一个字段“编号”。NOMENU 使系统水平菜单中不出现“表”菜单。“编号：R”将“编号”字段设置为只读。“名称”字段除设置为只读外还通过“：H=”选项设置显示名为“设备名称”。“价格：B=2001,500000：F”为价格字段设置了范围校验。

值得注意的是，本例中借用了“进入”校验选项“：W=”(见上述命令说明(1)之⑦)来显示该设备的部门名，并为此设置了自定义函数 BMM()，使得光标进入价格区时便显示部门名。

2. 定义功能键

功能键可指键盘的单键、组合键或鼠标的按键，当用户按下指定键后即能实现一定的功能，但按键及其功能都须事先设置。

命令格式：

```
ON KEY [LABEL <键标号>] [<命令>]
```

功能：设置功能键及其功能，包括为鼠标按键设置功能。

说明：

(1) LABEL 子句的＜键标号＞表示定义功能的按键，功能由＜命令＞来实现。可用的键标号可查阅“帮助”。

(2) ON KEY LABEL 命令执行后，若进入了某种状态，则用户按指定的功能键或鼠标键后就会执行所设置的＜命令＞(一般为 DO 命令)。

这里所说的状态是指程序执行中遇到 INPUT、BROWSE 等命令，或者进入窗口操作或用户定义菜单的操作等情况，这些状态的共同特点是，程序执行暂停并等待用户操作。

被设置的＜命令＞执行后，将返回到原状态。

(3) 对于以前由 ON KEY LABEL 命令建立的功能键定义，可用命令 PUSH KEY 来保存，以命令 POP KEY 来恢复，执行命令 PUSH KEY CLEAR 来清除。

［例 4-20］ 设计一个可利用功能键为 SB.DBF 添加记录、删除或恢复记录的浏览窗口。

```
* e4-20.prg
PUSH KEY CLEAR                      && 清除以前设置过的功能键
ON KEY LABEL f4 DO tj               && F4 — 设置添加记录功能键
ON KEY LABEL f5 DO schf             && F5 — 设置删除/恢复记录功能键
ON KEY LABEL f6 DO pk               && F6 — 清除有删除标记的记录
bs="BROWSE TITLE '设 备 表'+'    F4: 添加    F5: 删除/恢复    F6: 清除'"
USE sb
&bs
PROCEDURE tj                        && 添加记录
APPEND BLANK                        && 添加一条记录
PROCEDURE schf                      && 删除/恢复记录处理
IF DELETED()                        && 记录有删除标记返回 .T.
    RECALL                          && 当前记录有删除标记则取消它, 即恢复记录
ELSE
    DELETE                          && 当前记录无删除标记,则打上删除标记
ENDIF
PROCEDURE pk                        && 清除有删除标记的记录
PACK                                && 清除有删除标记的记录,浏览窗口被关闭
&bs                                 && 重新打开浏览窗口
```

上述程序运行后显示的浏览窗口如图 4.11 所示。程序中通过 ON KEY LABEL 命令设置了 F4(添加记录)、F5(删除/恢复记录)、F6(清除有删除标记的记录)3 个功能键，它们的功能分别由过程 tj、schf、pk 来实现。功能键的提示信息则利用 BROWSE 命令的 TITLE 子句显示在浏览窗口的标题栏中。

设 备 表　　F4:添加　F5:删除/恢复　F6:清除

设备编号	名称	启用日期	价格	部门	主要设备	备注	商标
016-1	车床	03/05/90	62044.61	21	T	Memo	gen
016-2	车床	01/15/92	27132.73	21	T	memo	gen
037-2	磨床	07/21/90	241292.12	22	T	memo	gen
038-1	钻床	10/12/89	5275.00	23	F	Memo	gen
100-1	微机	08/12/97	8810.00	12	T	memo	Gen

图 4.11 带功能键的浏览窗口

［例 4-21］ 将鼠标右键设置为功能键,使用户在 SB.DBF 的浏览窗口中编辑部门字段时,按下鼠标右键可出现另一个浏览窗口,在其中显示部门代码及其名称。

```
* e4-21.prg
CLEAR ALL
PUSH KEY CLEAR                      && 清除以前设置过的功能键
ON KEY LABEL rightmouse DO tis      && 设置鼠标右键为功能键
SELECT 0
USE bmdm
SELECT 0
```

```
USE sb
BROWSE TITLE '设 备 表'                        && 编辑 SB.DBF
PUSH KEY CLEAR
PROC tis
IF VARREAD()='部门'                            && 浏览窗口当前编辑字段名为部门时返回.T.
     SELECT bmdm
     BROWSE TITLE '部 门 表' NOMODIFY   && 在部门表浏览窗口中显示部门代码与名称
     SELECT sb
ENDIF
```

程序运行后先出现显示 SB.DBF 的浏览窗口。将光标定位到部门字段后，若单击鼠标右键，就会在一个名为部门表的浏览窗口中显示部门代码及名称。

函数 VARREAD()返回浏览窗口当前编辑字段的名字。

4.4.2 窗口命令与函数

1. 窗口命令

Visual FoxPro 保留了 FoxPro 的全部窗口命令。表 4.1 列出了部分常用窗口命令的名称及其简要功能。

表 4.1 Visual FoxPro 部分常用窗口命令表

命 令 名	简 要 功 能
ACTIVATE WINDOW	激活指定的窗口
CLEAR WINDOWS	关闭所有的窗口
DEACTIVATE WINDOW	使窗口失效并从屏幕上消失，但不从内存中删去
HIDE WINDOW	隐藏已经激活的窗口
MODIFY WINDOW | SCREEN	修改指定的窗口或 Visual FoxPro 主窗口
MOVE WINDOW	将窗口移到新的位置
RELEASE WINDOWS	关闭窗口
SHOW WINDOW	显示窗口，但不激活它们

在设计菜单、表单等对象时，上表中的命令经常用到。以下主要说明其中的几种。

(1) 窗口激活命令

命令格式：

```
ACTIVATE WINDOW [<窗口名 1>[, <窗口名 2>…]]
```

功能：激活 Visual FoxPro 的系统窗口。

格式中的<窗口名 1>[，<窗口名 2> …]表示要激活的窗口的名字。

允许激活的 Visual FoxPro 系统的窗口包括 Calculator、Calendar、Command、View 等。用户窗口须先定义后激活，但系统所属窗口已预先定义，所以可直接激活，例如，命令

```
ACTIVATE WINDOW CALENDAR
```

打开了日历/日记窗口。

下面两条命令先后激活计算器和文本编辑窗口：

```
ACTIVATE WINDOW calculator      && 激活计算器
MODI COMM wj.txt
```

此时文本编辑窗口是活动窗口，单击某窗口便能进行窗口切换。该例表明在文本编辑时提供了一个计算器。

(2) 窗口关闭命令

关闭窗口就是把它从屏幕上清除，并且删除它在内存中的定义。窗口关闭命令有以下 3 种。

① RELEASE WINDOWS [<窗口名表>]

用于关闭在<窗口名表>中指定的用户定义窗口和 Visual FoxPro 系统窗口。省略<窗口名表>表示关闭活动的用户定义窗口。

② CLEAR WINDOWS

关闭所有用户定义的窗口。

③ CLEAR ALL

关闭所有用户定义的窗口和菜单，该命令还有使系统回到初始状态的作用，即关闭所有表、清除所有内存变量，并将当前工作区设置为第一工作区。

在用户程序运行时，不希望在 Visual FoxPro 主屏幕上出现系统的命令窗口，关闭该窗口的办法请看例 4-22。

[**例 4-22**] 在用户程序中关闭命令窗口示例。

```
*e4-22.prg
CLEAR
KEYBOARD '{Ctrl+F4}'             && 向键盘缓冲区装入关闭命令窗口所需要的控制字符
CLEAR TYPEAHEAD                  && 清除键盘缓冲区
SELECT * FROM SB                 && 假定本句是用户程序的主体
ACTIVATE WINDOW COMMAND          && 程序执行结束时激活命令窗口
```

KEYBOARD 命令的功能是向键盘缓冲区送入一个字符串，执行该命令使字符串犹如从键盘输入一样立即起作用。Ctrl+F4 键是命令窗口控制菜单中"关闭"命令的快捷键。

2. 信息对话框函数

Visual FoxPro 提供了一个函数 MESSAGEBOX，使用它就能轻松地产生用于显示信息的对话框。

函数格式：

```
MESSAGEBOX(<字符表达式 1>[,<数值表达式>[,<字符表达式 2>]])
```

功能：创建显示信息的对话框，并且单击一次按钮即返回一个数值。

说明：

（1）＜字符表达式 1＞用于指定在对话框中显示的信息文本。

（2）＜字符表达式 2＞用于指定对话框标题栏的显示文本。省略该参数表示在标题栏显示“Microsoft Visual FoxPro”。

（3）＜数值表达式＞用于根据表 4.2 的内容设定对话框中的按钮、图标和默认按钮，该参数默认值为 0。具体用法可参阅例 4-23。

表 4.2　按钮、图标设置表

<table>
<tr><th colspan="2">数　值</th><th>对话框按钮</th></tr>
<tr><td colspan="2">0</td><td>仅有“确定”按钮</td></tr>
<tr><td colspan="2">1</td><td>“确定”和“取消”按钮</td></tr>
<tr><td colspan="2">2</td><td>“放弃”、“重试”和“忽略”按钮</td></tr>
<tr><td colspan="2">3</td><td>“是”、“否”和“取消”按钮</td></tr>
<tr><td colspan="2">4</td><td>“是”和“否”按钮</td></tr>
<tr><td colspan="2">5</td><td>“重试”和“取消”按钮</td></tr>
<tr><td rowspan="4">图标</td><td>16</td><td>“停止”图标</td></tr>
<tr><td>32</td><td>问号</td></tr>
<tr><td>48</td><td>惊叹号</td></tr>
<tr><td>64</td><td>信息(i)图标</td></tr>
<tr><td rowspan="3">默认按钮</td><td>0</td><td>第 1 个按钮</td></tr>
<tr><td>256</td><td>第 2 个按钮</td></tr>
<tr><td>512</td><td>第 3 个按钮</td></tr>
</table>

（4）函数返回值是一个数值，用户将根据操作时按下的按钮来获得相应的返回值（返回值表见表 4.3），编程时应根据返回值来设置动作。

表 4.3　返回值表

返回数值	按下按钮	返回数值	按下按钮
1	确定	5	忽略
2	取消	6	是
3	放弃	7	否
4	重试		

［**例 4-23**］　试编写一个能将任意表复制到 A 盘的程序，若驱动器未准备好应允许重试，重试次数为 3 次。

```
* e4-23.prg
ON ERROR DO cs          && ON ERROR 为出错处理语句,本例中当程序执行出错时立即执行过程 CS
i=1                     && 用作重试计数
INPUT "请输入表名：" TO bm      && 例如,输入"sb"
bm=ALLTRIM(bm)
IF FILE ("&bm..dbf")
  USE &bm
  xz=MESSAGEBOX("请将盘插入 A 驱动器",1+48+256,"复制文件");
      && 对话框含确定、取消按钮和惊叹号图标；第 2 个按钮(取消按钮)是默认按钮
DO CASE
    CASE xz=1
        WAIT "正在复制…" WINDOW AT 20,50 NOWAIT
        COPY TO a: &bm        && 若驱动器未准备好则执行本语句会出错
    CASE xz=2
        WAIT "不复制退出" WINDOW AT 20,50
  ENDCASE
ELSE
  WAIT "该文件不存在!" WINDOW AT 20,50
ENDIF
PROCEDURE cs
xz=MESSAGEBOX("驱动器未准备好,请将盘插入 A 驱动器",1+48+256,"复制文件")
i=i+1
IF i<=3                       && 允许重试 3 次
  RETRY                       && 再次执行出错语句
ENDIF
WAIT CLEAR                    && 清除 WAIT…WINDOW 提示窗口
```

本程序有两个特点：其一是操作界面使用了多个信息提示窗口和含有两个按钮的确认对话框(见图 4.12)；其二是包含一个小小的出错处理系统，它使用 ON ERROR 语句来捕捉错误，并用过程 CS 来进行出错处理。出错处理通常要分析出错原因，从而区别对待，本例仅考虑了"盘未插好"这一种情况，省去了错误号的判别。Visual FoxPro 提供了能返回错误号的函数 ERROR()，而盘未插好属于"输入/输出操作失败"，错误号是 1002。欲知所有错误号，可按以下操作顺序查阅 Visual FoxPro 帮助："帮助"菜单→"目录"命令→MSDN Library Visual Studio 6.0→Visual FoxPro 文档→参考→错误信息。

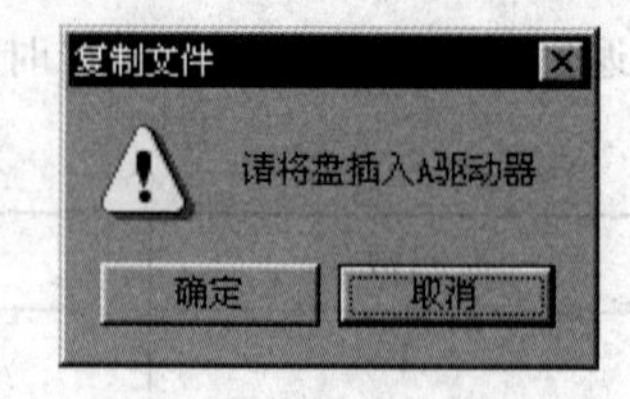

图 4.12　确认对话框

习　题

1. 若已建立了一个日销售文件(营业员代号、品名、数量、单价、营业额)，每笔营业产生一个记录，但营业额字段的值因未填写而都为 0.00，试编制程序查询某营业员的全天营业额。

2. 若要修改某设备的价格和部门,试编程序。

3. 在某程序中加一段程序,要求能累计程序运行的次数,试写出程序段。(提示:可将程序执行次数存储在一个表中)

4. 编制一个通用的交换记录的程序,即要求对换某表中任意两个记录的内容。

5. 输入一个字符串,要求分别统计出其中英文字母、空格、数字和其他字符的个数。

6. 已知成绩.DBF含有学号、平时成绩、考试成绩、等级字段,前3个字段已存有某班学生的数据,平时成绩、考试成绩均填入了百分制数。请以平时成绩20%、考试成绩80%的比例确定等级并填入等级字段。等级评定办法是:90分以上为优,75～89分为良,60～74分为及格,60分以下不及格。要求用条件、步长、扫描3种循环语句分别编出程序。

7. 要求显示如下乘法表,试编程序。

```
1*1=1     1*2=2     1*3=3     1*4=4
2*2=4     2*3=6     2*4=8
3*3=9     3*4=12
4*4=16
```

8. 若学生成绩表STUD.DBF中有姓名(C,6)、数学(N,3)、语文(N,3)、外语(N,3)4个字段和若干个记录,要求编制程序显示如下形式的成绩统计表(表格中行和列的平均成绩都应通过计算得到)。

姓名	数学	语文	外语	平均
张小红	76	83	78	××
⋮	⋮	⋮	⋮	⋮
吴杰中	68	92	84	××
平均	××	××	××	××

9. 为SB.DBF编一个输入程序,要求可连续添加记录。

10. 试编程序,把SB.DBF的内容移入二维数组。

11. 试编程序,将SB.DBF的记录转置显示。

12. 设计一个计算存款本息的自定义函数。

13. 请分别把求阶乘的功能设计为子程序、过程、自定义函数,并在计算5!－3!＋7!时进行调用。

14. 读程序,写出运行结果。

(1)

```
*ex1.prg                    *pp.prg
a=3                         PARAMETER x,y
b=5                         y=x*y
DO pp WITH 2*a,b            ?"s="+STR(y,3)
?a,b                        RETURN
RETURN
```

(2)

```
*ex2.prg                  *sub.prg
PUBLIC a                  PRIVATE c
a=1                       a=a+1
c=5                       PUBLIC b
DO sub                    b=2
?"ex2: ",a,b,c            c=3
RETURN                    d=4
                          ?"sub: ",a,b,c,d
                          RETURN
```

15. 编制通讯录管理程序，要求具有如下功能：

(1) 记录输入、修改、插入与删除；

(2) 能分别以姓名、邮政编码升序显示记录；

(3) 能按姓名查询记录。

第5章 菜单设计

从本章起，将接连用5章讨论 Visual FoxPro 的可视化设计工具，着重讲解怎样用这些工具来设计应用程序所需要的界面和报表。本章先讨论菜单设计，主要介绍使用 Visual FoxPro 的菜单设计器来设计下拉式菜单与快捷菜单。

5.1 下拉式菜单设计

5.1.1 菜单生成的基本步骤

菜单设计器用来设计并生成下拉式菜单与快捷菜单，其基本操作步骤包括：打开菜单设计器窗口→进行菜单设计→保存菜单定义→生成菜单程序→运行菜单程序。

1. 打开菜单设计器

无论是建立菜单还是修改已有的菜单，都要先打开菜单设计器窗口。其方法有以下3种。

(1) 通过系统菜单来建立或打开

① 菜单的建立

选定“文件”菜单的“新建”命令→在“新建”对话框中选定“菜单”选项按钮→选定“新建文件”按钮，就会出现如图5.1所示的“新建菜单”对话框。此时若选定“菜单”按钮，将出现“菜单设计器”窗口(参阅图5.3)，供设计下拉式菜单；若选定“快捷菜单”按钮，将出现“快捷菜单设计器”窗口(参阅图5.13)，可供设计快捷菜单。

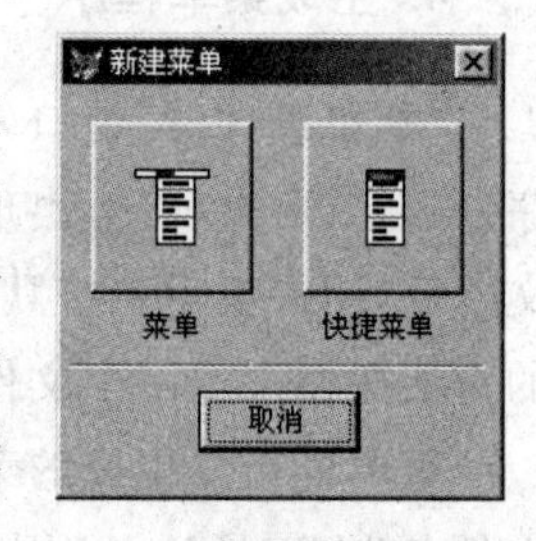

图5.1 “新建菜单”对话框

② 菜单的打开

选定“文件”菜单的“打开”命令→在“打开”对话框的“文件类型”组合框中选定“菜单”选项→在文件列表中选定某菜单文件→选定“确定”按钮，就会出现菜单设计器窗口或快捷菜单设计器窗口。

(2) 用命令来建立或打开

使用命令 MODIFY MENU＜文件名＞也可以建立或打开菜单设计器窗口，命令中的＜文件名＞指菜单文件，扩展名默认为.MNX。若＜文件名＞是新名字则为建立菜单，否则为打开菜单。

(3) 通过项目管理器来建立或打开

新建或打开项目管理器→在项目管理器窗口中选定“其他”选项卡→选定列表中的

"菜单"项,然后选用"新建"按钮来建立菜单,或选用"添加"按钮来添加一个已有的菜单。若选定列表中的某菜单名,便可用"修改"按钮来打开菜单设计器窗口。

2. 菜单设计

菜单设计器窗口打开后,系统菜单中将自动增加一个"菜单"菜单,"显示"菜单中也会增加两个命令。用户可利用"菜单设计器"窗口和这些新增的命令进行菜单设计,详见5.1.2～5.1.4节的介绍。

3. 保存菜单定义

菜单设计(无论新建或修改)的结果,应作为菜单定义保存在扩展名为.MNX的菜单文件和扩展名为.MNT的菜单备注文件中。当菜单修改结束、菜单设计器窗口尚未关闭时,可选用以下4种方法之一来保存菜单定义。

① 单击"菜单设计器"窗口的"关闭"按钮,系统会询问"要将所做更改保存到菜单设计器中吗?",若选定"是"按钮,菜单定义即被保存,且菜单设计器窗口被关闭。

② 按Ctrl+W组合键,此时菜单定义存盘且菜单设计器窗口被关闭。

③ 选择系统菜单中"文件"菜单的"保存"命令,系统即保存当前的菜单定义,但菜单设计器窗口不关闭。

④ 如果没有保存过菜单定义,在生成菜单程序时系统会询问"要将所做更改保存到菜单设计器中吗?",此时应回答"是"。

4. 生成菜单程序

"菜单设计器"窗口处于打开状态时,可选择"菜单"菜单的"生成"命令来生成菜单程序。选定该命令将会出现"生成菜单"对话框(参阅图5.4)。对话框中有一个"输出文件"文本框,用来显示系统默认的菜单程序路径及程序名,用户可以直接修改,或利用其右侧的对话按钮来选一个文件名;选定对话框中的"生成"按钮就会生成菜单程序。

菜单设计器生成的菜单程序,其主名与菜单文件相同,扩展名为.MPR。例如,菜单文件名为CD.MNX,则菜单程序名就为CD.MPR。

5. 运行菜单程序

执行DO命令可以运行菜单程序,但菜单程序扩展名.MPR不可省略,例如,DO CD.MPR。

运行菜单程序时,Visual FoxPro会自动对新建或修改后的.MPR文件进行编译并产生目标程序.MPX,而且对于主名相同的.MPR和.MPX程序总是运行后者。

5.1.2 快速菜单命令

前已谈到,"菜单设计器"窗口一旦打开,系统菜单中就会增加一个名为"菜单"的菜单,如图5.2所示。该菜单共有6个命令,这里先介绍"快速菜单"和"生成"两个命令,其余 4 种命令将结合“菜单设计器”窗口在 5.1.3 节介绍。

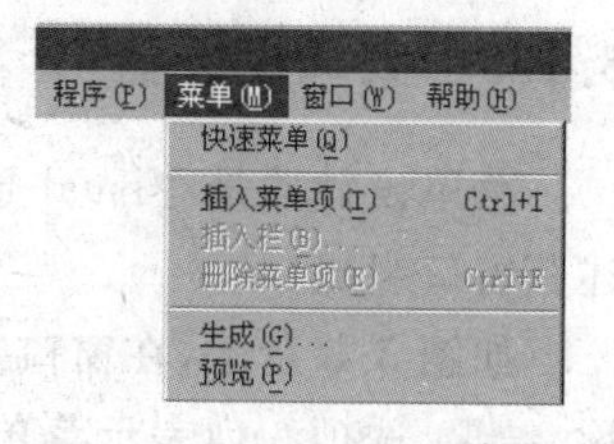

图 5.2 “菜单”菜单及其命令

选定“快速菜单”命令后，一个与 Visual FoxPro 系统菜单一样的菜单即自动复制入“菜单设计器”窗口，供用户修改成符合自己需要的菜单。这种方法可快速建立高质量的菜单，但应注意“快速菜单”在“菜单设计器”窗口为空时才允许选择，否则它是浅色的。还要注意的是，“快速菜单”命令仅可用于产生下拉式菜单，不能用于产生快捷菜单。

［**例 5-1**］ 快速建立一个下拉式菜单，并生成菜单程序。

(1) 打开“菜单设计器”窗口：向命令窗口输入命令 MODIFY MENU cd，就会出现如图 5.1 所示的“新建菜单”对话框，在该对话框中选定“菜单”按钮，即出现“菜单设计器”窗口(参阅图 5.3)。

(2) 建立快速菜单：选定“菜单”菜单的“快速菜单”命令，一个与 Visual FoxPro 系统菜单一样的菜单就自动填入如图 5.3 所示的“菜单设计器”窗口。

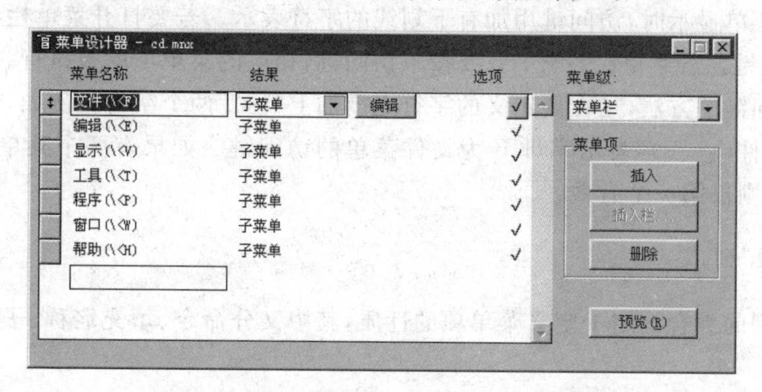

图 5.3 建立快速菜单后的“菜单设计器”窗口

(3) 生成菜单程序：选定“菜单”菜单的生成命令→在保存文件确认框中选定“是”按钮，保存菜单文件 CD.MNX 和菜单备注文件 CD.MNT→在如图 5.4 所示“生成菜单”对话框中选定“生成”按钮，就会生成菜单程序。

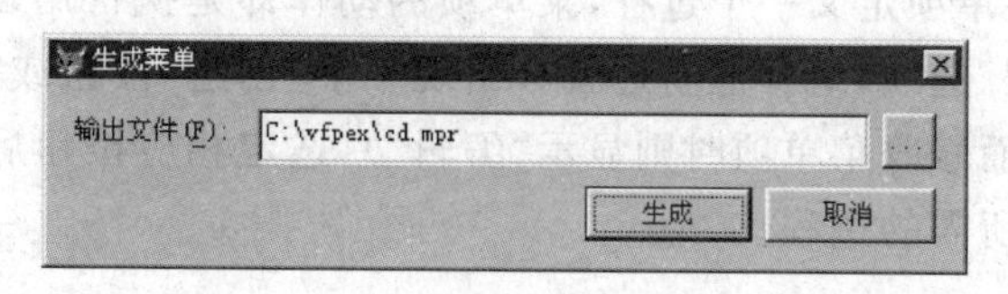

图 5.4 “生成菜单”对话框

(4) 运行菜单程序：向命令窗口输入命令 DO CD.MPR，就会显示所定义的菜单。它比系统菜单栏仅少一个“格式”菜单，各子菜单的功能也与系统菜单一致。若要从该菜单退出，可向命令窗口输入 SET SYSMENU TO DEFAULT，此命令能恢复系统菜单的默认配置。

建立快速菜单后，用户便可在此基础上对菜单项进行修改、增删、改变功能等操作，第 5.1.3 节和 5.1.4 节将结合“菜单设计器”窗口和“显示”菜单的有关命令介绍这些操作。

5.1.3 菜单设计器

菜单设计器是 Visual FoxPro 用来定义菜单,生成菜单程序的辅助工具。本节将简述其窗口组成。

如图 5.3 所示,在窗口左边有一个列表框,每行可定义一个菜单项,列表中的菜单名称、结果、选项 3 列表示菜单项属性。菜单栏(水平菜单)或每个子菜单各占"菜单设计器"窗口中的一页(参阅图 5.10 和图 5.11)。窗口右边有一个组合框和 4 个按钮,其中的"菜单级"组合框用于从下级菜单页切换到上级菜单页;"插入"、"插入栏"、"删除"、"预览"按钮分别用于插入菜单项、插入系统菜单项、删除菜单项和菜单模拟显示。说明如下。

1. "菜单名称"列

"菜单名称"列用来输入菜单项的名称,该名字只用于显示,并非程序中的菜单名。

Visual FoxPro 允许用户在"菜单名称"列单元格中为菜单项(包括菜单栏上的项)定义访问键。菜单显示时,访问键用加有下划线的字符表示。若要打开菜单栏上的菜单,可按 Alt+访问键。若菜单已打开,只要按下访问键,相应的菜单项就被执行。

定义访问键的方法,是在要定义的字符之前加上"\<"两个字符。例如,在图 5.3 中,菜单名称"文件(\<F)"表示字母 F 为文件菜单的访问键。如果有两个菜单项定义了相同的访问键,则仅第一个有效。

2. "结果"列

"结果"列的组合框用于定义菜单项的性质,其中又分命令、填充名称、子菜单、过程 4 个选项。

(1) 命令

该选项用于为菜单项定义一条命令,菜单项的动作即是执行用户定义的命令。定义时,只需将命令输入到组合框右方的文本框内即可。

(2) 过程

该选项用于为菜单项定义一个过程,菜单项的动作即是执行用户定义的过程。定义时,一旦选定了"过程"选项,组合框右边就会出现一个"创建"按钮或"编辑"按钮(建立菜单项时显示"创建",而修改菜单项时则显示"编辑"),选定相应按钮后将出现一个文本编辑窗口,供用户编辑所需的过程。

(3) 子菜单

该选项供用户定义当前菜单的子菜单。选定"子菜单"后,组合框的右边会出现一个"创建"按钮或"编辑"按钮(当建立子菜单时显示"创建",而修改子菜单时则显示"编辑")。选定相应按钮后,"菜单设计器"窗口就切换到子菜单页,供用户建立或修改子菜单。

"菜单设计器"窗口右侧的"菜单级"组合框用于从下级菜单页切换到上级菜单页,它含有当前可切换到的所有菜单项。组合框中的"菜单栏"选项表示第一级菜单。

(4) 填充名称或菜单项#

该选项让用户定义第一级菜单的菜单名或子菜单的菜单项序号。当前菜单页若是一级菜单就显示“填充名称”，表示让用户定义菜单名；若是子菜单项则显示“菜单项＃”（参阅图5.12），表示让用户定义菜单项序号，定义时将名字或序号输入到它右边的文本框内即可。

其实系统会自动设定菜单名及菜单项序号，只不过系统所取名字往往难以记忆，不利于阅读菜单程序和在程序中引用。

3. “选项”列

每个菜单行的“选项”列含有一个无符号按钮，选定该按钮就会出现“提示选项”对话框（参阅图5.5），供定义菜单项的附加属性。一旦定义过属性，按钮面板上就会显示符号√。

图5.5 “提示选项”对话框

下面说明“提示选项”对话框的主要功能。

(1) 定义快捷键

快捷键是指菜单项名称右边标示的组合键。例如，Visual FoxPro“编辑”菜单的“粘贴”菜单项，其快捷键为Ctrl＋V。快捷键与访问键不同，在菜单未打开时，按快捷键即可直接执行菜单项。

“键标签”文本框用于为菜单项设置快捷键，定义方法是：单击某菜单行“选项”列的按钮→在“提示选项”对话框中单击“键标签”文本框，使光标定位到该文本框→例如，若按下组合键Ctrl＋X，字串Ctrl＋X就会自动填入文本框中。

若要取消已定义的快捷键，只需当光标在“键标签”文本框中时按下空格键便可。

(2) 设定浅色菜单(项)

“跳过”文本框用于设置菜单或菜单项的跳过条件，用户可在其中输入一个表达式来表示条件。在菜单程序运行期间，当表达式值为.T.时该菜单项将以浅色显示，表示不可选用。

(3) 显示状态栏信息

“信息”文本框用于设置菜单项的说明信息，该说明信息将出现在状态栏中。必须注意的是，输入的信息要用引号括起来。

4. “插入”按钮

选定该按钮，系统会在当前菜单行之前插入一个新菜单行。

5. “插入栏”按钮

该按钮的功能也是在当前菜单行之前插入一个菜单行，但是它能提供与系统菜单一样的菜单项来作为用户菜单的命令。单击“插入栏”按钮将显示“插入系统菜单栏”对话框（参阅图5.14），用户可在其中选一个Visual FoxPro菜单项来插入。

仅当建立或编辑子菜单时该按钮才变为可选，否则以浅色显示。

6. “删除”按钮

选定该按钮,系统即删除当前的菜单行。

7. “预览”按钮

该按钮供菜单模拟显示。在菜单设计期间选定这一按钮,屏幕上会立即显示当前设计的菜单,用户可操作此菜单并显示相应信息。

顺便说明,图 5.2 所示的“菜单”菜单共有 6 个命令,其中的“快速菜单”和“生成”命令已在例 5-1 中介绍,而“插入菜单项”、“插入栏”、“删除菜单项”、“预览”4 个命令分别与上述“插入”、“插入栏”、“删除”、“预览”按钮的功能相同。

5.1.4 “显示”菜单中的相关命令

“菜单设计器”窗口打开时,Visual FoxPro 的“显示”菜单中会包含“常规选项”和“菜单选项”两个命令,如图 5.6 所示。这两个命令都配有对话框。它们与“菜单设计器”窗口相结合,可使菜单设计更加完善。

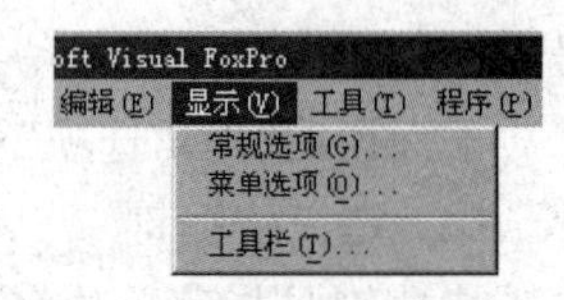

图 5.6 “显示”菜单的命令

1. 常规选项

在“显示”菜单中选定“常规选项”命令将出现“常规选项”对话框(参阅图 5.7),内含以下的一框二区。

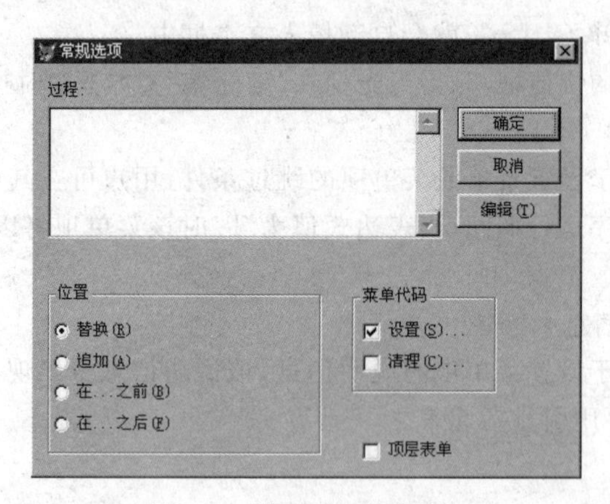

图 5.7 “常规选项”对话框

(1) “过程”编辑框

若在第一级菜单中有某些菜单未设置过任何命令或过程,则可在该编辑框中为这些菜单写入公共的过程。也可在选定“编辑”按钮后出现的编辑窗口中输入过程代码。

(2) “位置”区

“位置”区有 4 个选项按钮,可用来描述用户定义的菜单与系统菜单的关系。

① “替换”选项按钮。该按钮默认选定,表示要以用户定义的菜单替换系统菜单。

② “追加”选项按钮。能将用户定义的菜单添加到当前菜单系统的右面。

③ “在…之前”选项按钮。表示用户定义的菜单将插在某菜单项前面，选定该按钮后，其右方将会出现一个用来指定菜单项的组合框。

④ “在…之后”选项按钮。表示用户定义的菜单将插在某菜单项后面，选定该按钮后，其右方将会出现一个用来指定菜单项的组合框。

(3) “菜单代码”区

无论选定“设置”或“清理”复选框，都将出现一个编辑窗口，供用户输入代码。

“设置”复选框可供用户设置菜单程序的初始化代码，该代码段位于菜单程序的首部，主要用来进行全局性设置。例如，设置全局变量，开辟数组或设置环境等。

“清理”复选框可供用户设置菜单程序的清理代码，清理代码在菜单显示出来后执行。

2. “菜单选项”

打开子菜单页后，选定“显示”菜单的“菜单选项”命令，就会出现“菜单选项”对话框(参阅图 5.8)。该对话框中有一个“过程”编辑框，可供用户为子菜单中的某些菜单项写入公共的过程，这些菜单项的特点是既未设置过任何命令或过程动作，也无下级菜单。用户也可选定“菜单选项”对话框中的“编辑”按钮，然后在随之出现的“过程编辑”窗口中输入过程代码。

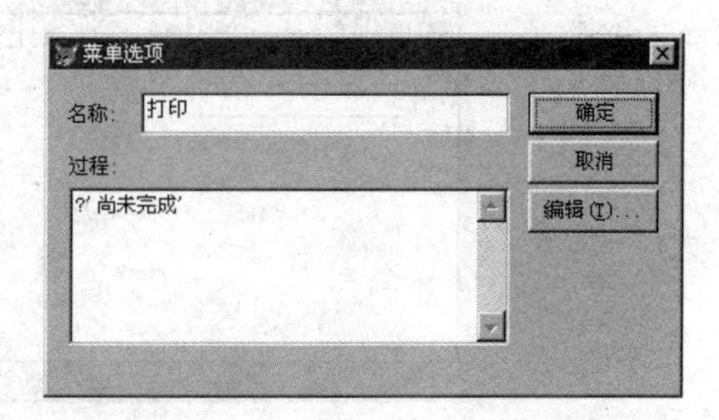

图 5.8 “菜单选项”对话框

[例 5-2] 利用菜单设计器建立如图 5.9 所示的下拉式菜单，并要求：

(1) “打印”菜单包括“设备表”和“设备价格表”两个菜单项。

(2) “数据维护”菜单的“浏览记录”菜单项能用来打开一个设备浏览窗口。

图 5.9 设备管理系统的下拉式菜单

操作步骤如下。

(1) 打开“菜单设计器”窗口：向命令窗口输入命令 MODIFY MENU sb。

(2) 菜单栏页的设置：在“菜单设计器”窗口输入如图 5.10 所示的 4 个菜单项。图中用注释“&& Do cx”来表示查询程序尚未编制。

(3) 为“数据维护”菜单建立选项：单击“数据维护”行的某处→选定“创建”按钮使“菜单设计器”窗口切换到子菜单页(“菜单级”组合框中将显示“数据维护”)→建立两个菜单项，如图 5.11 所示。

(4) 为“浏览记录”菜单项定义快捷键：选定“浏览记录”菜单行“选项”列的按钮→在如图 5.5 所示的“提示选项”对话框中单击“键标签”文本框，然后按 Ctrl+X 组合键，字串

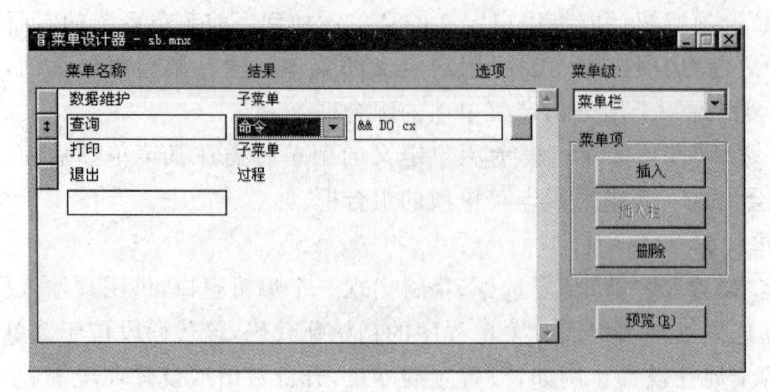

图 5.10　菜单栏页

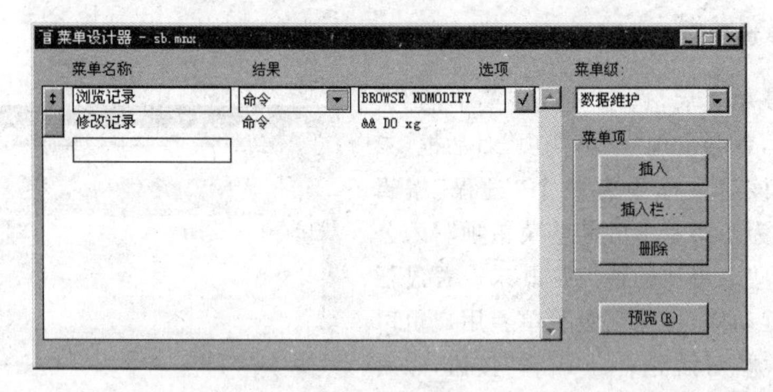

图 5.11　"数据维护"菜单子菜单页

Ctrl＋X 就自动填入文本框中→选定"确定"按钮返回"菜单设计器"窗口→选定"菜单级"组合框中的"菜单栏"选项返回菜单栏页。

(5) 为"打印"子菜单建立两个选项,并设置公共过程:选定"打印"菜单行的"创建"按钮→在如图 5.12 所示的子菜单页建立两个菜单项,其中"结果"列组合框都选用"菜单项＃"(也可选用"命令",只要不在其右的文本框中输入代码便可)→选定"显示"菜单的"菜单选项"命令,然后在"菜单选项"对话框的"过程"编辑框内输入代码。

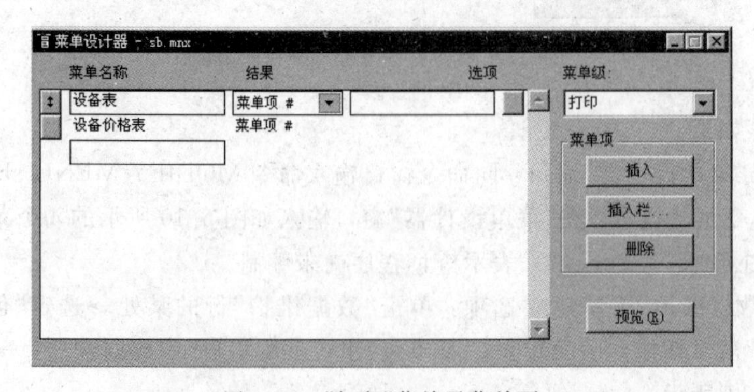

图 5.12　"打印"菜单子菜单页

例如,若在如图 5.8 所示的"过程"编辑框输入了"?'尚未完成'"的代码,则当菜单程序执行后，无论选定“打印”子菜单中的哪一选项都会显示“尚未完成”字样。

(6) 设置菜单程序的初始化代码：选定“显示”菜单的“常规选项”命令→在如图 5.7 所示的“常规选项”对话框中选定“设置”复选框，然后在弹出的“设置”编辑窗口中输入如下初始化代码：

```
CLEAR ALL
CLEAR
KEYBOARD '{Ctrl+F4}'                              && 关闭 Command 窗口
MODIFY WINDOW SCREEN TITLE '设 备 管 理 系 统'    && 设置菜单窗口标题
USE sb
```

(7) 定义“退出”菜单项的功能：在菜单栏页中选定“退出”菜单项的“创建”或“编辑”按钮，并在随后出现的过程编辑窗口中输入如下代码：

```
USE
MODIFY WINDOW SCREEN                              && 恢复 Visual FoxPro 主窗口的标题
SET SYSMENU TO DEFAULT                            && 恢复 Visual FoxPro 系统菜单
ACTIVATE WINDOW COMMAND                           && 恢复 Command 窗口
```

(8) 保存菜单定义：单击“文件”菜单的“保存”命令，菜单定义即被保存在菜单文件 SB.MNX 和菜单备注文件 SB.MNT 中。

(9) 生成菜单程序：选定“菜单”菜单的“生成”命令→选定“生成菜单”对话框的“生成”按钮，使生成菜单程序 SB.MPR。

(10) 运行菜单程序：执行命令 DO SB.MPR。

5.2 快捷菜单设计

菜单设计器除可用来设计下拉式菜单外，还可设计快捷菜单。前已提到，快捷菜单是一种右击才出现的弹出式菜单。实际上菜单设计器仅能生成快捷菜单的菜单本身，实现右击来弹出一个菜单的动作还需另外编码。请看下例。

[**例 5-3**] 建立一个具有撤销和剪贴板功能的快捷菜单，供浏览 SB 表时使用。

设想：编一个程序来浏览 SB 表，并将鼠标右键设置为功能键。快捷菜单的菜单项可通过插入系统菜单条来产生。

(1) 打开“快捷菜单设计器”窗口：选定“文件”菜单的“新建”命令→在“新建”对话框中选定“菜单选项”按钮→选定“新建文件”按钮→在如图 5.1 所示的“新建菜单”对话框中选定“快捷菜单”按钮，使出现“快捷菜单设计器”窗口(参阅图 5.13)。

(2) 插入系统菜单项：在“快捷菜单设计器”窗口中选定“插入栏”按钮→在如图 5.14 所示“插入系统菜单栏”对话框中选定“粘贴”选项，并选定“插入”按钮→类似地插入“复制”、“剪切”、“撤销”选项→选定“关闭”按钮返回“快捷菜单设计器”窗口，此时的“快捷菜单设计器”窗口如图 5.13 所示。

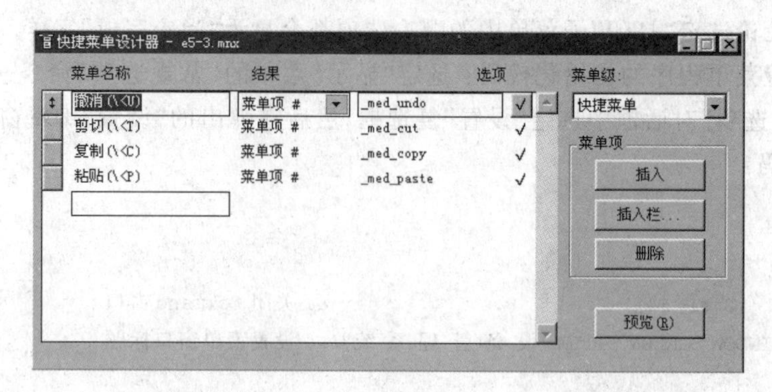

图 5.13　具有撤销和剪贴板功能的“快捷菜单设计器”窗口

(3) 生成菜单程序：选定“菜单”菜单的“生成”命令→在保存文件时，菜单文件主名取为 E5-3，于是菜单保存在菜单文件 E5-3.MNX 和菜单备注文件 E5-3.MNT 中→在“生成菜单”对话框中选定“生成”按钮，生成菜单程序 E5-3.MPR。

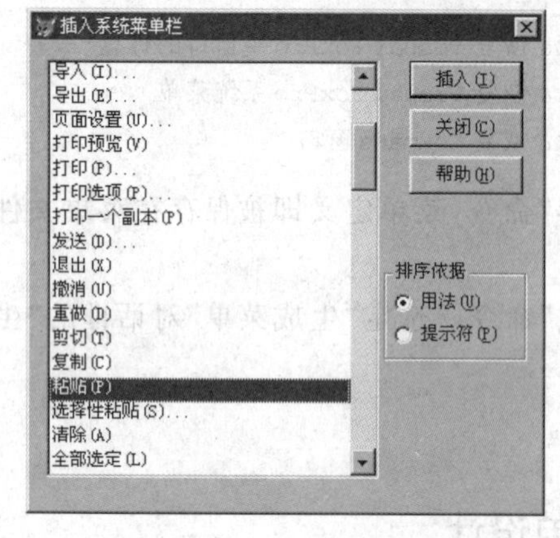

图 5.14　“插入系统菜单栏”对话框

(4) 编写如下调用程序：

```
* e5-3.prg
CLEAR ALL
PUSH KEY CLEAR        && 清除以前设置过的功能键
ON KEY LABEL RIGHTMOUSE DO e5-3.mpr
          && 设置鼠标右键为功能键,预置弹出式菜单
USE sb
BROWSE                && 打开浏览窗口
USE
PUSH KEY CLEAR
```

(5) 运行调用程序及快捷菜单程序：执行命令 DO e5-3，屏幕上就会出现一个设备浏览窗口。选定任何数据后，右击随即弹出如图 5.15 所示的快捷菜单，便可进行“撤销”、“剪切”、“复制”、“粘贴”等操作。

说明：

(1) 用菜单设计器设计的快捷菜单，既可包含系统菜单命令，也可包含普通菜单项。在定义菜单项时，只要未使用“插入栏”按钮，总是普通菜单项。例如，若为例 5-3 添加“浏览大修表”菜单项，可在已有菜单项的末尾输入菜单名称“浏览大修表”，并在“结果”组合框中选定“命令”选项，再在该组合框右侧的文本框中输入命令 SELECT * FROM dx。

图 5.15　快捷菜单

(2) 用菜单设计器设计的“快捷菜单”，实际上是弹出式菜单。在需要菜单时，只要用 DO 命令运行所生成的.MPR 菜单文件，即能显示菜单。

(3) 在实际应用中往往要为表单设计快捷菜单，由于有了“事件”的支持，操作更为简单。不再需要 PRG 文件来调用菜单文件，只要在表单的 RightClick 事件过程中，输入运行.MPR 菜单文件的 DO 命令(例如，DO e5-3.mpr)，便可在表单运行时使用快捷菜单。

该内容将在第6章作为习题。

习　题

1. 如果已用菜单设计器建立了文件主名为SB的菜单，如何进行复制才能获得可以打开的菜单？试写出两种复制方法，并分别写出复制步骤或命令。

2. 在例5-2的下拉式菜单中增加以下菜单。

(1) Visual FoxPro的“编辑”菜单。

(2) “常用工具”菜单：包括“计算器”菜单项和“日历/日记”菜单项。

3. 为例5-2继续设计菜单，如果SB.DBF的记录数超过10则“打印”菜单以浅色显示。

4. 为例5-2继续设计菜单，要求用“浏览记录”菜单项浏览SB表时只显示主要设备。试用两种方法实现。

5. 先从SB表复制出表SB1，然后建立一个在浏览SB1表时使用的具有“导出”和“导入”功能的快捷菜单，并要求在浏览SB1表时先后用该快捷菜单进行以下操作：

(1) 从SB1表复制出表SB2。

(2) 用一个Microsoft Excel的表格(在.XLS文件中)来替代当前显示。

第6章 表单设计基础

“表单”译自英文的 form 一词，在 Visual Basic 中文版中译为“窗体”。

前几章经常提到的对话框、向导、设计器等窗口，在 Visual FoxPro 中统称为表单，它们在数据库应用软件中获得广泛应用。从本章开始，将用 3 章(第 6～8 章)来讨论表单设计(早先也称为屏幕设计)。作为基础，本章先介绍两种常用设计工具——表单向导与表单设计器。

6.1 表单向导

通过交互方式操作来自动生成程序，是 Visual FoxPro 的一大特点。菜单设计器与表单设计器都能自动生成程序，而向导则以简便的方式，引导用户通过更快捷的操作来产生程序，省去书写代码的时间。但是，向导的简便性也限制了它，使之只能按一定的模式来产生结果。

表单向导能引导用户为选定的数据库表产生一个实用的表维护窗口。窗口中除含有选取的字段外，还包含供用户操作的各种按钮，具有翻页、编辑、查找、打印等功能。

表单向导能产生两种表单。如图 6.1 所示，在“向导选取”对话框的列表中含有“表单向导”与“一对多表单向导”两个选项，前者用于生成单表表单，后者用于生成多表表单(即涉及两个表以上的数据的表单)。

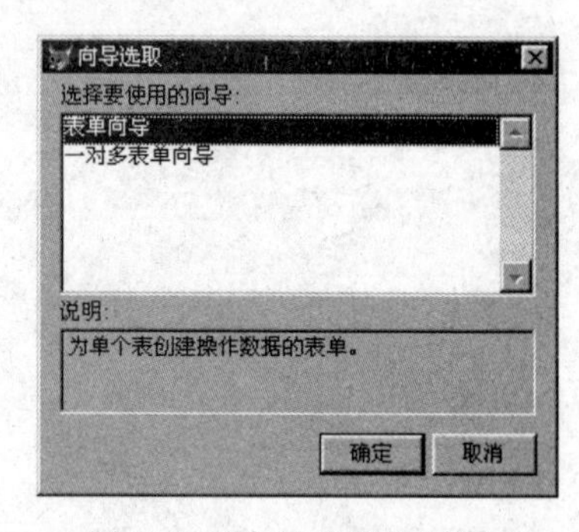

图 6.1 “向导选取”对话框

打开“向导选取”对话框的最简单方法是，在“工具”菜单的“向导”子菜单中选定“表单”命令。另一种方法是，选定“文件”菜单的“新建”命令→在“新建”对话框中选定“表单”选项按钮→选定“向导”按钮。下面将举例说明。

6.1.1 生成单表表单

［**例 6-1**］ 使用表单向导创建一个能维护 SB.DBF 的表单。

(1) 打开“表单向导”对话框：在“工具”菜单的“向导”子菜单中选定“表单”命令→在“向导选取”对话框中选定“确定”按钮来认可列表中“表单向导”默认选定，使显示“表单向导”对话框(参阅图 6.2)。

(2) 选取字段：单击“数据库和表”区域的对话按钮，在随之出现的“打开”对话框中选定 SB 表→将“可用字段”列表框的所有字段移到“选定字段”列表框中，结果如图 6.2

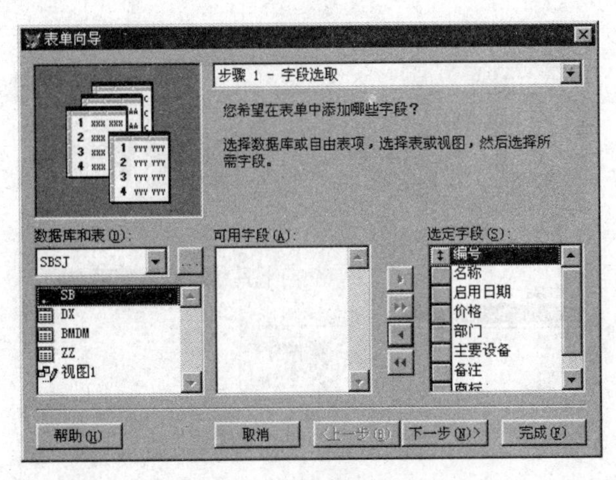

图 6.2 “字段选取”对话框

所示→选定“下一步”按钮。

(3) 选择表单样式:在如图 6.3 所示的对话框中选定“浮雕式”样式→选定“下一步”按钮。

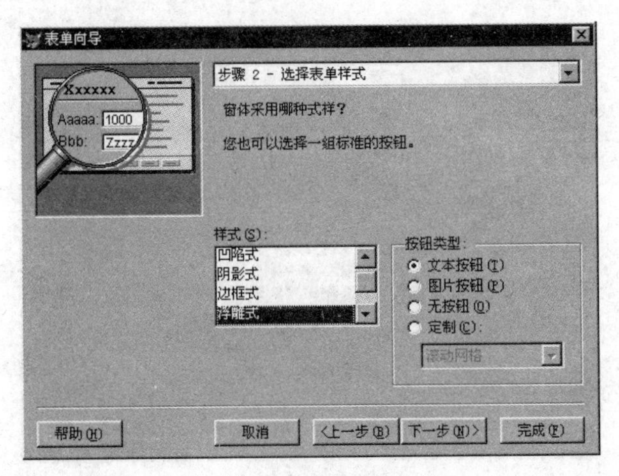

图 6.3 “选择表单样式”对话框

如图 6.3 所示,列表框中共有 9 种表单样式可供选用。在对话框左上角的放大镜中,将显示选定的样式。本步骤还具有选择“按钮类型”功能,用户可在“按钮类型”区中选定 4 种类型按钮之一。文本按钮是默认按钮,它表示按钮上将显示文字。

(4) 确定排序次序:在如图 6.4 所示的对话框中,将“可用的字段或索引标识”列表框中的“主要设备”字段以升序添加到“选定字段”列表框中,然后将“价格”字段以降序添加到“选定字段”列表框中→选定“下一步”按钮。

该对话框用于选择字段或索引标识来为记录排序。若按字段排序,主、次字段最多可选 3 个;若以索引标识来排序,则索引标识仅可选 1 个。

(5) 设置“完成”对话框:如图 6.5 所示,在对话框中的“请键入表单标题”文本框中输入“设备维护”4 个字→选定“预览”按钮显示所设计的表单(参阅图 6.6),然后选定“返回

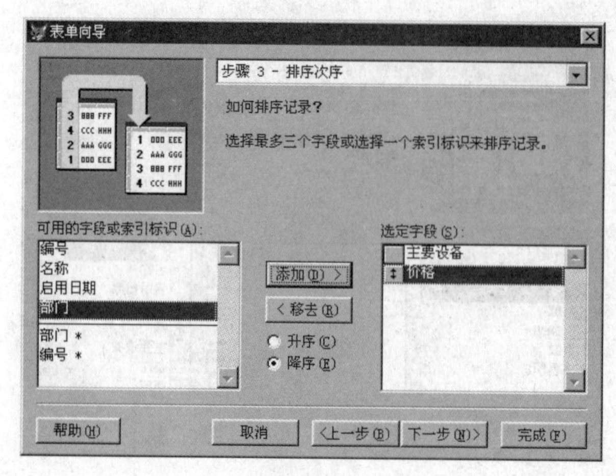

图 6.4 "排序次序"对话框

向导"按钮(参阅图 6.7)返回"表单向导"对话框→选定"完成"按钮→在"另存为"对话框的文本框中输入表单文件名 SBWH.SCX,然后选定"保存"按钮,创建的表单就被保存在表单文件 SBWH.SCX 与表单备注文件 SBWH.SCT 中。

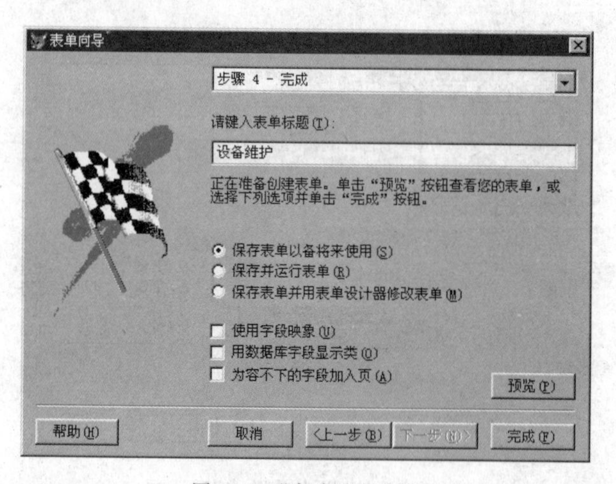

图 6.5 "完成"对话框

通常在选定"完成"按钮前应预览一下表单。若要修改表单,可逐步选定"上一步"按钮。

(6) 执行表单:选定"程序"菜单的"运行"命令→在"运行"对话框的"文件类型"组合框中选定"表单"选项→在列表中选定 SBWH.SCX→选定"运行"按钮,屏幕就显示出如图 6.6 所示的标题为"设备维护"的窗口,用户即可对此表单进行操作。

顺便说明,在图 6.6 中编号文本框左侧的字段标题显示为"设备编号"而不是"编号",原因是例中打开的 SB.DBF 是数据库表(见图 6.2),并早在 3.6.2 节中已将编号字段的标题设置为"设备编号"了。

下面再补充两个有关的问题:

(1) 在表单向导所创建的"设备维护"表单中,包含了在当前表中所选取的字段。窗

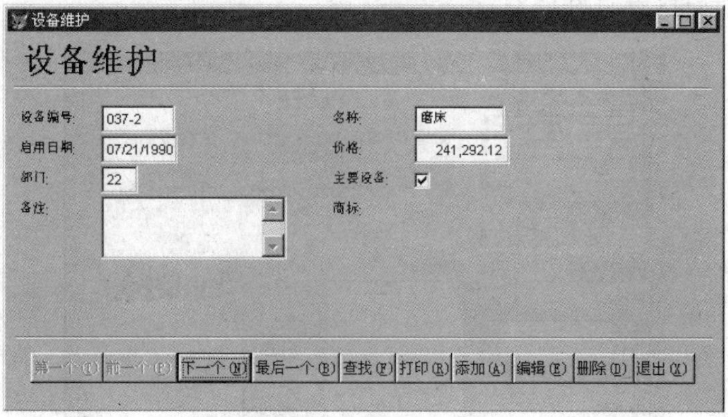

图 6.6 “设备维护”表单

口底部有一排按钮，有的用来移动记录指针浏览记录；有的用来添加(加在最后)或删除记录；若要修改记录，必须使用“编辑”按钮，其他状态下是只读的；“查找”按钮用来弹出一个“搜索”对话框，其中可设置两个条件的“与”或者“或”；“打印”按钮用来弹出一个“输出”对话框，用于打印、预览或导出有关文件。例如，选择一个已有的报表文件进行打印。

(2) 在图 6.5 底部有一个“为容不下的字段加入页”复选框。此复选框默认为选中状态，表示当字段太多以致一页中安放不下时，系统将产生以选项卡形式分页的多页窗口。

例如，在项目管理器中为 SB.DBF 添加 7 个字符型字段，每个字段宽度都为 10。如果用表单向导重新创建一个表单，则预览表单将会显示如图 6.7 所示的窗口，其中有 3 个选项卡。图中选项卡的标题使用英文，通过下一节的学习，读者就能自行汉化。

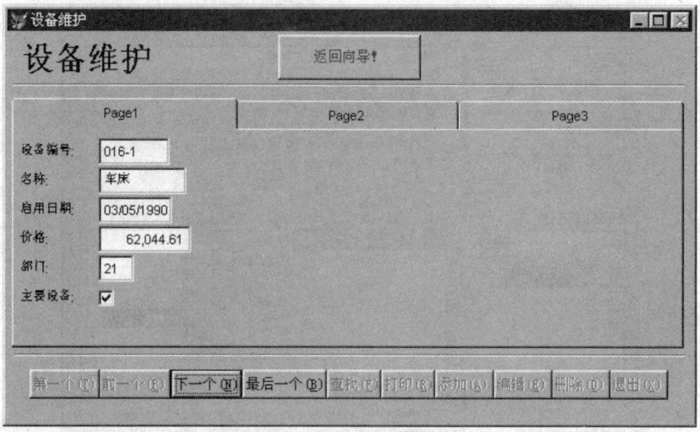

图 6.7 多页的“设备维护”窗口

6.1.2 生成多表表单

［**例 6-2**］ 创建一个用于按部门维护设备的涉及 BMDM 和 SB 两张表的表单。

(1) 打开“表单向导”对话框：在“工具”菜单的“向导”子菜单中选定“表单”命令→在如图 6.1 所示的“向导选取”对话框的列表中选定“一对多表单向导”选项，就会出现“一对多表单向导”对话框(参阅图 6.8)。

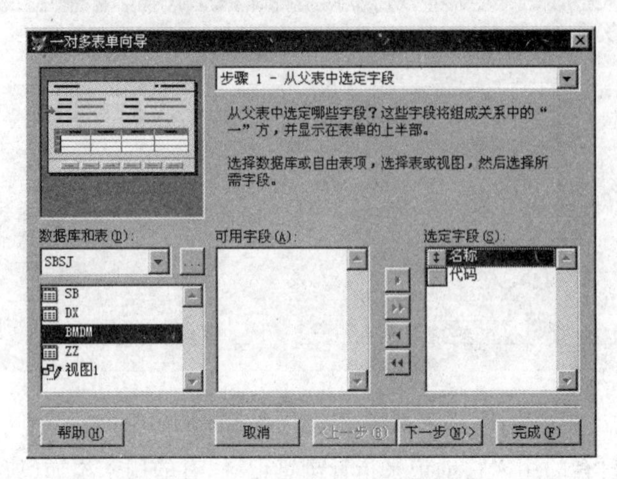

图 6.8 “从父表中选定字段”对话框

(2) 从父表中选定字段：单击“一对多表单向导”对话框中“数据库和表”区域的对话按钮,在随之出现的“打开”对话框中选定 BMDM 表→将“可用字段”列表框的所有字段移到“选定字段”列表框中,并将名称字段移到代码字段之上,结果如图 6.8 所示→选定“下一步”按钮。

(3) 从子表中选定字段：在“数据库和表”组合框下的列表框中选定 SB 表→将“可用字段”列表框中除部门字段外的所有字段移到“选定字段”列表框中,结果如图 6.9 所示→选定“下一步”按钮。

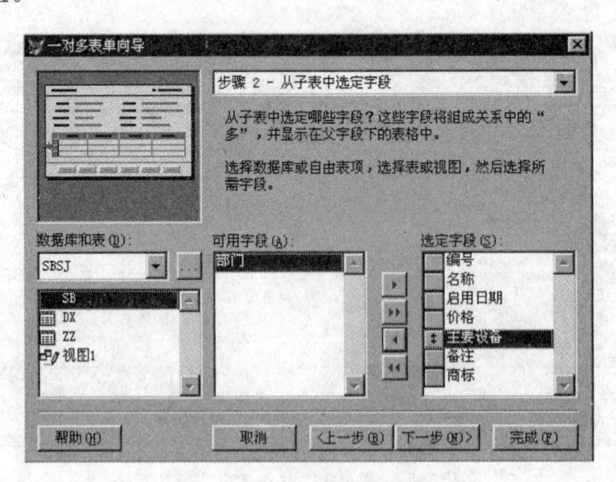

图 6.9 “从子表中选定字段”对话框

(4) 关联表：在图 6.10 所显示的 BMDM.代码与 SB.部门之间的关联正好符合要求,选定“下一步”按钮。

注意：对于尚未建立永久关系的表,可在本步骤当场建立关联,只要调整好关联字段就行,关联所需的索引会自动建立。

(5) 选择表单样式：参照图 6.3 选定“凹陷式”样式→选定“下一步”按钮。

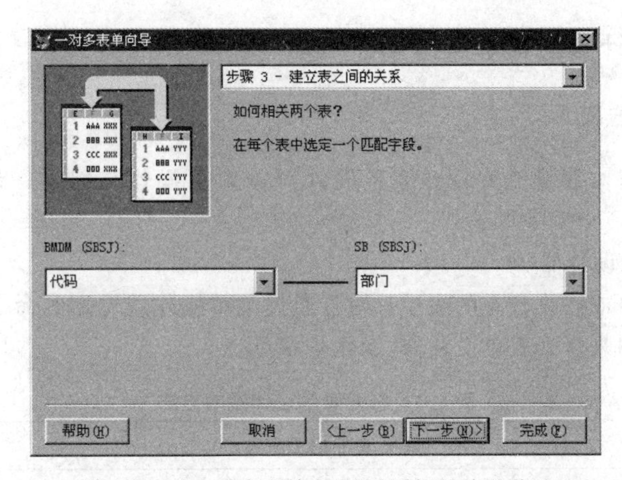

图 6.10 “一对多表单向导”对话框的关联设置

(6) 排序记录：该步骤在本例中可以省略，直接选定“下一步”按钮。

(7) 设置完成对话框：参照图 6.5，在“请键入表单标题”文本框中输入“部门设备表”5 个字→选定“完成”按钮→在“另存为”对话框的文本框中输入表单文件名 BMSB.SCX，然后选定“保存”按钮。

表单 BMSB.SCX 执行后，其显示结果如图 6.11 所示。父表提供分类数据，子表数据则显示在表格中，用按钮翻页时子表的内容将随父表变化。

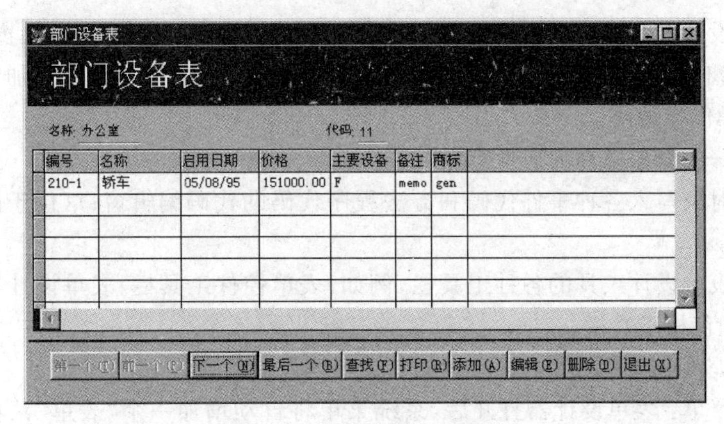

图 6.11 “部门设备表”表单

6.2 表单设计器

创建表单除使用表单向导外，还可利用表单设计器。表单设计器有如下的特点。

(1) 能创建或修改表单。表单向导产生的表单，也常用表单设计器来修改。

(2) 操作界面可视化，用户可利用多种工具栏、敏感菜单(这里指 Visual FoxPro 菜单随表单设计器的打开而增加与改变的部分)和快捷菜单在表单上创建与修改对象。

(3) 采用面向对象的设计方法，详见 6.3 节的专题讨论。

6.2.1 表单设计器的基本操作

1. 基本设计步骤

表单设计的基本步骤为：打开表单设计器→对象操作与编码→保存表单→运行表单。

(1) 打开表单设计器

无论新建表单或修改已有的表单，均可通过菜单操作或专用的命令，或选用常用工具栏中的有关按钮来打开表单设计器，操作步骤见表 6.1。

表 6.1 打开表单设计器的方法

要　　求	菜单或常用工具栏	命　　令
新建表单	选定“文件”菜单的“新建”命令，或常用工具栏中的“新建”按钮→在“新建”对话框中选定“表单”选项按钮→选定“新建文件”按钮	MODIFY FORM
修改已有表单	选定“文件”菜单的“打开”命令，或常用工具栏中的“打开”按钮→在“打开”对话框中将“文件类型”选定为“表单”→在列表中选定一个存在的表单	

(2) 对象的操作与编码

表单设计器打开后，下列表单设计要素(参阅图 6.12)能供用户在对象操作与编码时使用：

① 表单设计器窗口及其表单窗口。其中表单设计器窗口中的 Form1 窗口即表单对象，称为表单窗口。多数设计工作将在表单窗口中进行，包括向窗口内添加对象，并对各种对象进行操作与编码。

② 用于修改对象属性的属性窗口。

③ 可为对象写入各种事件代码和方法程序代码的代码编辑窗口(位于图 6.12 中最下面的窗口)。

④ 包含表单设计工具的各种工具栏，例如，表单控件工具栏、表单设计器工具栏、布局工具栏与调色板工具栏。

⑤ 用于提供表和视图等数据环境的数据环境设计器窗口。

⑥ 敏感菜单：表单设计器打开后，系统菜单将自动增加一个“表单”菜单；“显示”菜单中将增加若干选项；“窗口”菜单中将增加表示被打开表单的命令；“格式”菜单的命令也被改为与表单有关。

⑦ 随机应变的快捷菜单。

本步骤是 4 个基本步骤中的重点，本章余下的部分至第 8 章的一部分就是讨论这些内容。

(3) 保存表单

表单设计(无论新建或修改)完毕后，可通过存盘保存在扩展名为.SCX 的表单文件和扩展名为.SCT 的表单备注文件中。存盘方法有以下几种：

① 系统菜单中“文件”菜单的“保存”命令可保存当前的设计，但表单设计器不关闭。

② 按 Ctrl＋W 组合键。

③ 单击表单设计器窗口的“关闭”按钮，或选定系统菜单中“文件”菜单的“关闭”命令时，若表单为新建或者被修改过，系统会询问要否保存表单，回答“是”即将表单存盘。

若用户未为表单取过名字，存盘时将出现“另存为”对话框，以供用户确定表单文件名。

应该注意，表单文件不同于表单对象。它是一个程序，可包含表单集对象、表单对象及各种控件的定义。单提表单二字可指表单文件或表单对象，须根据上下文来识别。

(4) 运行表单

运行表单可利用“程序”菜单的“运行”命令，这在例 6-1(6)中已有介绍。

用 DO FORM 命令也可执行表单，例如，DO FORM SBQ。其中表单文件的扩展名 SCX 允许省略。但须注意，表单文件及其表单备注文件同时存在时方能执行表单。

当表单设计器窗口尚未关闭时，可右击表单窗口中的空白处，在快捷菜单中选定“执行表单”命令来运行表单。注意，若表单被修改过，系统将先询问要否保存表单，选定“是”按钮后表单才开始运行。在表单设计阶段，用这种方法来运行表单最为简捷。

2. 快速创建表单

在“表单”菜单中有一个“快速表单”命令，它能在表单窗口中为当前表迅速产生选定的字段变量。这种设计方法用户干预少，速度较快，故简称快速表单。在实际应用中，常常先快速创建一个表单，再把它修改为符合需要的更复杂的表单，这比从头设计省事得多。

［**例 6-3**］ 为 SB.DBF 快速创建一个记录编辑窗口。

(1) 打开表单设计器：向命令窗口输入命令 MODIFY FORM SBQ，即出现标题为 SBQ.SCX 的“表单设计器”窗口(参阅图 6.12)。

图 6.12 显示快速表单的“表单设计器”

(2) 产生快速表单：选定“表单”菜单的“快速表单”命令(或在快捷菜单中选定“生成器”命令)→在“表单生成器”对话框的“字段选取”选项卡中选出 SB.DBF 及需要的字段(如图 6.13 所示)→在“样式”选项卡中选定“浮雕式”样式→选定“确定”按钮，就会出现快速定义后的表单窗口。如图 6.12 所示，Form1 窗口内依次列出了 SB.DBF 的字段标题(用标签表示)和字段(用文本框表示，将来可以输入数据)，备注型字段用列表框来表示，通用型字段则用 ActiveX 绑定控件来表示(参阅 7.5.2 节)。

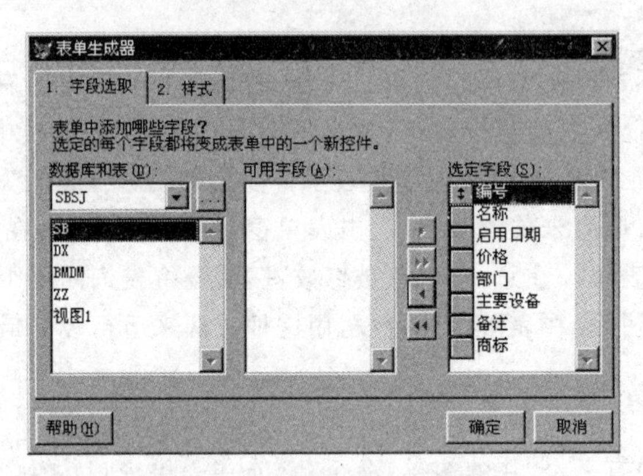

图 6.13 “表单生成器”对话框

(3) 执行表单：右击表单窗口中的空白处，在快捷菜单中选定“执行表单”命令→在系统询问要否保存表单时选定“是”按钮。

为使读者能一览表单设计器的全貌，图 6.12 中展示了许多窗口，实际上除表单设计器及其表单窗口外，其余的窗口并非经常同时显示。以下就其中部分窗口的作用略作说明。

3. 表单设计工具栏

(1) 工具栏的种类

在表单设计中，允许使用以下各种工具栏。

① 表单控件工具栏：用于在表单上创建控件。

② 布局工具栏：用于对齐、放置控件以及调整控件大小。

③ 调色板工具栏：用于指定一个控件的前景色和背景色。

④ 表单设计器工具栏：该工具栏包括设置 Tab 键次序、数据环境、属性窗口、代码窗口、表单控件工具栏、调色板工具栏、布局工具栏、表单生成器和自动格式等按钮。

(2) 工具栏的显示

从图 6.12 可知，“显示”菜单中含有“表单控件工具栏”、“布局工具栏”和“调色板工具栏”命令。它们的作用是决定这 3 个工具栏是否要在屏幕上显示出来。若命令左端有标记√，表示该工具栏当前已经显示。

“显示”菜单下端还有一个“工具栏”命令，选定它后将会显示“工具栏”对话框。该对话框可用于显示或隐藏各种工具栏，创建或删除工具栏，以及为工具栏“添加”或“删除”按钮。要显示表单设计器工具栏，只要选定“表单设计器”复选框并按“确定”按钮即可。

4. 数据环境设计器

(1) 数据环境设计器的作用

数据环境(data environment)指表单(或报表)所用的数据源,包括表、视图和它们之间的关系。它与3.2.3节讲到的数据工作环境不同,后者虽然也包含各工作区中打开的表、索引和关系,但是在后者环境中打开的表并不能自动成为表单的数据源。

Visual FoxPro提供的数据环境设计器,是用于创建和修改数据环境的一种可视化工具。打开它的方法是:首先打开表单设计器,然后在"显示"菜单中选定"数据环境"命令,或者在表单的快捷菜单中选定"数据环境"命令。

"数据环境设计器"打开后,就会显示"数据环境设计器"窗口(参阅图6.12),并在Visual FoxPro菜单栏中增加一个"数据环境"菜单。数据环境一旦建立,每当打开或运行表单时,其中的表或视图即自动打开,与数据环境设计器是否显示出来无关;而在关闭或释放表单时,表或视图也能随之关闭。

(2) "数据环境"菜单的有关命令

"数据环境"菜单提供了能够查看和修改数据环境的命令。"数据环境设计器"中的快捷菜单也具有类似的功能。简介如下。

① "添加"命令:若表单已加入项目管理器,且视图已存在,执行"添加"命令将显示"添加表或视图"对话框,供用户将表或视图添加到"数据环境设计器"窗口中;否则显示"打开"对话框,用于添加表。增入的表(或视图)显示为可调整大小的字段窗口,用于显示字段、索引和关系线(参阅图7.17),若将字段拖放到表单窗口即生成字段控件。

表添加后,若两个表原已存在永久关系,则在两表之间将会自动显示关系线,如3.6.1节所述。用户也可在两表之间添加或删除关系线。添加关系线的规则为:在"数据环境设计器"窗口中,从父表的字段拖动到子表的索引。如果要解除关联,可按Del键来删除关系线。

② "移去"命令:在数据环境设计器窗口中移去一个选中的表或视图(按Del键效果相同),但移去的表或视图并不在磁盘删除。

③ "浏览"命令:在浏览窗口显示选中的表或视图,以便检查或编辑。

5. 调整Tab键次序的命令

当输入或修改表单内的数据时,用户可用Tab键来移动表单内的光标位置。所谓Tab键次序,就是连续按Tab键时光标经过表单中控件的顺序。

修改表单时,可能要调整Tab键的次序。Visual FoxPro提供了"交互"和"按列表"两种调整Tab键的方法:选定"工具"菜单的"选项"命令→选定"选项"对话框的"表单"选项卡→在"Tab键次序"组合框中选定"交互"或"按列表"选项(前者是默认选项)。

调整方法确定后,即可选定"显示"菜单中的"Tab键次序"命令(参阅图6.12)进行调整。对于"交互"方法,单击某控件可以改变它的顺序号;对于"按列表"方法,Visual FoxPro则显示一个"Tab键次序"对话框,用户可上下移动对话框中控件选项左端的按钮来改变顺序。

6.2.2 在表单上设置控件

在设计表单时,用户可使用表单控件工具栏中的各种控件按钮逐个地创建控件,并可对已建的控件进行移动、删除、改变大小等操作。

1. 表单控件工具栏

"表单控件"工具栏共有25个按钮,如图6.14所示。在这些按钮中,除首尾两排的选定对象、查看类、生成器锁定和按钮锁定4个按钮是辅助按钮外,其他按钮都是控件定义按钮。

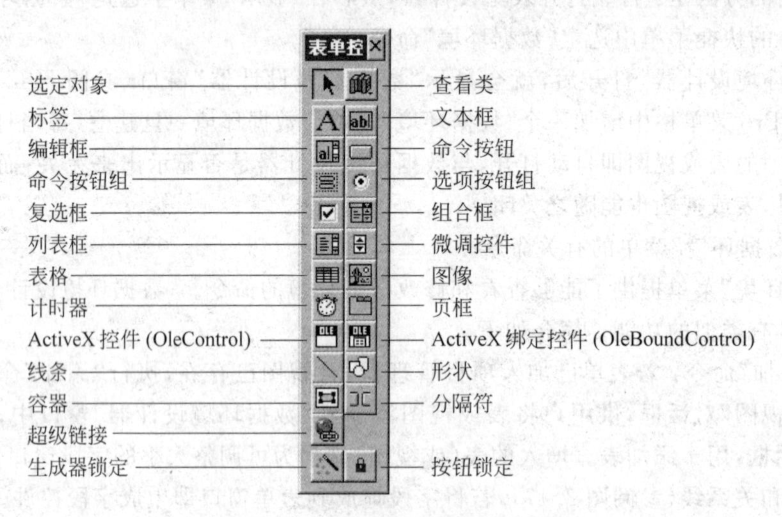

图6.14 表单控件工具栏中的按钮

在表单控件工具栏中,呈凹陷状的按钮表示按下后的状态,再次按此按钮就会恢复常态而呈突出状。在图6.14中只有"选定对象"按钮为凹陷的,其他按钮都是突出的。

2. 创建控件

在表单窗口创建控件的操作相当简单。打开表单设计器后,只要单击表单控件工具栏中某一控件按钮,然后单击表单窗口内某处,该处就会产生一个这样的控件。

例如,要在表单SBQ.SCX上创建一个文本框,可进行如下操作:

(1) 打开表单设计器:向命令窗口输入命令 MODIFY FORM sbq,就会显示sbq表单设计器窗口。

(2) 创建文本框:单击表单控件工具栏中的"文本框"按钮,然后单击Form1表单窗口内某处,该处就会产生一个文本框控件,在其内显示Text1。

在刚才所建文本框内显示的Text1,是该控件Name属性的值。如果再建一个文本框,Visual FoxPro会自动设置其Name属性值为Text2。若属性窗口已打开,窗口中将显示当前对象的所有属性,这些属性值均可以修改。

除了为控件设置属性值外,还应为它编写事件代码,这些问题将在6.3节讨论。

在表单上创建控件除可通过表单控件工具栏外,还有一种值得重视的简便方法,即在数据环境中拖动有关的字段到表单设计窗口来产生控件。例如,打开sbq表单设计器窗口之后,可以在数据环境设计器中,将 SBQ 字段窗口中的价格字段拖动到表单上,使产生文本框(框内显示“txt 价格”)及其附加标签(其区域内显示“价格”)。

3. 调整控件位置

为了合理安排控件位置,常需对控件进行移动、改变大小、删除等操作。表单窗口中的所有操作都是针对当前控件的,故对控件施行操作前须先行选定该控件。

(1) 选定单个控件:单击控件,该控件区域的四角及每边的中点均会出现一个控制点符号“■”,表示控件已被选定。

(2) 选定多个控件:按下 Shift 键,逐个单击要选定的控件;或者拖曳出一个虚线框,释放鼠标按键后落在其中的控件就被选定。

(3) 取消选定:单击已选定控件的外部某处。

(4) 移动控件:先选定控件,然后将它们拖曳到合适的位置。如果选定的是多个控件,则它们将同时移动。选定的控件还可用键盘的箭头键微调位置。

(5) 改变控件大小:选定控件后,拖曳它的某个控制点即可使控件放大或缩小。

(6) 删除对象:选定对象后,按 Del 键或选定“编辑”菜单的“清除”命令。

(7) 剪贴对象:选定对象后,利用“编辑”菜单中有关剪贴板的命令来复制、移动或删除对象。

除上述操作外,Visual FoxPro 还提供了以下功能:

(1) 在表单上显示网格线

“显示”菜单中有一“网格线”命令,可用来在表单设计器中添加或移去网格线,供定位对象时参考。网格刻度的默认值在“选项”对话框的“表单”选项卡中设置。

网格的间距可由“格式”菜单的“设置网格刻度”命令来设置:先选定该命令使屏幕出现如图 6.15 所示的“设置网格刻度”对话框,然后在其中设置网格水平间距与垂直间距的像素值。

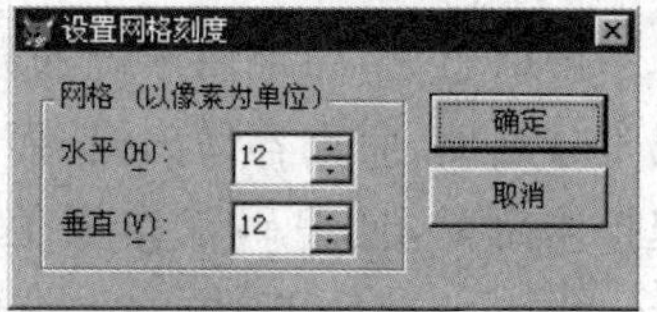

图 6.15 “设置网格刻度”对话框

(2) 鼠标操作时使控件对齐格线

选定“格式”菜单的“对齐格线”命令后,当设置控件或用鼠标器对控件进行移动时,控件边缘总会与最近的网格线对齐。应该注意,对齐格线的功能与表单窗口是否显示网格无关,即使表单窗口不显示网格,也可对齐格线。但是,若用键盘的箭头键来移动控件,总可使控件任意定位,与是否选定对齐格线无关。

(3) 控件布局规格化

布局工具栏中的按钮具有使选定的控件居中、对齐等功能。

4. 表单控件工具栏中的辅助按钮

(1)“选定对象”按钮

该按钮是一个允许创建指示器。每当选定一种控件按钮后,该按钮即自动弹起,表示允许创建控件;创建了一个控件之后该按钮就自动呈凹陷状,表示不可创建控件。

（2）“按钮锁定”按钮

按下“按钮锁定”按钮可以连续创建某一种控件，直至释放该按钮或按下“选定对象”按钮为止。例如，先后按下“文本框”按钮和“按钮锁定”按钮之后，每次单击表单窗口都将产生一个文本框控件。

（3）“生成器锁定”按钮

在例6-3中曾提到过“表单生成器”。读者已经看到，通过“表单生成器”向表单中添加字段和选择控件显示样式都很方便。其实生成器是小型的向导，利用它就能既直观又简便地为对象进行常用属性的设置。

“生成器”对话框通常用快捷菜单来打开，即在选定对象后先右击，然后在快捷菜单中选定“生成器”命令。但所打开的“生成器”对话框会因对象而异，例如，表单的快捷菜单中的“生成器”命令只能打开“表单生成器”对话框。

按下“生成器锁定”按钮后，一旦表单上添加了一个控件，Visual FoxPro将会自动打开与该控件匹配的生成器，从而省略了打开快捷菜单的操作。假如向表单窗口添加文本框，系统将自动打开文本框生成器。

（4）“查看类”按钮

该按钮用于切换表单控件工具栏的显示，或向该工具栏添加控件按钮。细节在7.5.2节与8.3.2节中讨论。

6.3 面向对象的程序设计

可以想见，如果用传统的数据库语言（如FoxBASE+或FoxPro）来设计表单，不仅编码十分繁琐，而且容易出错；而采用6.2节的表单控件工具栏提供的各种控件按钮，则不但操作简单，且编码工作量很小。这主要得益于面向对象的程序设计（object-oriented programming，OOP）方法。在传统的结构化应用程序中，数据和施加于数据的操作是分离的，而在面向对象的程序设计中，数据与操作共处在一个个称为“对象”的封装体中。例如，在表单中的按钮、文本框乃至表单本身，在OOP中都可以视为大大小小的对象，从而使图形界面的设计得到简化。而基于OOP的可视化程序设计（Visual Programming），更使用户对整个设计过程一目了然，因而受到用户的欢迎。

不同于结构化程序设计，用户在面向对象的程序设计中主要考虑如何创建“对象”，并利用对象来简化程序设计。本节简单介绍关于对象的基本概念与方法，第8.3节将介绍OOP的另一个重要概念——类。有关Visual FoxPro使用的OOP技术，将在后续各章逐步介绍。

6.3.1 基本概念

在OOP中，对象是构成程序的基本单位和运行实体。本节将阐述对象的基本概念和操作，包括对象的属性、事件、方法程序等。注意这里的“方法程序”是一个关于对象的概念。

1. 对象

在 OOP 中,现实世界的事物均可抽象为对象。对象可大可小,例如,表单上的命令按钮可以是对象,表单本身也可以是对象。在 Visual FoxPro 中,对象又可区分为控件和容器两种。

(1) 控件。控件是表单上显示数据和执行操作的基本对象。

(2) 容器。容器是可以容纳其他对象的对象,表 6.2 列出了 Visual FoxPro 的容器及其可能包含的对象。

表 6.2 容器包含的对象

容　器	能包含的对象
表单集	表单、工具栏
表单	页框、表格、任何控件
页框	页面
页面	表格、任何控件
表格	表格列
表格列	表头对象,除表单、表单集、工具栏、计时器和列对象以外的对象
选项按钮组	选项按钮
命令按钮组	命令按钮
工具栏	任何控件、页框、容器
Container 容器	任何控件

在如图 6.14 所示的表单控件工具栏按钮中,有的能创建控件,如命令按钮、文本框和列表框等按钮;有的能创建容器,如命令按钮组、表格、页框等按钮。

任何对象都具有自己的特征和行为。对象的特征由它的各种属性来描绘,对象的行为则由它的事件和方法程序来表达。

2. 属性

(1) 对象的属性

属性用来表示对象的特征。以"命令按钮"为例,其位置、大小、颜色以及在该按钮面上是显示文字还是图形等状态,都可用属性来表示。

(2) 对象的属性窗口

"表单设计器"打开后,只要选定"显示"菜单或表单的快捷菜单中的"属性"命令,就会显示一个属性窗口。该窗口能显示当前对象的属性、事件和方法程序,并具有允许用户更改属性,定义事件代码和修改方法程序的功能。

如图 6.16 所示,"属性"窗口自上至下依次包括一个对象组合框、若干选项卡、属性设置框、属性列表框和属性说明信息 5 个部分。分述如下。

① 对象组合框

对象组合框是一张待展开的列表，内含当前已有的各种表单、表单集及全部控件。单击组合框右侧的下三角按钮，用户即可在展开的列表中选择表单或控件，其效果和在"表单"窗口中选定对象是一致的。

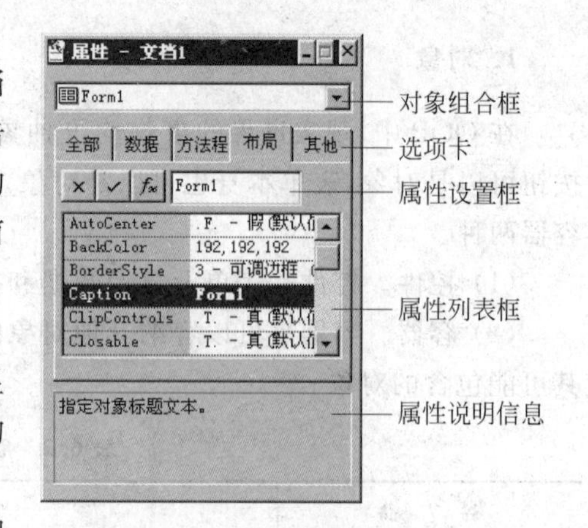

图 6.16 属性窗口的组成

② 选项卡

属性窗口中包括 5 个选项卡，分别用来显示对象的属性、事件、方法程序选项，各选项均按字母顺序排列。

- "全部"选项卡：列出全部属性、事件和方法程序。
- "数据"选项卡：列出显示或操纵数据的属性。
- "方法程序"选项卡：列出方法程序与事件。这两者都是对象的程序，它们的区别在于，带 Event 后缀的选项是事件，否则就是方法程序。例如，在表单对象的"方法程序"选项卡中，选项 Click Event 表示单击事件，选项 Circle 则表示画圆方法程序。
- "布局"选项卡：列出位置、大小等属性。
- "其他"选项卡：列出类信息和用户自定义属性等。

除"全部"选项卡外，上述选项卡中的其余 4 个选项卡都是分类选项卡。用户既可在全部选项卡中查找所要的选项，也可在分类选项卡中查找选项。

③ 属性设置框

属性设置框可能是文本框或组合框，用于更改属性值。

在属性列表中选定某属性后，若属性设置框显示为文本框，即可向框中输入属性值。对于用来指定文件名或颜色的属性，文本框右边会出现一个对话按钮，供选择一个文件或一种颜色。若属性设置框显示为组合框，表示该属性可由系统来提供可选值，用户只需在组合框中选定一个值，或在属性列表中双击属性名，即可切换到所要的值。

属性设置框左侧设有 3 个按钮，它们的功能如下。

- "确认"按钮（显示√记号）：在属性设置文本框中输入属性值后，单击此按钮即可确认对属性的更改，这与按回车键作用相同。
- "取消"按钮（显示×记号）：当属性设置文本框中已输入属性值，但尚未确认时，用此按钮可取消刚才的输入值，并恢复先前的值。
- "函数"按钮（显示 Fx 记号）：用于打开"表达式生成器"对话框，供设置一个表达式，该表达式的值将作为属性值。对于用表达式设置的属性，在属性值之前会自动插入一个等号（=）。

④ 属性列表框

属性列表框的每一行包含两个列，分别显示属性的名字与它的当前值。

选定某属性后即可更改属性值，具体操作已在以上第③点中说明。更改过的属性仍可恢复默认值，只要选定该属性后，在快捷菜单中选定“重置为默认值”命令便可。注意，以斜体字显示的选项表示只读，用户不能修改；用户修改过的选项将以黑体显示。

顺便指出，表单中所有对象的属性设置和程序代码都保存在.SCT表单备注文件中，该文件能用文本编辑器打开。

⑤ 属性说明信息

在属性列表中选定某属性、事件或方法程序后，属性窗口的底部即简要地显示它的意义。若要了解进一步的信息，可按F1键显示帮助信息。

表6.3选列了一些属性，包括表单和数据环境的属性；某些对象共有而且常用的属性，如对象的名字、标题与值及对象颜色等。读者可打开SBQ.SCX的表单设计器窗口（参阅图6.12）一一查看，以便加深认识。

表6.3 属性选列

属　　性	说　　明	应　用　于
Caption	指定对象的标题（显示时标识对象的文本）	表单、标签、命令按钮等
Name	指定对象的名字（用于在代码中引用对象）	任何对象
Value	指定控件当前状态（取值）	文本框、列表框等
ForeColor	指定对象中的前景色（文本和图形的颜色）	表单、标签、文本框、命令按钮等
BackColor	指定对象内部的背景色	表单、标签、文本框、列表框等
BackStyle	指定对象背景透明否（透明则背景着色无效）	标签、文本框、图像等
BorderStyle	指定边框样式为无边框、单线框等	表单、标签、文本框等
AlwaysOnTop	是否处于其他窗口之上（可防止遮挡）	表单
AutoCenter	是否在Visual FoxPro主窗口内自动居中	表单
ScaleMode	指定坐标单位	表单
Closable	标题栏中关闭按钮是否有效	表单
Controlbox	是否取消标题栏所有的按钮	表单、工具栏
MaxButton	是否有最大化按钮	表单
MinButton	是否有最小化按钮	表单
Movable	运行时表单能否移动	表单
WindowState	指定运行时是最大化还是最小化	表单
AutoCloseTables	表单释放时是否关闭表或视图，默认为.T.	数据环境
AutoOpenTables	表单加载时是否打开表或视图，默认为.T.	数据环境

属性或方法程序的设置与修改，可分为设计（交互方式操作）和运行（执行代码）两个阶段进行。对于某个属性或方法程序，读者须了解允许在哪个阶段进行。“设计时可用”表示可通过交互操作进行设置，“运行时可用”表示可由代码来实现。一般在属性列表中显示的属性在设计时均可更改，而有些属性，如Caption在设计时和运行时均可修改。

3. 事件

事件(Event)泛指由用户或系统触发的一个特定的操作。例如,若用鼠标单击命令按钮,将会触发一个 Click 事件。一个对象可以有多个事件,每个事件对应于一个程序,称为事件过程。在 Visual FoxPro 中,每个事件都是由系统预先规定的。表 6.4 列出了部分常见的事件。

表 6.4 Visual FoxPro 部分常见事件表

事 件	触发时机	事 件	触发时机
Load	创建对象前	MouseUp	释放鼠标键时
Init	创建对象时	MouseDown	按下鼠标键时
Activate	对象激活时	KeyPress	按下并释放某键盘键时
GotFocus	对象得到焦点时	Valid	对象失去焦点前
Click	单击时	LostFocus	对象失去焦点时
DblClick	双击时	Unload	释放对象时

(1) 事件驱动工作方式

事件一旦被触发,系统马上就去执行与该事件对应的过程。待事件过程执行完毕后,系统又处于等待某事件发生的状态,这种程序执行方式明显地不同于面向过程的程序设计,称为应用程序的事件驱动工作方式。

由上可知,事件包括事件过程和事件触发方式两方面。事件过程的代码应该事先编写好。事件触发方式可细分为 3 种:由用户触发,例如,单击命令按钮事件;由系统触发,例如,计时器事件,将自动按设定的时间间隔发生;由代码引发,例如,用代码来调用事件过程。

(2) 为事件(或方法程序)编写代码

编写代码先要打开代码编辑窗口,打开某对象代码编辑窗口的方法有多种:

① 双击该对象。

② 选定该对象的快捷菜单中的“代码”命令。

③ 选定“显示”菜单的“代码”命令。

代码编辑窗口中包含两个组合框和一个列表框(参阅图 6.17 左下方)。“对象”组合框用来重新确定对象,“过程”组合框用来确定所要的事件(或方法程序),代码则在编辑框中输入。

④ 双击属性窗口的事件(或方法程序)选项,可直接打开所指定事件(或方法程序)的代码编辑窗口。

4. 方法程序

方法程序是 Visual FoxPro 内置的通用过程,用于使对象执行一个特定的操作。所有方法程序过程代码均由 Visual FoxPro 事先定义,对用户是不可见的。下面仅举 2 例。

(1) Cls 方法程序

格式:

```
Object.Cls
```

功能:清除表单中的图形和文本。

格式中的前缀 Object 表明方法程序的所有者,如某个指定的表单。Cls 是方法程序名,相当于过程名。

(2) Refresh 方法程序

格式:

```
[Form.]Object.Refresh
```

功能:重画表单或控件,并刷新所有的值。

表单的 Refresh 方法程序除可在事件代码中调用外,当移动表的记录指针时,Visual FoxPro 会自动调用它,并将表单所含控件的 Refresh 方法程序全都执行一遍。

尽管方法程序过程代码对用户不可见,但还是可以打开代码编辑窗口对它修改。但须注意的是,用户在代码编辑窗口写入的代码仅仅相当于为该方法程序增加了功能,而 Visual FoxPro 为该方法程序定义的原有功能并不清除。打开代码编辑窗口的方法则与事件相同。

由上可知,对象的属性、事件和方法程序数量较多,而且一个应用程序将会包含多个对象。但是多数属性、事件和方法程序不需要用户设置,只要使用默认值便可以了。

6.3.2 对象的引用

在面向对象的程序设计中常常需要引用对象,或引用对象的属性、事件与调用方法程序。本节将介绍对象引用的格式,并提供几个表单设计的简单例子。

1. 对象引用规则

(1) 引用时通常用以下关键字开头:

```
THISFORMSET                    表示当前表单集(表单集的概念参阅 8.1.2 节)
THISFORM                       表示当前表单
THIS                           表示当前对象
```

(2) 引用格式:在引用关键字后跟一个点号,再写出被引用对象或者对象的属性、事件或方法程序。例如:

```
THIS.Caption                   && 本对象(表单或控件)的 Caption 属性
THISFORM.Cls                   && 本表单的 Cls 方法程序,清除表单中的图形和文本
```

(3) 多级引用时必须逐级写明。例如:

```
THISFORM.Command1.Caption      && 本表单的 Command1 命令按钮的 Caption 属性
THIS.Command1.Click            && 本对象的 Command1 命令按钮的 Click 事件
```

以下列出几种常用的引用格式：

```
THISFORMSET.PropertyName | Event | Method | ObjectName
THISFORM.PropertyName | Event | Method | ObjectName
THIS.PropertyName | Event | Method | ObjectName
ObjectName.PropertyName | Event | Method
```

其中 PropertyName 表示属性名，Event 表示事件，Method 表示方法程序，ObjectName 表示对象名。

(4) 控件也可引用包含它的容器。其格式为：

```
Control.Parent
```

其中 Control 表示控件，Parent 表示容器。

例如，THIS. Parent. Command1. Caption，表示引用本对象的容器(如表单)的 Command1 命令按钮的 Caption 属性。

2. 用编程方式设置属性值

在交互方式中，属性值的设置可以取默认值，也可在属性窗口中进行更改。在应用程序中，属性值一般可通过编写事件代码来设置。举例说明如下。

(1) 属性值设置

属性值设置格式：

```
ObjectName.Property[=Setting]
```

其中 Setting 为要设置的属性值。例如：

```
THIS.FontBold=.T.                 && 本对象文本以粗体显示
THIS.Parent.Caption =time()       && 本对象的容器的 Caption 属性设置为当前时间
```

(2) 颜色设置

RGB 函数用于返回一种颜色，它的一般格式为：

```
RGB(nRedValue, nGreenValue, nBlueValue)
```

参数 nRedValue、nGreenValue、nBlueValue 分别表示颜色中含有红、绿、蓝的成分，范围都是 0～255。例如：

```
THISFORM.ForeColor=RGB(255,0,0) && 本表单前景色设置为红色
```

颜色的 RGB 参数可在对象属性窗口中查看，不必硬记。方法是先在属性列表中选定某个需要指定颜色的属性，然后通过属性设置框右边的对话按钮选定一种颜色，属性设置框中便会显示这种颜色的 RGB 参数。

表 6.5 列出了 8 种标准色的 RGB 参数。

［**例 6-4**］ 设计只含一个文本框控件的表单(如图 6.17 所示)，要求逐次单击文本框的内部能轮流显示当前日期与时间，试写出设计步骤。

表 6.5　标准色的 RGB 参数

颜色	红值	绿值	蓝值
黑	0	0	0
蓝	0	0	255
绿	0	255	0
青	0	255	255
红	255	0	0
洋红	255	0	255
黄	255	255	0
白	255	255	255

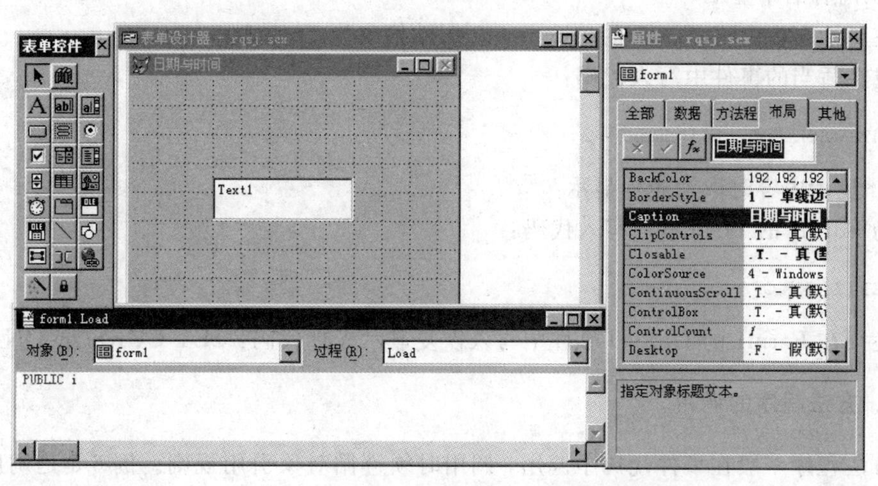

图 6.17　在文本框内轮流显示日期与时间

① 创建表单：向命令窗口输入命令 MODIFY FORM rqsj，使显示 rqsj 表单设计器窗口。

② 创建文本框：单击表单控件工具栏中的“文本框”按钮，然后单击 Form1 表单窗口内某处，该处就会产生一个 Text1 文本框控件。

③ 将表单的 Caption 属性改为“日期与时间”：单击表单窗口，属性窗口的组合框中便显示 Form1→在属性列表中选定 Caption 属性→在文本框中输入“日期与时间”字样，按回车键后表单窗口的标题栏就会显示这些文字。

④ 表单的 Load 事件代码的设置：双击表单窗口打开代码编辑窗口→在“对象”组合框中选定表单选项，并在“过程”组合框中选定 Load 事件选项→在列表框中输入以下代码：

```
PUBLIC i      && Load 事件在表单装入内存时触发，设置 i 为公共变量
```

⑤ 文本框的 Click 事件的代码编写如下：

```
IF i=.T.                                   && 变量 i 用于控制轮流显示
```

```
    THISFORM.TEXT1.VALUE=DATE()         && 本表单的文本框的值设置为当前日期
    THISFORM.TEXT1.DateFormat=12        && 日期格式设置为年月日次序
    THISFORM.TEXT1.DateMark="."         && 年月日间隔符设置为点号
    i=.F.                               && 触发 Click 事件 i 值就变反
ELSE
    THISFORM.TEXT1.VALUE=TIME()         && 本表单的文本框的值设置为当前时间
    i=.T.                               && 触发 Click 事件 i 值就变反
ENDIF
```

日期格式的号码共有 15 种,可在属性窗口中选择 Text1 文本框控件的 DateFormat 属性来观看。

为使例子尽可能简单,例 6-4 中未涉及某些细节,下面就文本框内的显示进一步提出如下的要求:

① 内容居中显示

在属性窗口中将 Text1 的 Alignment 属性值改为: 2-中间

或在适当的事件中写入代码:

```
THISFORM.TEXT1.Alignment= 2
```

② 显示内容时取消光标显示

为 Form1 的 Load 事件写入代码:

```
SET CURSOR OFF
```

还须在 Form1 的 Unload 事件中写入恢复显示光标代码: SET CURSOR ON

3. 方法程序的调用

方法程序一般在事件代码中调用, 调用时须遵循对象引用规则。例 6-5 是调用方法程序的示例,其中用到一个画圆方法程序,下面先对它作一介绍。

Circle 方法程序格式:

```
Object.Circle (nRadius [, nXCoord, nYCoord [, nAspect]])
```

功能: 在表单上画一个圆或椭圆。

说明:

(1) Object 表示指定的表单。

(2) 参数说明: nRadius 表示半径;nXCoord、nYCoord 分别表示圆心的横坐标和纵坐标;nAspect 表示圆的纵横尺寸比,取 1.0 (默认值)时产生一个标准圆,大于 1.0 产生一个垂直椭圆,小于 1.0 产生一个水平椭圆。

(3) Object 的 ScaleMode 属性决定度量单位。

从 Circle 方法程序格式可知,这是带参数的方法程序,调用时须给出参数的实际值。

[**例 6-5**] 在表单上画出同心圆,然后单击表单来擦去这些圆。

下面列出操作梗概,并且为简便计,除非必要,从本例开始创建表单时一般不再规定表单文件名。

(1) 创建表单,其 Name 属性值为 Form1。

(2) Form1 的 Activate 事件代码编写如下:

```
THISFORM.ScaleMode = 3              && 表单坐标以像素为单位
x= THISFORM.Width/2                 && 圆心横坐标在表单宽度的 1/2 处
y= THISFORM.Height/2                && 圆心纵坐标在表单高度的 1/2 处
max= IIF(x< y,x,y)                  && 为保证画出整圆,取 x,y 较小者为最大半径
FOR r= 0 TO max STEP 10             && r 为圆的半径
  THISFORM.Circle(r,x,y)            && 调用表单的画圆方法程序,坐标系统原点在表单左上角
NEXT
```

(3) Form1 的 Click 事件代码:

```
THISFORM.Cls                        && 擦去同心圆
```

例 6-5 中画圆用到了坐标系统。Visual FoxPro 规定坐标系统原点在表单左上角,横轴指向右方,纵轴指向下方,默认以像素为坐标单位。坐标单位也可用 ScaleMode 属性来设置,属性值取 3 表示以像素为单位,取 0(Foxels)表示以表单中当前字体字符的平均高度和宽度为单位。

须注意的是,用来表示本表单的关键字 THISFORM 不可省略,但在本例中均可改为 THIS。例 6-4 中文本框的 Click 事件代码之一 THISFORM. Text1. Value=DATE(),也可改为 THIS. Value=DATE()。

本例中,表单 Form1 的 Click 事件过程使用了一个 Cls 方法程序,现在来修改此方法程序:打开 Cls 方法程序的代码编辑窗口后输入一条命令 MESSAGEBOX(THISFORM. Caption)。执行表单后,一旦单击表单将会显示一个信息框,关闭该信息框后便擦去同心圆。可见用户在代码编辑窗口写入的代码等于为该方法程序增加了功能。

4. 事件、方法程序的参数传递

有许多事件或方法程序是带参数的过程。下面的例 6-6 就用到 3 个带参数的鼠标事件过程 MouseDown、MouseMove 与 MouseUp,1 个带参数的方法程序 PSet。

所有带参数的事件或方法程序,其代码编辑窗口中均由 Visual FoxPro 设置了一条 LPARAMETERS 命令,用于提供形式参数。LPARAMETERS 命令与 PARAMETERS 命令略有不同,前者的参数是本地变量(LOCAL),而后者的参数是私有变量(PRIVATE)。

在例 6-6 中,3 个鼠标事件过程都以如下命令开头:

```
LPARAMETERS nButton, nShift, nXCoord, nYCoord
```

下面解释这些参数的含义。

(1) nButton 参数:事件一旦触发,该参数就得到一个值,表示操作了什么鼠标键,相应于左、右、中键的取值分别等于 1、2、4。对于 MouseDown 或 MouseMove 事件,所指操作是鼠标键按下;对于 MouseUp 事件,则指鼠标键释放。触发 MouseMove 事件时若未按任何鼠标键,则 nButton 为 0。

下面的事件代码可判别按下的是哪个鼠标键。

MouseDown 事件代码：

```
LPARAMETERS nButton, nShift, nXCoord, nYCoord
DO CASE
   CASE nButton=1             && 左键
        wait window '左键'
   CASE nButton=2             && 右键
        wait window '右键'
   CASE nButton=4             && 中键
        wait window '中键'
ENDCASE
```

(2) nShift 参数：事件一旦触发，该参数就得到一个值，表示按下了什么键。Shift、Ctrl 和 Alt 键分别对应二进制位域的第 0 位、第 1 位和第 2 位；按下为 1，未按下为 0。可见，若按下 Shift 键，nShift 的值为 1；若按下 Ctrl 键，nShift 的值为 2；若 Ctrl 和 Alt 这两个键都被按下，则 nShift 的值为 6。

(3) nXCoord 和 nYCoord 参数：这两个参数分别取得鼠标指针当前的水平和垂直坐标。

若要了解其他事件或方法程序参数的含义，可查阅 Visual FoxPro 帮助。方法是选定"帮助"菜单的"帮助主题"选项，然后在"索引"选项卡的文本框中输入事件或方法程序名。

注意：即使不引用 LPARAMETERS 命令中参数，也不准将该命令删除，否则会引起出错。

[例 6-6] 设计一个简单的绘图应用程序，要求在表单上拖曳时能画出线来。

绘图动作可分为 3 步，即先按下鼠标键，然后拖曳画线，末了再释放鼠标键使它弹起。这就要求每一步动作触发一个事件过程，Visual FoxPro 正好备有这样的事件过程：鼠标键按下时触发 MouseDown 事件，拖曳时触发 MouseMove 事件，鼠标键弹起时触发 MouseUp 事件。至于画线可使用 PSet 方法程序，该方法程序本身只能画点，但与拖曳联合起来就能画出曲线了。

(1) 创建表单。

(2) Form1 的 Load 事件代码编写如下：

```
PUBLIC ok                            && 公共变量，用于允许或禁止绘图
THISFORM.DrawWidth=4                 && 设置画笔宽度
ForeColor=RGB(0,0,255)               && 将绘图前景色(笔头边框)设置为蓝色
THISFORM.FillColor=RGB(0,0,255)      && 设置笔头内部填充颜色为蓝色
THISFORM.FillStyle=0                 && 笔头内部以实线填充(用所设置的填充颜色填满)
```

(3) Form1 的 MouseDown 事件代码编写如下：

```
LPARAMETERS nButton, nShift, nXCoord, nYCoord
ok = .T.                             && 允许绘图
```

(4) Form1 的 MouseMove 事件代码编写如下:

```
LPARAMETERS nButton, nShift, nXCoord, nYCoord ;
                                            && 鼠标指针当前坐标传给参数 nXCoord 与 nYCoord
IF ok                                       && 允许绘图则将画点
   THISFORM.PSet(nXCoord,nYCoord)           && 在 nXCoord 与 nYCoord 位置画一个点
ENDIF
```

(5) Form1 的 MouseUp 事件代码编写如下:

```
LPARAMETERS nButton, nShift, nXCoord, nYCoord
ok = .F.                                    && 禁止绘图
```

习　题

1. Visual FoxPro 菜单的哪些地方提供用户使用表单向导?表单向导能产生哪两种表单?

2. 使用表单向导创建一个能用于按设备编号与名称来浏览设备大修情况的表单,并要求移动记录指针的按钮采用图形按钮形式。

3. 利用快速表单功能在第 2 题产生的表单中增加一个 SB. 商标字段。

4. 打开例 6-2 创建的表单(BMSB. SCX)的数据环境设计器,并进行以下操作。

(1) 添加 DX. DBF。

(2) 观察 SB. DBF 与 DX. DBF 间的连线,指出父文件与子文件,然后删除连线。

(3) 添加刚才删除的连线。

5. 按下列要求修改例 6-1 创建的表单 SBWH. SCX。

(1) 表单标题栏的标题改为“大洲汽车厂设备表”。

(2) 表单的底色改为青色,所有标签的标题改为红色。

(3) 单击表单能弹出一个信息对话框,并在其中显示当前记录号。

6. 试在表单上创建一个文本框和一个命令按钮。要求对命令按钮按住鼠标左键时,文本框内能显示当前日期,而释放该鼠标键则能显示当前时间。请写出设计步骤。

7. 将例 5-3 生成的菜单文件 e5-3. mpr,用作例 6-1 所创建表单 SBWH. SCX 的快捷菜单。

第7章 表单控件设计

表单中通常包含许多控件。通过表单控件工具栏可以创建的控件,大致可分为5类。

(1) 输出类:标签、图像、线条、形状。

(2) 输入类:文本框、编辑框、微调控件、列表框、组合框。

(3) 控制类:命令按钮、命令按钮组、复选框、选项按钮组、计时器。

(4) 容器类:表格、页框、Container 容器。

(5) 连接类:ActiveX 控件、ActiveX 绑定控件、超级链接。

上述分类仅着眼于控件的基本功能,同类的控件通常具有一些公共的特性。本章将依次介绍各类控件的设计方法。

为使文字简洁,在不至于混淆的情况下,本书有时将表单窗口简称为表单;在提到某种对象控件时也会省略控件两字,例如,文本框控件就称之为文本框。

7.1 输出类控件

数据库的输出可包括文本和图形。与此相应,输出类控件用于在表单上设置文本和图形。

7.1.1 标签

标签控件是能在表单上显示文本的输出控件,通常用作提示或说明。

1. 标签的标题

标签的 Caption 属性用于指定该标签的标题,是用作显示的文本。例如,在图 6.12 的 Form1 表单窗口中显示的"名称:"就是某标签的 Caption 属性值,该标签的名字(即 Name 属性)为"LBL 名称 1"。

若要将上述标签的标题改为"设备名称:",可任用如下3种方法之一来实现:

(1) 在"属性"窗口修改该控件的 Caption 属性。应注意的是,Caption 属性是字符型数据,但在属性窗口输入时不要加引号;

(2) 可在某一事件的代码中写入命令 THISFORM. LBL 名称 1. Caption="设备名称:";

(3) 若 mc 是一个公共变量,且 mc="设备名称:",则修改该属性的命令可以写为

```
THISFORM.LBL名称1.Caption=mc
```

2. 属性选介

(1) 使标签区域自动调整为与标题文本大小一致：可将 AutoSize 属性设置为.T.。

(2) 使标签的标题竖排：先将 WordWrap 属性设置为.T.，然后在水平方向压缩标签区域，迫使文字换行。

(3) 使标签与表单背景颜色一致：将 BackStyle 属性设置为 0(透明)。

(4) 使标签带有边框：将 BorderStyle 属性设置为 1(单线框)。

7.1.2 图像、线条与形状

如要在表单上设置图形，可选用图像、线条与形状 3 种控件。

1. 图像

利用图像控件的 Picture 属性可在表单上创建图像，图像文件的类型可为.BMP、.ICO、.GIF 和.JPG 等。

创建图像的步骤如下：

在表单上创建一个图像控件→在“属性”窗口选定 Picture 属性，并通过文本框右侧的对话按钮选定一个图像，该图像即显示在图像控件处。

图像控件创建后，可以通过执行代码来显示图像。例如，要显示一个狐狸头，可在某一事件过程中设置代码：THISFORM.Image1.Picture="c：\vfp\fox.bmp"。

表 7.1 列出了 Visual FoxPro 6.0 提供的部分图像的位置。

表 7.1 Visual FoxPro 6.0 部分图像的位置

文 件 夹	图像文件类型
C：\VFP\	.BMP
C：\VFP\FFC\GRAPHICS\	.BMP
C：\VFP\GALLERY\GRAPHICS\	.BMP、.ICO
C：\VFP\TOOLS\HEXEDIT\	.BMP
C：\VFP\TOOLS\INETWIZ\SERVER\	.ICO、.GIF、.JPG
C：\VFP\TOOLS\TRANSFRM\	.ICO
C：\VFP\WIZARDS\	.BMP
C：\VFP\WIZARDS\GRAPHICS\	.BMP、.ICO、.GIF

2. 线条

线条控件可以在表单上画各种类型的线条，包括斜线、水平线和垂直线。

(1) 斜线

① 线条控件创建时，默认自控件区域的左上角到右下角显示一条斜线。

② 斜线倾斜度由控件区域宽度与高度来决定，可拖动控件区域的控制点来改变控件区域的宽度与高度，或改变宽度属性 Width 与高度属性 Height。

③ 斜线走向用 LineSlant 属性来指定，键盘字符\表示左上角到右下角，而/表示右上角到左下角。

(2) 水平线与垂直线

要显示水平线或垂直线，可通过调节线条控件区域使对应边重合，表 7.2 列出了交互方式与属性设置两种方法。

表 7.2 线条控件水平线与垂直线的表示

线条类型	控件区域操作	属性设置
水平线	拖动控制点至上下重合	Height 设置为 0
垂直线	拖动控制点至左右重合	Width 设置为 0

3. 形状

形状控件用于在表单上画出各种类型的形状，包括矩形、圆角矩形、正方形、圆角正方形、椭圆或圆。

形状类型将由 Curvature、Width 与 Height 属性来指定，见表 7.3。

表 7.3 形状控件的形状设置

Curvature	Width 与 Height 相等	Width 与 Height 不等
0	正方形	矩形
1-99	小圆角正方形→大圆角正方形→圆	小圆角矩形→大圆角矩形→椭圆

形状控件创建时若 Curvature 属性值为 0，Width 属性值与 Height 属性值也不相等，显示一个矩形。若要画出一个圆，应将 Curvature 属性值设置为 99，并使 Width 属性值与 Height 属性值相等。

注意：

(1) 图像、线条和形状控件只能在设计时设置，但设置好后无论在设计时还是运行时都可改变其属性。

(2) 若形状控件遮住了某一其他控件，则无论在设计时还是运行时，对被遮控件单击鼠标键均将无效。此时应将形状控件置后，可使用“格式”菜单的“置后”命令，或布局工具栏的“置后”按钮(参阅例 7-14)来设置。

[**例 7-1**] 设计如图 7.1 所示的应用程序封面。

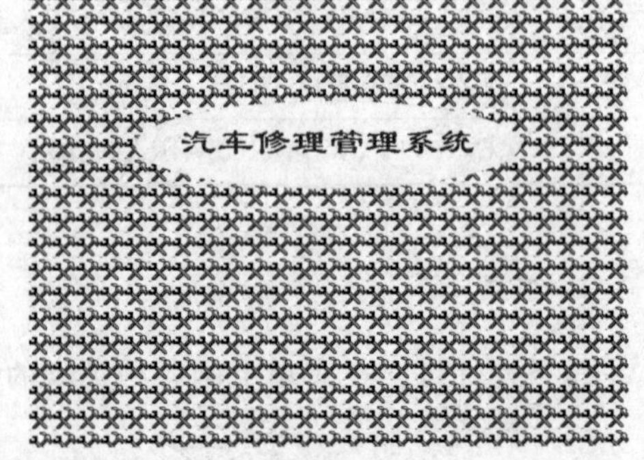

图 7.1 汽车修理管理系统封面

设计步骤如下。

(1) 创建表单 FM.SCX。

(2) 在表单上创建标签和形状控件各1个。它们的位置与大小暂不要求,以后再通过代码来精确设置。

(3) 设置属性:详见表7.4。

表7.4 "封面"属性设置

对 象	属 性	属 性 值	说 明
Form1	Desktop	.T.	表单设置在桌面上
	WindowState	2	表单最大化
	BorderStyle	0	取消表单边框
	TitleBar	0	取消表单标题栏
	Picture	c:\vfp\gallery\graphics\tools.ico	表单贴若干tools.ico拼成的壁纸
Label1	Caption	汽车修理管理系统	封面文字
	AutoSize	.T.	Label1区域自动适应标题大小
	FontName	隶书	字体
	FontSize	36	文字大小
	FontBold	.T.	粗体
	ForeColor	0,0,255	标题颜色为蓝色
	BackStyle	0	背景透明,不显示Label1区域
Shape1	Curvature	99	为画椭圆,使圆角最大
	BorderColor	255,255,0	边框颜色为黄色
	BackColor	0,255,255	背景颜色为青色

(4) 将封面的文字置前于椭圆:选定Label1,然后在布局工具栏中选定"置前"按钮。若已经置前,则该步骤可省略。

(5) Form1的Activate事件代码编写如下:

```
THISFORM.Shape1.Width=THISFORM.Label1.Width*1.3      && 形状的宽度是标题宽度的1.3倍
THISFORM.Shape1.Height=THISFORM.Label1.Height*2      && 形状的高度是标题高度的2倍
x=THISFORM.Width/2                                   && x在表单宽度的1/2处
y=THISFORM.Height/4                                  && y在表单高度的1/4处
THISFORM.Shape1.Left=x-THISFORM.Shape1.Width/2       && 移动椭圆,使它横向居中
THISFORM.Shape1.Top=y          && 移动椭圆,使它顶端在表单高度的1/4处
THISFORM.Label1.Left=x-THISFORM.Label1.Width/2
                               && 移动标题,使它在表单(椭圆)横向居中
THISFORM.Label1.Top=y+THISFORM.Shape1.Height/2-THISFORM.Label1.Height/2
                               && 移动标题,使它在椭圆内纵向居中
```

(6) Form1的RightClick事件代码编写如下:

```
THISFORM.Release               && 右击表单执行Release方法程序,从内存释放该表单
```

表单运行后屏幕即呈现如图 7.1 所示的封面，右击便可结束运行。

在主程序中，一般可先调用封面表单，再调用菜单程序，示例如下：

```
* MAIN.PRG
DO FORM fm                   && 调用封面表单
DO sb.mpr                    && 调用菜单程序 SB.MPR(参阅例 5-2)
```

为避免封面表单一闪而过，可事先将该表单的 WindowType 属性设置为 1，成为模式表单。详情请参阅 10.1 节的“4. Visual FoxPro 应用系统的主文件”中“(2)控制事件循环”。

7.2 输入类控件

本节讨论文本框、编辑框、列表框、组合框和微调控件 5 个控件。其中列表框只能以选项方式选用数据，其他控件都可直接用键盘输入数据。

7.2.1 文本框

文本框控件是一个基本控件，供用户输入或编辑数据。

1. 文本框的值

Value 属性用于指定文本框的值，并在框中显示出来。

Value 值既可在“属性”窗口中输入或编辑；也可用命令来设置。例如，THIS. Value＝"Visual FoxPro"。

Value 值可为数值型、字符型、日期型或逻辑型 4 种类型之一。例如，0、(无)、{}、.F.。其中(无)表示字符型，并且是默认类型。若 Value 属性已设置为其他类型的值，可通过属性窗口的操作使它恢复为默认类型，即在该属性的快捷菜单中选定“重置为默认值”命令，或将属性设置框内显示的数据删掉。

在向文本框输入数据时，如遇到长数据能自动换行。但只要输入回车符，输入就被 Visual FoxPro 终止。也就是说，文本框只能供用户输入一段数据。

2. 焦点

Visual FoxPro 中有一个称为焦点(Focus)的名词，例如，对文本框的 IMEMode 属性的解释就涉及到该名词：号码取 1 表示当文本框获得焦点时中文输入法窗口自动打开；号码取 2 则为关闭；号码取 0 是默认值，表示中文输入法窗口不自动打开或关闭。

读者已经知道，应用程序会包含很多对象，但某个时刻仅允许一个选定的对象被操作。对象被选定，它就获得了焦点。焦点的标志可以是文本框内的光标，命令按钮内的虚线框等。

焦点可以通过用户操作来获得。例如，按 Tab 键来切换对象，或单击对象使之激活等；但也可以用代码方式来获得，请看如下方法程序。

方法程序格式：

```
Control.SetFocus
```

功能：对指定的控件设置焦点。

例如，THISFORM. Text1. SetFocus，表示使本表单的 Text1 文本框获得焦点。

注意：若要为控件设置焦点，则其 Enabled 与 Visible 属性均须为.T.。对某对象而言，其 Enabled 属性决定该对象能否对用户触发的事件作出反应，即该对象是否可用；Visible 属性则表示对象是可见还是被隐藏。

与焦点有关的事件还有两个：获得焦点事件（GotFocus Event）与失去焦点事件（LostFocus Event）。

3. 控件与数据绑定

文本框值除可通过直接输入或通过设置 Value 属性来得到外，还能通过数据绑定来取得数据。

(1) 数据绑定的概念

控件的数据绑定是指将控件与某个数据源联系起来。实现数据绑定需要为控件指定数据源，而数据源则由控件的 ControlSource 属性来指定。

数据源有字段（如 sb. 名称）和变量两种，前者来自数据环境中的表，可以供用户在 ControlSource 属性中选用。

(2) 数据绑定的功效

文本框与数据绑定后，控件值便与数据源的数据一致了。以字段数据为例，此时的控件值将由字段值决定；而字段值也将随控件值的改变而改变。

但是有的控件（如列表框）与数据绑定后，只能进行值的单向传递，即只能将控件值传递给字段。

值得重视的是，将控件值传递给字段是一种不用 REPLACE 命令也能替换表中数据的操作。

4. 文本框生成器

生成器是用户设置属性的向导，使用生成器来为控件设置属性十分方便。但生成器仅能设置常用属性，不能包括所有属性；此外，也非所有的对象都有生成器，详见表 1.4。

打开生成器的方法已在 6.2.2 节讲述，不再重复。文本框生成器包含“格式”、“样式”、“值”3 个选项卡（见图 7.2），下面分别说明。

(1)“格式”选项卡

该选项卡包括两个组合框和 6 个复选框，可用来指定文本框的各种格式选项，以及输入掩码的类型（如图 7.2(a)所示）。

①“数据类型”组合框：组合框中含有数值型、字符型、日期型或逻辑型 4 个选项，用于表示文本框的数据类型。这些选项分别能使 Value 属性显示 0、(无)、{}、.F.。

注意：若在“值”选项卡中选择了某个字段，则此处选定的类型必须与字段类型相同。

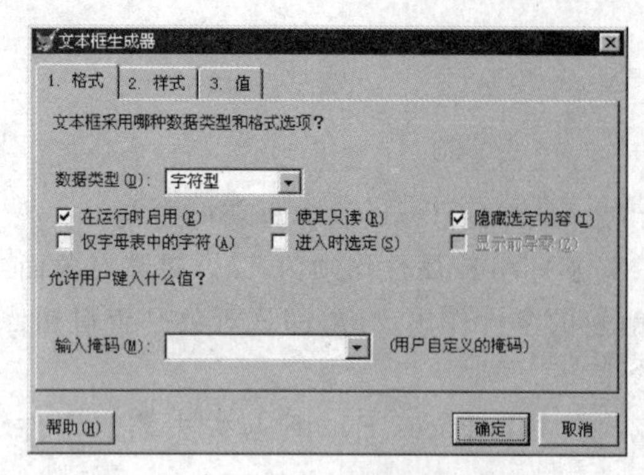

(a) “文本框生成器”的“格式”选项卡

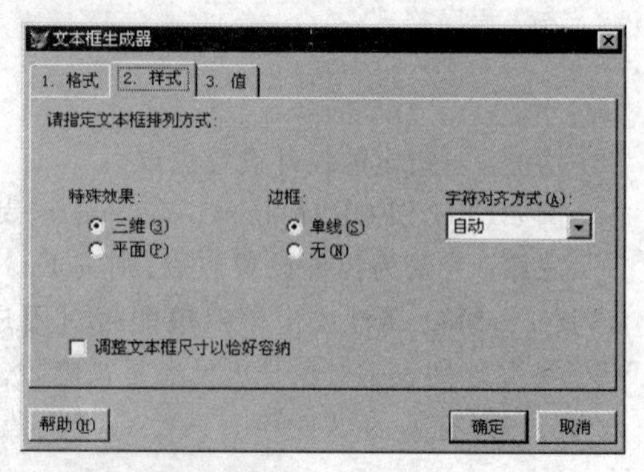

(b) “文本框生成器”的“样式”选项卡

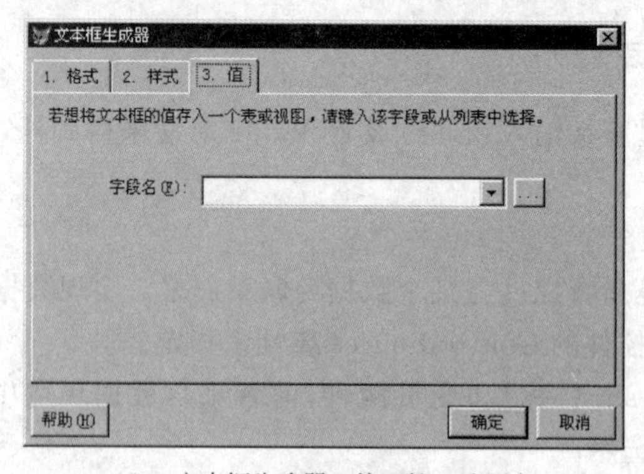

(c) “文本框生成器”的“值”选项卡

图 7.2 文本框生成器的 3 个选项卡

② “仅字母表中的字符”复选框：该复选框只对字符型数据可用，选定它等于为 Format 属性设置格式码 A，表示文本框的值只允许输入字母，而不允许输入数字或其他符号。

③ “显示前导零”复选框：该复选框只对数值型数据可用，选定它即为 Format 属性设置了格式码 L，表示能显示数字中小数点左边的前导零。例如，对于与数值型字段绑定的文本框，选定“显示前导零”复选框后，表单运行时该文本框中将显示前导零直至补足字段宽度。

④ “进入时选定”复选框：该复选框只对字符型数据可用，选定它即为 Format 属性设置了格式码 K。当非空的文本框获得焦点时，框中的数据就被选定(即被亮条覆盖)。

⑤ “隐藏选定内容”复选框：该复选框对应于 HideSelection 属性。若选定该复选框，当文本框失去焦点时，框中所选定数据的选定状态就被取消；而取消该复选框的选定则相反，文本框中所选定数据将保持选定状态。

⑥ “在运行时启用”复选框：该复选框对应于 Enabled 属性，用于指定表单运行时该文本框能否使用，默认为可用。

⑦ “使其只读”复选框：该复选框对应于 ReadOnly 属性，用于禁止用户更改文本框数据。

⑧“输入掩码”组合框：用于选定或设置输入掩码串，以限制或提示数值型、字符型或逻辑型字段的用户输入格式。

在组合框的下拉列表中有若干个“输入掩码”选项供选用，如 AA-AAA；但也可在组合框中输入所要的输入掩码，可用的输入掩码见第 3.6.2 节。为提示输入掩码的含义，组合框右侧会自动显示当前输入掩码的示例。

用户也可在 InputMask 属性中设置输入掩码。

当数据类型为日期型时还会出现下面两个复选框。

①“使用当前的 SET DATE”复选框：选定它即为 Format 属性添加设置了格式码 D，使数据能按 SET DATE 命令设置的格式来输入。

②“英式日期”复选框：选定它即为 Format 属性设置了格式码 E，使数据将能按英国格式来输入。

顺便说明，Format 属性可用的格式码除以上提到的 A、D、E、K、L 以外，还可包括第 3.6.2 节列出的格式码。

(2)“样式”选项卡

该选项卡包括两个选项按钮组、1 个组合框和 1 个复选框，可用于指定文本框的外观、边框和字符对齐方式(如图 7.2(b)所示)。

①“特殊效果”选项按钮组

“三维”选项按钮：选定该选项按钮等同于将 SpecialEffect 属性值设置为 3D，即指定文本框的外观为三维形式，有一定的立体视觉效果。

“平面”选项按钮：选定该选项按钮等于将 SpecialEffect 属性值设置为 Plain，即指定文本框外观为平面形式。

②“边框”选项按钮组

“单线”选项按钮：选定该选项按钮等同于将 BorderStyle 属性值设置为 1(此为默认值)，即指定文本框边框为单线框。

“无”选项按钮：选定该选项按钮等同于将 BorderStyle 属性值设置为 0，即指定此文本框无边框。注意，在此情况下“特殊效果”选项按钮组的设置无效。

③“字符对齐方式”组合框

该组合框用于指定文本框中数据的对齐方式，其下拉列表中包括左对齐、右对齐、居中对齐、自动 4 个选项，分别等同于将 Alignment 属性值设置为 0、1、2、3。

“自动”是默认设置，表示文本框中的数据将根据数据类型来对齐。

④“调整文本框尺寸以恰好容纳”复选框

该复选框用于自动调整文本框的大小使其恰好容纳数据，数据的长度则是其输入掩码的长度，或 ControlSource 字段的长度。

(3)“值”选项卡

该选项卡含有一个“字段名”组合框，用户可利用该组合框的列表来指定表或视图中的字段，被指定的字段将用来存储文本框的值，这等同于用 ControlSource 属性进行数据绑定(如图 7.2(c)所示)。

组合框列表中的字段是由数据环境提供的，但用户还可以当场将其他表的字段增入该组合框，方法是使用其右侧的对话按钮来显示“打开”对话框并选择另外的表。

用户将选项卡设置好后，应选定“确定”按钮关闭文本框生成器，以使属性设置最终生效。

7.2.2 编辑框

编辑框用于输入或更改文本，并允许输入多段文本。图 6.12 中有一个编辑框（其内显示备注 1），被用来编辑 SB 表的备注字段。

编辑框与文本框的主要差别在于：

(1) 编辑框只能用于输入或编辑文本数据，即字符型数据；而文本框则适用于数值型等 4 种类型的数据。

若在表单上创建文本框和编辑框控件各 1 个（参阅图 7.3），并将文本框值设置为数值型，则执行代码 THISFORM. Edit1. Value＝THISFORM. Text1. Value，将会出现程序错误信息框。

(2) 文本框只能供用户输入一段数据；而编辑框则能输入多段文本，即按回车键不能终止编辑框的输入。

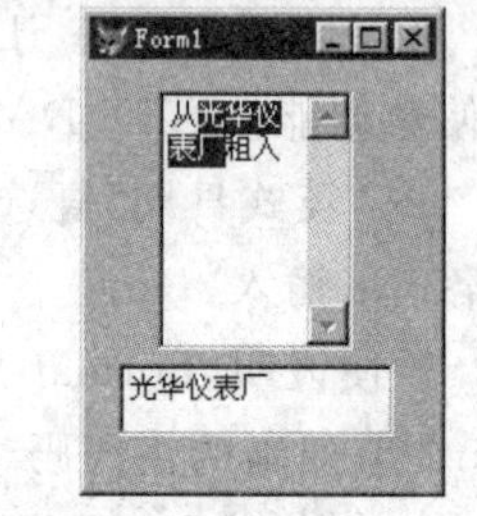

图 7.3 选定文本的转移

因为编辑框允许输入多段文本，故编辑框常用来处理长的字符型字段或备注型字段（需将编辑框与备注型字段绑定），有时用来显示一个文本文件或剪贴板中的文本。为方便用户处理长文本，Visual FoxPro 还提供了可用来显示垂直滚动条的 ScrollBars 属性。

编辑框生成器是为编辑框设置属性的便利工具。由于编辑框生成器与文本框生成器大同小异，不再赘述。

[**例 7-2**] 设计一个表单，要求当文本框得到焦点时能立即显示在编辑框中选定的文本，如图 7.3 所示。

(1) 创建表单，并在表单上创建编辑框和文本框控件各 1 个。

(2) 在数据环境中添加 SB 表，然后将 Edit1 编辑框与备注型字段 SB. 备注绑定。

(3) Edit1 编辑框的 LostFocus 事件代码编写如下：

```
THIS.HideSelection=.F.                    && 焦点离开后不隐藏文本选定的状态，以便观察
```

(4) Text1 文本框的 GotFocus 事件代码编写如下：

```
THIS.VALUE=THISFORM.Edit1.seltext  && seltext 属性返回被选定的文本
```

表单执行后，编辑框内将显示 SB 表第 1 个记录的备注型字段内容。选定一些文字后单击文本框，文本框内就会显示这些文字。

顺便介绍：

(1) 清除在 Edit1 编辑框中选定的文本：

```
THISFORM.Edit1.seltext=""
```

(2) 将 Edit1 编辑框中选定的文本送到剪贴板：

```
_CLIPTEXT =THISFORM.Edit1.seltext  && _CLIPTEXT 为系统变量，能将文本存储到剪贴板
```

7.2.3 列表框与组合框

列表框与组合框都有一个供用户选择的列表(参阅图 7.11),但二者之间有两点区别:

(1) 列表框任何时候都显示它的列表;而组合框平时只显示一项,待用户单击它的下三角按钮后才能显示可滚动的下拉列表。若要节省空间,并且突出当前选定的项时可使用组合框。

(2) 组合框又分下拉组合框与下拉列表框两类,前者允许输入数据项,而列表框与下拉列表框都仅有选项功能。

1. 列表框生成器

列表框生成器含“列表项”、“布局”、“样式”、“值”4 个选项卡,用于为列表框设置各种属性。图 7.4 列出了该生成器的全部界面,其中的(a1)、(a2)、(a3)分别为“列表项”选项卡的 3 种数据类型操作界面,(b)、(c)、(d)则为“样式”、“布局”、“值”3 个选项卡。

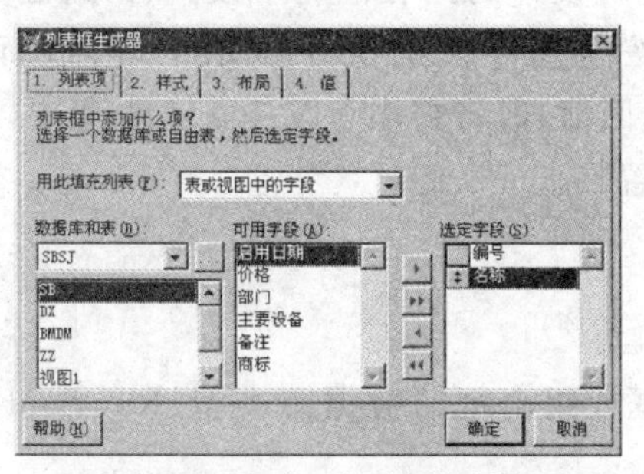

(a1) 在“列表项”选项卡中选择字段

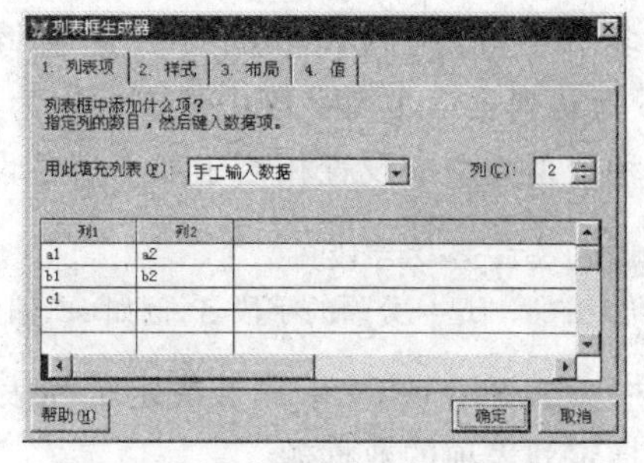

(a2) 在“列表项”选项卡中输入数据

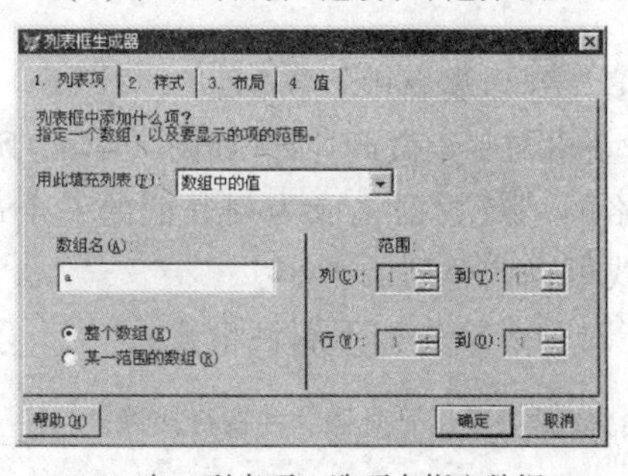

(a3) 在“列表项”选项卡指定数组

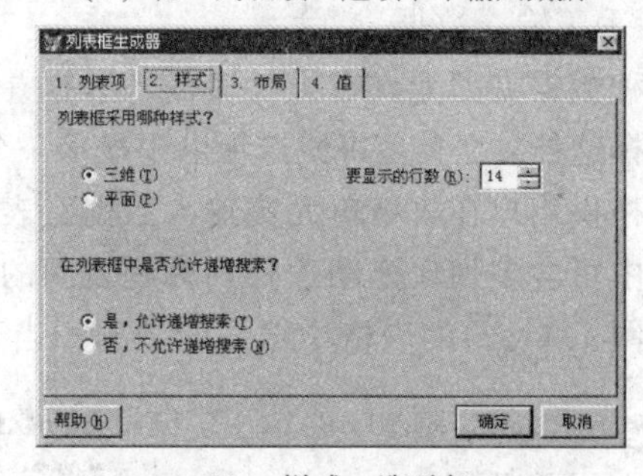

(b) “样式”选项卡

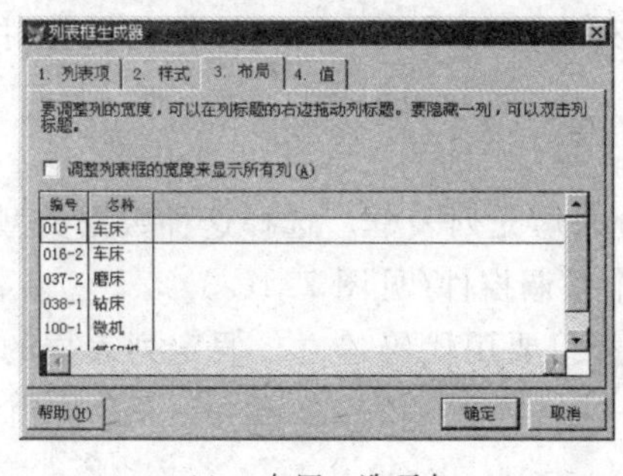

(c) “布局”选项卡

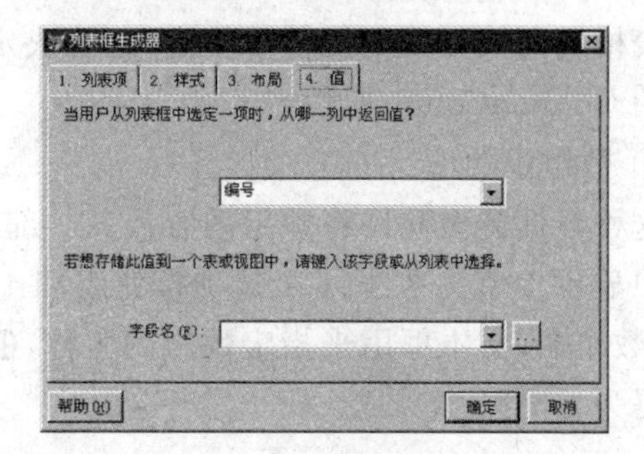

(d) “值”选项卡

图 7.4 列表框生成器的选项卡

(1)“列表项”选项卡

该选项卡用于指定要填充到列表框中的项。

填充项可以是3种类型数据之一：表或视图中的字段、手工输入的数据或数组中的值。用户可通过“用此填充列表”组合框来选择数据类型，选定某一种后，选项卡中将会显示相应的操作界面。下面按所选数据类型来说明设置数据的方法。

① 表或视图中的字段

这种数据类型能将字段值填充到列表框中。

选择这种数据类型将使选项卡中显示出“数据库和表”组合框及其对话按钮和列表框、“可用字段”列表框、“选定字段”列表框(如图7.4(a1)所示)。用户可通过对话按钮选出所需的数据库或自由表来填入组合框，然后在组合框中选定一个数据库或自由表；接着在组合框下方的列表框中选定一个表或视图；最后从“可用字段”列表向“选定字段”列表添加字段。

“选定字段”列表中的字段，就是用来填充所设计的列表框的字段。若“选定字段”列表具有多个字段，则列表框的每一选项将按这些字段的次序显示字段值，而Visual FoxPro默认列表第1列字段中选定的项为返回值，即将它作为Value属性值。

这种数据类型的设置相当于如下属性设置：

```
RowSourceType: 6-字段
RowSource: (逗号分隔的字段名,例如 sb.编号,名称)
```

其中RowSourceType属性决定了列表框或组合框的数据源类型，RowSource属性则用于指定列表项的数据源。

② 手工输入数据

这种数据类型允许在设计时输入数据并填充到列表框中。

选择这种数据类型将使选项卡中显示一个表格与一个微调控件(如图7.4(a2)所示)。

表格供用户在表格单元中输入数据。表格的一行数据将成为列表框的一个选项，一行数据中可含多列。拖动表格列标题之间的线可以调整列的大小。

在图7.4(a2)的表格中输入的数据相当于对列表框作如下属性设置：

```
RowSource: a1,a2,b1,b2,c1     (3行2列数据,数据项以逗号分隔,并按行接续)
RowSourceType: 1              (表示“值”)
```

表格的列数在微调控件中指定，这将决定列表框的列数。微调控件的设置对应于列表框的ColumnCount属性。

③ 数组中的值

这种数据类型允许将数组内容或其一部分来填充列表框。选择这种数据类型将使选项卡中显示1个文本框、1个选项按钮组和4个微调控件(见图7.4(a3))。

“数组名”文本框用来指定数组的名称，但数组要用代码建立。假定列表框的Init事件代码为：

```
DIMENSION a(10)         && 建立数组 A
FOR i=1 TO 10
```

```
a(i)=i*i              && 为数组元素赋值
NEXT
```

则在数组名文本框中输入字母 a 将成为有效的数组名。

选项按钮组包括两个选项按钮，其中的“整个数组”选项按钮表示用整个数组来填充列表框的列表；“某一范围的数组”选项按钮表示取数组的一部分来填充。若选定了“某一范围的数组”，便可用“范围”区域来确定界限，一组微调控件用来指定数组中的起始列和结尾列，另一组微调控件用来指定起始行和结尾行。

在选项按钮选定为“整个数组”的情况下，以上操作相当于为列表框进行了如下属性设置：

```
RowSource: a
RowSourceType: 5-数组
FirstElement: 1
NumberOfElements: =ALEN(a)
ColumnCount: =ALEN(a,2)
```

其中 FirstElement 属性为 1，表示从第 1 个数组元素开始用于填充。

ALEN 函数的格式为：

```
ALEN(<数组名>[, <数字>])
```

说明：<数字>为 0 时返回数组元素数，<数字>的默认值为 0；为 1 时返回数组的行数；为 2 时返回数组的列数。

［**例 7-3**］ 在列表框中填充 SB 表的编号和名称两个字段，要求选定列表框的任一项，就能使文本框中显示编号字段值。

① 在表单中创建 1 个列表框控件和 1 个文本框控件。

② 打开列表框生成器→在“列表项”选项卡的“用此填充列表”组合框中选定“表或视图中的字段”选项→如图 7.4(a1)所示，先通过对话按钮选出 SB 表，然后将编号和名称字段从“可用字段”列表添入“选定字段”列表中→单击“确定”按钮。

③ List1 的 Interactive Change 事件代码编写如下：

```
THISFORM.Text1.Value=THIS.Value      && 将列表框选项值赋给文本框
```

Interactive Change 事件在用户按键盘键或单击鼠标键时被触发。

表单执行后，在如图 7.5 所示的列表框中单击某选项，该行第 1 列值即显示在文本框中。

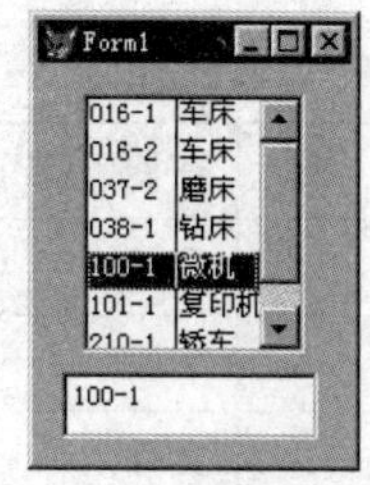

图 7.5 列表框选项

(2) “样式”选项卡

该选项卡用于指定列表框的样式、所显示的行数和要否递增搜索(如图 7.4(b)所示)。下面仅说明显示行数的设置。

“要显示的行数”微调控件用来调整列表框的显示行数，但是仅在文本选取 7 号字时所设置的行数与实际项数相符。原因是该微调控件的设置实际上改变了列表框的 Height 属性，而 Visual FoxPro 则按像素来指定高度。

(3)“布局”选项卡

“布局”选项卡含有 1 个复选框和 1 个表格，用于控制列表框的列宽和显示(如图 7.4(c)所示)。

① “调整列表框的宽度来显示所有列”复选框：该选项自动设置了 Width 属性，能根据“列表项”选项卡中微调控件指定的列数自动调整列表框的宽度。

② 表格：表格中显示了在“列表项”选项卡中定义的列，并可拖动列标头右边的列间隔线来调整列宽，相当于修改了 ColumnWidths 属性。双击列标头还可隐藏该列，使得表单执行时该列不显示，但其数据仍起作用。

(4)“值”选项卡

“值”选项卡包含两个组合框，分别用来指定返回值以及存储返回值的字段(如图 7.4(d)所示)。

① “从哪一列中返回值”组合框：该组合框的操作对应于 BoundColumn 属性。组合框列表中包含字段名或表示列号的选项，供用户决定列表框返回值的字段或列。在例 7-3 的列表框中默认返回编号字段值，但也可用这里提供的方法来设置返回名称字段值。

② “字段名”组合框：该组合框的操作对应于 ControlSource 属性，用来指定存储返回值的字段。Visual FoxPro 默认组合框列表包括“列表项”选项卡中选定的表或视图的字段，用户也可利用对话按钮选择另一个文件。假定在例 7-3 中的列表框用这里提供的方法指定了存储返回值的字段，那么在列表框中选定一个选项后，不但在文本框中会有显示，而且返回值也存储到指定的字段中。

2. 控件值源的类型

列表框和组合框的列表中可以填充各类数据，在上述的列表框生成器中，已涉及值、数组和字段 3 种类型，实际上共有 10 类。它们均由 RowSourceType 属性来指定，具体用法见表 7.5。

表 7.5 列表框、组合框控件的值源类型

设置值	值源类型	说明
0	无	默认值，运行时用 AddItem 或 AddListItem 方法程序将数据分别填入列中
1	值	RowSource 设置逗号分隔的数据项来分别填充列
2	别名	RowSource 设置表名，表由数据环境提供，用 ColumnCount 确定字段数
3	SQL	RowSource 设置 SQL SELECT 命令选出记录，并可创建一个临时表或表
4	查询(.QPR)	RowSource 设置一个.QPR 文件名
5	数组	RowSource 设置数组名
6	字段	RowSource 设置逗号分隔的字段列表，首字段有表名前缀，表来自数据环境
7	文件	在 RowSource 设置路径，可用通配符或掩码，结果以目录与文件名填充列
8	结构	在 RowSource 设置表名，结果以字段名来填充列
9	弹出式菜单	为与以前版本兼容而设

3. 组合框

组合框的功能是供用户在其列表中选项，或手工输入一个值。前一功能与列表框的功能是一致的。

组合框的 Style 属性将该控件分为两种类型(见表 7.6)，例 7-4 与例 7-6 分别使用了这两种类型。

表 7.6 组合框的 Style 属性

属性值	组合框的类型	功　能
0	下拉组合框	既可在列表中选项，也可在组合框中输入一个值
2	下拉列表框	仅可在列表中选项

组合框生成器与列表框生成器大同小异，在此不再赘述。

[**例 7-4**] 试用 BMDM 表的代码来修改 SB 表的部门字段。要求 SB 表在列表框显示，BMDM 表在组合框显示；并且当列表框确定一个记录后，便可用组合框的选项来替代 SB 表的部门字段值。

(1) 在表单上创建两个标签、1 个列表框和 1 个组合框。

(2) 在数据环境中添加 SB 表和 BMDM。

注意：若存在关联联线则将它取消，否则不能达到修改的目的。

(3) 属性设置：见表 7.7。

注意：列表框和组合框的属性用相应的生成器来设置较为方便；组合框的 ControlSource 属性设置起字段值替代作用。

表 7.7 "用 BMDM 表修改 SB 表的部门"属性设置

对象	属　性	属 性 值	说　明
Form1	Caption	用 BMDM 表的代码来修改 SB 表的部门	在表单标题栏显示文本
Label1	Caption	请指定要修改的记录：	设置第 1 个标签的显示文本
	AutoSize	.T.	区域大小自动适应标题
Label2	Caption	请选供代入的部门号：	设置第 2 个标签的显示文本
	AutoSize	.T.	
List1	RowSourceType	6	列表框值源类型：字段
	RowSource	sb. 编号，名称，部门	数据环境中添加表后才能设置字段
	ColumnCount	3	列表显示 3 列
	BoundColumn	1	第 1 列作为 value 属性值
Combo1	Style	2	组合框类型设置为下拉列表框
	RowSourceType	2	组合框值源类型：别名

续表

对象	属　　性	属　性　值	说　　明
Combo1	RowSource	BMDM	数据环境中添加表后才能设置表名
	ColumnCount	2	列表显示两个字段：代码与名称
	BoundColumn	1	第1列作为 value 属性值
	ControlSource	SB.部门	指定从列表选定的项存入的位置

(4) Combo1 的 InteractiveChange 事件代码编写如下：

```
THISFORM.LIST1.Refresh          && 在组合框列表中选项并替代 SB.部门后更新列表框的显示
```

(5) Form1 的 Init 事件代码编写如下：

```
THISFORM.Combo1.Enabled=.F.     && 使初始时不能操作组合框,只可在列表框先确定记录
```

(6) List1 的 InteractiveChange 事件代码编写如下：

```
THISFORM.Combo1.Enabled=.T.     && 列表框操作后即允许组合框操作
```

(7) List1 的 Init 事件代码编写如下：

```
SET ORDER TO TAG 编号           && 使列表按设备编号次序显示(假定 SB 表中该索引标识已存在)
```

为使 SB 表按设备编号次序处理,也可不用上述 Init 事件代码,而在数据环境中为 SB 表的临时表指定主控索引标识。设置步骤如下：选定表单窗口的快捷菜单中的"数据环境"命令来打开数据环境设计器→在属性窗口对象列表中选定 Dataenvironment 的 Cursor 1(其 Alias 属性显示 sb 的临时表)→在"数据"选项卡中将 Order 属性选定为编号。

表单执行后,先单击如图 7.6 所示的列表框中某选项,以确定所需要的记录;然后打开组合框的列表,从中选出 1 项来替代 SB 表的部门字段值。

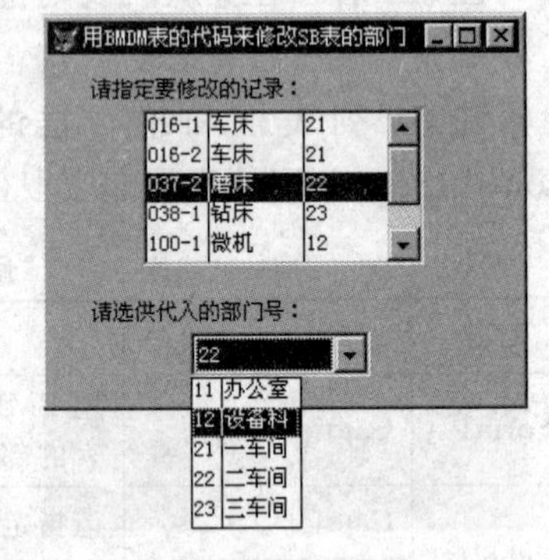

图 7.6　选项替代

4. 属性与方法程序选介

(1) ListCount 属性

格式：

```
Control.ListCount
```

功能：返回组合框或列表框中列表项的个数。

说明：该属性在设计时不可用,运行时为只读属性,即仅可取用属性值,不可进行设置。

(2) ListIndex 属性

格式：

```
Control.ListIndex[ =nIndex]
```

功能：返回或设置组合框(列表框)列表显示时选定项的顺序号。

说明：

① 本属性用顺序号来表示某项已被选定。nIndex 则代表要设置的顺序号，可取 1 到 ListCount 之间的整数之一。

nIndex 的默认值是 0，表示没有选定列表项。对于下拉组合框，当列表中没有与输入值相同的项时就返回 0。

② 本属性设计时不可用，运行时可读写。

(3) Selected 属性

格式：

```
[Form.]Control.Selected(nIndex)[=lExpr]
```

功能：用于分辨组合框或列表框中某一列表项是否被选中。当选中时，Selected 属性返回.T.，否则返回.F.。

说明：

① nIndex 表示列表项的显示顺序号。

② lExpr 可取.T.或.F.之一，用来设置属性值。

③ 本属性设计时不可用，运行时可读写。

(4) AddItem 方法程序

格式：

```
Control.AddItem(cItem [, nIndex] [, nColumn])
```

功能：当组合框或列表框的 RowSourceType 属性为 0 时，使用本方法程序可在其列表中添加一个新项。

说明：

① cItem 是表示新项的字符型表达式。

② nIndex 用来指定新项位置。若省略该参数，当 Sorted 属性为.T.时新项将按字母顺序插入列表，否则添加到列表末尾。

③ nColumn 用来指定放置新项的列，默认值为 1。

顺便提一下与 AddItem 相关的两个方法程序：RemoveItem 方法程序能从 RowSourceType 属性为 0 的列表中删除一项；Requery 方法程序当 RowSource 中的值改变时能更新列表，例 7-4 第(4)步中的方法程序 THISFORM.LIST1.Refresh 也可改为 THISFORM.LIST1.Requery。

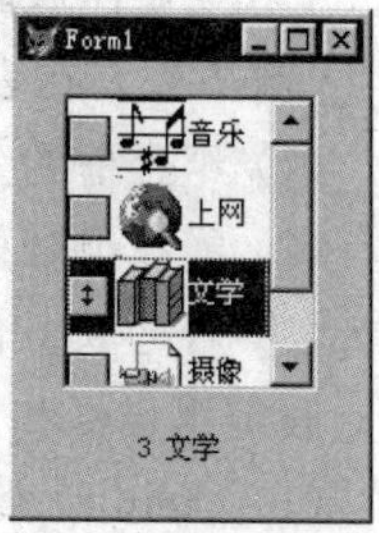

[**例 7-5**] 试编一程序，能为表单中的列表框增入新项，并能满足如下要求：

(1) 在列表项的行首设置一个可移动按钮，并在每个列表项左侧显示一个图形，如图 7.7 所示。

(2) 若单击列表中的某选项，能在一个标签上显示顺序号与选项。

图 7.7 选项与顺序号

本例可先在表单上创建列表框和标签，然后进行以下设置。

(1) Label1 属性设置

```
AutoSize: .T.
```

(2) List1 属性设置

```
RowSourceType: 0        (设置为可用 AddItem 方法程序添加数据)
MoverBars: .T.          (设置每个列表项行首有可移动按钮)
```

(3) List1 的 Init 事件代码编写如下

```
THIS.Additem("音乐")          && 在列表框中增入选项
THIS.Additem("上网")
THIS.Additem("文学")
THIS.Additem("摄像")
THIS.Picture(1)=" C: \VFP\GALLERY\GRAPHICS\MUSIC.ICO"
                              && 第 1 个选项左侧显示图形
THIS.Picture(2)=" C: \VFP\GALLERY\GRAPHICS\INTERNET.ICO"
                              && 第 2 个选项左侧显示图形
THIS.Picture(3)=" C: \VFP\GALLERY\GRAPHICS\CLASSLIB.ICO"
                              && 第 3 个选项左侧显示图形
THIS.Picture(4)=" C: \VFP\GALLERY\GRAPHICS\VIDEO.ICO"
                              && 第 4 个选项左侧显示图形
THIS.Listindex=1              && 指定第 1 个选项为当前选项
```

(4) List1 的 Click 事件代码编写如下

```
FOR i=1 TO THIS.ListCount          && ListCount 属性：返回列表项的个数
   IF THIS.Selected(i)=.T.         && Selected(i)：列表中第 i 个项被选定时返回.T.
      THISFORM.Label1.Caption=STR(i,1)+SPACE(1)+THIS.Value
                                   && 标签显示顺序号与选项内容
  ENDIF
ENDFOR
```

表单运行后，若单击第 3 项，显示情况如图 7.7 所示(例 7-5 完)。

(5) Value 与 DisplayValue 属性

Value 属性返回在列表中选定的项，DisplayValue 则返回组合框中输入的文本。

[**例 7-6**]　在表单上创建 1 个组合框和 1 个文本框，要求如下：

(1) 组合框的列表包含 SB 表的编号字段值。

(2) 能在组合框中为其列表输入新选项。

(3) 若选取组合框列表中的项(也可以是刚添入的新选项)，便能将它送入文本框。

假定组合框和文本框已在表单上创建(图略)，下面列出主要的属性和事件代码。

(1) Combo1 属性设置

```
Style: 0                (默认值，表示组合框类型为下拉组合框)
```

```
RowSourceType: 6      (表示控件值源类型为字段)
RowSource: SB.编号    (在数据环境中添加 SB 表后,就能在属性窗口选取字段)
```

(2) Combo1 的 KeyPress 事件代码编写如下:

```
LPARAMETERS nKeyCode, nShiftAltCtrl
IF nKeyCode =13                       && 按回车键则条件表达式返回.T.
   IF This.ListIndex=0                && 组合框列表中无此输入值则返回.T.,才允许添加数据
      THIS.RowSourceType=0            && 控件值源类型设置为可用 AddItem 方法程序添加数据
      THIS.AddItem(THIS.DisplayValue)     && 输入值添入列表末尾
      THIS.Value=THIS.DisplayValue        && 使输入值立即成为列表中的选项
      INSERT INTO \vfpex\sb(编号) VALUES(THIS.DisplayValue)
          && INSERT-SQL 命令在 SB 表末尾添加一个记录,并将输入值存入该记录的编号字段
      THIS.RowSourceType=6                && 恢复控件值源类型为"字段"
  ENDIF
ENDIF
```

KeyPress 事件在用户释放键盘键时被触发。上述事件代码作用是,用户输入数据并按回车键后,程序用 ListIndex 属性判别组合框列表中是否已包含与输入值相同的项。若输入值不是重复项才用 AddItem 方法程序将它添加到列表末尾,并用 INSERT-SQL 命令将它存入 SB 表新记录的编号字段;最后恢复以 SB 表的编号字段为值源类型。

(3) Combo1 的 Interactive Change 事件代码编写如下:

```
THISFORM.Text1.Value=THIS.Value       (例 7-6 完)
```

(4) List 属性

格式:

```
Control.List(nRow[,nCol])
```

功能:返回组合框或列表框第 nRow 行、nCol 列的内容。

例如,若要显示单列列表组合框的全部列表项,可为表单的 Click 事件编写如下的代码:

```
FOR i=1 TO THISFORM.Combo1.ListCount      && 从 1 开始到列表项总数执行循环
     ?THISFORM.Combo1.List(i)             && 在表单上显示 Combo1 的第 i 个列表项
ENDFOR
```

7.2.4 微调控件

微调控件用于接收给定范围之内的数值输入。它既可用键盘输入,也可单击该控件的上箭头或下箭头按钮来增减其当前值。例如,要在表单上用微调控件更新 SB 表的价格,只要将微调控件与 sb. 价格绑定,就可在微调控件内输入,或利用它的箭头按钮来修改当前记录的价格数据。

1. 属性选介

(1) Value:表示微调控件的当前值。

(2) KeyBoardHighValue：设定键盘输入数值上限。

(3) KeyBoardLowValue：设定键盘输入数值下限。

(4) SpinnerHighValue：设定按钮微调数值上限。

(5) SpinnerLowValue：设定按钮微调数值下限。

(6) Increment：设定单击一次箭头按钮的增减数，默认为 1.00。若设置为 1.50，则增减数为 1.5。

(7) InputMask：设置输入掩码。微调控件默认带两位小数，若只要整数可用输入掩码来限定，例如，999999 表示 6 位整数。若微调控件绑定到表的字段，则输入掩码位数不得小于字段宽度，否则将显示一串 * 号。

2. 事件选介

(1) DownClick Event：单击微调控件的向下箭头按钮事件。

(2) UpClick Event：单击微调控件的向上箭头按钮事件。

7.3 控制类控件

7.3.1 命令按钮与命令按钮组

1. 命令按钮的控制作用

命令按钮在应用程序中起控制作用，常用于完成某一特定的操作，其操作代码通常放置在命令按钮的 Click 事件中。

[**例 7-7**] 设计一个如图 7.8 所示的密码输入窗口，要求最多允许输入 3 次密码。

(1) 创建一个表单，然后在其中创建标签和文本框各 1 个、命令按钮两个。

(2) 属性设置：见表 7.8。

图 7.8 输入密码表单窗口

表 7.8 "密码输入"属性设置

对　象	属　性	属 性 值	说　明
Form1	Caption	=DTOC(DATE())	表单标题栏显示当前日期
Label1	Caption	密码：	设置标签的显示文本
Text1	PasswordChar	*	设置占位符，输入任何字符都显示 *
	Value	(无)	清空文本框，否则初始时会显示占位符
Command1	Caption	确定	设置命令按钮的标题文本
Command2	Caption	取消	

(3) Form1 的 Load 事件代码编写如下：

```
public i        && i用于计算输入次数
i=0
```

(4) Command1 的 Click 事件代码编写如下：

```
i=i+1
IF THISFORM.Text1.Value='123456'          && 文本框输入值与 123456(预置的密码)比较
   THISFORM.Release                       && 本表单从内存释放
ELSE
   IF i<3                                 && 允许输入 3 次
      MESSAGEBOX('密码错,请重新输入!')
      THISFORM.Text1.Value=''             && 为重新输入清空文本框
      THISFORM.Text1.Setfocus             && 使文本框获得焦点,就是使光标在其中闪烁
   ELSE
      MESSAGEBOX('密码错,禁止进入系统!')
      THISFORM.Release
   ENDIF
ENDIF
```

(5) Command2 的 Click 事件代码编写如下：

```
THISFORM.Release
```

2. 命令按钮的外观设计

下面结合介绍属性来讨论命令按钮控件的外观设计。

(1) 文字命令按钮

① 命令按钮标题：用 Caption 属性设置。

② 设置字体及文字的大小、粗体、斜体、下划线：其对应属性依次为 FontName、FontSize、FontBold、FontItalic、FontUnderLine。

③ 超宽的中文标题折行显示：只要将 WordWrap 属性设置为.T.，此时与 Autosize 属性无关。

④ 在标题中增加热键：在 Caption 属性值中某字符前插入符号“\<”，该字符就成为热键。例如，Caption 属性设置为 Comm\<and1 表示 a 为热键。热键显示时字符下方有一条下划线；在等待事件驱动的状态下，按一次热键就会触发命令按钮的 Click 事件。

(2) 图文命令按钮

① 命令按钮上显示图形：可在 Picture 属性中设置一个图形文件。例如，通过属性窗口的对话按钮选出图形文件 C：\VPF\WIZARDS\WIZBMPS\WZNEXT.BMP（该图形为向右的三角箭头）。

② 命令按钮上显示图文：只要既设置图形文件又设置标题便可。若不要显示标题，应将 Caption 属性的文本删除掉。

(3) 能显示提示框的命令按钮

这种命令按钮每当鼠标指针移到该命令按钮上时会显示一个提示框。设置方法是将表单属性 ShowTips 设置为.T.，并在命令按钮的 ToolTipText 属性中设置提示文本。

(4) 使命令按钮失效

① 使命令按钮淡化：只要将 Enabled 属性设置为 False，该命令按钮就以浅色显示，表示该命令按钮当前无效。

② 命令按钮淡化时显示的图形：可在 DisablePicture 属性中设置一个图形文件。例如，若要求按下命令按钮 Command1 后，命令按钮 Command2 会淡化并显示一个图形。可先在表单中创建两个命令按钮，然后进行以下设置。

Command1 的 Click 事件代码：

```
THISFORM.Command2.Enabled=.F.
```

Command2 的 DisablePicture 属性：C：\VPF\WIZARDS\WIZBMPS\WZDELETE.BMP

(5) 指定命令按钮按下时显示的图像：可在 DownPicture 属性中设置一个图形文件。

(6) 隐藏型命令按钮

要隐藏命令按钮只要将其 Style 属性设置为 1(表示不可见)，但是由于看不见它，对该命令按钮进行操作就产生了困难。幸好 MousePointer 属性能指定鼠标指针移到该控件位置时显示的形状，如果指定一个与通常相异的形状，那么在移动鼠标指针时一旦看到其形状有所改变，便可进行操作(如单击)。

用 Visible 属性也可将命令按钮设置为不可见，但设置后命令按钮被隐藏而且不能对它进行操作，除非在代码中将它恢复为可见。这与 Style 属性的隐藏又有不同。

(7) 默认命令按钮

当表单上有多于一个的命令按钮时，可将其中之一设置为默认命令按钮。这种命令按钮不同于带焦点的命令按钮，前者比通常的命令按钮增加了一个边框，后者则内部有一个虚线框。当所有命令按钮都未获得焦点时，用户按回车键时默认命令按钮就作出响应(执行该命令按钮的 Click 事件)。

设置默认命令按钮的方法是：将其 Default 属性设置为.T.；不言而喻，Enabled 属性也须处于.T.状态。一个命令按钮设置为默认后，其他命令按钮的 Default 属性将自动变为.F.。

(8) 附加 Escape 键的命令按钮

命令按钮的 Cancel 属性设置为.T.后，按 Esc 键将执行该命令按钮的 Click 事件。

3. 命令按钮组生成器

命令按钮组控件(参阅图 7.11)是表单上的一种容器，它可包含若干个命令按钮，并能统一管理这些命令按钮。命令按钮组与组内的各命令按钮都有自己的属性、事件和方法程序，因而既可单独操作各命令按钮，也可对组控件进行操作。

与其他控件一样，命令按钮组也使用表单控件工具栏来创建，创建时默认组内包含两个命令按钮。

要为命令按钮组设置常用属性，使用生成器较为方便。只要在命令按钮组的快捷菜单上选定生成器命令，就可打开“命令组生成器”对话框。对话框包括以下两个选项卡。

(1) “按钮”选项卡(参阅图 7.9)

① 微调控件：指定命令按钮组中的按钮数，对应于命令按钮组的 ButtonCount 属性。

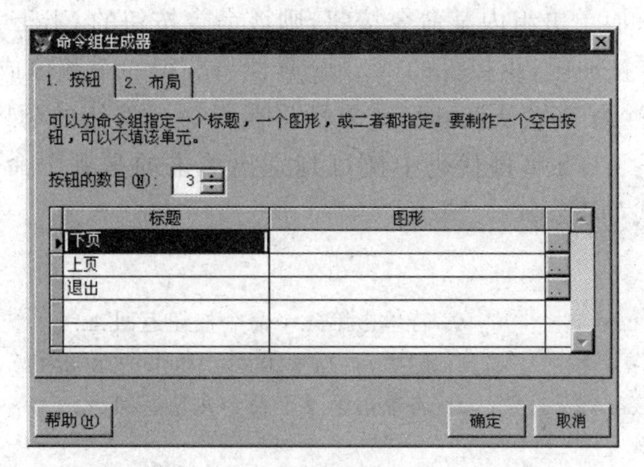

图 7.9 “命令按钮组生成器”的“按钮”选项卡

② 表格：包含标题和图形两个列。

标题列用于指定各按钮的标题，标题可在表格的单元格中编辑。该选项对应于命令按钮的 Caption 属性。

命令按钮可以具有标题或图像，或两者都有。若某按钮上要显示图形，可在图形列的单元格中输入路径及图形文件名，或单击对话按钮打开“图片”对话框来选择图形文件。该选项对应于命令按钮的 Picture 属性。

可喜的是，命令按钮会自动调整大小，以容纳新的标题和图片；组容器也会自动调整大小。

(2) “布局”选项卡

① “按钮布局”选项按钮组：指定命令按钮组内的按钮按竖直方向或水平方向排列。

② “按钮间隔”微调控件：指定按钮之间的间隔。

上述两项将影响命令按钮组的 Height 和 Width 属性。

③ 边框样式选项按钮组：指定命令按钮组有单线边框或无边框。

[**例 7-8**]　在表单底部创建一个命令按钮组，如图 7.11 所示。

(1) 打开“命令组生成器”对话框：用表单控件工具栏的命令按钮组按钮在表单中创建一个命令按钮组→右击“命令按钮组”并选定快捷菜单的“生成器”命令 。

(2) 在“按钮”选项卡中的设置：如图 7.9 所示，在微调控件中将按钮数置为 3→将表格标题列中的前 3 项分别改为下页、上页和退出。

(3) 在“布局”选项卡中的设置：“按钮布局”选定“水平”选项按钮→在微调控件将按钮间隔置为 50→单击“确定”按钮关闭“命令组生成器”对话框→将命令按钮组移到底部并居中放置。

4. 在命令按钮组中判别单个按钮

命令按钮组中包含了若干命令按钮。Visual FoxPro 响应用户单击时，必须区分出操作的是组控件还是单个命令按钮；如果是单个命令按钮，则还须在 Click 事件代码中判别是哪个命令按钮被单击，以便执行相应的动作。

(1) 根据用户单击的位置来区分组控件或命令按钮：若单击组内空白处，组控件的

Click 事件就被触发；而单击组内某命令按钮，则该命令按钮的 Click 事件被触发。

(2) 单击某命令按钮时，组控件的 Value 属性将获得一个数值或字符串。

① 当 Value 属性为 1(默认值)时，该属性将获得命令按钮的顺序号，它是一个数值。于是在命令按钮组的 Click 事件代码中便可判别出单击的是哪个命令按钮，从而决定执行的动作。处理格式如下：

```
DO CASE
   CASE THIS.Value = 1          && 若单击第 1 个命令按钮返回.T.
        * 执行动作 1            && 例如,WAIT WINDOW "动作 1" NOWAIT
   CASE THIS.Value = 2          && 若单击第 2 个命令按钮返回.T.
        * 执行动作 2
   CASE THIS.Value = 3          && 若单击第 3 个命令按钮返回.T.
        * 执行动作 3
ENDCASE
```

② 当 Value 属性设置为空时，该属性将获得命令按钮的 Caption 值，它是字符串。上述语句中的数字就须分别用 Caption 值来替代。例如，THIS. Value＝1 改为 THIS. Value＝"Command1"。

5. 容器及其对象的引用与编辑

(1) 容器中对象的引用

例如，引用命令按钮组中的命令按钮：THISFORM. Commandgroup1. Command1 或 THIS. Command1。

(2) 容器及其对象的编辑

① 容器本身的编辑：设计时若在表单上选定容器，就可编辑该容器的属性、事件代码与方法程序，但不能编辑容器中的对象。

② 容器中对象的编辑：要编辑容器中的对象，须先激活容器。激活的方法是选定容器的快捷菜单中的“编辑”命令，容器被激活的标志是其四周显示一个斜线边框。容器激活后，用户便可选定其中的对象进行编辑。例如，若要编辑命令按钮组中的某命令按钮，只要右击命令按钮组并选定快捷菜单中的“编辑”命令，便可在命令按钮组边界内拖动此命令按钮，或改变它的大小。

编辑完成后，只要单击容器边界外的任何位置，就可以使容器退出激活状态。

还有一个方法能够激活容器并直接选定其中的对象，即在属性窗口的对象组合框列表中选定容器中的对象。

③ 为容器中某些对象设置共同属性：先激活容器，然后按住 Shift 键分别单击若干对象，属性窗口的对象组合框中将会显示“多重选定”文本，此时便可在属性窗口为这些对象设置共同属性。例如，用 FontSize 属性改变文字大小。

7.3.2 复选框与选项按钮组

复选框与选项按钮(又译单选按钮)是对话框中的常见对象，复选框允许同时选择多项，选项按钮则只能在多个选项中选择其中的一项。所以复选框可以在表单中独立存在，选项按钮只能存在于它的容器选项按钮组中。

1. 复选框的外观

复选框可被用户指明选定还是清除，其外观有方框和按钮两类，设置方法见表 7.9。

表 7.9 复选框的外观及其设置方法

外　观	设 置 方 法	选 定 状 态
方框，其右侧显示 Caption 文本	Style 属性为 0(标准样式，默认)	出现复选标记√
图形按钮，Caption 文本在图形下方	Style 属性为 1(图形样式)，在 Picture 属性指定图形	按钮呈按下状
文本按钮，Caption 文本居中	Style 属性为 1，但 Picture 属性未置图形	

2. 复选框的值

实际上复选框的状态除选定与清除外，还可有第 3 种状态，即灰色状态，不过这种状态只能通过代码来设置。

Value 属性表示了复选框的状态：0 或.F. 表示清除；1 或.T. 表示选定；2 表示灰色状态。其中数字 0 为默认值。

实际应用时通常设置多个复选框，用户可从中选定多项来实现多选。

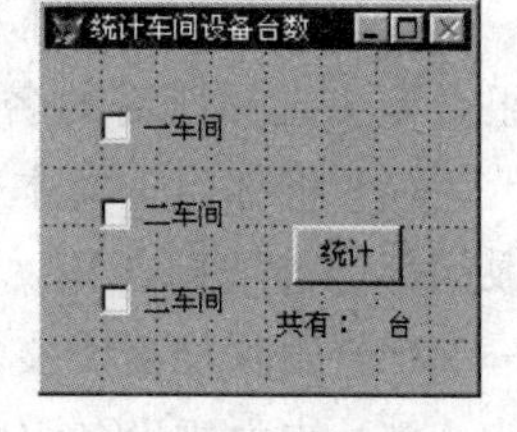

图 7.10　多选统计

［**例 7-9**］ 设计一个表单，要求能根据 SB 表来统计车间任意组合后拥有的设备台数，设计好的表单如图 7.10 所示。

设计步骤如下：

(1) 创建 1 个表单，在其中创建 3 个复选框、1 个命令按钮和 1 个标签。

(2) 属性设置：见表 7.10。

表 7.10 "统计车间设备台数"属性设置

对　象	属　性	属 性 值	说　明
Form1	Caption	统计车间设备台数	设置表单标题栏标题
Check1	Caption	一车间	设置复选框标题
Check2	Caption	二车间	
Check3	Caption	三车间	
Command1	Caption	统计	设置命令按钮标题
Label1	Caption	共有：台	设置标签初始显示文本
	AutoSize	.T.	

(3) 在数据环境中添入 SB 表。

(4) Command1 的 Click 事件代码编写如下：

```
STORE 0 TO bm21,bm22,bm23
IF THISFORM.Check1.Value=1                && Check1 被选定返回.T.
    COUNT FOR 部门="21" TO bm21           && 计算一车间的记录个数
ENDIF
IF THISFORM.Check2.Value=1                && Check2 被选定返回.T.
    COUNT FOR 部门="22" TO bm22           && 计算二车间的记录个数
ENDIF
IF THISFORM.Check3.Value=1                && Check3 被选定返回.T.
    COUNT FOR 部门="23" TO bm23           && 计算三车间的记录个数
ENDIF
THISFORM.Label1.Caption="共有："+STR(bm21+bm22+bm23,2)+"台"   && 标签上显示设备台数
```

[**例 7-10**] 从例 6-3 产生的快速表单 SBQ. SCX 复制出表单 SBXG. SCX(设备修改)，然后用表单设计器将它修改成如图 7.11 所示的表单，用于修改 SB 表的数据。具体要求如下：

(1) 当输入到编号 1 文本框的值为全零或以“9”开头时，能给出提示信息。

(2) 在名称 1 文本框之下添加一个组合框，使用户既可在文本框中修改名称，也可在组合框中选用所需的名称。

(3) 将部门 1 文本框设置为只读，并在其右侧添加一个列表框，使用户在列表框中选取的部门能立即在该文本框中显示出来。

(4) 删除价格 1 文本框，并用一个微调控件来替代它，使价格可直接输入或微调。

(5) 使主要设备 1 复选框的标题(Caption)能跟随其值而变化，当值为.T.时显示为主要设备，否则显示非主要设备。

(6) 在窗口右上角添加两个标签，分别用来显示“第”和“页”字样；在这两个标签中间

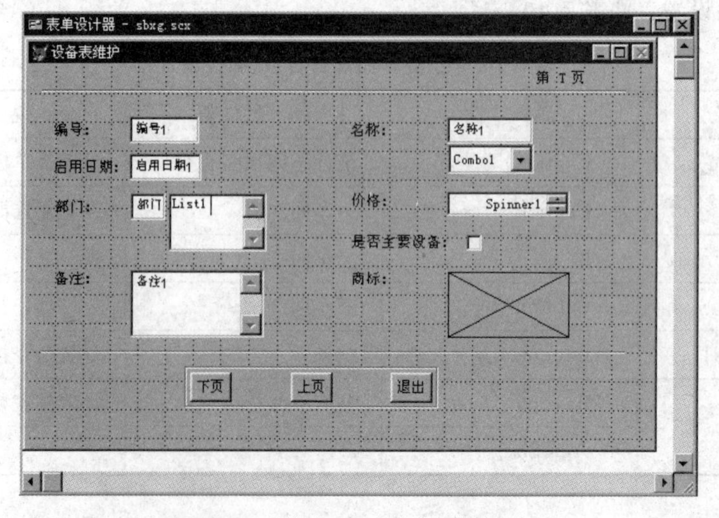

图 7.11 “修改 SB 表数据”表单窗口

添加一个文本框用来显示记录号。

(7) 添加命令按钮组，其中包含 3 个命令按钮，分别用于使记录指针下移一个记录、上移一个记录和关闭表单。

(8) 在表单中添加两条下缘发亮的线条。

主要操作步骤如下：

(1) 复制表单并打开表单设计器：向命令窗口输入命令 MODIFY FORM SBQ，即出现标题为 SBQ.SCX 的表单设计器窗口(参阅图 6.12)→选定“文件”菜单的“另存为”命令，在“另存为”对话框的文本框中输入 SBXG.SCX→选定“保存”按钮，使 SBXG.SCX 表单设计器打开。

(2) 按题目要求设置好所有控件。

① 按图 7.11 移动控件位置。

② 添加线条：要添加的线条在介绍表单向导时早已见过(如图 6.6 所示)，其实这是由两条直线靠在一起组成的，即在一条灰线下紧接设置一条白线。用户可利用表单控件工具栏的线条按钮来设置。

③ 在表单底部居中按例 7-8 介绍的方法创建一个包含下页、上页和退出 3 个命令按钮的命令按钮组，其对象名为 Commandgroup1。

④ 窗口右上角的页号显示由 Label1 与 Label2 两个标签和 Text1 文本框组成，详见表 7.11 的属性设置。

(3) 将部门 1 文本框设置为只读：选定部门 1 文本框快捷菜单中“生成器”命令→在“文本框”对话框中选定“格式”选项卡(参阅图 7.2(a))→选定“使其只读”复选框→选定“确定”按钮。

(4) 数据环境设置：在数据环境中添加 BMDM 表，然后取消 SB 表与它的关联，否则记录指针会随列表框被选定的选项移动。

(5) 属性设置：所有标签的字体属性改为宋体，字体大小属性改为 10。其他属性设置见表 7.11。

表 7.11 “修改 SB 表”部分属性设置

对象名	属　性	属 性 值	说　明
Form1	Caption	设备表维护	指定表单标题栏显示文本
Combo1	Style	2-下拉列表框	指定组合框的类型
	RowSourceType	5-数组	指定值源类型为数组
	RowSource	mc	指定数组名，数组将在表单的 Init 事件建立
List1	RowSourceType	2-别名	指定值源类型为表，表由数据环境提供
	RowSource	bmdm	指定表名
	ColumnCount	2	确定列数
	BoundColumn	1	默认值，第 1 列有效

续表

对象名	属　　性	属 性 值	说　　明
Check1	ControlSource	sb.主要设备	复选框与 sb.主要设备绑定
Spinner1	ControlSource	sb.价格	微调控件与 sb.价格绑定
Label1	Caption	第	指定标签标题
Text1	ControlSource	yh	该文本框与公共变量 yh 绑定以显示页号
	BorderStyle	0-无	该文本框设置为无边框
	BackStyle	0-透明	该文本框设置为与表单底色相同
Label2	Caption	页	指定标签标题

注意：快速表单已将编号 1、名称 1、启用日期 1、部门 1 等文本框，备注 1 编辑框，商标 1 ActiveX 绑定控件与 SB 表的相应字段绑定，表 7.11 中不再列出。

(6) Form1 的 Init 事件代码编写如下：

```
PUBLIC ARRAY mc(10,1)                        && 建立公共数组 mc
COPY TO ARRAY mc FIELDS sb.名称               && sb.名称字段复制到数组 mc
GO 1
```

(7) Form1 的 Refresh 事件代码编写如下：

```
yh=RECNO()             && 在表单刷新时用变量 yh(页号)存储当前记录号
```

(8) 编号 1 的 Valid 事件代码编写如下：

```
IF THIS.Value<="000-0" OR THIS.Value>="9"    && 测试是否输入编号代码为全零,或以 9 开头
MESSAGEBOX("超出范围!")                       && 显示提示信息框
ENDIF
```

(9) Combo1 的 Click 事件代码编写如下：

```
THISFORM.名称 1.Value=THIS.Value     && 组合框值赋给名称 1 文本框(该文本框已与 sb.名称绑定)
jlh=RECNO()                          && 用变量 jlh 暂存当前记录号
COPY TO ARRAY mc FIELDS sb.名称       && sb.名称字段复制到数组 mc(记录指针的指向被改变)
THISFORM.Combo1.NumberOfElements=RECCOUNT()  && 按记录个数将数组元素填充入组合框列表
GO jlh                               && 恢复记录指针
```

(10) List1 的 Click 事件代码编写如下：

```
THISFORM.部门 1.Value=THIS.Value     && 列表框值赋给部门 1 文本框(该文本框已与 sb.部门绑定)
```

(11) 主要设备 1 的 InteractiveChange 事件代码编写如下：

```
*该事件代码在复选框被选定或清除时执行
IF THIS.Value                        && 是主要设备返回.T.(复选框已与 sb.主要设备绑定)
   THIS.Caption="主要设备"            && 复选框的标题显示：主要设备
ELSE
```

```
  THIS.Caption="非主要设备"      && 复选框的标题显示：非主要设备
ENDIF
```

(12) 主要设备 1 的 Refresh 事件代码编写如下：

```
*因移动记录指针引起复选框刷新时执行该事件代码
IF EVALUATE(THIS.ControlSource)  && 这里 EVALUATE 函数值为 sb.主要设备的值
  THIS.Caption="主要设备"
ELSE
  THIS.Caption="非主要设备"
ENDIF
```

(13) Commandgroup1 的 Click 事件代码编写如下：

```
DO CASE
  CASE THIS.Value =1             && 单击 Command1 命令按钮(下页)返回.T.
      IF recno()<reccount()     && 防止下移出界
         SKIP
      ENDIF
      THISFORM.Refresh
  CASE THIS.Value =2             && 单击 Command2 命令按钮(上页)返回.T.
      IF RECNO()>1              && 防止上移出界
         SKIP -1
      ENDIF
      THISFORM.Refresh
  CASE THIS.Value =3             && 单击 Command3 命令按钮(退出)返回.T.
      THISFORM.Release          && 表单从内存释放
ENDCASE
```

例 7-10 中编号 1 文本框的 Valid 事件代码也可设置为：

```
RETURN THIS.Value>="000-0" AND THIS.Value<"9"
```

此时若 Valid 过程返回.F.，显示的信息将分两种情况：

(1) 在 SET NOTIFY ON 状态下，屏幕右上角自动显示载有“无效输入”字样的窗口。

(2) 在 SET NOTIFY OFF 状态下，提示信息将由该文本框的 ErrorMessage 事件代码提供，例如，代码为 MESSAGEBOX(“超出范围!”)。

SET NOTIFY 命令的功能是决定要否关闭系统提示信息。

3. 选项按钮组

选项按钮组是一个可包含若干选项按钮的容器。选项按钮不能独立存在，通常一个选项按钮组含有多个选项按钮，当用户选定其中的一个时，其他选项按钮都会变成未选定状态，即用户只能从中选定一项。

（1）选项按钮的外观

与复选框类似，选项按钮外观也可分标准样式和按钮两类，外观设置方法同表 7.9。不同的是：

① 选项按钮的标准样式是圆圈，被选定后圆圈中会出现一个点。

② 在选项按钮组的各个选项按钮中总有一个默认被选定。

③ 由于选项按钮组是容器，若要设置选项按钮的外观，须先激活选项按钮组。

（2）Value 属性

选项按钮的 Value 属性：用于表示选项按钮的状态，1 表示选定，0 表示未选定。

选项按钮组的 Value 属性：表明被选定按钮的序号，默认为 1。例如，第 2 个按钮被选定时 Value 值为 2。若 Value 置 0，则没有一个按钮会呈选定状态。在事件代码中常以此属性来判别当前选定的按钮。

（3）选项按钮组生成器

选项按钮组生成器包括“按钮”、“布局”和“值”3 个选项卡。

前两个选项卡与命令按钮组的情形类似，可对按钮个数、按钮垂直排列或水平排列等进行设置。指定按钮个数对应于 ButtonCount 属性，选项按钮组创建时默认包含两个按钮。

“值”选项卡用于设置选项按钮组与字段绑定。对于数值型字段，当某按钮选定时，在当前记录的该字段中将写入选项按钮序号；对于字符型字段，当某按钮选定时，该按钮的标题就被保存在当前记录的该字段中。组控件与字段绑定对应于 ControlSource 属性。将选项按钮被选定的信息存储到表中的功能，可以应用于单选题的计算机阅卷。

图 7.12　选表编辑或浏览

［**例 7-11**］　设计一个能编辑或浏览关于设备的 4 个数据库表的对话框，要求其界面如图 7.12 所示。

操作步骤如下：

① 在表单上创建 1 个复选框和两个命令按钮。

② 数据环境设置：在数据环境中添加 SB 表、BMDM 表、DX 表和 ZZ 表。

③ 创建选项按钮组 Optiongroup1：用表单控件工具栏的选项按钮组按钮在表单中创建选项按钮组，接着右击选项按钮组并选定快捷菜单的“生成器”命令，使显示“选项组生成器”对话框。然后进行如下设置。

- 在“按钮”选项卡（参阅图 7.9）设置：在微调控件中将按钮的数目置为 4→将表格标题列中 4 项依次改为设备表、部门表、大修表和增值表。
- 在“布局”选项卡设置：将微调控件按钮间隔置为 10→单击“确定”按钮关闭“选项组生成器”对话框→将选项按钮组移到表单左部适当位置。

④ 对其他控件的属性进行设置：见表 7.12。

表 7.12 “选表编辑或浏览”部分属性设置

对象名	属性	属性值
Form1	Caption	数据库表维护
Label1	Caption	选表：
Check1	Caption	编辑
Command1	Caption	确定
Command2	Caption	退出
Optiongroup1. Option1	Value	1

⑤ Optiongroup1 的 Click 事件代码编写如下：

```
DO CASE
   CASE THIS.Value =1                   && 选定 Option1 选项按钮(设备表)时返回 .T.
        SELECT SB                       && 选择 SB 表所在工作区
   CASE THIS.Value =2                   && 选定 Option2 选项按钮(部门表)时返回 .T.
        SELECT BMDM                     && 选择 BMDM 表所在工作区
   CASE THIS.Value =3                   && 选定 Option3 选项按钮(大修表)时返回 .T.
        SELECT DX                       && 选择 DX 表所在工作区
   CASE THIS.Value =4                   && 选定 Option4 选项按钮(增值表)时返回 .T.
        SELECT ZZ                       && 选择 ZZ 表所在工作区
ENDCASE
```

⑥ Command1 的 Click 事件代码编写如下：

```
* 确定
IF THISFORM.Check1.Value=1              && Check1 被选定时返回 .T.
   BROWSE                               && 可编辑数据
ELSE                                    && 若 Check1 未选定
   BROWS NOMODIFY NOAPPEND NODELETE     && 仅可浏览,不可编辑
ENDIF
```

⑦ Command2 的 Click 事件代码编写如下：

```
* 退出
THISFORM.Release                        && 表单释放
```

7.3.3 计时器

1. 计时器的特点

计时器控件用来处理可能反复发生的动作，能在应用程序中按时间间隔周期性地自动执行它的 Timer 事件代码。由于用户不必看到计时器的运行，故常常令其隐藏起来，变成不可见的控件。

2. 计时器工作的三要素

(1) Timer 事件代码：表示执行的动作。

(2) Interval 属性：表示 Timer 事件的触发时间间隔,单位为毫秒。

时间间隔的长短要根据 Timer 事件动作需要达到的精度来确定。不要设置得太小,因为计时器事件越频繁,处理器就需要用越多的时间响应计时器事件,从而会降低整个程序的性能。也不应设置得太大。考虑到潜在的内部误差,推荐将间隔设置为所需精度的一半。例如,时钟以秒变化,时间间隔可设置为 500(毫秒)。

(3) Enabled 属性：该属性默认为.T.。当属性为.T.时,计时器被启动,且在表单加载时就生效。也可在其他事件中将该属性设置为.T.来启动计时器。当属性为.F.时,计时器的运行将被 Visual FoxPro 挂起,等候属性改为.T.时才继续运行。

[**例 7-12**] 在表单的上部设置一个向左游动的字幕,文本为 Visual FoxPro 6.0;并在表单右下角设计一个数字时钟。

操作步骤如下：

(1) 如图 7.13 所示,在表单上创建标签和计时器控件各两个,计时器可放在任意位置。

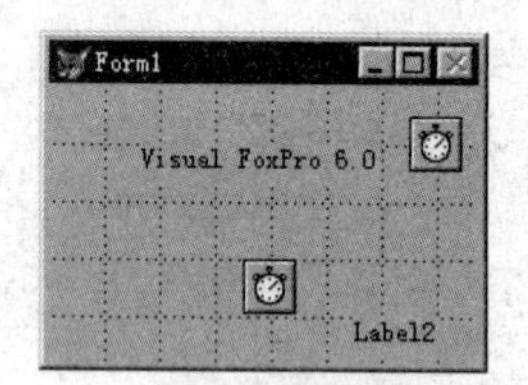

图 7.13 字幕与时钟表单窗口

(2) 属性设置：见表 7.13。

表 7.13 "游动字幕与数字时钟"属性设置

对象名	属性	属性值	说明
Label1	Caption	Visual FoxPro 6.0	指定标签标题
	AutoSize	.T.	
Timer1	Interval	200	为 Label1 标题游动指定时间间隔
Timer2	Interval	500	为 Label2 时钟指定时间间隔

(3) Timer1 的 Timer 事件代码编写如下：

```
IF THISFORM.Label1.Left+THISFORM.Label1.Width<0          && 若标题右端从屏幕上消失
   THISFORM.Label1.Left=THISFORM.Width                    && 将标题左端点设置在表单右端
ElSE
   THISFORM.Label1.Left=THISFORM.Label1.Left-10           && 将标题向左移动 10 个像素
ENDIF
```

(4) Timer2 的 Timer 事件代码编写如下：

```
IF THISFORM.Label2.Caption !=Time()          && 该事件 1 秒钟执行两次,免除不必要的刷新
   THISFORM.Label2.Caption =Time()           && 将当前时间赋给标签的标题
ENDIF
```

7.4 容器类控件

容器除7.3节讨论的命令按钮组和选项按钮组以外，还包括表单和表单集。表单集将在8.1.2节讨论，本节先介绍表格、页框和Container容器3种容器，它们都可用表单控件工具栏中相应的按钮来创建。

7.4.1 表格

表格控件(参阅图7.14)可以设置在表单或页面(页面详见7.4.2节)中，用于显示表中的字段。用户可以修改表格中的数据。在Visual FoxPro中，表格(Grid)与表(Table)是不同的概念。

1. 表格的组成

(1) 表格：由一或若干列组成。

(2) 列(Column)：一列可显示表的一个字段，列由列标题和列控件组成。

(3) 列标题(如Header1)：默认显示字段名，允许修改。

(4) 列控件(如Text1)：一列必须设置一个列控件，该列中的每个单元格都可用此控件来显示字段值。列控件默认为文本框，但允许修改为与本列字段数据的类型相容的控件。假定本列是字符型字段的数据，就不能用复选框作为列控件。

表格、列、列标题和列控件都有自己的属性、事件和方法程序，其中表格和列都是容器。

2. 在表单窗口创建表格控件

通常用下述两种方法来创建表格控件。

(1) 从数据环境创建

例如，创建SB表表格。打开表单窗口后，先在数据环境中添加SB表，然后用鼠标将数据环境中SB表窗口的标题栏拖到表单窗口后释放，表单窗口中即会产生一个类似于Browse窗口的表格，其中填入了SB表的字段与记录。表格的Name属性默认为GrdSb。

(2) 利用表格生成器创建

先使用表单控件工具栏的表格按钮在表单窗口创建表格，然后从表格控件的快捷菜单上选择"生成器"命令，就会出现"表格生成器"对话框。用户便可在对话框中设置表格属性，从而得到符合要求的表格。这样创建的第1个表格，其Name属性默认为Grid1。

"表格生成器"对话框包含"表格项"、"样式"、"布局"和"关系"4个选项卡。

① "表格项"选项卡

该选项卡用于指定要在表格中显示的字段，用户可先选择数据库或自由表中的表(或视图)，然后选取需要的字段。

② "样式"选项卡

该选项卡用于指定表格显示的样式，列表框中含有＜保留当前样式＞、专业型、标准型、浮雕型和账务型 5 个选项。

③ “布局”选项卡

该选项卡包含文本框、下拉列表框和表格各一个(参阅图 7.15),主要用于指定列标题与表示字段值的控件。

表格用来显示表,而且选定表格中某列后就可在标题文本框中输入列标题,默认字段名为列标题。类似地,选定某列后就可在控件类型下拉列表框中挑选一种控件来表示字段值。默认控件规定为文本框,但对于数值型字段值还可选用微调控件来表示,字符型字段值还可选用编辑框来表示,而逻辑型字段值则可选用复选框来表示。此外,还可拖动列标题的右间隔线来调整列宽。

④ “关系”选项卡

该选项卡包含两个下拉列表框,用于指定两个表之间的关系。

“父表中的关键字段”下拉列表框:指定父表中的关键字段,该选项相应于 LinkMaster 属性。要查找一个表,可单击对话按钮来显示“打开”对话框。

“子表中的相关索引”下拉列表框:指定表格控件中数据源(RecordSource 属性)的索引标识名,该选项对应于 ChildOrder 属性。

注意:由于表格生成器只能创建关于一个表的表格,若要在表间设置关系,就必须对每个表格分别使用“表格生成器”,然后通过其中一个“表格生成器”中的“关系”选项卡来建立关系。

3. 表格的编辑

要编辑表格,须先将表格作为容器激活。

(1) 修改列标题

前已提到,在“表格生成器”的标题文本框中可以修改列标题。此外还有下面两种方法。

① 用代码修改。例如,THISFORM. Grid1. Column2. Header1. Caption=“设备名称”,可将表格中第 2 列的标题修改为“设备名称”。

② 在属性窗口对象列表中按照从容器到对象的次序,找到 Header1 对象后释放鼠标,然后修改其 Caption 属性。

(2) 调整表格的行高与列宽

① 调整列宽:表格激活后,将鼠标指针置于表格两列标题之间,这时指针变为带有左右双向箭头的竖条,便可左右拖动列线来改变列宽。另一种方法是设置列的 Width 属性,例如,令 THISFORM. Grid1. Column1. Width=50。

② 调整行高:标题栏行和内容行的调整方法略有不同。表格激活后,若调整标题栏高度,可将鼠标指针置于表格标题栏行首按钮的下框线处,当指针变成带有上下双向箭头的横条后,即可上下拖动行线来改变高度。调整内容行高度时,应将鼠标指针置于表格内容第 1 行行首按钮的下框线处,然后上下拖动行线来改变行高。此时,所有内容行的高度将统一变化。

若要禁止用户在运行时擅自改变表格标题栏的高度,可将表格的 AllowHeaderSizing

属性设置为.F.;若表格的 AllowRowSizing 属性为.F.,则禁止改变表格内容行的高度。

(3) 列的增删

① 在表格的 ColumnCount 属性中设置表格的列数,从而改变表格的列数。

② 打开表格生成器,在"表格项"选项卡中可增加或减少字段。

③ 要删除列,可在属性窗口中选定某列后按 Del 键。

[**例 7-13**] 在表单上创建如图 7.14 所示的表格控件来编辑 SB 表,要求只包含编号、名称和主要设备 3 个字段,其中主要设备字段用复选框表示,并要求能在表格中添加记录。

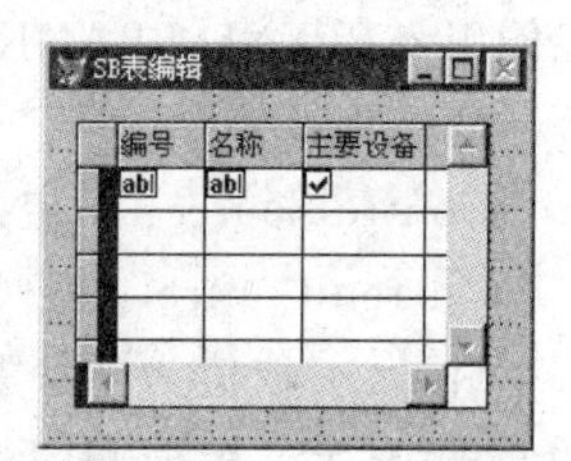

图 7.14 表格控件

(1) 在取名为 BG 的表单中创建一个表格控件。

(2) 通过表格生成器设置表格:打开"表格生成器"对话框→在"表格项"选项卡中,将 SB 表的编号、名称和主要设备 3 个字段放到"选定字段"列表中→在如图 7.15 所示的"布局"选项卡的表格中单击"主要设备"列→在控件类型下拉列表框中选定复选框→单击"确定"按钮。

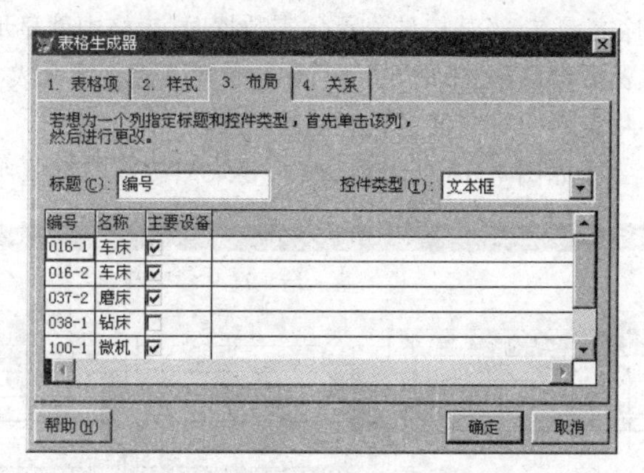

图 7.15 表格生成器的布局选项卡

(3) 调整表格列宽:将表格作为容器激活→拖动列标题右间隔线来调整列宽。

(4) 调整表格控件大小:单击表格,然后拖动表格四周的控制点。

(5) 属性设置如下:

Form1 的 Caption 属性:SB 表编辑。

Grid1 的 AllowAddNew 属性:.T.。

Column3 的 Sparse 属性:.F.。

后两种属性的含义均紧见下文。

4. 属性选介

(1) 表格属性

ColumnCount:表示表格中的列数。默认值为-1,此时表格中将列出表的所有字段。

RecordSource:指定数据源,即指定要在表格中显示的表。

RecordSourceType:指定数据源类型,通常取 0(表)或 1(别名)。取 1 时,须按

RecordSource 为表格指定表名来显示表中的字段，此为默认值。取值为 0 时，如果数据环境中已存在一个表，就不需设置 RecordSource 数据源。

AllowAddNew：该属性为.T.时允许用户向表格中的表添加记录。当光标在最后一个记录时，只要单击向下箭头键，表(表格)中就会产生新记录。该属性为.F.(默认值)时，只能用 APPEND BLANK 或 INSERT 命令来添加新记录。

(2) 列属性

ControlSource：指定某表的字段(如 BMDM.名称)为数据源。

CurrentControl：为列指定活动控件，默认为 Text1。

Sparse：取值为.T.(默认值)时，在列中只有选中的单元格以 CurrentControl 指定的控件显示，其他单元格仍以文本显示。取值为.F.时，该列的所有单元格均以 CurrentControl 指定的控件显示。

5. 创建一对多表单

表格最常见的用途之一是，当某控件显示父表数据时，表格中就显示子表的相应数据。

前已谈到，利用"表格生成器"中的"关系"选项卡可以建立两个表之间的关系，其实也可在数据环境中设置两表的一对多关系，请看例 7-14。

[**例 7-14**] 设计一个如图 7.16 所示的表单，要求能按部门浏览所有设备数据。

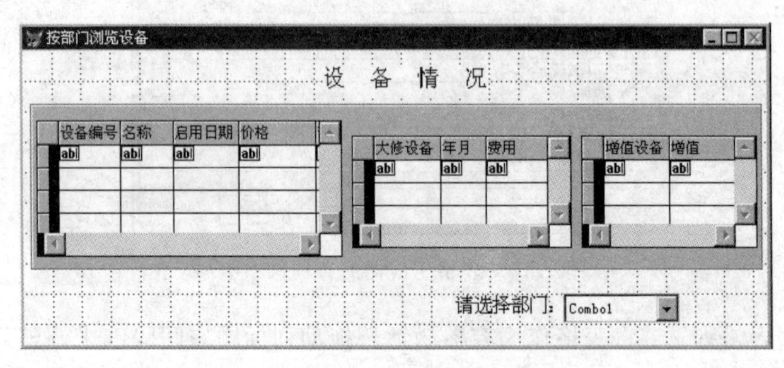

图 7.16 "按部门浏览设备"表单窗口

(1) 创建表单，并在数据环境中建立如图 7.17 所示 4 个表的两级一对多关系。

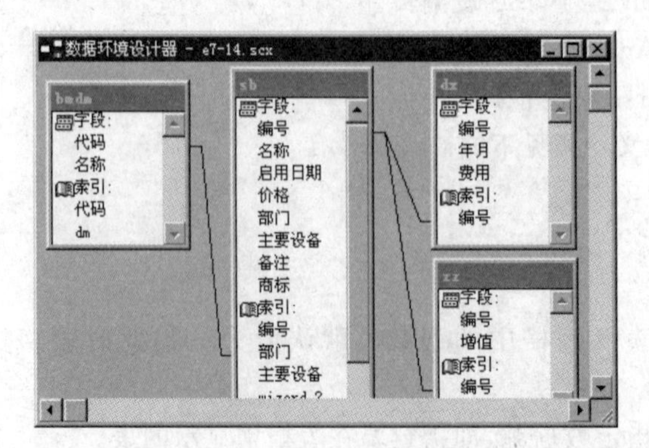

图 7.17 两级一对多关系数据环境

(2) 在表单上创建 1 个下拉列表框、两个标签、3 个表格。表格控件可从数据环境创建,即将数据环境中 SB 窗口的标题栏拖到表单释放,从而产生 GrdSb 表格。然后可用同样方法创建表格 GrdDx 和 GrdZz,如图 7.16 所示。表格创建后按图调整好表格位置、大小与列宽。

(3) 如图 7.16 所示创建矩形框形状控件,然后选定“格式”菜单的“置后”命令。

注意:若不将形状控件置后,它会遮挡表格,致使无论在设计还是运行时对表格单击鼠标键均无效。

(4) 属性设置:见表 7.14。

表 7.14 “按部门浏览设备”属性设置

对象名	属性	属性值	说明
Form1	Caption	按部门浏览设备	
Combo1	Style	2	组合框类型:下拉列表框
	RowSourceType	2	值源类型:别名
	RowSource	BMDM	设置值源表
	ColumnCount	2	列表显示代码、名称两个字段
	BoundColumn	2	设定第 2 列为 value 值
GrdSb、GrdDx、GrdZz	ReadOnly	.T.	3 个表格设置只读
GrdSb. Column1. Header1	Caption	设备编号	
GrdDx. Column1. Header1	Caption	大修设备	
GrdZz. Column1. Header1	Caption	增值设备	
Label1	Caption	请选择部门:	
	AutoSize	.T.	
	FontSize	14	
Label2	Caption	设备情况	用于表单运行之初显示标题
	FontSize	11	
Shape1	SpecialEffect	0	以 3 维形式显示形状框

(5) Combo1 的 Init 事件:

```
SELECT bmdm
GO BOTTOM
SKIP            && 故意将记录指针移到出界,以使表格在表单运行之初显示空白
```

(6) Combo1 的 Click 事件:

```
THISFORM.Label2.Caption= THISFORM.Combo1.Value+"设备情况"
                                        && 标题,例如,“一车间设备情况”
```

7.4.2　页框

页框是包含页面(Page)的容器，用户可在页框中定义多个页面，以生成带选项卡的对话框。含有多页的页框可起到扩展表单面积的作用。

1. 创建页框

页框控件可通过表单控件工具栏中的页框按钮来创建。在一个表单中允许创建多个页框,而且在页框外和页面中都允许创建控件。

要强调指出的是,若要向页面添加控件,须先将页框作为容器激活,然后选定此页面。若未激活页框,添加的控件看起来在页面中,但实际上创建在表单中,只要将页框拖动一下,就会看到该控件相对于表单中的位置不变。

页框最常用的属性是 PageCount,它指定页框中包含的页面数,默认为 2。

页面最常用的属性是 Caption,它是页面的标题,即选项卡的标题。要编辑页面,须先将页框作为容器激活。

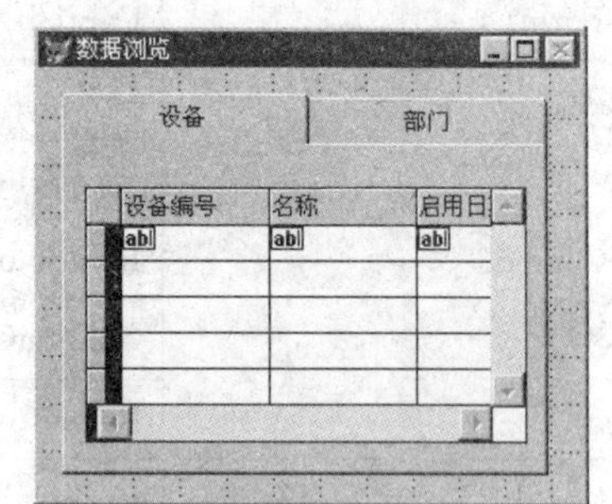

图 7.18　含有两个页面的页框

[**例 7-15**]　在表单上创建一个如图 7.18 所示的含有两个页面的页框,分别用来维护 SB 表和 BMDM 表。

(1) 在表单上创建一个页框。

(2) 在数据环境中添加 SB 表和 BMDM 表。

(3) 页面标题设置：在页框中选定 Page1 页面→将页面的 Caption 值改为“设备”。以同样方法将 Page2 页面标题改为“部门”。

(4) 在页面中创建表格：在页框中选定“设备”页面→从数据环境中将 SB 窗口标题栏拖放到设备页面,页面中就会显示关于 SB 表的表格。以同样方法在“部门”页面中创建关于 BMDM 表的表格。

2. 页框属性选介

(1) TabStyle：0 表示所有的页面标题布满页框的宽度,1 表示以紧缩方式显示页面标题,即显示时两端不加空位。

(2) TabStretch：1 表示以单行显示所有的页面标题,当显示位置不够时仅显示部分标题字符,这是默认设置;0 表示以多行显示所有的页面标题,在选项卡较多或页面标题太长,致使页框宽度中不能完整显示页面标题时使用。

(3) ActivePage：用一个数字指定页框中的活动页。

(4) Tabs：确定要否显示页面标题。

注意：即使不显示页面标题,页框中的各选项卡仍存在,此时可在代码中用 ActivePage 属性来选中页面。例如,如果表单中某命令按钮的 Click 事件代码为 THISFORM.Pageframe1.ActivePage = 2,就能在单击该命令按钮时将页框的活动页面改为第 2 页面。前面已经介绍,利用页框可以创建带选项卡的对话框;这里又引出了页框的另一种用法,即不显示页面标题也能变换页面。

7.4.3 容器

本小节要介绍的容器(Container)可称之为 Container 容器,正如命令按钮组容器可称为 Commandgroup 容器一样。

以前讨论的命令按钮组、选项按钮组、表格和页框等容器,它们包含对象的类型都是固定的。例如,命令按钮组中只能包含命令按钮。而 Container 容器则能包含多个不同类型的对象。例如,它既可包含复选框等控件,也能包含其他容器。

Container 容器可用表单控件工具栏中的容器按钮在表单上创建。向 Container 容器装入控件的方法很简单,步骤如下:

(1) 激活 Container 容器:在该容器快捷菜单中选定“编辑”命令。

(2) 装入控件:使用表单控件工具栏中的任何控件按钮在 Container 容器中创建控件。例如,单击表单控件工具栏中的复选框按钮,然后单击 Container 容器内部,Container 容器中就包含了该复选框。

操作时要注意两点:其一,若 Container 容器未激活,即使将控件置于其内也不会被它包含;其二,要装入的控件必须是新建的,将表单上已有控件拖动到 Container 容器内部是无效的。要检验控件是否被容器包含,可拖动该容器,若控件随之移动则已被容器包含。

7.5 连接类控件

Visual FoxPro 不仅能使用自身的数据,还能使用其他系统提供的数据。这一功能是通过与其他系统的连接来实现的,借以增强 Visual FoxPro 对多媒体应用与网络应用的支持。本节将简要说明 ActiveX 控件、ActiveX 绑定控件及超级链接控件,它们都可以在 Visual FoxPro 的表单控件工具栏中找到。

7.5.1 连接技术的演变

OLE(对象链接与嵌入,参见本书第 1.1.3 节)是最早应用的连接技术。通过这种技术,Visual FoxPro 可与包括 VB、Word 与 Excel 在内的微软其他应用软件共享数据。例如,在通过必要的格式转换后,用户可以在 Visual FoxPro 与其他软件之间进行数据的导入与导出;在不退出 Visual FoxPro 环境的情况下,用户就可在 Visual FoxPro 的表单(或窗体)中链接其他软件中的对象,直接对这些对象进行编辑等。微软 Office 应用程序经常提供的剪贴板,以及复制、粘贴等命令,是早期最常用的数据共享手段。在互联网中,则常常通过超级链接来实现与网络文档的连接。

20 世纪 90 年代初,微软先后发布了 OLE 1.0(1991)与 OLE 2.0(1993)两种规范,为用户提供了处理复合文档的途径,于是“OLE 控件”应运而生。对 Visual FoxPro 用户来说,使用最多的就是 OLE 控件。它实际上是一种自包含型的、可插入到应用程序中去的可重用的组件,能够把图像、声音、视频等信息以链接或嵌入的方式加入 Visual FoxPro

的应用程序中，增强 Visual FoxPro 数据库对多媒体功能的支持。

随着互联网 Web 应用程序的大量应用及动态网页技术的迅速发展，OLE 技术又发展为 ActiveX 技术。ActiveX 其实就是 OLE 的扩展，它的技术核心仍是 OLE。新的 ActiveX 技术不仅包括 ActiveX 文件和 ActiveX 控件，还包括 ActiveX 超链接，在 Visual FoxPro 7.0 中应用最多的是 ActiveX 控件。

简而言之，连接技术的演变可大致归结为

OLE 技术 —(OLE 规范)→ OLE 控件 —(ActiveX 标准)→ ActiveX 控件

7.5.2 ActiveX 控件

1. 基本概念

ActiveX 原来是微软公司提出的一组技术标准，其中也包括控件的技术标准。所谓 ActiveX 控件，就是指符合 ActiveX 标准的控件，其数量现已超过了 1000 种。例如，在 Windows 的 SYSTEM 文件夹中含有大量带.OCX 扩展名的文件，它们都属于 ActiveX 控件。本章前几节所介绍的控件，仅是 ActiveX 控件中常见于 Visual FoxPro 界面的一小部分。

为了使 Visual FoxPro 能在需要时利用更多的 ActiveX 控件，在表单控制工具栏中设置了一个英文名为 Olecontrol 的 ActiveX 控件按钮(参见图 6.14)。选定这一按钮后，就可向表单或表单控制工具栏插入原来没有包括的 ActiveX 控件，或直接插入一个 OLE 对象。

2. 向表单添加 ActiveX 控件

从表单控件工具栏中选定 ActiveX(Olecontrol)控件按钮向表单添加控件时，屏幕上将弹出一个如图 7.19 所示的“插入对象”对话框。该对话框中有 3 个选项按钮，其中“新建”与“由文件创建”选项按钮用于添加 OLE 对象，“插入控件”选项按钮则用于在表单中添加一个现有的 ActiveX 控件。

图 7.19 “插入对象”对话框

(1)“新建”选项按钮

选定“新建”选项按钮表示将在表单上新建一个对象，即某种文件类型的文档。在对话框的“对象类型”列表中包含文档、图像、声音等多种文件类型。用户只需选定其中一项，单击“确定”按钮后，Visual FoxPro 即自动打开这种类型的应用程序，供用户输入文档的内容。例如，若选定的是 Microsoft Excel 工作表，将自动打开 Excel 供用户建立电子表格；若选定的是 BMP 图像，将自动打开 Windows 的画图窗口供用户即时画图。

对话框中有一个“显示为图标”复选框，可用来区分对象是以“链接”还是“嵌入”的方式插入。若选定该复选框，该文档在表单上显示成一个图标，表单运行时须双击图标，Visual FoxPro 才会调用相应的应用程序来打开文档（链接方式）；清除该复选框，表示在表单上直接显示文档的内容（嵌入方式）。

例如，要在表单上创建一个用于画图的图标，则步骤如下：从表单控件工具栏中选定 ActiveX 控件按钮→单击表单窗口某处→在“插入对象”对话框的“对象类型”列表中选定“BMP 图像”选项（“新建”选项按钮为默认按钮）→选定“显示为图标”复选框→选定“确定”按钮→在画图窗口画图后关闭该窗口，表单窗口内就会出现一个标题为“BMP 图像”的图标。

若在设计时要修改所画的图形，只需在该图标的快捷菜单中选定“BMP 图像对象”选项的“编辑”命令，就会出现画图窗口。运行时若要修改所画的图形，可以双击 BMP 图像图标。

(2)“由文件创建”选项按钮

“由文件创建”选项按钮用于直接指定一个存在的文档，作为插入对象加入表单。

选定该选项按钮后，“插入对象”对话框中将显示一个“浏览”按钮和一个文本框，用户可通过“浏览”按钮选择一个文件，或在文本框中直接输入路径及文件名。单击“确定”按钮后，表单窗口内即产生一个文档对象。该文档是“链接”还是“嵌入”，仍由“显示为图标”复选框指定。

例如，将一个已存在的 Word 文档插入表单时，可执行如下步骤：从表单控件工具栏中选定 ActiveX 控件按钮→单击表单窗口某处→在“插入对象”对话框中选定“由文件创建”选项按钮→通过“浏览”按钮选择一个已存在的 Word 文件→单击“确定”按钮后，表单窗口内将产生一个显示了该文件内容的对象。

设计时若要修改 Word 文档，可在其快捷菜单中选定“文档对象”选项的“编辑”命令。若 Word 文档对象已被设置为图标，则运行时可双击图标，然后修改文档。

(3)“插入控件”选项按钮

选定“插入控件”选项按钮允许由用户指定一个 ActiveX 控件并放置在表单上。一旦选定该选项按钮，“插入对象”对话框中将显示出控件类型列表，其中列出了许多 ActiveX 控件选项，如 Microsoft Slider Control，version 6.0 和 Microsoft Date and Time Picker Control，version 6.0 等。这些都是表单控件工具栏以外可供用户选用的控件，用户选定一项后并单击“确定”按钮，指定的 ActiveX 控件就会出现在表单上。

与 Visual FoxPro 控件一样，每个 ActiveX 控件的用法不同，不再一一介绍，这里仅举一个例子。

[**例 7-16**] 用滑块控件浏览设备表的设备名称，要求当滑块指向一个数值，就显示以该数值为记录号的设备名。

(1) 在表单上创建 1 个文本框控件。

(2) 在表单上创建 1 个滑块控件：从表单控件工具栏中选定 ActiveX 控件按钮→单击表单下部某处→在“插入对象”对话框中选定“插入控件”选项按钮→在控件类型列表中选定 Microsoft Slider Control，version 6.0 选项→选定“确定”按钮返回表单窗口(如图 7.20 所示)。

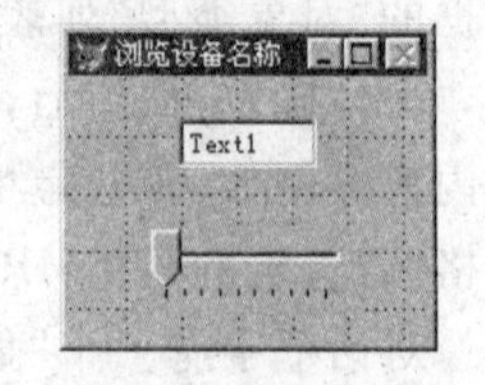

图 7.20　用滑块控件浏览

(3) 在数据环境中添加 SB 表。

(4) 将 Form1 表单的 Caption 属性设置为“浏览设备名称”。

(5) Olecontrol1 的 Init 事件代码编写如下：

```
*滑块指针刻度范围按表的记录数设置
THIS.Min =1                    && 刻度值最小为 1
THIS.Max =RECCOUNT()           && 刻度值最大与记录个数相同
```

(6) Olecontrol1 的 MouseMove 事件代码编写如下：

```
LPARAMETERS button, shift, x, y
*移动滑块指针来显示 SB 表的名称字段值
*Olecontrol1: 滑块控件的 Name
*THISFORM.Olecontrol1.Value: 滑块指针所在刻度的值
GO THISFORM.Olecontrol1.Value      && 记录指针指向滑块指针所在刻度
THISFORM.Text1.Value =名称         && 文本框显示名称字段值
```

3. 向表单控件工具栏添加 ActiveX 控件

由上可见，要在表单上添加 OLE 对象(如 Microsoft Word 文档)或 ActiveX 控件(如滑块控件)，均可通过表单控件工具栏中的 ActiveX 控件按钮来操作。为方便使用，Visual FoxPro 还允许将 OLE 对象和 ActiveX 控件添加到表单控件工具栏中。

(1) 添加步骤

选定“工具”菜单中的“选项”命令→在如图 7.21 所示的“选项”对话框的“控件”选项卡中选定“ActiveX 控件”选项按钮→在列表中选定所要添加的若干 OLE 对象和 ActiveX 控件复选框(例如，选定 Microsoft Word 文档和 Microsoft Slider Control，version 6.0)→选定“设置为默认值”按钮→选定“确定”按钮退出“选项”对话框。

注意：在图 7.21 中，“可插入对象”和“控件”两个复选框默认为选定，此时在“选定”列表框中同时显示可供插入的对象与 ActiveX 控件。若清除了某一复选框，列表中便将去掉相应部分的选项。

(2) 显示方法

OLE 对象和 ActiveX 控件添加到表单控件工具栏后，还需进行表单控件工具栏的显示转换才能显示出来。

转换方法如下：在表单控件工具栏中选定“查看类”按钮，并在随后弹出的菜单中选定“ActiveX 控件”命令，表单控件工具栏就会自动转换成显示 OLE 对象和 ActiveX 控件

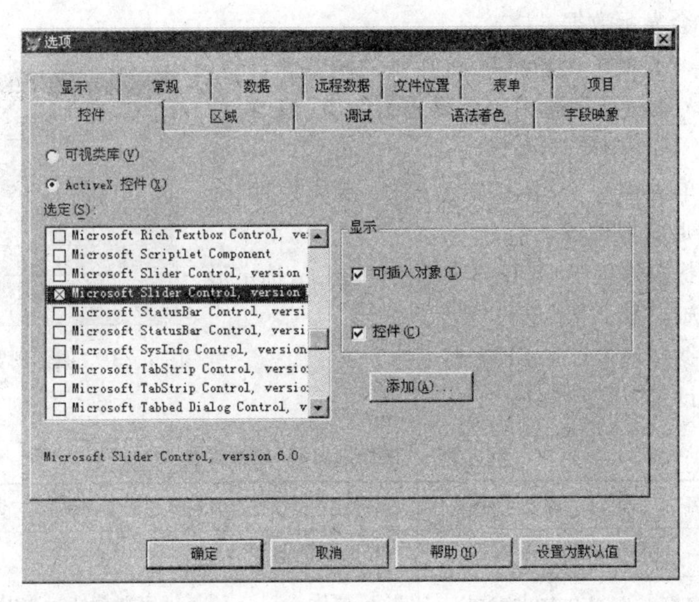

图 7.21 “选项”对话框的“控件”选项卡

按钮的窗口，此后就可使用这些按钮在表单上创建对象。图 7.22 中显示了新增的 Microsoft Word 文档和 Microsoft Slider Control，version 6.0 两个按钮。

若要恢复到原状态，仍需选定“查看类”按钮，并在弹出菜单中选定“常用”命令即可。

图 7.22 新增的 OLE 和 ActiveX 按钮

(3) 删除方法

要删除表单控件工具栏中的 OLE 对象按钮或 ActiveX 控件按钮，可通过“工具”菜单的“选项”命令来打开“选项”对话框，并在其“控件”选项卡的列表中清除相关复选框便可。

7.5.3 ActiveX 绑定控件

前已指出，Visual FoxPro 允许通用型字段包含其他应用程序的数据，如文本、声音、图片与视频等。现在介绍在表单上显示通用型字段数据的方法。

在表单控件工具栏中有一个“ActiveX 绑定控件”(Oleboundcontrol)按钮。把这种控件与通用型字段绑定，就能显示通用型字段中的 OLE 对象；甚至还可调出创建这些数据的源应用程序，以可视的方式来查看或操作这些数据。

在显示通用型字段中的 OLE 对象时，应注意以下 3 点：

(1) 在表单窗口所创建的 OLE 绑定型控件显示为一个含对角线的方框，用户可按需要将它拖至所期望的大小。创建的第 1 个 OLE 绑定型控件的 Name 属性默认为 Oleboundcontrol1。

(2) 必须将控件与通用型字段绑定。也就是说，应该在控件的 ControlSource 属性中设置通用型字段名。

(3) 表单运行时，仅当记录指针指向含有数据的通用型字段的记录时，OLE 绑定型控件区域内才会显示数据。

[**例 7-17**] 自制一个如图 7.23 所示的图像编辑器，要求能对 SB 表通用型字段中的图像进行浏览、修改、增入与替换。

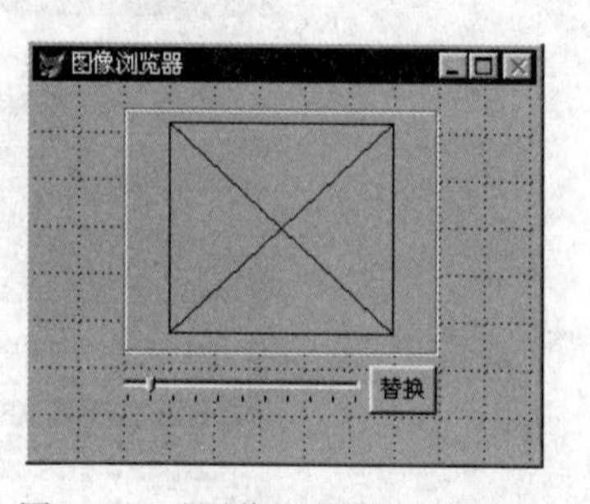

图 7.23 “图像浏览器”表单窗口

(1) 在表单上创建 OLE 绑定型控件、滑块控件、命令按钮控件和形状控件各 1 个。

(2) 将形状控件置于 OLE 绑定型控件之后：选定形状控件，然后选定“格式”菜单的“置后”命令。

(3) 在数据环境中添加 SB 表。

(4) 属性设置：见表 7.15。

表 7.15 “图像浏览器”属性设置

对象名	属性	属性值	说明
Form1	Caption	图像浏览器	
Oleboundcontrol1	ControlSource	sb.商标	Ole 绑定型控件与通用型字段绑定
	Strech	1	图像以纵横等比尺寸填充 OLE 控件
Command1	Caption	替换	
Shape1	SpecialEffect	0	以 3 维形式显示形状框

(5) Olecontrol1 的 Init 事件代码编写如下：

```
*滑块指针刻度范围按 SB 表记录数设置
THIS.Min=1
THIS.Max=RECCOUNT()
```

(6) Olecontrol1 的 MouseUp 事件代码编写如下：

```
LPARAMETERS button, shift, x, y
GO THISFORM.Olecontrol1.Value              && 记录指针指向滑块指针所在刻度
THISFORM.Oleboundcontrol1.Refresh          && 为使图像当场显示，刷新 OLE 绑定型控件的显示
*若要使用方向箭头键移动滑块指针与移动鼠标起同样作用，可在 KeyUp 事件中也设置上述两语句
```

(7) Command1 的 Click 事件代码编写如下：

```
*既能向当前记录通用型字段增入图像，又能替换图像
tx=GETPICT()                              && 显示“打开图片”对话框，并返回用户选定的图像文件名
APPEND GENERAL sb.商标 FROM &tx           && 从选定文件向当前记录的通用型字段代入 Ole 图像对象
THISFORM.Oleboundcontrol1.Refresh         && 为使代入的图像当场显示，刷新 OLE 绑定型控件的显示
```

需要说明的是，在本例的设计中还包括了图像修改功能。OLE 绑定型控件有一个 AutoActivate 属性，其默认值为 2，表示表单运行时只要双击 OLE 绑定型控件区域，就会自动打开 Windows 的画图窗口供用户修改当前的图像。不过修改好的图像作为文件存盘后，还需用“替换”命令按钮选出此图像文件，并将图像送入原来位置。

7.5.4 超级链接

Visual FoxPro 提供了上网浏览的功能，网络可以是因特网(Internet)或内联网(intranet)，前者是全球性的网络，后者是企业内部网络。要上网浏览，电脑需事先安装好调制解调器(硬件)，并安装好因特网浏览器(软件)，如 Microsoft Internet Explorer，还需知道要访问的服务器的用户账号与口令。

表单控件工具栏中有一个超级链接按钮(参阅图 6.14)，该按钮可用于在表单上创建超级链接对象。超级链接对象含有一个 NavigateTo 方法程序，它允许用户指定一个网址，当执行该方法程序时，Visual FoxPro 就会启动因特网浏览器，并根据指定的网址进入网络的站点来显示网页。

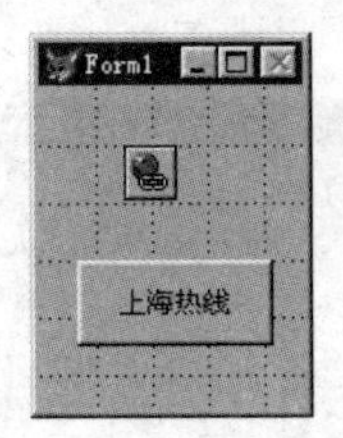

图 7.24 跳转到上海热线

［**例 7-18**］ 在表单上创建一个命令按钮，要求表单运行时单击该命令按钮即可跳转到“上海热线”站点。

(1) 如图 7.24 所示，在表单上设置超级链接控件和命令按钮控件各 1 个。

(2) Command1 的 Caption 属性设置为“上海热线”。

(3) Command1 的 Click 事件代码编写如下：

```
THISFORM.Hyperlink1.NavigateTo("www.online.sh.cn ")
        && Hyperlink1 为超级链接控件的 Name,括号内为上海热线网址
```

习　题

1. 在表单上设计一个图像浏览框。每次单击命令按钮，框中就会显示另一个图像。

2. 设计一个电话计费程序，表单窗口如图 7.25 所示。假定每分钟通话费用为 0.12 元。

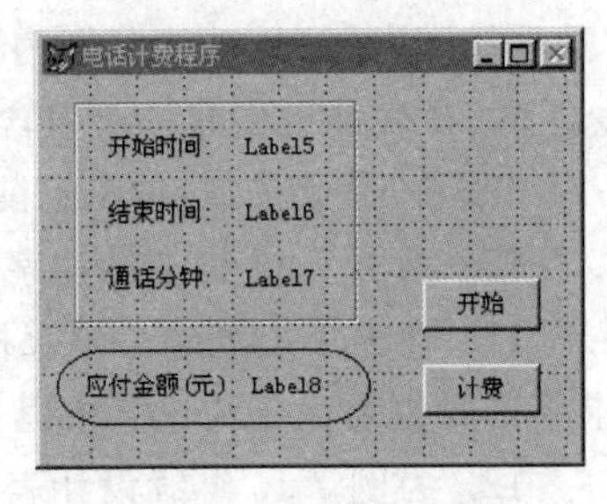

图 7.25 电话计费窗口

3. 某银行的客户账号与密码都存储在一个表中，请设计验证账号与密码的表单。

4. 阅读代码段，并写出其功能。

(1)

```
FOR i=1 TO THIS.ListCount
   IF TRIM(THIS.List(i))=TRIM(THIS.DisplayValue)
      RETURN
   ENDIF
ENDFOR
```

(2)

```
IF SB.主要设备
   THISFORM.OPTIONGROUP1.OPTION1.VALUE=1
   THISFORM.OPTIONGROUP1.OPTION2.VALUE=0
```

```
ELSE
   THISFORM.OPTIONGROUP1.OPTION1.VALUE=0
   THISFORM.OPTIONGROUP1.OPTION2.VALUE=1
ENDIF
```

5. 为例 7-10 继续设计表单，要求在原命令按钮组内增加以下命令按钮：

首页：记录指针移到第 1 个记录。

末页：记录指针移到最后 1 个记录。

插页：在当前记录后插入记录。

删页：删除当前记录。

6. 在表单上用文本框显示 SB 表价格字段值，并用微调控件来更新价格。要求分别用以下方法来移动记录指针：

(1) 在表单上创建与例 7-10 所设计的表单窗口中一样的命令按钮组。

(2) 用列表框控件来选定要修改的记录。

7. 为 SB 表设计一个“选字段”对话框，运行情况如图 7.26 所示。

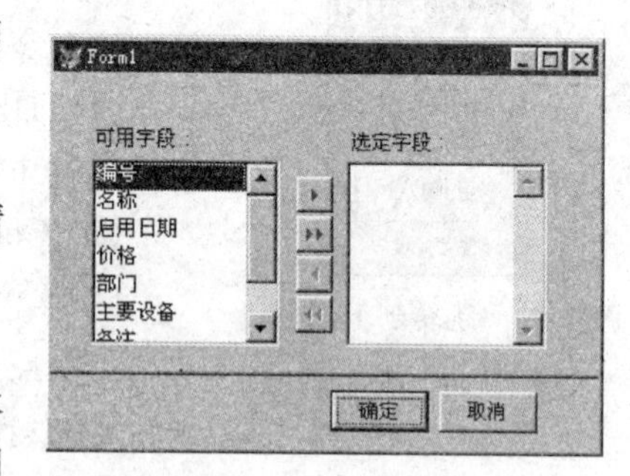

图 7.26 字段选择

8. 为例 7-10 继续设计表单，要求如下：

(1) 当鼠标指针移到名称文本框时能显示文本“请输入汉字”，而当鼠标指针移到部门文本框时则能显示部门名。

(2) 在表单上增加一个复选框，其功能是能显示本页设备价格占全部设备价格的百分比。

(3) 在表单上增加一个用于筛选记录的包含 3 个“选项按钮”的选项按钮组，这 3 个“选项按钮”的筛选功能分别为：全部(默认按钮)、价格大于 2 万元和价格不超过 2 万元。

9. 在表单上创建一个包含 4 个“选项按钮”的选项按钮组，供考生选择答案；再增加一个“阅卷”命令按钮，单击它能批示对或错。

10. 为例 7-17 增加游动字幕，文本为“双击图像区域可以修改”。

11. 在表单上创建一个表格，用于显示 SB 表的编号、名称和主要设备 3 个字段，并要求单击时主要设备记录字段以黑色显示，非主要设备记录字段以红色显示。

12. 为例 7-15 继续设计表单，试在表单上增加一个用于在页框中增加页面的微调控件(微调控件值加 1 就在页框中增加 1 个页面)。

13. 在表单上创建一个下拉列表框控件，其选项可分别显示关于 SB 表、BMDM 表、DX 表、ZZ 表的表格。

14. 为例 7-10 继续设计表单，要求在移动记录指针时不再使用命令按钮，而改为使用滑块控件(Microsoft Slider Control，version 6.0)。

15. 为 SB.DBF 制作字段名滚动列表，且要求在选定某字段名后会弹出一个可修改该字段内容的窗口。

第8章 表单高级设计

本章讨论的问题,可归纳为两个扩展与一个深入。

(1) 开发应用程序能力的扩展:介绍多文档界面与表单集应用程序的开发方法,这是由单表单应用程序到多表单应用程序的扩展。

(2) 表单与表单集设计能力的扩展:介绍在表单中设置菜单的方法,用户为表单或表单集定义属性与方法程序的方法,以及多表单应用程序中表单参数的有效范围。

(3) 面向对象程序设计概念的深入:类是面向对象程序设计的重要概念之一,本章在介绍类的概念基础上,举例说明由用户来定义类的方法。

8.1 多表单应用程序

一个表单只能显示一个窗口,而 Visual FoxPro 应用程序通常需要多个窗口。本节讨论多窗口(多表单)应用程序的设计,包括多文档界面应用程序的设计和表单集应用程序的设计。

8.1.1 多文档界面应用程序

在 Microsoft Windows 界面中,窗口可分为应用程序窗口和文档窗口两类。前者有菜单栏;而后者没有。但若后者位于前者的窗口之内,它们可共享应用程序窗口的菜单栏。

应用程序的用户界面,也可以分为单文档界面(single-document interface ,SDI)和多文档界面(multiple-document interface,MDI)两类。SDI 应用程序仅能显示一个文档窗口;而 MDI 应用程序能包含多个文档窗口。Microsoft Windows 的记事本程序(Notebook)是采用 SDI 界面的一个例子。在记事本窗口中只能打开一个文档,如果要打开另一个文档,必须先关闭已打开的文档。Visual FoxPro 主窗口则是一个 MDI,在这一主窗口中可打开命令窗口、各种编辑窗口和设计器窗口等文档窗口。

应用程序究竟采用哪种界面,须根据其目的而定。例如,日历程序可以设计成 SDI,因为不需要同时打开一个以上日历;处理保险索赔的应用程序宜采用 MDI,因为一个客户可能会同时要求多个索赔,有时还需要对两个索赔进行比较。

1. 顶层表单与子表单

为了实现 SDI 与 MDI 两类界面,Visual FoxPro 把表单区分为顶层表单和子表单。

(1) 顶层表单

SDI 应用程序仅需要创建一个顶层表单。MDI 应用程序把顶层表单称为父表单,它可以显示在 Windows 桌面上，也可显示在 Windows 任务栏中。

(2) 子表单

子表单适用于 MDI 应用程序的文档窗口，又可分为非浮动表单和浮动表单两种。

非浮动表单是不可移至父表单边界之外的表单，它最小化时显示在父表单的底部，可随着父表单的最小化而最小化。浮动表单则可移至桌面的任何位置，但不能置于父窗口之后，它最小化时显示在桌面底部，父表单最小化时它也会同时最小化。

(3) 表单的 ShowWindow 属性

在 Visual FoxPro 中，一个表单为顶层表单或子表单，取决于该表单的 ShowWindow 属性值：

0 表示本表单作为 Visual FoxPro 主窗口的子表单

1 表示本表单作为顶层表单的子表单

2 表示本表单作为顶层表单显示在桌面上

2. 子表单的操作

(1) 使子表单浮动的方法

若要使子表单浮动，可将其 Desktop 属性设置为. T. 。Desktop 的默认值为. F. ，表示表单不能浮动。

(2) 子表单最大化的样式

若要使子表单最大化后与父表单组合成一体，即包含在父表单中，并共享父表单的标题栏、标题、菜单以及工具栏，可将表单的 MDIForm 属性设置为. T. 。如果希望子表单最大化后成为一独立窗口，即保留它本身的标题和标题栏，并占据父表单的全部用户区域，则应将表单的 MDIForm 属性设置为. F. 。

(3) 子表单的调用

若要显示子表单，可在顶层表单某事件代码中写入 DO FORM 命令，并在命令中指定子表单文件名。

注意：不可在顶层表单的 Init 事件中调用子表单，因为此时顶层表单本身尚未激活。

3. 表单的显示/隐藏与调试/运行

(1) 显示与隐藏

若要隐藏表单使它不可见，可将表单的 Visible 属性设置为.F. 。Visible 属性的默认值为.T.，表示表单是可见的。

使用 Hide 方法程序也可使表单隐藏，THISFORM. Hide 与 THISFORM. Visible＝.F. 效果相同。要使表单显示还可以使用 Show 方法程序，但该方法通常用于表单集(参阅例 8-4)。例如，THISFORMSET. Form2. Show 与 THISFORMSET. Form2. Visible＝.T. 效果相同。还需注意的是，有的控件(如标签)不包含这两个方法程序。

DO FORM 命令能将表单装入内存运行，并显示表单。而 Visible 属性、Show 和 Hide 方法程序仅当表单已装入内存中的情况下才能使用。

(2) 调试与运行

① 使用“工具”菜单的“调试器”命令,可以打开调试器来调试 MDI 程序。

② MDI 应用程序应该从父表单开始运行。若运行时出现不正常情况,可用“程序”菜单的“取消”命令撤销程序的运行。该菜单命令的效果相当于执行 Cancel 命令。

③ 若程序运行已中断,但程序中打开的窗口尚未关闭,可在命令窗口中输入 Clear All 命令,从内存中释放所有由用户定义的窗口。

[**例 8-1**] 为例 7-10 设计的表单增加一个“查页”命令按钮,要求单击它能打开一个供用户输入记录号的窗口,如图 8.1 所示。当指定记录号并单击“确定”按钮后,新打开的窗口随即关闭,原表单也立即更新记录显示。

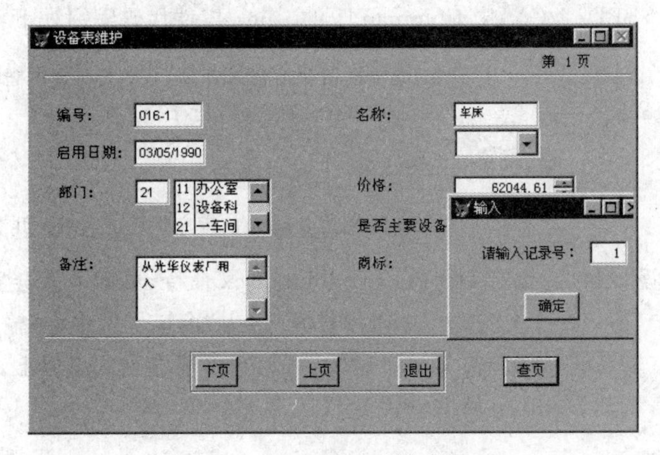

图 8.1 打开子窗口来指定记录

操作步骤如下。

(1) 从例 7-10 的表单文件 SBXG.SCX 复制出 SBBD1.SCX,并将后者打开。

(2) 在 SBBD1.SCX 的表单窗口 Form1 中增加命令按钮 Command1。

(3) 创建表单文件 SBBD2.SCX,并在其表单窗口 Form1 中创建标签、文本框和命令按钮各 1 个。

(4) 属性设置:见表 8.1。

表 8.1 “查页”属性设置

表单文件	对象	属性	属性值	说明
SBBD1.SCX	Form1	ShowWindow	2	本表单作为顶层表单显示在桌面上
	Command1	Caption	查页	
SBBD2.SCX	Form1	Caption	输入	
		ShowWindow	1	本表单为顶层表单的子表单
	Label1	Caption	请输入记录号:	
	Text1	Value	1	供输入记录号,设置初值 1
	Command1	Caption	确定	

(5) 在 Form1(SBBD1.SCX)的 Init 事件代码中增加公共变量 jlh：

```
PUBLIC yh,mc(10,1),jlh              && 公共变量 jlh 用来表示记录号
COPY TO ARRAY mc FIELDS sb.名称 && 保持原样
GO 1                                && 保持原样
```

(6) Form1(SBBD1.SCX)中 Command1 的 Click 事件代码编写如下：

```
DO FORM sbbd2                       && 调用子表单
GO jlh                              && 记录指针指向在子表单中指定的记录
THISFORM.Refresh                    && 父表单更新
```

(7) Form1(SBBD2.SCX)中 Command1 的 Click 事件代码编写如下：

```
jlh=THISFORM.Text1.Value            && 文本框值赋给公共变量(可事先在文本框中输入一个数)
THISFORM.Release                    && 释放 Form1(SBBD2.SCX)
```

(8) Form1(SBBD1.SCX)的 Unload 事件代码编写如下：

```
RELEASE jlh                         && 清除公共变量 jlh,程序运行结束时公共变量不会自动清除
```

两个表单都设计好后，执行 DO FORM sbbd1.scx 命令，桌面上就会显示如图 8.1 所示的“设备表维护”窗口，单击“查页”按钮将打开“输入”窗口。图中将“输入”窗口移到了父窗口右侧，其右端已有一部分被父窗口遮住，可见它不能浮动到桌面上。若要使“输入”窗口能浮动，还需将其 Desktop 属性设置为.T.。

4. 在顶层表单中添加菜单

在表单中添加菜单，必须满足以下的条件。

(1) 菜单设计时，在“常规选项”对话框中已将菜单设定为用于顶层表单。

(2) 要添加菜单的表单必须是顶层表单，且已在该表单的 Init 事件中设置了一条符合以下格式的菜单程序调用命令：

```
DO <菜单程序>WITH <参数>
```

其中<菜单程序>是指.MPR 文件；<参数>用来引用本表单对象，通常用关键字 THIS 来表示。值得注意的是，菜单程序能自行接收和使用参数。但若参数省略，菜单程序将不能感知表单。

［**例 8-2**］ 继续例 8-1，要求从 SBBD1.SCX 复制出一个表单，并在其中增加由例 5-2 建立的下拉式菜单 SB.MNX，如图 8.2 所示。

(1) 从表单文件 SBBD1.SCX 复制出 SBBD1A.SCX。由于前者已在例 8-1 中设置为顶层表单，故后者也是顶层表单。

(2) 从例 5-2 建立的 SB.MNX 复制出菜单文件 SBCD.MNX：选定“文件”菜单的“打开”命令→在“打开”对话框中选定菜单文件 SB.MNX→选定“文件”菜单的“另存为”命令→在“另存为”对话框的文本框中输入新菜单名 SBCD.MNX→选定“保存”按钮，使打开 SBCD.MNX 菜单设计窗口。

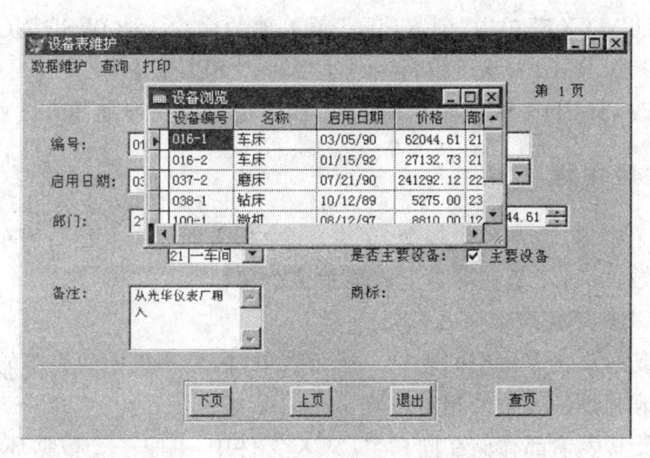

图 8.2　在窗口中设置下拉式菜单

(3) 将菜单设定为顶层表单：选定“显示”菜单的“常规选项”命令→选定如图 5.7 所示的“常规选项”对话框中的“顶层表单”复选框→选定“确定”按钮。

(4) 修改菜单 SBCD.MNX,使之适合在本表单中使用。

① 修改菜单程序的初始化代码：选定“常规选项”对话框中的“设置”复选框,然后在“设置”编辑窗口中删除以下两条命令：

```
CLEAR ALL
MODIFY WINDOW SCREEN TITLE '设备管理系统'        && 设置菜单窗口标题
```

② 在菜单栏页删除“退出”行。

(5) 选定“菜单”菜单的“生成”命令,从而重新生成菜单程序 sbcd.mpr。

(6) 在 SBBD1A.SCX 中 Form1 的 Init 事件代码中增加如下一条命令：

```
DO sbcd.mpr WITH THIS                && 调用菜单程序
```

SBBD1A.SCX 表单运行后,“设备表维护”窗口标题栏下方即出现一个菜单栏(参阅图 8.2)。

顺便说明,本例“数据维护”菜单的“浏览记录” 菜单项中,由 BROWSE NOMODIFY 命令打开的“浏览”窗口,也可装到一个窗口中去。修改步骤如下。

(1) 创建一个表单 FU.SCX,并作为 BROWSE 窗口的父窗口：

① 属性设置：

```
Caption: 设备浏览
ShowWindow: 1         (在顶层表单中)
AlwaysOnTop: .T.
```

② Activate 事件代码编写如下：

```
BROWSE IN WINDOW Form1 NOMODIFY
                  && Form1 是 FU.SCX 表单的 Name 属性值, Form1 成为 BROWSE 窗口的父窗口
KEYBOARD '{Ctrl+F4}'     && 关闭 Form1 窗口
```

(2) 将 SBCD. MNX 菜单中“浏览记录”菜单项的命令 BROWSE NOMODIFY(参阅图 5.11)改为 DO FORM fu,然后重新生成菜单程序 SBCD. MPR。

经过以上修改,SBBD1. SCX 表单运行后,浏览记录的情况如图 8.2 所示。

8.1.2 表单集应用程序

表单集是一个容器,通常包含多个(至少一个)相关的表单。运行表单集时,它所包含的所有表单同时被加载,于是在屏幕上将显示多个窗口。

表单集具有以下特点:

(1) 可显示或隐藏表单集中的表单。运行表单时,表单集中的表单能相互切换。

(2) 能可视地调整各表单的相对位置。

(3) 表单集及其表单都存储在同一个.SCX 文件中,共享一个数据环境。如果经过适当的关联,还能使不同表单中的表记录指针同步地移动(参阅例 8-3)。

1. 表单集的创建与删除

(1) 表单集的创建

“表单”菜单中有一条创建表单集命令,专用于创建表单集。但由于只有打开一个表单后,Visual FoxPro 菜单上才会出现“表单”菜单,因此创建表单集需分为两步:

① 打开某表单。

② 选定“表单”菜单的“创建表单集”命令。

假定已打开表单的 Name 属性为 Form1。选定“表单”菜单的“创建表单集”命令后,只要打开属性窗口的对象列表,就会看到 Formset1 对象,它就是刚创建的表单集;并且还能看到,Form1 被列于 Formset1 的下一层次,这表明表单集是容器。

从上可知,创建表单集与创建其他容器的规则不同。它不可直接创建,必须在确定一个对象的基础上才能创建。此外,操作表单集时还须注意以下几点:

① 表单集及其所有表单都应存储在创建表单集时的当前表单文件中。

② 打开表单文件时,已创建的表单集将随之打开。

③ 添加到表单集中的表单也存储在该表单文件中。

(2) 表单集的删除和释放

删除表单集可使用“表单”菜单中的“移除表单集”命令,但仅当表单集中只有一个表单时才可删除表单集,表单集删除后表单还存在。

释放不同于删除。释放表单集的方法有以下两种:

① 使用 RELEASE THISFORMSET 命令可释放表单集,并关闭其中所有的表单。

② 表单集随最后一个表单的释放而自动释放,此时表单集的 AutoRelease 属性为.T. 。

2. 表单集的编辑

(1) 编辑表单集或其中的表单

要编辑表单集(如 Formset1),须先在属性窗口的对象列表中将其选定。若要编辑其中的表单,除可在属性窗口的对象列表中选定该表单,也可通过选定表单窗口来打开它。

(2) 添加表单

表单集创建后,只要表单窗口已打开,就可利用“表单”菜单的“添加新表单”命令来添加表单。但此时增入表单集中的只能是新表单,不能将已存在的表单增入表单集。

(3) 移去表单

若要从表单集中移去表单,可先选定表单窗口,或在属性窗口的对象列表中选定要移去的表单,然后在“表单”菜单中选定“移除表单”命令。

[**例 8-3**]　利用由 SB 表与 DX 表组成的表单集,来查看设备的大修情况。

(1) 从例 7-13 产生的表单文件 BG. SCX 复制出 BDJ. SCX,并将后者打开,“表单设计器”窗口中将会显示“SB 表编辑”表单窗口。

(2) 为表单文件 BDJ. SCX 创建表单集：选定“表单”菜单的“创建表单集”命令。

(3) 向表单集添加表单：选定“表单”菜单的“添加新表单”命令,“表单设计器”窗口中就会出现 Form2 表单窗口。

(4) 在数据环境中添加 DX 表,并将 SB 表与 DX 表按编号关联起来。

(5) 将数据环境中 DX 窗口的标题栏拖放到 Form2 表单窗口,该表单中就会产生一个关于大修的表格。

(6) 将 Form2 表单的 Caption 属性值改为“大修情况”。

向命令窗口输入 DO FORM bdj. scx 命令,上述表单集就开始运行,结果如图 8.3 所示。此时单击“SB 表编辑”窗口中的某行,相应的大修记录就会在“大修情况”窗口中显示出来。

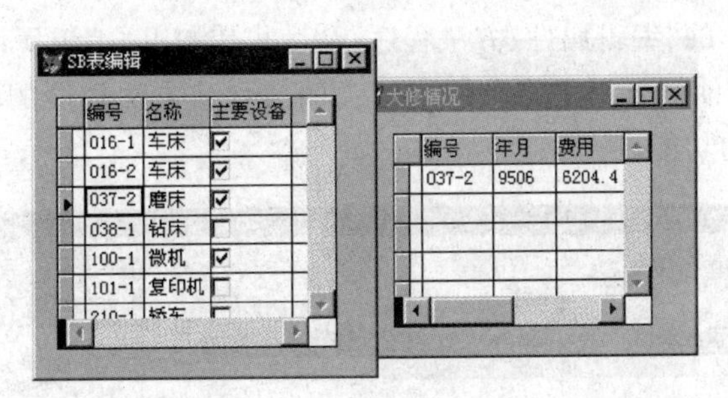

图 8.3　查看设备大修情况

8.2　用户定义属性与方法程序

在 Visual FoxPro 中,表单或表单集均具有由系统事先规定的一组可修改的属性、事件和方法程序,它们为表单设计提供了方便。除此之外,Visual FoxPro 还允许用户自己为表单或表单集定义属性和方法程序。用户定义的属性类似于变量,用户定义的方法程序则相当于过程。其用法与系统给出的属性、方法程序一致。

用户定义的属性或方法程序,其作用范围是整个表单文件,即对于包含表单集的表单文件,这些定义对表单集的所有表单都有效;而对于单表单的表单文件,则仅在该表单内有效。

8.2.1 用户定义属性

定义属性包括定义属性名与属性值。这使人联想到“变量”,只不过它们仅在表单或表单集中起作用,即或者适用于一个表单,或者成为多表单应用程序中的有效参数。

用户定义的属性有变量属性和数组属性两种。

1. 变量属性

(1) 变量属性的创建

打开表单设计器后,只要选定“表单”菜单的“新建属性”命令,就可以在弹出的“新建属性”对话框(参阅图 8.4)中输入新属性的名称,并可在“说明”编辑框中输入需要显示在属性窗口底部的属性说明(说明允许省略)。

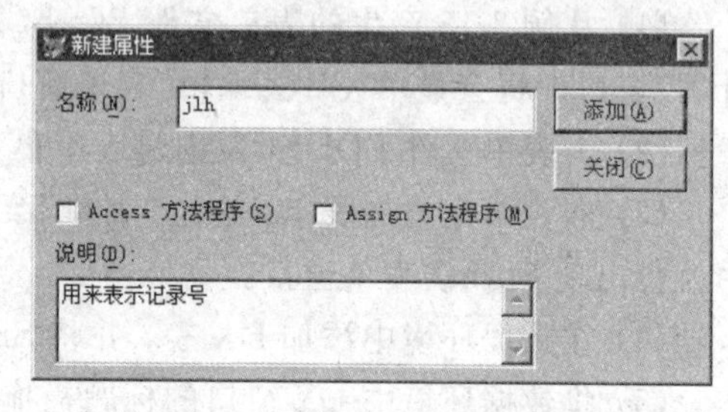

图 8.4 “新建属性”对话框

属性设置好后,必须先选定“添加”按钮再关闭对话框,否则所作设置无效。

创建的变量属性将分列在“属性”窗口的“全部”选项卡中。例如,在如图 8.6 所示的“属性”窗口中,就可以看到用户在例 8-4 中定义的变量属性 jlh,其初值显示为“(无)”。与其他属性一样,用户在属性窗口也可以更改变量属性的值。

(2) 变量属性的编辑

选定“表单”菜单的“编辑属性/方法程序”命令可以打开“编辑属性/方法程序”对话框(参阅图 8.5)。该对话框可用于修改用户定义的属性或方法程序的名称与说明,兼有删除属性与方法程序的功能。

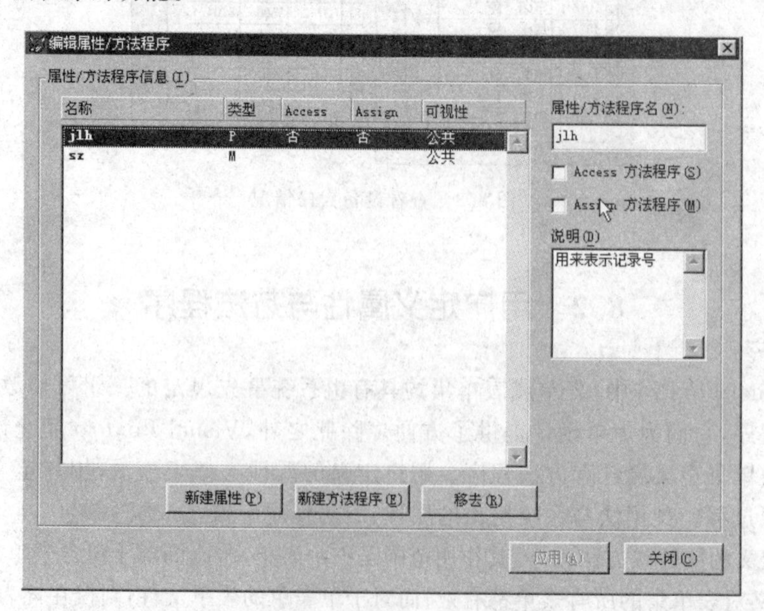

图 8.5 “编辑属性/方法程序”对话框

若要删除用户定义属性,可先在“属性/方法程序信息”列表中选定某个变量属性行,然后选定“移去”按钮,并在随后弹出的确认框中选定“是”按钮。

(3) 变量属性的引用

凡在表单集存在时创建的变量属性,对表单集中的所有表单都有效,其基本引用格式为:THISFORMSET.变量属性名。

对于单表单的表单文件,所创建的变量属性仅在该表单中有效,其基本引用格式为:THISFORM.变量属性名。

[**例 8-4**] 用表单集来实现例 8-1 的要求,并用变量属性来取代公共变量 jlh。

设计思路:用表单集代替例 8-1 的父、子表单,并自定义变量属性 jlh 来取代公共变量 jlh。

(1) 从表单文件 SBBD1.SCX 复制出 SBBD.SCX,并使后者打开,SBBD.SCX 表单设计器窗口请参阅图 8.6。

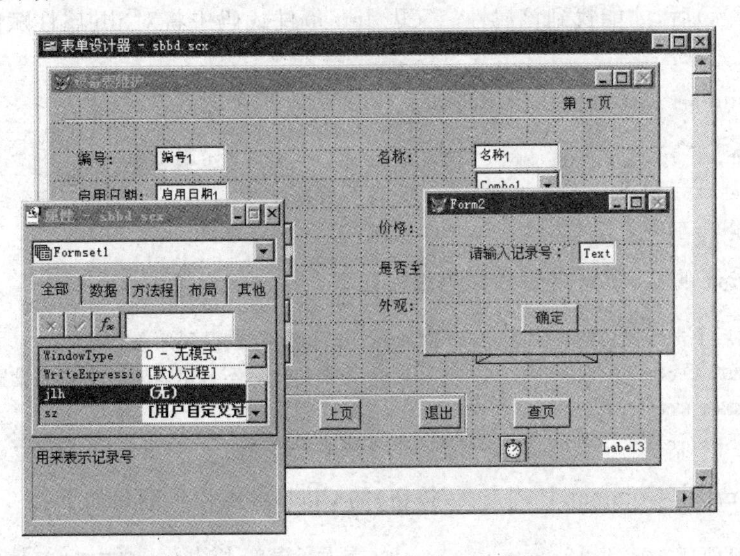

图 8.6　具有双顶层表单的表单集

因表单文件 SBBD.SCX 由复制得到,以下步骤中不再列出不需作改动的部分。

(2) 创建表单集并添加表单:选定“表单”菜单的“创建表单集”命令,使之产生 Formset1 对象,其中表单的 Name 属性默认为 Form1→选定“表单”菜单的“添加新表单”命令,表单设计器窗口中将出现 Form2 表单窗口。

(3) 将 SBBD2.SCX 表单的全部控件复制到 Form2 中:打开 SBBD2.SCX 表单设计器窗口→同时选定窗口中的标签、文本框和命令按钮,并复制到剪贴板→右击 Form2 表单窗口内部,然后在快捷菜单中选定“粘贴”命令→关闭 SBBD2.SCX 表单设计器窗口。

由于表单集中不能增入已存在的表单,这里采用复制表单控件的办法,避免了重新设计。但要注意的是,表单的属性不能复制。例如,若要将 Form2 表单的标题改为“输入”两字,仍须通过修改其 Caption 属性。

(4) SBBD.SCX 中 Form2 表单属性设置:见表 8.2。

表 8.2 Form2 表单的属性设置

属　　性	属性值	说　　明
Caption	输入	
ShowWindow	2	本表单作为顶层表单显示在桌面上
AlwaysOnTop	.T.	Form2 与 Form1 同为顶层表单，Form2 表单显示在前面
Closable	.F.	使 Form2 表单的“关闭”按钮无效，避免运行时因操作该按钮使表单关闭，引起找不到该表单的错误

(5) 创建变量属性 jlh：选定“表单”菜单的“新建属性”命令→在如图 8.4 所示的“新建属性”对话框的“名称”文本框中输入属性名称 jlh→在“说明”编辑框中输入“用来表示记录号”字样→选定“添加”按钮→选定“关闭”按钮返回表单窗口。

由于这里创建的 jlh 属性属于表单集，故须在属性窗口的对象列表中选定 Formset1（如图 8.6 所示）后，才能找到该属性。又因 Init 事件代码中将对 jlh 属性赋值，故属性类型不作修改。

(6) Form1 的 Init 事件代码编写如下：

```
PUBLIC yh,mc(10,1)                      && 原公共变量 jlh 被去掉
COPY TO ARRAY mc FIELDS sb.名称          && 保持原样
THISFORMSET.jlh=1                       && 为变量属性赋值,原为 GO 1
```

(7) Form1 的 GotFocus 事件代码编写如下：

```
*初始化后 Form1 窗口能得到焦点;一旦 Form2 被隐藏,它也得到焦点
THISFORMSET.Form2.Hide                  && 为初始化后不显示 Form2 窗口而设置
GO THISFORMSET.jlh                      && 移动记录指针
THISFORM.Refresh                        && 本表单更新
```

(8) Form1 中 Command1（“查页”按钮）的 Click 事件代码编写如下：

```
THISFORMSET.Form2.Show                  && 显示子表单,原为 DO FORM sbbd2 等
```

(9) Form2 中 Command1（“确定”按钮）的 Click 事件代码编写如下：

```
THISFORMSET.jlh=THISFORM.Text1.Value && 文本框值赋给变量属性
THISFORM.Hide                           && 隐藏 Form2,原为 THISFORM.Release
```

(10) Form1 的 Unload 事件代码编写如下：

```
RELEASE THISFORMSET                     && 释放表单集及所有表单,原为 RELEASE jlh
```

若不设置这条命令，运行时无论选定 Form1 表单的“关闭”按钮还是“退出”按钮，都不能释放 Formset1 和 Form2（用“工具”菜单的“调试器”命令打开调试器，在局部窗口中可看到没有释放的对象），致使不能再次打开 SBBD.SCX 表单设计器来修改设计。虽然此时可在命令窗口输入 CLEAR ALL 命令来释放窗口，但却多了一道手续。

与例 8-1 相比，例 8-1 应用了 MDI，而本例应用了表单集。但是殊途同归，操作的结果是完全一样的。

2. 数组属性

数组属性的创建、删除、引用格式及作用范围与变量属性一致。不同的是，数组属性在属性窗口中以只读方式显示，因而不能立即赋初值。但用户仍可通过代码来管理数组，包括对数组属性的元素赋值、重新设置数组维数等。

例如，

(1) 在某表单集中创建数组属性 a(10,2)。

(2) 在一个表单的 Load 事件代码中为数组属性元素赋值：

```
a(1,1)=2000
a(1,2)="Windows "
```

(3) 在另一个表单的 Click 事件代码中显示元素值：

```
WAIT WINDOW THISFORMSET.a(1,2)+STR(THISFORMSET.a(1,1),2)      && 显示 Windows 2000
```

由例 8-4 可以看出，用户所定义属性的用法类似于变量，它们可用于函数中，而数组属性还可在数组命令中使用。

3. 表单应用程序的参数

多表单应用程序可按 MDI 程序(多表单文件)和表单集程序(单表单文件)两种方式来实现。但无论采用哪种方式，都要注意参数的有效性问题。

多表单应用程序的有效参数有 3 种：

① 用 PUBLIC 设置的公共变量。

② 用户在表单集中自定义的属性。

③ 用 DO FORM … WITH …TO 命令传递的参数。

(1) 公共变量与用户定义属性的比较

① 用 PUBLIC 设置的公共变量对所有表单文件都有效，而用户定义属性的作用范围只是一个表单文件，但因一个表单集仅包含在一个表单文件中，故这两种参数都可适用于表单集。

② 对应于类似于例 8-1 的多表单文件应用程序，若要使参数在所有表单有效，只能使用公共变量，而不能使用用户定义属性。

③ 公共变量在表单文件运行时有效，退出运行后仍不清除；而用户定义属性在表单或表单集关闭后，内存中就不再存在，故使用用户定义属性较为规范。

(2) 父表单与子表单之间的参数传递

命令格式：

```
DO FORM <表单名> [WITH <参数表>] [TO <变量名>]
```

功能：运行表单，并将参数传入表单或接收其返回值。

该命令可用于程序或表单的代码中，后者正是父表单调用子表单的情况。

① 参数传入子表单的方法

在父表单中设置 DO FORM 命令，该命令 WITH 子句的<参数表>提供发送参数，然后在子表单的 Init 事件代码中设置 PARAMETERS 语句来接收参数。注意，只有 Init 事件才能接收参数，这是 Visual FoxPro 的规定。

② 从表单返回值的方法

- 在父表单中设置带 TO 子句的 DO FORM 命令，该子句的<变量名>将接收返回值，但此变量不必事先定义。
- 将子表单的 WindowType 属性设置为 1，使它成为模式表单；同时在该表单的 Unload 事件代码中设置一条 RETURN<表达式>命令，表达式的值将传送给 DO FORM 命令 TO 子句的变量。

［**例 8-5**］ 修改例 8-1 的设计，要求在主表单运行时用“从表单返回值”的方法来获得记录号。

设计思路：主表单以 DO FORM … TO 命令获得子表单返回值，在子表单内则以变量属性为有效参数。

(1) 打开 SBBD1. SCX 表单设计窗口。

(2) 删除 Form1(SBBD1. SCX)的 Init 事件代码中的 jlh 公共变量。

(3) 删除 Form1(SBBD1. SCX)中 Unload 事件的代码。

(4) Form1(SBBD1. SCX)中 Command1 的 Click 事件代码修改为：

```
DO FORM sbbd2 TO jlh                        && 调用子表单,jlh 变量获得子表单返回值
GO jlh                                      && 此句保持原样
THISFORM.Refresh                            && 此句保持原样
```

(5) 打开 SBBD2. SCX 表单设计窗口。

(6) 将 Form1(SBBD2. SCX)的 WindowType 属性设置为 1，使该表单成为模式表单。

(7) 为 Form1(SBBD2. SCX)创建变量属性 jlhm。

(8) Form1(SBBD2. SCX)中 Command1 的 Click 事件代码修改为：

```
THISFORM.jlhm=THISFORM.Text1.Value          && 文本框值赋给变量属性
THISFORM.Release                            && 此句保持原样
```

(9) Form1(SBBD2. SCX)的 Unload 事件代码编写如下：

```
RETURN THISFORM.jlhm                        && 设置返回值
```

在本例中，子表单文本框中输入的记录号先赋给用户定义的变量属性 jlhm，子表单释放时，又将其值作为返回值赋给变量 jlh。运行结果与例 8-1 完全一致(参阅图 8.1)。

8.2.2 用户定义方法程序

所谓用户定义方法程序，就是用户为表单或表单集定义的过程。

1. 方法程序的创建

若要在表单或表单集中创建一个新方法程序，可从“表单”菜单中选定“新建方法程

序”命令，然后在“新建方法程序”对话框中输入方法程序的名称，并在需要时输入有关这个方法程序的说明。该对话框与“新建属性”对话框基本一致，可参阅图 8.4。

与系统方法程序一样，用户定义的方法程序也将分列在“属性”窗口的“方法程序”选项卡中，在如图 8.6 所示的“属性”窗口中，列出了用户定义的方法程序 sz。

用户定义方法程序的删除类似于用户定义属性的删除，不再赘述。

2. 过程代码的编辑

方法程序创建后，还需为它定义过程代码。用户可在“属性”窗口列表中先选定某个用户定义方法程序，然后双击它，即可打开代码编辑窗口对它进行编辑。

3. 用户定义方法程序的调用

调用方法程序即是运行该方法程序的过程代码。

对于在整个表单集中有效的用户定义方法程序，其调用基本格式为：THISFORMSET.方法程序名。

仅对当前表单有效的用户定义方法程序，其调用基本格式为：THISFORM.方法程序名。

［**例 8-6**］ 为例 8-4 继续设计一个表单，要求在主窗口右下角设置一个数字时钟，单击时钟可使它隐去，但无论单击表单集中哪一个表单都能使时钟重现。

设计思路：自定义使时钟显示的方法程序，两个表单的单击事件都调用该方法程序。

(1) 打开 SBBD.SCX 表单设计器窗口，并如图 8.6 所示在 Form1 窗口右下角设置一个标签(Name 属性默认 Label3)，再在该窗口任意空位上设置一个计时器(Name 属性默认 Timer1)。

(2) 在 Form1 中增加以下属性设置：见表 8.3。

表 8.3 为显示数字时钟增加的属性项

对 象	属 性	属 性 值	说 明
Label3	Autosize	.T.	标签大小自动调整，使之与显示文本匹配
	BackColor	255,255,255	标签背景设置为白色
Timer1	Interval	500	计时器 Timer 事件的触发时间间隔，单位为 ms

(3) Timer1 的 Timer 事件代码编写如下：

```
IF THISFORM.Label3.Caption != Time()        && 该事件每秒执行两次，避免过于频繁的刷新
   THISFORM.Label3.Caption= Time()          && 将当前时间赋给标签的标题
ENDIF
```

(4) Label3 的 Click 事件代码编写如下：

```
THISFORM.Label3.Visible= .F.                && 单击标签它就不可见，使数字时钟隐去
```

(5) 创建方法程序：在“表单”菜单中选定“新建方法程序”命令→在“新建方法程序”

对话框中输入方法程序的名称 sz→在“说明”框中输入“显示数字时钟”字样→选定“添加”按钮→选定“关闭”按钮返回表单窗口。

由于这里创建的 sz 方法程序属于表单集，故须在“属性”窗口的对象列表中选定 Formset1（如图 8.6 所示）后，才能找到该属性。

(6) Formset1 的 sz 方法程序的代码如下：

```
THISFORMSET.Form1.Label3.Visible=.T.    && 令标签可见,使时钟重现
```

(7) Form1 的 Click 事件代码编写如下：

```
THISFORMSET.sz                          && 单击 Form1 可调用 sz 方法程序
```

(8) Form2 的 Click 事件代码编写如下：

```
THISFORMSET.sz                          && 单击 Form2 也可调用 sz 方法程序
```

本例在两个表单的单击事件中都设置了对 sz 方法程序的调用，使它们都可通过单击表单来显示时钟。由于在表单集存在的情况下定义的方法程序属于表单集，故在表单集所属表单的任一控件的代码中都可调用该方法程序。

8.3 类

在第 6.3 节中已初步讨论了面向对象的程序设计的基本概念，本节将继续介绍有关的内容，包括类的概念、定义方法与用法。

8.3.1 基本概念

1. 类的概念

(1) 类(class)与对象(object)

在面向对象程序设计中，类与对象都是应用程序的组装模块。例如，在表单控件工具栏中，每个控件按钮都代表一个类；使用其中某个按钮在表单上创建的一个控件，就是一个对象。由此可见：

① 类是对象的定义，它其实是已经定义了的关于对象的模板(template)，用于提供对象具有的属性、事件和方法程序；

② 对象是类的实例，对象可通过类来产生。

(2) 基类(base class)

基类是 Visual FoxPro 预先定义的类。在“新建类”对话框的“派生于”下拉列表中，包含了 Visual FoxPro 的全部基类(参阅例 8-7)，如表单(Form)、表单集(FormSet)等。初始的表单控件工具栏中包含的其他类(如 TextBox、Timer 等)也是基类。

基类可作为用户定义类的基础。用户可从基类来创建新类，并增添自己需要的新功能。

(3) 子类(subclass)

以某个类的定义为起点创建的新类称为子类，前者称为父类。例如，从基类来创建新

类时，基类是父类，新类是子类。

新类将继承父类的全部特征，包括对父类所做的任何修改。

(4) 用户定义类(user-defined class)

用户可从基类派生出子类，这就是用户定义类；Visual FoxPro 还允许从用户定义类派生出子类。因此用户定义类可以是子类，也可以作为父类。

用户可为用户定义类设置属性、编写事件代码与方法程序代码，也可创建新的属性和方法程序。

用户定义类也可以添加到表单控件工具栏中。

(5) 容器类(container classes)和控件类(control classes)

前已说明，Visual FoxPro 创建的对象可分为容器和控件两种，实际上，类也可分为容器类和控件类两种。用户可以从基类派生出容器类，例如，从 Form 类可派生出表单类。

(6) 类库(class library)

类库可用来存储以可视方式设计的类，其文件扩展名为.VCX。一个类库通常可容纳多个子类，这些子类允许由不同的基类派生。

2. 类的特征

作为模板，类规定了对象的属性、事件和方法程序。它具有封装(encapsulation)、子类、继承性(inheritance)等重要特征，这些特征有利于提高代码的可重用性和易维护性。

(1) 封装特征

作为封装体，类把对象的“特征”(数据)和“行为”(加于数据的操作)两方面的信息(在 Visual FoxPro 中表示为对象的属性、事件和方法程序)集中于一身，隐藏了不必要的复杂性。例如，对一个命令按钮设置 Caption 属性时，不必说明这个标题的字符串是如何存储的。这样做的优点为：

① 有利于管理复杂的对象。由于隐藏了对象内部的细节，使用户能集中精力使用对象的特性；

② 有利于程序的安全。隐藏对象信息能防止代码因不慎而受到破坏。

(2) 子类特征

一个子类可以拥有其父类的全部功能，但也可以增加自己的属性和方法，使它具有与父类不同的特殊性。

如果创建一个合适的子类，并在多处创建它的实例，就能使代码得到重复使用，可见定义子类是减少代码的途径之一。

(3) 继承性特征

继承性包括以下内容：

① 对象能自动继承创建它的类的功能。

② 子类能自动继承父类的功能。

③ 对一个类的改动能自动反映到它的所有子类中。

继承性不只节省了用户的时间和精力，同时也减少了维护代码的难度。所以，继承性是合理地进行代码维护的重要措施。

8.3.2 用户定义类

支持用户创建自己的类，是 Visual FoxPro 最强大的功能之一。用户定义的类可以添加到表单控件工具栏中，以便在应用程序设计中重复使用。

创建用户定义类通常出于以下目的：

(1) 封装通用功能：为通用功能创建控件类，以便将它们的实例添加到表单中。例如，移动记录指针的命令按钮类、表单关闭按钮类、帮助按钮类等。

(2) 赋予应用程序统一的外观和风格：例如，若创建了具有自定义外观和动作的表单类，便可将它用作所有要创建的表单的模板；若创建了具有独特外观（如带阴影效果）的文本框类，便可在应用程序所有需要文本框的地方都使用这个类。

1. 类的创建

创建用户定义类的一般的操作步骤如下。

(1) 新建一个类：选定"文件"菜单的"新建"命令，接着在弹出的"新建"对话框中选定"类"选项按钮，然后选定"新建文件"按钮，使屏幕上出现"新建类"对话框（参阅图 8.7）。

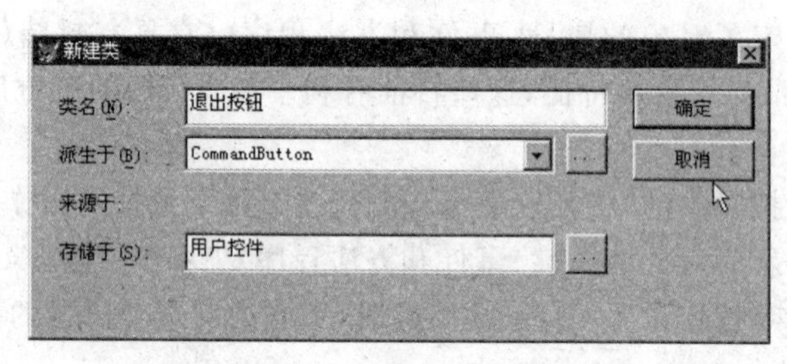

图 8.7 "新建类"对话框

(2) 在"新建类"对话框中指定新类所需的类库、基类与类名。

① "存储于"文本框：用于指定新类库名或已有类库的名字。类库名可包含路径，若未指明路径表示使用默认路径。

② "派生于"下拉列表框：用于指定派生子类的基类。

③ "类名"文本框：用于指定类名，该类是基类的子类。

(3) 类设计器的操作：类设计器的用户界面（参阅图 8.8）与表单设计器相同，在"属性"窗口中可以查看和编辑类的属性，在代码编辑窗口中可以编写各种事件和方法程序的代码。以下将举例说明。

［**例 8-7**］ 创建一个带有确认功能的"退出按钮"类。

① 从 CommandButton 基类新建子类：选定"文件"菜单的"新建"命令→在"新建"对话框中选定"类"选项按钮，然后选定"新建文件"按钮→在如图 8.7 所示"新建类"对话框的"类名"文本框中输入类名"退出按钮"；在"派生于"下拉列表框中选定基类 CommandButton；在"存储于"文本框中输入类库的名字"用户控件"→选定"确定"按钮关闭对话框。

② 在类设计器中为“退出按钮”类设置属性与事件(参阅图 8.8),“新建类”对话框关闭后,随即会弹出一个“类设计器”窗口。“类设计器”窗口内显示一个“退出按钮”窗口,这就是“退出按钮”类;“退出按钮”窗口中有一个 Command1 按钮(在图 8.8 中 Command1 已改作“退出”两个字),这是类的实例的模样。

在属性窗口中将“退出按钮”类的 Caption 属性由 Command1 改为“退出”,使按钮上显示“退出”二字。

双击“退出按钮”窗口内部,使显示代码窗口。然后为 Click 事件输入如下代码:

```
IF MESSAGEBOX("一定要退出吗?",4+48,"请确认")=6
        && 信息框包含“是”和“否”按钮,图标显示惊叹号,单击“是”按钮返回数值 6
  THISFORM.Release
  CLEAR EVENTS    && 停止处理事件(参阅 10.1 节第 4 点)
ENDIF
```

③ 关闭类设计器窗口。

本例创建了一个“用户控件.VCX”类库文件,同时在该类库中创建了一个以 CommandButton 为基类的“退出按钮”类。

结合图 8.8 右侧的属性窗口,下面对类的几个属性加以解释。

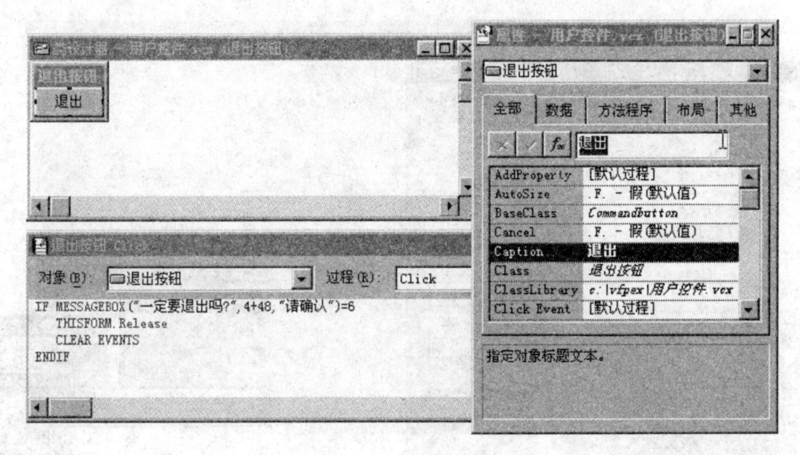

图 8.8　类设计器

Class:类名。

BaseClass:基类名。

ClassLibrary:类库路径与名字。

ParentClass:父类名。若该类是由 Visual FoxPro 基类派生而来的,则该属性值与 BaseClass 属性值相同。

最后,再对类的创建补充说明几点。

① 一个类库可容纳多个类,在已有的类库中创建类时,可通过“新建类”对话框内的“存储于”文本框右侧的对话按钮选定一个已有的类库。

② Visual FoxPro 允许创建用户定义类的子类,此时子类已不是由基类派生,而是派生于某个用户定义类。应该通过“新建类”对话框中“派生于”框右侧的对话按钮来指定一

个用户定义类。

③ 如果新类是基于容器类的,可以向它添加控件。添加控件的方法与在表单设计器中的操作一样,即在表单控件工具栏中选定某按钮,然后将它拖动到类设计器中。

2. 将类添加到表单控件工具栏

若要将可视类库中的用户定义类添加到表单控件工具栏中,可以使用该工具栏中的“查看类”按钮。请看例 8-8。

[**例 8-8**] 试将例 8-7 创建的“退出按钮”类添加到表单控件工具栏中。

打开任一表单(参阅图 8.10)→选定表单控件工具栏的“查看类”按钮→在弹出菜单中选定“添加”命令→在如图 8.9 所示的“打开”对话框列表中选定可视类库文件“用户控件. VCX”→选定“确定”按钮关闭对话框,表单控件工具栏中就会包含一个“退出按钮”。

“退出按钮”类添加到表单控件工具栏后,“查看类”按钮的弹出菜单中就增入了“用户控件”选项,该选项的文本是类库名。图 8.10 显示了选定“用户控件”选项后的情况,图中工具栏右端的按钮就是“退出按钮”类,它以类名“退出按钮”为提示(在运行时鼠标指针移到按钮上能显示的文本),用户可用此按钮在表单上创建“退出按钮”控件。

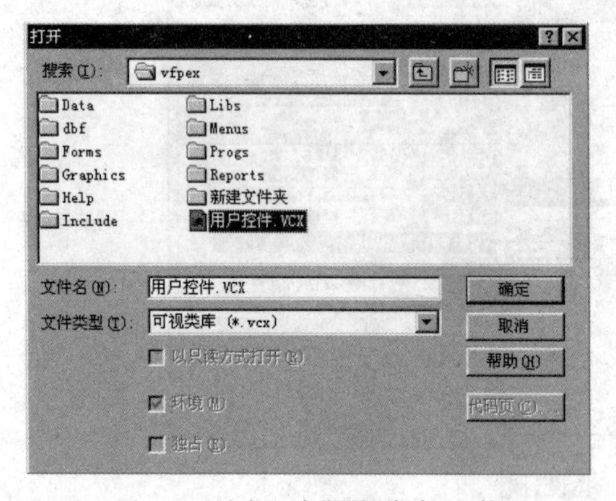

图 8.9 选定一个“可视类库”文件

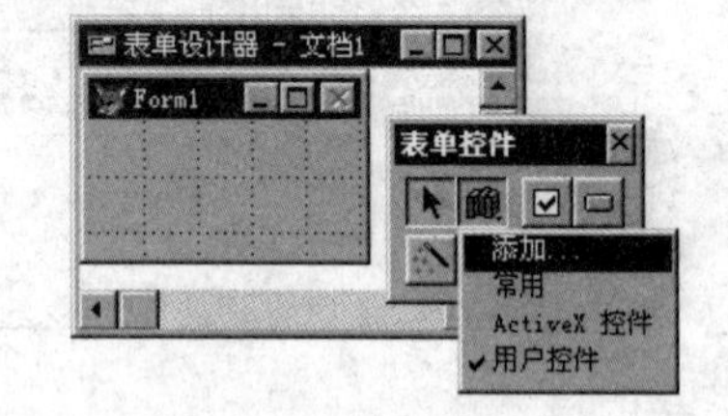

图 8.10 表单控件工具栏中的用户定义类

注意:无论在表单设计器还是在类设计器中打开表单控件工具栏,都可在栏中添加类。

3. 类的编辑

(1) 修改已定义的用户定义类

若要为用户定义类设置属性、编写事件代码或方法程序代码,或创建新的属性或方法程序时,都必须打开“类设计器”。打开“类设计器”的方法是打开一个可视类库,并选定其中的一个类。“类设计器”的操作方法则与“表单设计器”相同。

［**例 8-9**］ 试修改“退出按钮”类，要求为表单定义的基于该类的按钮具有提示功能。

① 打开类设计器：选定“文件”菜单的“打开”命令→在如图 8.9 所示的“打开”对话框列表中选定可视类库文件“用户控件.VCX”→选定“确定”按钮→在如图 8.11 所示的“打开”对话框列表中选定可视类库的“类库名”为“用户控件.VCX”→在“类名”列表中选定一个类(若只有一个类，该操作可省略)→选定“打开”按钮，该对话框就关闭，并且屏幕上显示“类设计器”窗口(参阅图 8.8)。

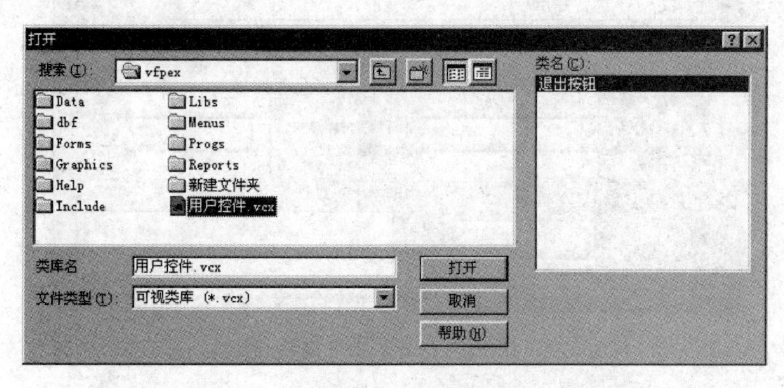

图 8.11 在“打开”对话框指定类库和类

② 属性设置：在属性窗口中将“退出按钮”对象的 ToolTipText 属性设置为“退出应用系统”，然后关闭类设计器窗口。

③ 打开某表单，用如图 8.10 所示的自定义按钮在表单上创建一个控件，并将表单的 ShowTips 属性设置为.T.。

表单运行后，当鼠标指针移到上述按钮上时就会显示“退出应用系统”提示文本。

(2) 删除类库中的一个类

以下两个方法都可删除类库中的一个类。

① 使用 REMOVE CLASS 命令：REMOVE CLASS ＜类名＞ OF ＜类库名＞

② 在“项目管理器”的“类”选项卡中添加该类库，然后选定类库中的一个类，选定“移去”按钮。

(3) 删除类库

只要删除.vcx 类库文件即可。

4. 为字段设置类

在表单上创建控件除可通过表单控件工具栏外，还有一种简便的方法，即在数据环境中拖动有关的字段到表单设计窗口来产生控件。例如，将 SB 表的价格字段拖动到表单上会默认产生一个文本框，但也可通过设置将此操作改为产生其他控件。这时，要先在表设计器窗口为字段指定类库和类，然后拖动字段，便能在表单上产生基于该类的控件。

［**例 8-10**］ 从 SB 表的价格字段产生微调控件。

(1) 在表设计器窗口为字段指定类库和类：选定“文件”菜单的“打开”命令来打开 SB 表→选定“显示”菜单的“表设计器”命令→在如图 8.12 所示的列表中选定“价格”字段→

在表设计器窗口左下角的“显示类”下拉列表框中选定 Spinner→选定“确定”按钮。

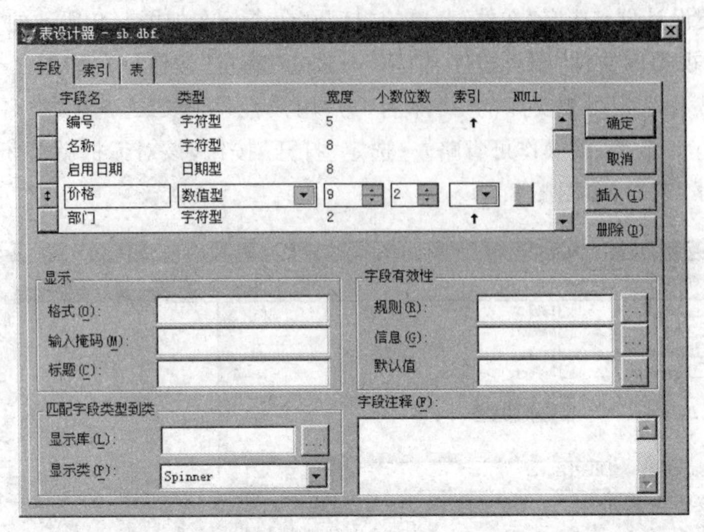

图 8.12　为字段设置类

(2) 在数据环境中拖动字段到表单设计窗口：打开如图 8.13 所示的表单设计器→在数据环境中添加 SB 表→将数据环境中的“价格”字段拖到表单上并松开鼠标，在表单上即产生一个微调控件。

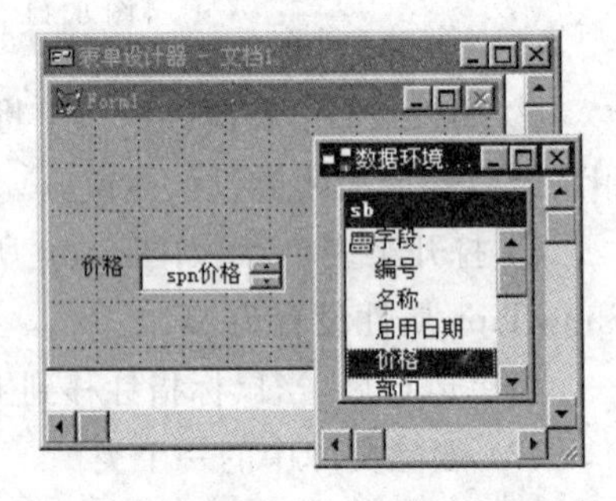

图 8.13　拖动字段产生基于类的控件

注意：

(1) 表设计器窗口中“匹配字段类型到类”区中含有“显示库”和“显示类”两个框。若要使用系统类库，只需在“显示类”下拉列表框中选定一个类；若要使用用户定义的类库，则必须在“显示库”文本框中指出。

(2) 仅数据库表才能指定类库和类。对自由表而言，表设计器窗口中不存在“匹配字段类型到类”这一区域。

8.3.3　用户定义工具栏

用户定义的工具栏其实也是一种用户定义类，只是工具栏与其他栏相比有点特殊，它必须在表单集中创建。其原因是自定义的工具栏本身就是一种表单。

创建自定义工具栏一般可分以下 3 步来进行：

(1) 从 Toolbar 基类创建一个自定义工具栏类，并为它设置功能。

(2) 在表单控件工具栏中添加一个代表该自定义工具栏的按钮。

(3) 在表单集中创建该自定义工具栏。

现在就参照上述 3 个步骤，用一个例子来说明创建用户自定义工具栏的具体步骤。

[**例 8-11**]　设计一个能移动记录指针的工具栏，要求包括首页、上页、下页、末页和关闭 5 个按钮。

(1) 创建一个自定义工具栏类

① 从 Toolbar 基类新建类：选定“文件”菜单的“新建”命令→在“新建”对话框中选定“类”选项按钮，然后选定“新建文件”按钮→参阅图 8.7 在“新建类”对话框的“类名”框中输入：指针工具栏；在“派生于”下拉列表框中选定基类 Toolbar；在“存储于”文本框中输入类库的名字：用户控件→选定“确定”按钮关闭对话框，屏幕就会显示类设计器（参阅图 8.14），属性窗口中将显示“指针工具栏”对象。

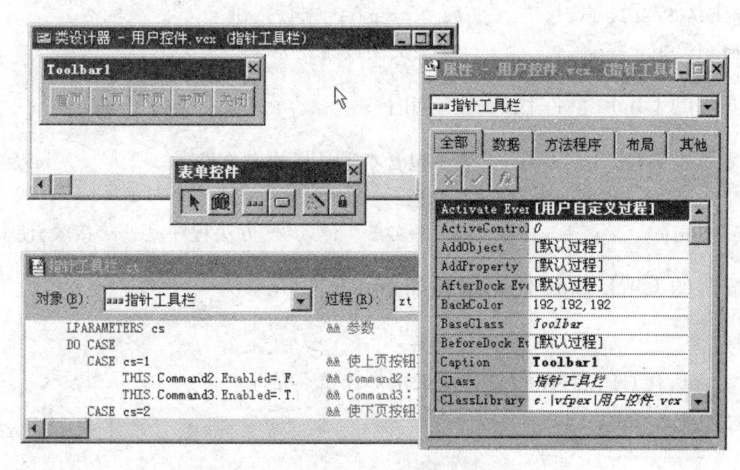

图 8.14　“指针工具栏”类设计器

② 在“指针工具栏”对象中建立首页、上页、下页、末页、关闭 5 个按钮：利用表单控件工具栏的“命令按钮”控件分别在类设计器的 Toolbar1 窗口中创建 5 个按钮（添加按钮时窗口会自动扩大）→各按钮的 Caption 属性依次分别设置为首页、上页、下页、末页、关闭→将各按钮的 AutoSize 都设置为.T.，然后拖动窗口右边框将窗口放大。

③ 为“指针工具栏”对象建立一个名为 zt（状态）的新方法程序，用以控制按钮是否发亮：选定“类”菜单的“新建方法程序”命令→参阅图 8.4，在“新建方法程序”对话框中输入方法程序的名称 zt→选定“添加”按钮→选定“关闭”按钮。

④ “指针工具栏”对象的 zt 方法程序代码编写如下：

```
* 设置工具栏各按钮的状态：发亮（按钮可用）或不亮（浅色，按钮暂不可用）
LPARAMETERS cs                          && 参数
DO CASE
   CASE cs=1                            && 使上页按钮不亮
        THIS.Command2.Enabled=.F.  && Command2 为上页按钮
        THIS.Command3.Enabled=.T.  && Command3 为下页按钮
   CASE cs=2                            && 使下页按钮不亮
        THIS.Command2.Enabled=.T.
        THIS.Command3.Enabled=.F.
   CASE cs=3                            && 使上页按钮和下页按钮都亮
        THIS.Command2.Enabled=.T.
        THIS.Command3.Enabled=.T.
ENDCASE
THISFORMSET.Form1.Refresh
```

⑤“指针工具栏”对象的 Activate 事件代码编写如下：

```
*初始时使各按钮都亮
THIS.Command1.Enabled=.T.        && Command1:首页按钮
THIS.Command2.Enabled=.T.
THIS.Command3.Enabled=.T.
THIS.Command4.Enabled=.T.        && Command4:末页按钮
THIS.Command5.Enabled=.T.        && 使关闭按钮发亮
```

⑥ 首页按钮的 Click 事件代码编写如下：

```
*THIS 表示本工具栏,THIS.Parent 表示包含本工具栏的表单集
GOTO 1
THIS.Parent.zt(1)                && 将实参 1 传入 zt 方法程序,由 cs 接收;使上页按钮不亮
```

⑦ 上页按钮的 Click 事件代码编写如下：

```
IF RECNO()=1
   THIS.Parent.zt(1)             && 使上页按钮不亮
ELSE
   SKIP -1
   IF RECNO()=1
      THIS.Parent.zt(1)          && 使上页按钮不亮
   ELSE
      THIS.Parent.zt(3)          && 使各按钮都亮
   ENDIF
ENDIF
```

⑧ 下页按钮的 Click 事件代码编写如下：

```
IF RECNO()=RECCOUNT()                 && 是末页
   THIS.Parent.zt(2)                  && 使下页按钮不亮
ELSE
   SKIP
   IF RECNO()=RECCOUNT()              && 是末页
      THIS.Parent.zt(2)               && 使下页按钮不亮
   ELSE
      THIS.Parent.zt(3)               && 使各按钮都亮
   ENDIF
ENDIF
```

⑨ 末页按钮的 Click 事件代码编写如下：

```
GOTO BOTTOM
THIS.Parent.zt(2)                     && 使下页按钮不亮
```

⑩ 关闭按钮的 Click 事件代码编写如下：

```
THISFORMSET.Release
```

然后关闭“类设计器”来保存上述设置。

注意：由例 8-8 可知，若要将类(如“退出按钮”类)添加到表单控件工具栏，只需添加包含此类的类库(如“用户控件.VCX”)。由于现在“用户控件.VCX”又包含“指针工具栏”类，故“指针工具栏”类就会自动添加到表单控件工具栏。

(2) 在表单集中创建“指针工具栏”

操作步骤如下：打开 SBBD.SCX 表单设计器(参阅例 8-4)→单击表单控件工具栏中“指针工具栏”按钮→单击 Form1 表单某处，表单设计器窗口左上角就会出现一个工具栏→将 Toolbar1 的 Caption 属性值设置为“移动记录指针”→将 Form1、Form2、指针工具栏 1 这 3 个表单的 ShowWindow 属性都取默认值 0(在屏幕中)。

表单集运行后，屏幕将显示设备表维护窗口与一个可浮动的“指针工具栏”，即可操作该工具栏的按钮来显示 SB 表记录。

说明：

(1) 这里为 SBBD.SCX 表单集创建工具栏，其实本例设计的工具栏能为任何当前表移动记录指针，也可为其他表单集创建该工具栏。

(2) 在设计时若要删除工具栏，可使用“表单”菜单的“移除表单”命令。

(3) 表单控件工具栏中的分隔符按钮可用来在工具栏的控件间加上空格。

习　题

1. 含有两个表单的应用程序在什么情况下才是父表单与子表单的关系？

2. 如何在表单集中实现应用程序的单文档和多文档两类用户界面？

3. 为例 7-10 继续设计表单，要求在原命令按钮组内增加下列两个命令按钮。

(1) 删页按钮：用于按用户指定的记录号来删除记录。

(2) 查页按钮：用于打开一个窗口，供指定按记录号或按设备编号来查找记录。

4. 设计一个具有密码检验功能的应用程序，并要求密码检验合格时能打开一个带菜单的设备管理窗口。

5. 什么是类？什么是对象？它们的关系如何？试举例说明。

6. 创建一个表单子类，要求基于该子类的表单有如下特征：

(1) 表单的标题栏为“大洲汽车厂”。

(2) 表单的右下角具有数字时钟。

7. 在表单控件工具栏中添加一个“输入”按钮，要求用此按钮创建如图 8.15 所示的输入窗口。

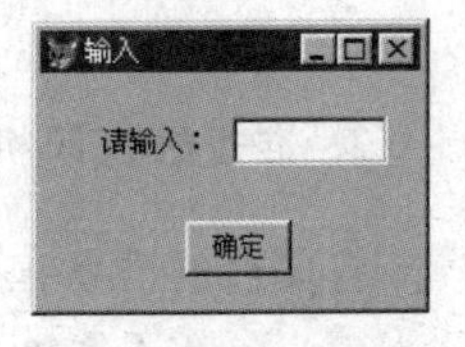

图 8.15　自定义控件

8. 项目管理器的“类”选项卡中包含“新建”、“添加”、“修改”和“移去”按钮，试分别说明这些按钮的功能。

9. 设计一个具有剪切、复制和粘贴按钮的用户定义工具栏，并使这些按钮可用于对某编辑框中的文本施行剪贴板操作。

第9章 报表设计

报表是数据库应用系统常使用的输出形式。Visual FoxPro 提供的报表设计器,兼有设计、显示和打印报表的功能。本章先介绍打印的基础知识,然后讨论报表设计器的操作方法。

9.1 打印基础

在打印之前,一般需经过安装打印驱动程序、准备好打印机和设置打印选项等步骤。

9.1.1 打印前的准备

1. 安装打印机

安装打印机的实质是安装打印驱动程序,其结果是在 Windows 打印机对话框中出现一个可用打印机的图标。安装时,可以通过"打印机"对话框中的"添加打印机"图标来启动"添加打印机"向导,直至安装好打印机驱动程序并产生所要的图标(参阅图 9.1)。

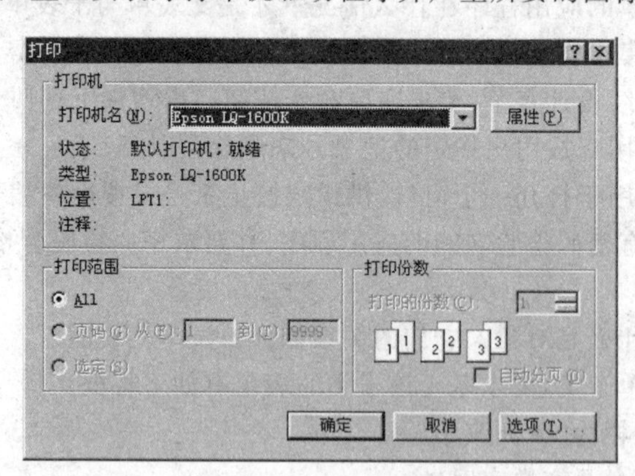

图 9.1 "打印"对话框

2. 准备好打印机

打印前的准备工作包括以下内容:

(1) 在确认主机与打印机已用电缆连接后,将打印机电源插头与电源插座连接起来;

(2) 装好打印纸;

(3) 打开打印机电源开关。

上述工作虽然无须每次打印都做一遍,但其中任何一项未做好,打印机就无法打印。

3. 设置打印选项

选定“文件”菜单的“页面设置”选项，就会出现一个“打印设置”对话框(图略)，供用户选定打印机、设置纸张和指定纸张打印方向。

9.1.2 打印的方法与命令

本节介绍 Visual FoxPro 的菜单打印方法与常用打印命令。

1. 菜单控制打印

选定“文件”菜单的“打印”命令，就会打开如图 9.1 所示的“打印”对话框。以下是该对话框的部分功能。

(1)“打印范围”区：

All 选项按钮：打印文档的全部页面。

“页码”选项按钮：打印文档中选定页码范围的页面。

“选定”选项按钮：打印文档中选定的部分。

(2)“打印份数”区：用于指定文档的打印份数。微调器是否可用取决于所用打印机的性能。

(3)“选项”命令按钮：用于打开“打印选项”对话框(见图 9.2)。其功能如下。

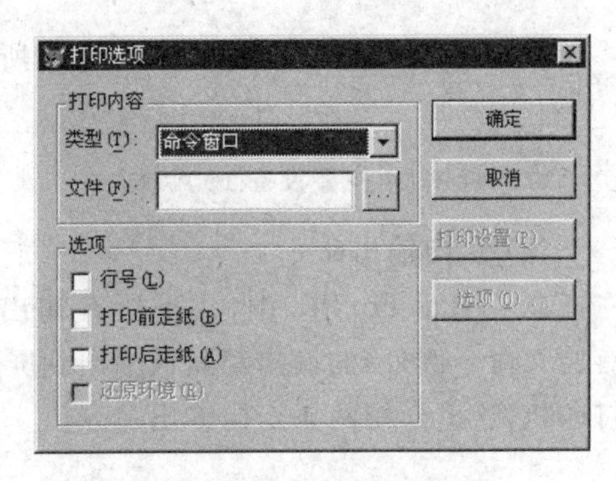

图 9.2 “打印选项”对话框

①“打印内容”区：“类型”组合框用于指定打印类型，如文件、命令窗口、剪贴板或报表等。“文件”文本框用于指定要打印文件的路径及文件名。使用时请注意下述 3 点。

- 若打印的是命令窗口或剪贴板的内容，只需在组合框中选定相应的打印类型，不需在“文件”文本框进行设置。
- 若在“文件”文本框已经指定了.TXT、.PRG、.QPR 或.DBF 文件的路径及文件名，系统会自动将类型置为文本，不需再指定打印类型。对.DBF 文件，将按文本格式打印出其结构。
- 对于已打开的文件，选定“打印”对话框的“确定”按钮即开始打印，不需在“打印选项”对话框中另行设置。

②“选项”区：

“行号”复选框：使得打印每行内容时以行号开头。

“打印前走纸”复选框：指定在打印前将打印头移到下一页的顶部。

“打印后走纸”复选框：指定在打印后将打印头移到下一页的顶部。该选项在打印报表和标签时不能使用。

“还原环境”复选框：若选定该选项，则当打印 FoxPro 2.x 版本的报表时，允许使用在这种版本下保存在报表中的数据环境。该选项不适用于 Visual FoxPro 报表。

③“打印设置”命令按钮：用于显示“打印设置”对话框。

④“选项”命令按钮：用于显示“报表和标签打印选项”对话框(参阅 9.2.4 节)，从中可以筛选出要打印的记录。

2. 常用的打印命令

(1) 带 TO PRINTER 子句的输出命令

有许多 Visual FoxPro 命令可带 TO PRINTER 子句，它能使原来仅送到屏幕的输出同时送往打印机，并且直接打印。以下是常见的例子。

```
① LIST|DISPLAY STRUCTURE TO PRINTER          && 打印当前表的结构
② LIST|DISPLAY TO PRINTER                    && 打印当前表的内容
③ LIST|DISPLAY MEMORY TO PRINTER             && 打印当前的变量和数组内容
④ TYPE <文件名.扩展名>TO PRINTER              && 打印 ASCII 字符文件的内容
⑤ DIR TO PRINTER                             && 打印当前目录中所有表的名字
⑥ STATUS TO PRINTER                          && 打印 Visual FoxPro 环境状态
```

例如，如果要打印数据库表 SB 中的所有非主要设备的价格，可使用以下的命令序列：

```
USE sb
LIST FOR NOT 主要设备 TO PRINTER
```

(2) 定向输出命令

在 Visual FoxPro 中，几乎所有输出命令(如 LIST|DISPLAY、? 或?? 命令等，只有??? 命令例外)的输出都默认输出到屏幕。如果需要打印，可以把输出命令定向输出到打印机，这里介绍两条定向输出命令。

```
SET PRINTER ON | OFF
SET PRINTER TO [<文件名.扩展名>[ADDITIVE] | <打印端口>]
```

前一条决定能否向打印设备输出；后一条用于指定打印设备名，不仅可以是本地或网络打印机，也可以是磁盘上的一个文本文件(.TXT)。这两种命令通常配套使用。

[**例 9-1**] 打印如图 9.3 所示的非主要设备的价格，要求在各行之间要画一间隔线。

如果不画间隔线，只需使用如下命令：

```
LIST FIELDS 名称,价格 FOR NOT 主要设备 TO PRINTER
```

即可解决问题。本例可改用定向输出命令实现，程序如下。

```
钻床      5275.00元
-------------------
复印机   10305.01元
-------------------
轿车    151000.00元
-------------------
```

图 9.3 非主要设备的价格

```
* E9-1.PRG
USE sb
SET PRINTER ON                    && 允许数据输出到打印设备
SCAN FOR NOT 主要设备              && 为每一非主要设备产生一个价格行
  ?SUBS(名称,1,6)+STR(价格,11,2)+'元'
  ?REPLICATE('-',19)              && 用 19 个重复的'-'号形成一条隔离线
```

```
ENDSCAN
SET PRINTER OFF                     && 此后的输出数据仍只送到屏幕
SET PRINTER TO LPT1                 && 由连接 LPT1 打印端口的打印机打印
```

［**例 9-2**］ 将 SB 表的表结构存入磁盘文件 sbjg.txt。

```
USE sb
SET PRINTER TO sbjg.txt             && 将文本文件 SBJG.TXT 指定为打印设备
SET PRINTER ON                      && 允许数据输出到打印设备
LIST STRUCTURE
SET PRINTER OFF                     && 此后的输出数据仍只送到屏幕
SET PRINTER TO                      && 生成 SBJG.TXT,输出复原到默认的 MS-DOS 的 PRN 端口
```

本例中使用了带＜文件名.扩展名＞子句的 SET PRINTER TO 命令,将输出定向到磁盘上的一个文本文件。该命令必须用在 SET PRINTER ON|OFF 命令之前。如果定向输出的设备是打印机(即使用＜打印端口＞子句),则该命令出现在 SET PRINTER ON|OFF 命令之后(见例 9-1),方能打印已允许输出到打印设备的数据。

9.2 报表设计器的基本操作

报表设计器是 Visual FoxPro 提供的一种制表工具,具有报表设计、显示和打印等功能。

使用报表设计器来设计报表,其主要任务是设计报表布局和确定数据源,报表布局确定了报表样式,而数据源则为布局中的控件提供数据。与表单设计一样,数据源也可由数据环境设计器来管理。本章将用两节介绍 Visual FoxPro 6.0 的报表设计器。本节讲它的基本操作,9.3 节说明它的高级操作。

Visual FoxPro 6.0 提供了 3 种创建报表的方法。

(1) 用报表向导创建简单的单表或多表报表,由它自动提供报表设计器的定制功能,这是创建报表的最简单的途径。

(2) 直接用“报表设计器”创建报表。

(3) 用“快速报表”命令为一个表创建一个简单报表,这是创建布局的最快捷的途径,也是用报表设计器创建报表的特例。

“报表设计器”也可用于修改上述各种方法产生的报表,使之更加完善与适用。

“报表设计器”的基本操作包括:打开“报表设计器”窗口、快速建立报表、报表页面预览、保存报表定义和打印报表等内容,现分述于下。

9.2.1 打开报表设计器窗口

“报表设计器”窗口打开后,在 Visual FoxPro 系统菜单中将临时增加一个“报表”菜单(如图 9.4 所示),并在“显示”、“格式”、“文件”等菜单中将增加一些命令或改变一些命令的功能(例如,“文件”菜单的“页面设置”命令)。它们与“报表设计器”窗口相互配合,组成设计与打印报表的方便的工具。

与表单相似,“报表设计器”窗口也能以命令和菜单两种方式来打开。

(1) 命令方式打开

通常使用命令 MODIFY REPORT ＜报表文件名＞,报表文件的扩展名默认为.FRX,但命令中允许省略。例如,向命令窗口输入命令 MODIFY REPORT SBJGB,就会出现标题为 sbjgb.frx 的“报表设计器”窗口(参阅图 9.6)。如果是新建的报表文件,则该窗口内部是空的。

(2) 菜单方式打开

方法与打开“表单设计器”窗口相似(参阅表 6.1),只需将有关步骤中的“表单”改为“报表”即可,这里不再细述。

9.2.2 快速制表

类似于创建快速表单,设计一个报表一般也从快速制表开始,然后按实际需要来修改报表定义。“报表”菜单的“快速报表”命令(参阅图 9.4)用于快速制表,如果选定“快速报表”命令前未打开表,系统将出现一个“打开”对话框,供用户指定要打开的表。

[**例 9-3**] 利用快速制表功能为 SB.DBF 设计一张包括编号、名称和价格 3 栏的报表。

(1) 打开“报表设计器”窗口:向命令窗口输入命令 MODIFY REPORT SBJGB,使屏幕上出现“报表设计器”窗口(参阅图 9.6)。

(2) 设置数据源:在“报表设计器”窗口中右击,在快捷菜单中选定“数据环境”命令→在“数据环境设计器”窗口中添加 SB 表。

设置数据源有两种方法:在数据环境中添加,或事先打开一个表(例如,在命令窗口中输入 USE ＜表名＞命令)。

(3) 启动快速制表:选定“报表设计器”窗口,然后在如图 9.4 所示的“报表”菜单中选定“快速报表”命令,使出现如图 9.5 所示的“快速报表”对话框。该对话框简释如下。

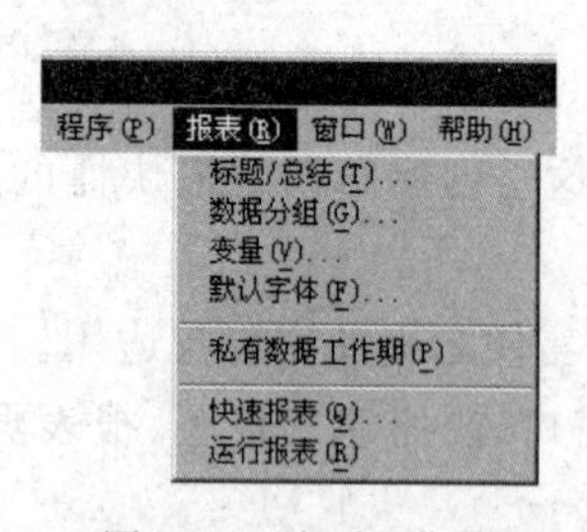

图 9.4 “报表”菜单

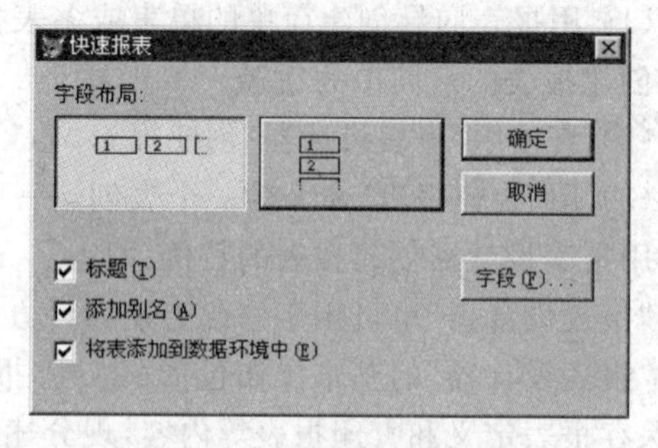

图 9.5 “快速报表”对话框

两个“字段布局”按钮:左按钮表示按列布局,即每行放置一条记录,且字段按水平方向放置;右按钮表示按行布局,即每条记录的字段在一侧竖直放置。

“标题”复选框:用于产生相应于每个字段(图 9.6 中细节带区中的 3 个域控件)的标题(图 9.6 中页标头带区中的 3 个标签控件)。

“添加别名”复选框:若选定该框,则 Visual FoxPro 在某些场合(如“报表表达式”对话框)显示字段名时会加上别名,如SB.编号。

“将表添加到数据环境中”复选框:一旦选定,能将当前打开的表添加到数据环境中。

通常上述3个复选框都应选定。

(4) 设置快速报表属性:选定“快速报表”对话框的“字段”按钮→在“字段选择器”对话框(图略)中依次选出编号、名称和价格3个字段→选定“确定”按钮返回“快速报表”对话框→选定“确定”按钮返回“报表设计器”窗口。

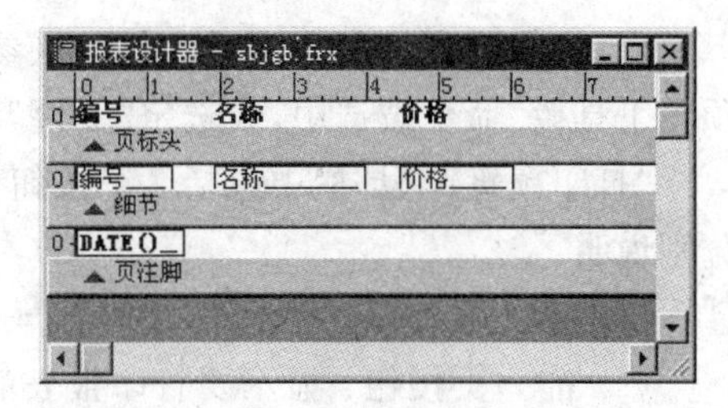

图9.6 设备价格表“报表设计器”

定义快速报表后的“报表设计器”窗口如图9.6所示,若干控件已分别置于报表设计器的不同带区中。图9.6中包含“页标头”、“细节”和“页注脚”3个报表带区,“报表设计器”最多可有9种带区,详见9.3.2小节。

“报表设计器”窗口的“页标头”带区中依次列出了编号、名称和价格3个标签控件,用来表示各字段的标题;“细节”带区对应上述3个字段标题依次列出了3个域控件,用来代表不同记录的字段值;在“页注脚”带区中分别显示了表示日期的“DATE()”域控件,作为标题显示的“页”标签控件和用来返回页号的“_PAGENO”域控件。关于页号的两个控件在带区的右端,可使用水平滚动条来观察。

(5) 保存报表定义:选定“文件”菜单的“保存”命令,将产生报表文件SBJGB.FRX及其备注文件SBJGB.FRT。备注文件与其报表文件的主名相同,扩展名为.FRT。保存报表定义也有多种方法,情况与保存表单定义相同,此不赘述。

至此,本例要求的报表已设计完毕,接下来就可预览页面和打印报表了。

9.2.3 页面预览

报表设计器在“显示”菜单和快捷菜单中都提供了报表预览功能,使用户可在屏幕上观察报表的设计效果。预览的屏幕显示与打印结果完全一致,具有所见即所得的特点。制作报表时,常需在设计和预览这两个步骤间多次反复,直至将报表修改到完全符合要求后才打印。

现在来预览例9-3创建的报表。当例中第(4)步完成后,只要选定“显示”菜单的“预览”命令,就会出现“预览”窗口,其中显示了所设计的报表页面(如图9.7所示)。

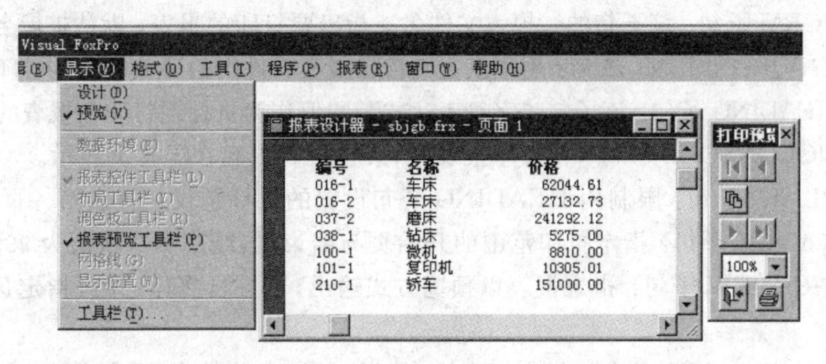

图9.7 “显示”菜单、“预览”窗口与“打印预览”工具栏

用户还可使用“打印预览”工具栏(参阅图 9.7)来更改预览,如果“显示”菜单的“报表预览工具栏”命令被选中,或选定“文件”菜单的“打印预览”命令,就会显示该工具栏。

“打印预览”工具栏中包括 7 个按钮和 1 个组合框,下面按自左到右、自上至下的次序分别说明:

(1) 第一页按钮:显示第一页。

(2) 前一页按钮:显示要打印报表的前一页。

(3) 转到页按钮:显示“转到页”对话框,以便指定要预览的页。

(4) 下一页按钮:显示要打印报表的后一页。

(5) 最后一页按钮:显示要打印报表的最后一页。

(6)“缩放”组合框:在预览窗口中按文本实际大小的 100%、75%、50%、25% 或 10%显示。

(7) 关闭预览按钮:关闭打印预览窗口。

(8) 打印报表按钮:开始打印报表。

9.2.4 报表打印

除可利用打印预览工具栏中的打印报表按钮来打印报表外,Visual FoxPro 还提供了命令和菜单两种方式来打印报表。

1. 命令方式打印报表

命令格式:

```
REPORT FORM <报表文件名> [ENVIRONMENT] [<范围>] [FOR <逻辑表达式>]
        [HEADING <字符表达式>] [NOCONSOLE] [PLAIN]
        [RANGE 开始页 [,结束页]]
        [PREVIEW [[IN] WINDOW <窗口名>| IN SCREEN] [NOWAIT]]
        [TO PRINTER [PROMPT] | TO FILE <文件名> [ASCII]]
        [SUMMARY]
```

功能:打印或预览报表。

上述格式中并未包括所有子句。以下对主要子句作简要说明:

(1) FORM 子句:该子句的<报表文件名>指出要打印的报表,默认扩展名为.FRX。

(2) ENVIRONMENT 子句:用于恢复储存在报表文件中的环境信息,供打印时使用。

(3) HEADING 子句:该子句<字符表达式>的值作为页标题打印在报表的每一页上。

(4) NOCONSOLE 子句:在打印报表时,禁止报表内容在屏幕上显示。

(5) PLAIN 子句:限制用 HEADING 子句设置的页标题仅在报表第一页中出现。

(6) RANGE 子句:指定打印范围的开始页与结束页,结束页默认值为 9999。

(7) PREVIEW 子句:指定报表以预览方式输出,不进行打印;并可指定进行预览的窗口。

(8) TO PRINTER 子句:指定报表输出到打印机。若带有 PROMPT 选项,打印前将出现“打印”对话框,供用户指定打印范围、打印份数等要求。

(9) TO FILE 子句：输出到文本文件，ASCII 选项能使打印机代码不写入文件。

(10) SUMMARY 子句：指定打印总结带区的内容，此时不打印细节带区的内容。

例如，在例 9-3 中所定义的报表可用下面的命令进行打印或预览：

```
REPORT FORM sbjgb ENVIRONMENT TO PRINTER        && 打印
REPORT FORM sbjgb ENVIRONMENT PREVIEW           && 预览
```

2. 菜单方式打印报表

“报表设计器”打开后，“报表”菜单的“运行报表”命令、快捷菜单的“打印命令”和“文件”菜单的“打印”命令都可用来打印报表。选定上述命令之一，将会出现如图 9.1 所示的“打印”对话框，选定该对话框中的“确定”按钮后报表即开始打印。

以菜单方式打印报表，在打印之前用户还可筛选数据，步骤如下：选定“打印”对话框中的“选项”命令按钮，使出现如图 9.2 所示的“打印选项”对话框→选定“选项”命令按钮，使出现如图 9.8 所示的“报表和标签打印选项”对话框，该对话框即可用于筛选数据。

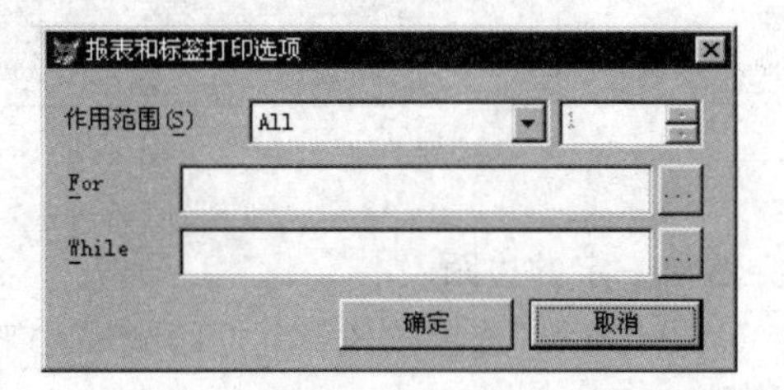

图 9.8 “报表和标签打印选项”对话框

9.3 报表设计器的高级操作

上节的内容已经覆盖了报表打印过程中各个环节的操作。但快速报表的功能比较简单，所设计的报表形式也比较单调。为了设计更复杂的报表，美化报表外观，报表设计器还提供了一组高级功能，用于改进报表的设计，本节将择要介绍。

9.3.1 页面设置

“页面设置”功能用于对页面布局、打印区域、多列（即多栏）打印、打印选项等进行定义。选定“文件”菜单的“页面设置”命令后即出现如图 9.9 所示的“页面设置”对话框，现说明如下。

(1) “页面布局”矩形域

表示一页纸张，并根据打印区域、列数、列宽、列距、左页边距的设置显示页面布局。

(2) “列”微调器区

① “列数”微调器：用于设定每页报表的列数。若微调器取值为 2，表示纸张上分 2 列打印。

② “宽度”微调器：指定列宽，以英寸或厘米为单位。

③ “间隔”微调器：指定列与列的间距，以英寸或厘米为单位。

(3) “打印区域”

① “可打印页”选项按钮：由当前打印机驱动程序来确定最小页边距，打印时纸张将

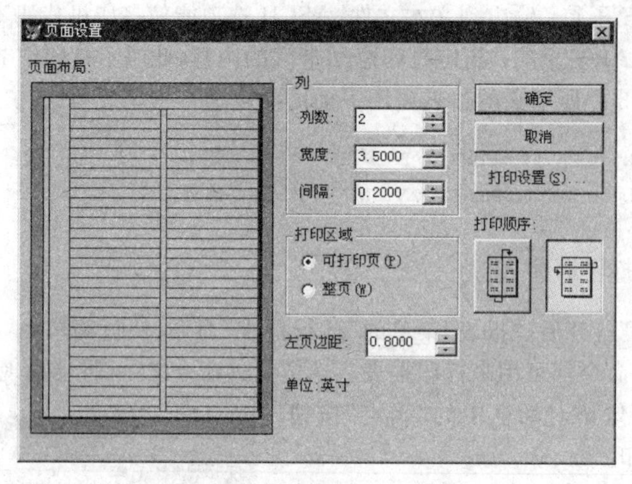

图 9.9 “页面设置”对话框

会留出一定的边距。

②“整页”选项按钮：由打印纸尺寸来确定最小页边距，实际上将整个纸张作为报表打印区域。

(4)“左页边距”

指定左页边距的宽度。

(5)“打印顺序”区

本区包含两个图形按钮，用来在多列打印时确定记录排列的顺序。选定左按钮则记录按纵向逐列排列，而选定右按钮则记录按横向逐行排列。系统默认左按钮有效，假如此时一页设置两列，报表在第一列打印不完的记录将在第二列打印。

(6)“打印设置”按钮

用于显示“打印设置”对话框(图略)。

9.3.2 设计报表带区

“报表设计器”支持多页报表：一页中可包括一个或多个数据组，允许设置多列；每页可有页标头和页注脚；每组可有组标头和组注脚；整套报表还可有一个标题和一个总结。这些要求都可通过报表带区设计来实现。

Visual FoxPro 允许在报表设计器窗口建立 9 种类型的报表带区，表 9.1 列出了这些带区的产生方法及作用。

表 9.1 报表带区的建立及作用

带区名称	带区产生与删除	控件打印周期	控件打印位置
标题	报表菜单的标题/总结命令	整套报表一次	最先，可占一页
页标头	默认存在	每页一次	标题后，页初
列标头	用文件菜单的页面设置命令设置列数	每列一次	页标头后

续表

带区名称	带区产生与删除	控件打印周期	控件打印位置
组标头	报表菜单的数据分组命令	每组一次	页标头、组标头或组注脚后
细节	默认存在	每条记录一次	页标头或组标头后
组注脚	报表菜单的数据分组命令	每组一次	细节后
列注脚	用文件菜单的页面设置命令设置列数	每列一次	页注脚前
页注脚	默认存在	每页一次	页末
总结	报表菜单的标题/总结命令	整套报表一次	组注脚后,可占一页

前文已多次提到报表中的控件。从面向对象的角度来看,报表可看成是由诸多控件组合而成的。因此,对报表的设计主要也是对控件及其布局的设计。这里还需要说明:

(1) 可以在任何带区中设置任何报表控件。

(2) 相同的报表控件安置在不同的带区时,其输出效果也不一样,故使用带区可以控制数据在页面上的打印位置。

(3) 可以调整带区大小,但不能使带区高度小于其内控件的高度。

(4) 可以有多对组标头与组注脚带区。

1. 基本带区

"报表设计器"窗口刚打开时,窗内已含有"页标头"、"细节"和"页注脚"3 个基本带区。

(1) "页标头"带区:该带区位于页标头标识栏的上方,可用于设置报表名称、字段标题以及需要的图形。

(2) "细节"带区:该带区包括从细节标识栏到在它上方的相邻标识栏之间的区域。设置在该区的控件能多次打印。若列入字段控件,就能依次打印表的记录,这相当于用循环程序打印循环体中的数据。

当记录较多或细节带区高度较大,以至在一个页面中容纳不下时,系统会输出多个页面,自动产生多页报表。此时可用系统内存变量_PAGENO 作为报表控件,自动计数来表示页号。

(3) "页注脚"带区:包括从页注脚标识栏到在它上方的相邻标识栏之间的区域。该带区的内容打印在所设定纸张的最后,用于打印每页的一般信息,系统默认在该处打印制表日期、页号等信息。如果不想在页末打印任何内容,可将控件移走或删除。

2. 调整带区高度

快速制表产生的报表带区,其高度仅能容纳一个控件,报表设计器允许调整带区的高度,从而进行增减控件、放大缩小控件或留出空行等操作。

(1) 粗调法:将鼠标移至某带区标识栏上,出现一个上下双向箭头,此时若向上或向下拖曳,带区高度就会随之变化。

(2) 微调法：双击某标识栏任何位置，可打开一个供用户调整带区高度的对话框。例如，双击“细节”标识栏就能打开如图 9.10 所示的“细节”对话框，其中的“高度”微调器用于指定细节带区的高度。

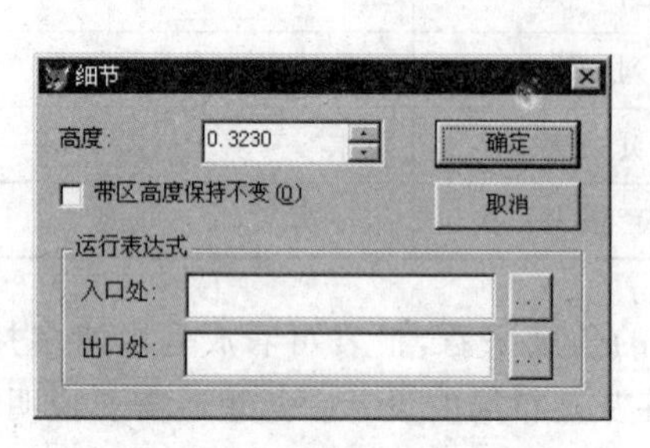

图 9.10 “细节”对话框

设备价格表

编号	名称	价格
016-1	车床	62044.61
016-2	车床	27132.73
037-2	磨床	241292.12
038-1	钻床	5275.00
100-1	微机	8810.00
101-1	复印机	10305.01
210-1	轿车	151000.00

图 9.11 设备价格表

[**例 9-4**] 在例 9-3 所制报表的基础上，设计如图 9.11 所示具有表格线的设备价格表。

(1) 复制报表文件：向命令窗口输入命令 MODIFY REPORT SBJGB→选定“文件”菜单的“另存为”命令→在“另存为”对话框中的文本框内输入 SBJGB1.FRX→选定“保存”按钮，报表文件 SBJGB1.FRX 即被复制并打开。

注意：使用该方法的优点是，在复制.FRX 文件的同时也复制了.FRT 文件；若使用 COPY FILE 命令，则需分别复制这两个文件。

(2) 调整各报表带区的高度：用粗调法将各带区调整至如图 9.12 所示的高度。

(3) 移动报表控件：首先减小垂直跳格距离，即选定“格式”菜单的“设置网格刻度”命令→将“设置网格刻度”对话框（参阅图 6.15）中垂直微调器的值减小到 3；然后将标题和字段控件移到如图 9.12 所示位置。注意，可选定多个控件同时移动，然后用键盘的箭头键微调控件的位置。

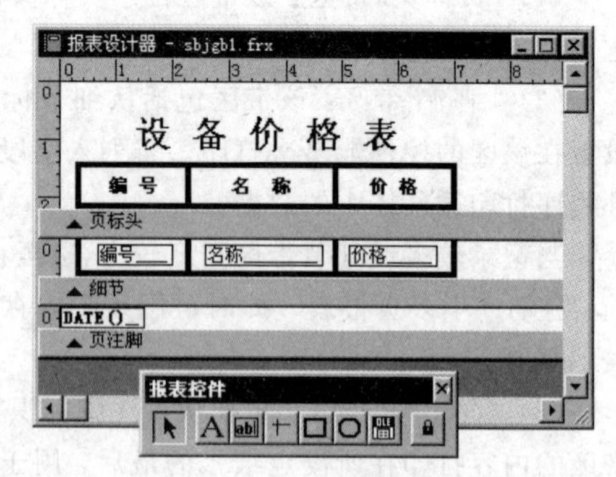

图 9.12 报表表格线设计

(4) 建立表名：选定“显示”菜单的“报表控件工具栏”命令，使显示报表控件工具栏→单击该工具栏的标签按钮（参阅表 9.2）→在页标头带区选定起始位置后输入文本“设 备 价 格 表”→选定“格式”菜单的“字体”命令→在“字体”对话框中设置大小为 18 点的粗型宋体。

进入标签编辑的步骤为：选定某标签控件→单击报表控件工具栏的标签按钮→单击该标签。

(5) 画表格线：在报表控件工具栏选定线条按钮，然后按图 9.12 所示位置画出 3 条横线和 8 条竖线(不同带区的竖线应分别画)。

图 9.12 中细节带区用钉耙形框来输出表格行线与列线,循环打印时仅第一内容行缺少顶线,正好由页标头的底线来弥补。

为使读者看清所画的线,图 9.12 中使用了粗线条,实际制作时可为细线。画粗线的方法是:选定画好的线,在"格式"菜单"绘图笔"命令的弹出菜单中选定一项(如 4 磅)。

为避免画线长短不一而增加调整时间,画好一条线后可用它来做样板,通过剪贴板来产生相同的线。

(6) 保存报表定义:选定"文件"菜单的"保存"命令。

(7) 报表输出:可通过页面预览或报表打印来获得如图 9.11 所示的设备价格表,步骤从略。

若要按条件输出记录,不必改动报表设计,通过编程就可达到目的。例如,打印只含主要设备的价格表,可在下面两组命令中任选一种:

(1)
```
REPORT FORM sbjgbl ENVIRONMENT FOR 主要设备 TO PRINT
```
(2)
```
USE sb
SET FILTER TO 主要设备
REPORT FORM sbjgbl TO PRINT
SET FILTER TO
```

3. 标题与总结带区

选定"报表"菜单的"标题/总结"命令,将出现如图 9.13 所示的"标题/总结"对话框,利用此对话框可在"报表设计器"窗口增删"标题"带区或"总结"带区。

(1)"报表标题"区

若选定"标题带区"复选框,页标头带区上方就会增添一个"标题"带区。对于任何报表文件,"标题"带区的内容最先打印且仅打印一次,一般用来设置报表的总标题或设计报表封面。

选定"新页"复选框,则在打印"标题"带区内容后将换打新页。

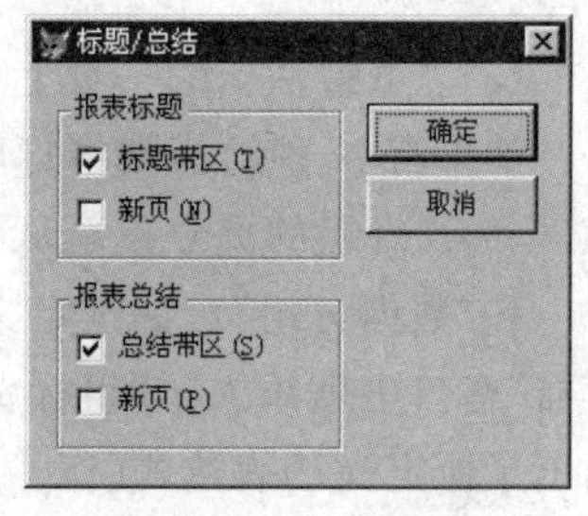

图 9.13 "标题/总结"对话框

(2)"报表总结"区

若选定"总结带区"复选框,会在页注脚带区下方添加一个"总结"带区。对于任何报表文件,该带区的内容也仅打印一次,并且在页注脚带区打印之前,紧接在细节带区的输出之后打印。该带区一般用来打印统计数据。

选定"新页"复选框将换用新页打印总结带区的内容。

若要从报表设计器窗口取消"标题"带区或"总结"带区,只需取消对"标题带区"复选框或"总结带区"复选框的选定即可。

4. 数据分组与组标头/组注脚带区

若要打印分类表、汇总表等报表(如考生按成绩分类、企事业单位按部门或按小组来打印工资单等)，在设计报表时需将数据分组。

Visual FoxPro 对数据分组只需定义一个分组表达式，实际上分组表达式是字段表达式。Visual FoxPro 能按组值相同的原则将表的记录分成几类，每一类数据将根据细节带区安置的控件来打印，并在打印内容前加上组标头的内容，打印内容后加上组注脚的内容。但须注意，通常分组表达式需要进行索引或排序，否则不能保证正确分组打印。

数据分组由“报表”菜单的“数据分组”命令来支持，选定该命令就会出现“数据分组”对话框(参阅图 9.14)，现说明如下。

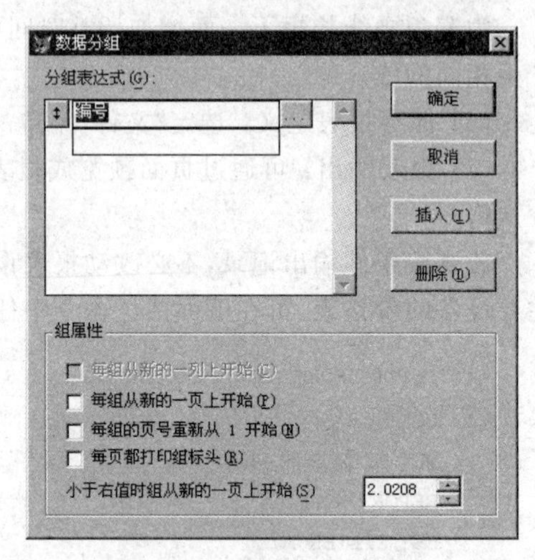

图 9.14 “数据分组”对话框

(1) “分组表达式”列表：用于输入分组表达式。

一个分组表达式定义了一个组，这些组以嵌套方式组织，即某组的下一组是它的子组。嵌套次序与列表中分组表达式的排列顺序一致，列表中第一个组位于嵌套的最外层，拖动分组表达式左边的按钮可改变排列次序。

一个报表内最多可以定义 20 级的数据分组。嵌套分组方式有助于组织不同层次的数据和总计。

(2) “插入”按钮：用于在列表中添加一行，以设置分组表达式。

(3) “删除”按钮：用于删除列表中选定的组。

(4) “每组从新的一列上开始”复选框：选定该复选框能使不同的组值在不同的列打印。

(5) “每组从新的一页上开始”复选框：选定该复选框能使不同的组值在不同的页打印。如果有 N 种组值则将打印 N 页，这为用户提供了一种设计多页报表的方法。

(6) “每组的页号重新从 1 开始”复选框：选定该复选框能在组值改变时将页号置 1。

在“数据分组”对话框定义好分组表达式，并选定“确定”按钮关闭对话框后，“报表设计器”窗口中就添入了“组标头”带区和“组注脚”带区(参阅图 9.19)，并在带区标识栏上标出了所定义的表达式。

[**例 9-5**] 打印如图 9.15 所示的带费用总计的设备大修分类表。

本例可先用报表向导产生一个经过数据分组并带有总计的初始报表，然后将它修改为符合需要的报表。

(1) 使用报表向导产生初始报表：选定“工具”菜单中“向导”选项的“报表”命令，使出现如图 9.16 所示的“向导选取”对话框→选定“确定”按钮，使出现“报表向导(字段选取)”对话框(图略)→将 DX 表的编号、年月、费用 3 个字段都送到“选定字段”列表中，选定“下一步”按钮，使出现如图 9.17 所示的“报表向导(分组记录)”对话框→在第 1 个组合框中选定“编号”作为分组表达式→选定“总结选项”按钮，在随之弹出的“总结选项”对话框(参阅图 9.18)中选定“费用”行“求和”列的复选框，并选定“只包含总结”选项按钮→选定“确定”按钮返回“报表向导”对话框→选定“完成”按钮，使出现“报表向导(完成)”对话框(跳过了其他步骤;图略),在“报表标题”文本框中输入“设备大修分类表”→选定“完成”按钮,通过“另存为”对话框以 DXFLB.FRX 保存报表。

设备大修分类表

10/07/99

编号 016-1

年月	费用
9211	2763.5
9412	3520.0

编号 037-2

年月	费用
9506	6204.4

编号 038-1

年月	费用
9211	1850.0

总和: 14337.9

图 9.15 数据分类情况

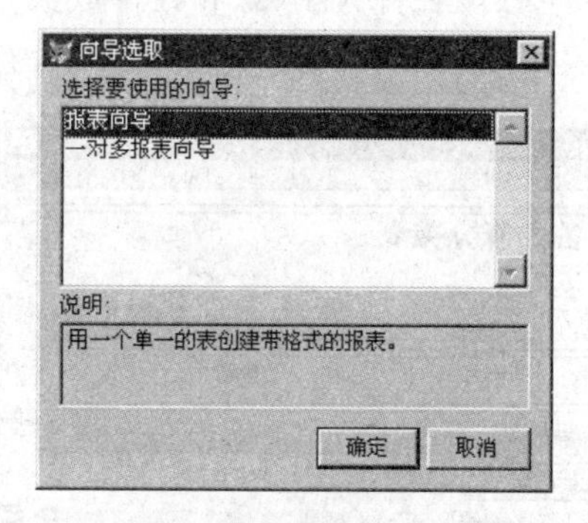

图 9.16 “向导选取”对话框

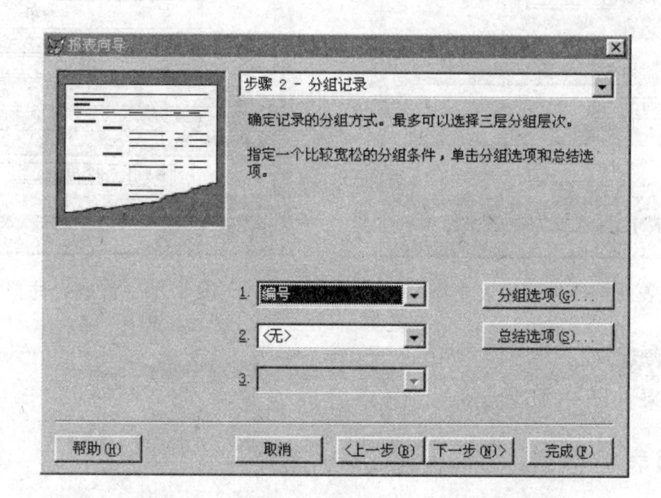

图 9.17 报表向导(分组记录)对话框

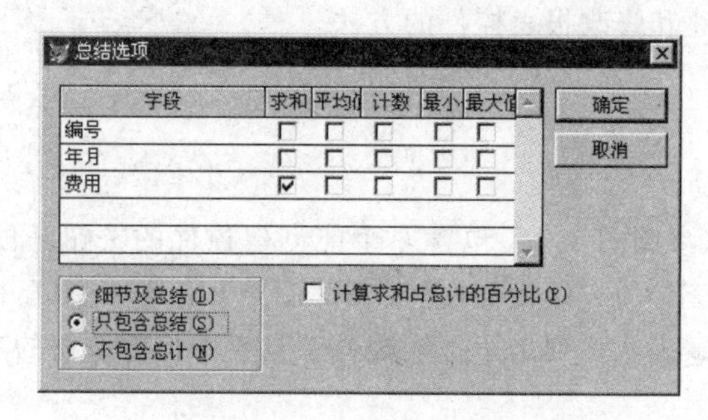

图 9.18 “总结选项”对话框

此时若选定“报表”菜单的“数据分组”命令，将会显示如图 9.14 所示的“数据分组”对话框；若选定“报表”菜单的“标题/总结”命令，将会显示如图 9.13 所示的“标题/总结”对话框。

(2) 打开 DXFLB.FRX 报表设计器(参阅图 9.19)，按图 9.20 进行以下修改：删除 6 条横线和页注脚中的控件，调整带区大小，移动控件位置(将页标头中的 3 个标签移到组标头中)，改变控件大小(总和控件放大，年月字段控件缩小)，加表格线。具体操作不再细述。

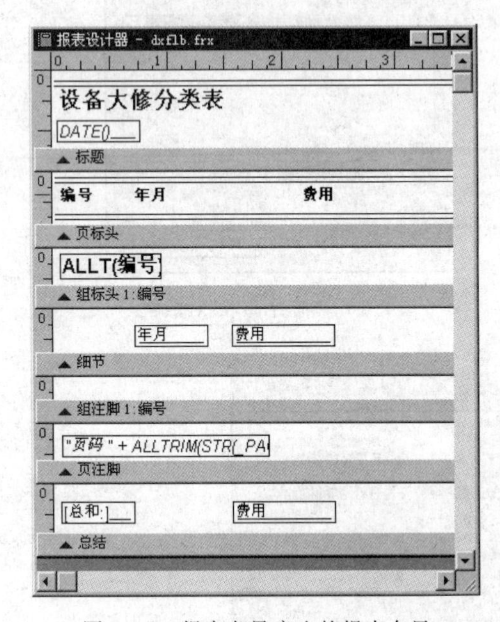

图 9.19　报表向导产生的报表布局

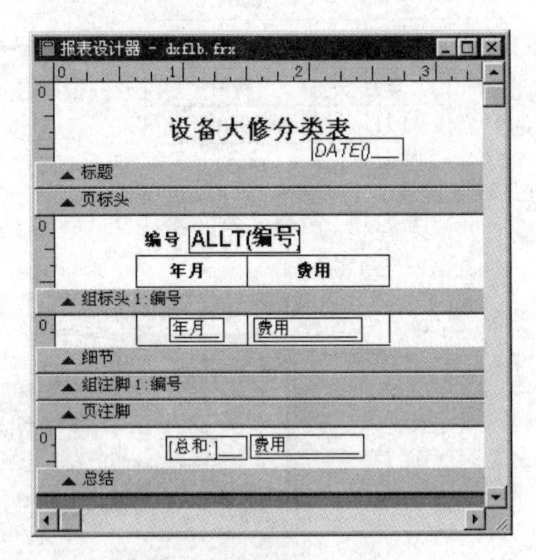

图 9.20　修改后的报表布局

(3) 保存报表定义。

报表运行结果如图 9.15 所示。

9.3.3　创建报表控件

快速报表和报表向导能成批产生报表控件，利用报表控件工具栏则能逐个创建报表控件。本小节介绍创建和修改报表控件的方法。

1. 报表控件

(1) 报表控件工具栏

报表控件工具栏(参阅图 9.12)包含 6 个能创建控件的按钮。创建报表控件与创建表单控件(参阅 6.2.2 节)的方法相似，但报表设计器没有属性窗口，报表控件只能在规定的对话框中设置特性。表 9.2 列出了报表控件工具栏中控件按钮的功能与进行特性设置的对话框。

表 9.2　报表控件工具栏的控件按钮

按　钮	功　能	控件的对话框
标签	添加原义字符文本,如标题	“文本”对话框
域控件	添加字段、函数、变量或表达式	“报表表达式”对话框
线条	添加垂直或水平直线	“矩形或线条”对话框
矩形	添加矩形	“矩形或线条”对话框
圆角矩形	添加圆角矩形、椭圆或圆形	“圆角矩形”对话框
图片/ActiveX 绑定控件	添加图片或包含 OLE 对象的通用型字段	“报表图片”对话框

(2) 域控件

表 9.2 中的“域控件”按钮可用来创建字段、函数、系统变量、报表变量(参阅 9.3.4 节)、表达式等域控件。例如,在图 9.20 中含有 6 个域控件,其中的 DATE()是函数控件,ALLT(编号)是表达式控件,年月等都是字段控件。

“域控件”是最常见的控件,而且它的“报表表达式”对话框中包括了其他控件对话框中的多数组件,故本小节与下一小节主要介绍“域控件”的创建方法,其他控件的创建较为简单,就不一一讨论了。

(3) 报表控件对话框的打开方法

① 用“域控件”或“图片/ActiveX 绑定控件”创建新的控件时,一旦鼠标按钮释放,相应的对话框就会自动打开。

② 对于已有的任何报表控件,双击它就能打开相应的对话框。

2. 报表表达式对话框

“域控件”的“报表表达式”对话框(参阅图 9.21)用于为该控件定义表达式,并可为控件指定统计类型和范围,以及确定打印条件。

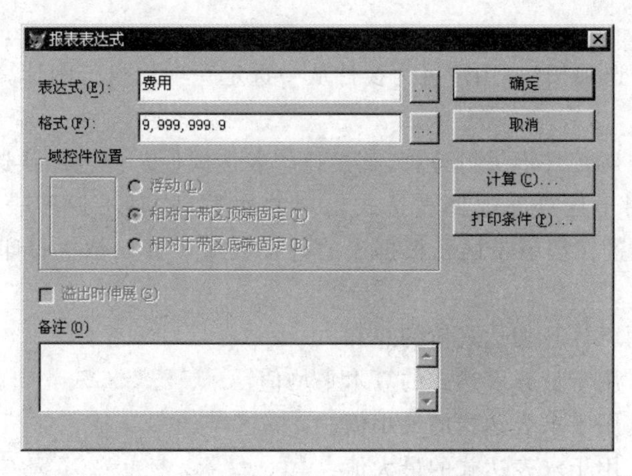

图 9.21　“报表表达式”对话框

(1)“表达式”文本框：用于输入表达式，也可通过其右侧的对话按钮打开“表达式生成器”对话框来设置表达式。

(2)“格式”文本框：用于为表达式输入输出格式符，也可通过其右侧的对话按钮打开“格式”对话框来指定格式。

(3)“计算”按钮：用于打开“计算字段”对话框，以便为控件指定统计类型和范围。

(4)“打印条件”按钮：用于打开“打印条件”对话框，以便为控件指定打印的时机。

(5)“溢出时伸展”复选框：可用于数据的折行打印。当数据长于字段控件宽度时，多余部分能在垂直方向向下延伸打印。

3. “计算字段”对话框

该对话框(参阅图 9.22)用于为控件指定某种计算，它主要由下面两部分组成。

(1)“重置”组合框

该组合框用于选定控件计算的复零时刻，包括的选项如下。

①“报表尾”选项：此为默认值，表示在报表打印结束时将控件计算复零。

②“页尾”选项：表示在报表每页打印结束时将控件计算复零。

假定一个多页报表的页注脚带区已设置了价格字段控件，若要求每页价格分别小计，应选择页尾重置；如要求价格累计到底则应选报表尾重置。

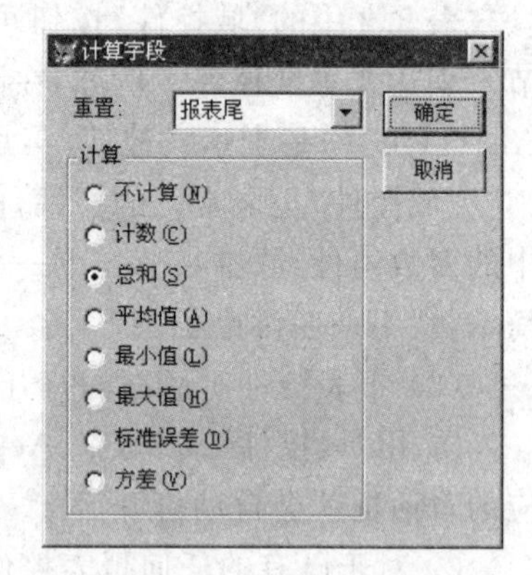

图 9.22 “计算字段”对话框

③“列尾”选项：在多列打印中，表示每一列打印结束时将控件计算复零。

注意：数据分组后，分组表达式会自动添入“重置”组合框中，这一选项能使控件计算在组值变化时复零。

(2)“计算”区

该区包括 8 个选项按钮，用户可为控件从中选定一项要执行的计算，也可指定不进行计算。

①“不计算”：对控件不进行计算，直接打印表达式值。此为默认选项。

②“计数”：用于计算并返回表达式出现的次数，此时不返回表达式的值。例如，DATE()表达式放置在细节带区将根据表的记录数从 1 开始依次打印，放在页注脚带区则打印最大记录数。

③“总和”：用于计算表达式值的总和。

④“平均值”：用于计算表达式的算术平均值。

⑤“最小值”：用于求表达式的最小值。

⑥“最大值”：用于求表达式的最大值。

⑦“标准误差”：用于计算表达式的方差的平方根。

⑧“方差”：用于衡量各表达式值与平均值的偏离程度。

上述计算可用于整个报表、每组、每页或每列,计算范围与“重置”组合框中的选择有关。

4. “打印条件”对话框

该对话框(如图 9.23 所示)用于指定报表控件的打印条件及信息带。现说明如下。

(1)“打印重复值”区

选定“是”选项按钮表示控件总是打印,此为默认状态。

选定“否”选项按钮表示仅当控件值改变时才会打印,即不打印重复值,打印位置将留空。

(2)“有条件打印”区

① “在新页/列的第一个完整信息带内打印”复选框:用于指定在新页或新列的第一个完整信息带内打印,而不是在前一页或前一列的信息带内接着打印。

② “当此组改变时打印”复选框:选定该复选框后,再在其右边的组合框中选出一个组,则当组值改变时就会打印。

③ “当细节区数据溢出到新页/列时打印”复选框:选定该复选框后,当细节带区中的打印内容已满一页或一列而换到另一页或另一列时就会打印。

(3)“若是空白行则删除”复选框:如果设置的条件使控件不被打印,并且又没有其他对象位于同一水平位置上,那么选定该复选框就会删除控件所在行;若该复选框未选定,则打印一个空行。

(4)“仅当下列表达式为真时打印”文本框:用于输入一个表达式,或利用对话按钮显示“表达式生成器”对话框来设置表达式。当表达式的值为真时控件才被打印,否则不打印。

上述“报表表达式”、“计算字段”、“打印条件”3 个对话框可打开例 9-5 产生的报表来显示,其操作顺序为:打开报表 DXFLB. FRX→在“报表设计器”窗口双击总结带区中的费用控件,即显示如图 9.21 所示的“报表表达式”对话框。此时若选定“计算”按钮,即显示如图 9.22 所示的“计算字段”对话框;若单击“打印条件”按钮,即显示如图 9.23 所示的“打印条件”对话框。

[**例 9-6**] 打印如图 9.24 所示的设备大修费用表,要求相同的设备编号仅输出第一个。

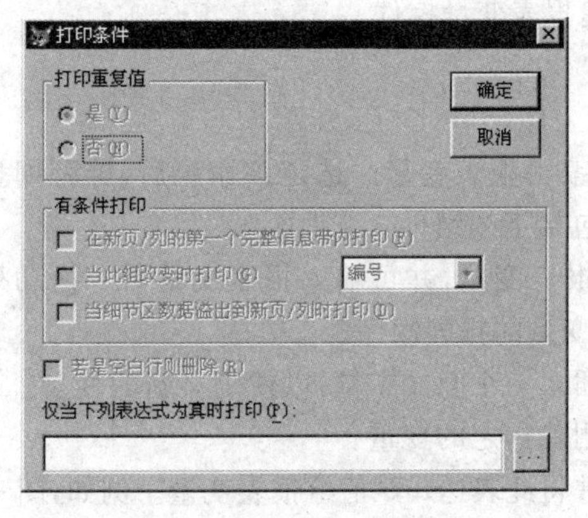

图 9.23 “打印条件”对话框

设备大修费用表

编号	年月	费用
016-1	9211	2763.5
	9412	3520.0
037-2	9506	6204.4
038-1	9211	2850.0
合计	15337.9	

图 9.24 设备大修费用表

下面列出操作的主要步骤，请读者对照图 9.25 阅看。

① 定义快速报表：输入命令 MODIFY REPORT DXFY 来打开"报表设计器"窗口→在数据环境中添加 DX 表→单击"报表设计器"窗口，然后选定"报表"菜单的"快速报表"命令→选定"快速报表"对话框的"确定"按钮，使"报表设计器"窗口中出现编号、年月、费用标签及字段控件。

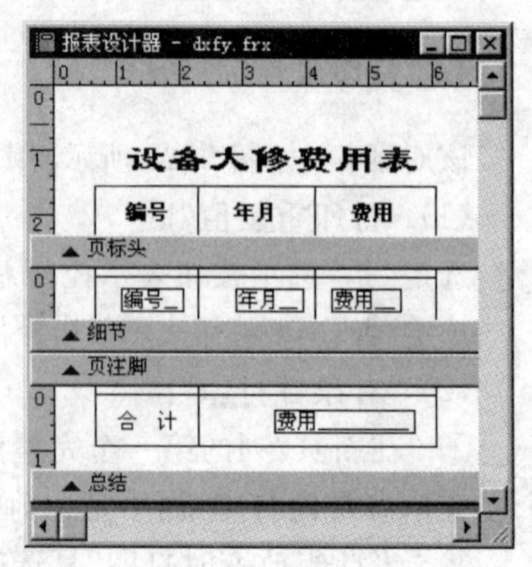

图 9.25　设备大修费用表设计

② 增加总结带区：选定报表菜单的"标题/总结"命令→在"标题/总结"对话框中选定"总结带区"复选框。

③ 调整带区高度及控件位置：将各带区调整至如图 9.25 所示的高度。

④ 在"总结"带区建立费用控件：选定报表控件工具栏的"域控件"按钮→单击总结带区中间→在"报表表达式"对话框(参阅图 9.21)的"表达式"文本框内输入表达式费用→选定"计算"按钮→在"计算字段"对话框中选定"总和"选项按钮(见图 9.22)→选定"确定"按钮返回"报表表达式"对话框→选定"确定"按钮返回"报表设计器"窗口，费用控件就出现在总结带区之中。

⑤ 修改编号字段区：双击"编号"字段→在"报表表达式"对话框中选定"打印条件"按钮→在"打印条件"对话框中选定"否"按钮(参阅图 9.23)，使编号字段不打印重复的值→选定"确定"按钮返回"报表表达式"对话框→选定"确定"按钮返回"报表设计器"窗口。

⑥ 如图 9.25 所示画出表格线。

本例利用总结带区来打印表格底线，这种方法只适用于制作单页报表。

9.3.4　报表变量

使用报表控件工具栏的"域控件"按钮能创建字段、函数等各种表达式控件，只有报表变量控件无法直接创建，原因是在"报表表达式"对话框中输入尚不存在的变量是无效的。也就是说，必须先创建报表变量才能创建报表变量控件。

1. 创建报表变量

"报表"菜单的"变量"命令可用于创建与编辑报表变量。选定该命令后，屏幕即显示一个"报表变量"对话框(参阅图 9.28)，其中包括下列组件：

(1) "变量"列表区：用于显示已定义的报表变量，并可输入报表变量名。拖动列表中变量名左边的上下双箭头按钮可改变报表变量的排列次序。

(2) "插入"按钮：用于在变量列表框中插入一个空文本框，以便定义新的变量。

(3) "删除"按钮：用于在变量列表框中删除选定的变量。

(4) "要存储的值"文本框：输入表达式，并将此表达式赋值给报表变量。例如，图 9.28 中的报表变量为 xh，要存储的值是 xh＋1，这相当于设置了命令 xh＝xh＋1。

选定该文本框右侧的对话按钮会出现"表达式生成器"对话框，若变量已赋值，它就会被列入该对话框的变量列表中(参阅图 9.29),以供将来构造表达式时选用。例如,将报表变量 xh 作为域控件建立在细节带区。

(5) “初始值”文本框:输入变量的初始值。

(6) “重置”组合框:指定变量重置为初始值的位置。默认位置是报表尾,也可选择页尾或列尾。如果在报表中创建了组,重置框将为该组显示一个重置选项。

(7) “报表输出后释放”复选框:选定该复选框后,每当报表打印完毕,报表变量即从内存中释放;如果未选定,除非退出 Visual FoxPro 或使用 CLEAR ALL、CLEAR MEMORY 等命令来释放报表变量,否则此变量一直保留在内存中。

(8) “计算”区:用来指定变量执行的计算操作。从其初始值开始计算,直到变量被再次重置为初始值为止。该区各选项按钮的功能前已介绍,这里不再重复。

2. 创建报表变量控件

报表变量建立后,变量名即进入“表达式生成器”列表框,供创建“域控件”时选用。

创建报表变量控件的步骤:选定报表控件工具栏的“域控件”按钮→单击“报表设计器”窗口某处→在“报表表达式”对话框中选定“表达式”文本框右侧的对话按钮,使出现“表达式生成器”对话框→在“表达式生成器”对话框的“变量”列表中双击某报表变量→选定“确定”按钮返回“报表表达式”对话框→选定“确定”按钮返回“报表设计器”窗口,报表变量控件便已产生。

[**例 9-7**] 打印如图 9.26 所示的主要设备的设备役龄表,要求包括记录序号和设备役龄,部门在打印时使用汉字部门名。

设 备 役 龄 表

10/09/99　　　　　　　　　　　　　　第 1 页

序号	编号	名称	部门	役龄
1	016-1	车床	一车间	9
2	016-2	车床	一车间	7
3	037-2	磨床	二车间	9
4	100-1	微机	设备科	2

图 9.26　设备役龄表

本例将使用报表变量来输出序号。下面列出主要的操作步骤,请读者对照图 9.27 阅看。

(1) 打开“报表设计器”窗口:输入命令 MODIFY REPORT SBYL。

(2) 设置数据环境:在数据环境中添加 SB 表和 BMDM 表,并使 SB. 部门与 BMDM. 代码关联(从 SB. 部门字段拖到 BMDM. 代码索引)。

(3) 定义快速报表:选定“报表设计器”窗口,然后选定“报表”菜单的“快速报表”命令→在“快速报表”对话框中选定“字段”按钮→在“字段选择器”对话框的 SB 表中挑选编号、名称、部门 3 个字段→选定“确定”按钮返回“快速报表”对话框→选定“确定”按钮,使“报表设计器”窗口中出现编号、名称、部门标签及字段控件。

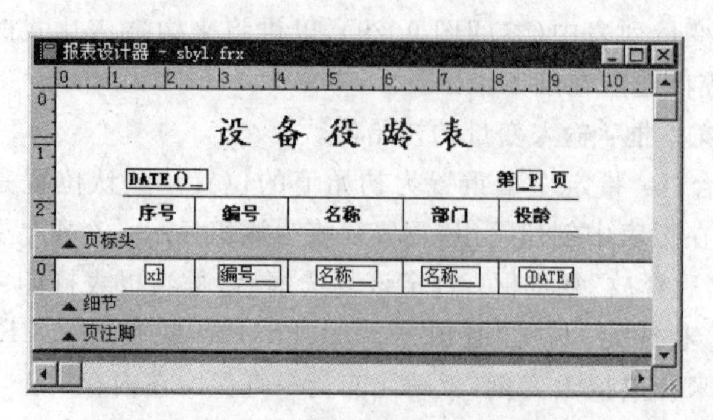

图 9.27 设备役龄表报表设计器窗口

(4) 设置在 SB 表部门字段控件的位置上输出汉字部门名：双击部门字段控件→将“报表表达式”对话框的“表达式”文本框中的 SB.部门改为 BMDM.名称→选定“确定”按钮返回“报表设计器”窗口，在该控件的位置上即能输出汉字部门名。

(5) 创建报表变量 XH(用作序号)：选定“报表”菜单的“变量”命令→在如图 9.28 所示的“报表变量”对话框的“变量”列表中输入变量名 XH→在“要存储值”文本框中输入表达式 XH＋1→选定“确定”按钮关闭“报表变量”对话框。

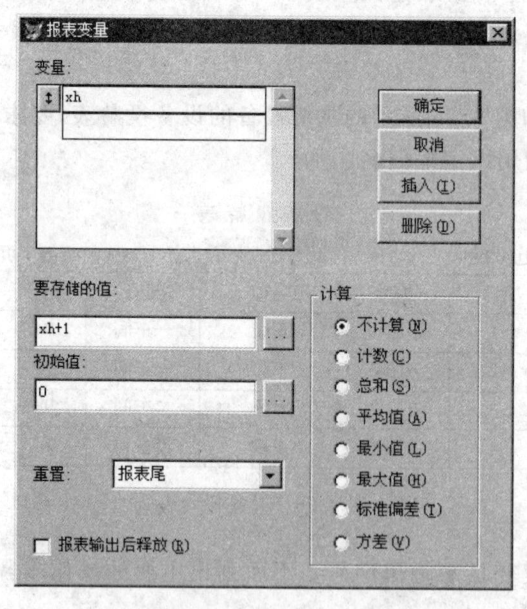

图 9.28 “报表变量”对话框

(6) 创建 XH 变量控件：选定报表控件工具栏的“域控件”按钮→单击细节带区左部→在“报表表达式”对话框中选定“表达式”文本框右侧的对话按钮→在如图 9.29 所示的“表达式生成器”对话框的“变量”列表中双击报表变量 XH→选定“确定”按钮返回“报表表达式”对话框→选定“确定”按钮返回“报表设计器”窗口，XH 变量控件便已产生。

(7) 建立计算役龄的表达式控件：选定报表控件工具栏的“域控件”按钮→单击细节带区右部→在“报表表达式”对话框的“表达式”文本框内输入(DATE()－SB.启用日期)/

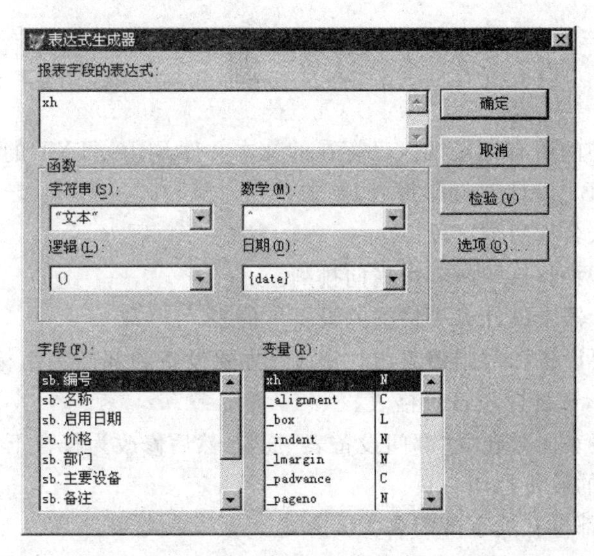

图 9.29　含有报表变量的表达式生成器

365→在“格式”文本框内输入掩码 99→选定“确定”按钮返回报表设计器窗口。

(8) 处理日期和页号：将页注脚带区的 Date()控件、_PAGENO 控件、“页”标签控件移到页标头带区，然后创建一个“第”标签控件。

(9) 画表格线和创建表名、序号、役龄等标签控件(步骤从略)。

(10) 打印：在命令窗口输入命令 REPORT FORM sbyl.frx FOR 主要设备，打印结果如图 9.26 所示。

也可在数据环境的 Init 事件中设置代码来控制输出数据。例如，设置如下的 Data environment 的 Init 事件代码：

```
SELECT sb
SET FILTER TO 主要设备
```

这样，在打印时只需输入命令 REPORT FORM sbyl.frx，就能得到同样的结果。

实际上“报表设计器”创建的报表布局只是一个外壳，其内容取决于数据源的设置及数据源数据的处理。用户既可利用数据环境设计器来设定数据环境，也可通过执行某一程序或命令。因此，报表设计器的使用可归纳为以下 3 方面的应用：报表布局、数据环境及其事件代码、编程处理数据并调用报表打印命令。

在本章结束前，有两点顺便再提一下。

(1) Visual FoxPro 不仅支持设计和打印报表，也支持设计和打印标签(这里所言标签不同于标签控件)。例如，使用 MODIFY LABEL 命令可打开与报表设计器相仿的标签设计器。使用 LABEL FORM 命令可显示或打印标签等。标签形式简单，应用灵活，通常用交互操作的方法生成，但在应用程序中很少使用。

(2) Visual FoxPro 9.0 对报表设计器有很大改进，可参阅 13.3 节。

习　题

1. 将 ZZ.DBF 的所有记录插入已存在的文本文件 SBJG.TXT 的内容之前。

2. 根据 SB.DBF 设计并打印报表，要求：

(1) 包括编号、名称两个字段。

(2) 报表应有两列，打印内容按横向排列。

3. 用报表设计器来设计有表格线的设备增值表。

4. 先后以主要设备和部门建立组，分别以主要设备和部门为组标题，并在主要设备组标题旁设置页号，试设计设备价格表。

5. 用一对多报表向导建立"部门设备表"报表，然后修改为符合下列要求的报表。

(1) 每个部门的设备打印一页。

(2) 每页报表都标有汉字部门名。

6. 根据 SB.DBF 和 ZZ.DBF 打印如图 9.30 所示的表格，并要求

(1) 若某设备无增值，则在增值位置应为空白。

(2) 每页打印 3 行，若最后页不满 3 行则以空行补足。

设备现值表

年　月　日　　　　　　　　　　　　　　　　　　　　第　页　共　页

编号	名称	价格	增值	现值
累　计				

图 9.30　设备表

7. 试将第 6 题设计好的报表分组，要求以两个表的形式连续打印，并且报表名为主要设备役龄表和非主要设备役龄表。

中篇小结

除去上篇介绍的“表”和“查询”外，一个 Visual FoxPro 应用系统通常都包含“菜单”、“表单”与“报表”等对象。在 Visual FoxPro 环境中，上述对象均可用相关的向导、设计器来设计。这些辅助工具易学易用，能直观地设计出应用程序所需的用户界面，而且能自动生成 Visual FoxPro 程序的大部分代码。由此可见，应用开发人员只需要了解传统程序设计和面向对象程序设计的基本知识，并能手工编写少量简单的代码就可以了。

为此，在“程序设计”篇的 6 章中，第 4 章“结构化程序设计”主要向读者介绍程序设计的基本概念，包括程序的控制结构、子程序、变量作用域，以及 Visual FoxPro 程序文件的建立与运行。其目的是使读者建立应用程序的基本概念，初步了解传统的程序设计方法及其应用，为编写一些简单的代码打下基础。随后的 5 章主要介绍基于对象的可视化设计，着重说明各种向导、设计器和控件工具箱等可视化设计工具的用法。从第 5 章～第 9 章，每章讲一个专题，依次讨论“菜单设计”、“表单设计基础”、“表单控件设计”、“表单高级设计”和“报表设计”等技术与操作。

为帮助读者从具体操作上升到理论，在“表单设计基础”与“表单高级设计”这两章，适时地穿插阐述了“对象”与“类”等基本概念与方法，使读者在学习 Visual FoxPro 辅助设计工具的同时，领悟面向对象程序设计的思想与方法，进一步体会可视化程序设计的优越性。

下篇 系统开发

第10章　系统开发实例

为帮助读者在实际开发中综合运用此前各章讲解的方法，本章将通过一个实例——"汽车修理管理系统"，简要地说明开发一个 Visual FoxPro 应用系统的全部过程。由于DBAS的开发涉及软件工程、数据库设计等多方面的知识，覆盖面较广，虽然在编写中力求简化，初学者仍可能应接不暇。下篇末尾的小结，将帮助读者在实例的基础上，进一步掌握 Visual FoxPro 系统的开发要领。

10.1　数据库应用系统的开发步骤

根据"以数据为中心"或者"以处理为中心"，数据库系统可以区分为两大类。前者以提供数据为目的，重点放在数据采集、建库以及数据库维护等工作；后者虽然也包含这些内容，但重点是数据的使用，包括数据库的查询、统计、打印报表等，其数据量一般比前者小得多。对于中、小型的企事业单位，使用最多的是以处理为中心的数据库应用系统。

由图10.1可知，这类系统的开发步骤一般为：需求分析→数据库设计→应用程序设计→程序调试→系统发布。现在分述如下。

1. 需求分析

如图10.1所示，整个开发活动从对系统的需求分析开始，系统需求包括对数据的需求和对应用功能的需求两方面内容。图中把前者称为数据分析，后者称为功能分析。数据分析的结果是归纳出系统应该包括的数据，以便进行数据库设计；功能分析的目的是为应用程序设计提供依据。

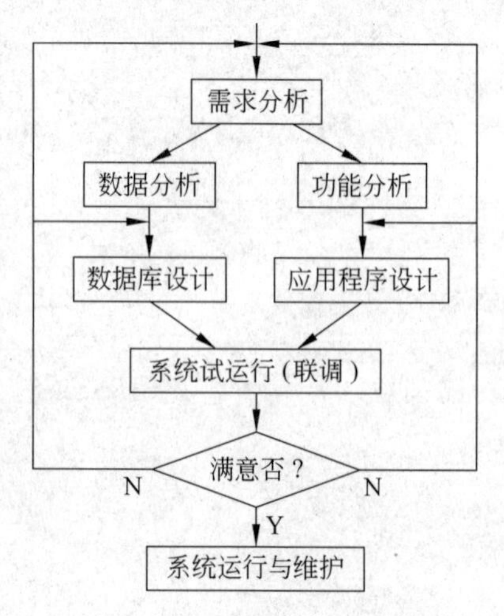

图10.1　以处理为中心的数据库应用系统开发示意图

进行需求分析时，还应该注意以下问题。

(1) 确定需求必须建立在调查研究的基础上，包括访问用户、了解人工系统模型、采集和分析有关资料等工作。需求分析的结果对开发的产品会有很大的影响，应该力求准确和全面，才能避免浪费和返工。

(2) 需求分析阶段应该让最终用户更多地参与。即使作了仔细分析，在系统实施过程中仍难免会出现修改，为此须随时接受最终用户的反馈。

(3) 功能分析与数据分析并非完全独立，而是相互影响的。具体地说，应用程序设计时将受到数据库当前结构的约束；而在设计数据库的时候，也必须考虑为实现应用程序数据处理功能的需要。

2. 数据库设计

同基于一般数据文件的应用系统不同，数据在 DBAS 中不再从属于应用程序，数据库的设计也上升为一项独立的活动。由于数据组织得是否合理直接影响查询的效率，数据库设计越来越受到人们的关注，现已成为 DBAS 开发的中心问题。

按照 1978 年在美国奥尔良市召开的“数据库设计小组工作报告”的建议，数据库设计一般可分为概念设计、逻辑设计和物理设计 3 个阶段。其中概念设计的目的是，把需求分析中得出的关于数据分析的需求，综合为准备开发的 DBAS 的概念模型。这一模型通常用“实体-关系图”来表示，有时也称为 E-R 图或 E-R 模型。随后，就可以在 E-R 模型的基础上确定数据库及其数据表的逻辑结构（逻辑设计），进而确定适合于所用 DBMS（如 Visual FoxPro）的数据库存储结构（物理设计）。

为了简化数据库的设计过程，在小型 DBAS 的实际开发中，概念设计与逻辑设计两个阶段的工作不一定截然划分。这时数据库设计的主要活动可以描述为：

(1) 数据库的逻辑设计

① 从系统的功能分析中，选择一项至数项有代表性的应用，建立起系统的一到数个局部 E-R 模型。

② 把上述的局部模型综合、扩充为总体 E-R 模型，使之覆盖系统的所有实体。

③ 把总体 E-R 模型中的每个实体转换成一个数据库表，并确定每个表所包含的字段，以及同一数据库中各表之间的关联。

④ 检验数据库表的设计，修改和优化各表的逻辑结构，使之符合关系规范化的理论。

以上前两条属于概念设计，后两条属于逻辑设计，二者有时要来回反复地进行。

(2) 数据库的物理设计

物理设计用于确定数据库的存储结构。对用户来说，就是用指定的软件来创建数据库，定义数据库表，以及表与表之间的关联。在 Visual FoxPro 中，可使用以下工具来实现物理设计：

① 利用数据库设计器创建数据库，并添加数据库表，建立表间的永久关系；

② 利用表设计器创建数据库表或自由表；

③ 利用表单、表单集或报表的数据环境设计器来添加表，并建立表之间的关联。

在 10.2.2 节，还将结合实例来说明小型数据库系统的数据库设计方法。

(3) Visual FoxPro 创建数据库的优点

Visual FoxPro 通过设置数据库来统一管理数据，既能增强数据的可靠性，也便于进行系统开发。

① 创建数据库是实现数据集成的有效手段。数据库按一定的结构集中了应用系统中的数据，使之更便于统一管理。

② 可以定义数据字典的功能，其内容包括表的属性、字段属性、记录规则、表间关系，以及参照完整性。

③ 允许在数据库中建立永久关系，使具有以下功能：

- 永久关系在查询和视图中能自动成为联接条件。
- 能用作表单和报表的默认关系。若在数据环境设计器中添加有关的若干表，相应的关系(联线)会自动显示出来。

允许建立参照完整性，确保在更新、插入或删除记录时永久关系数据的完整性。

3. 应用程序设计

前已指出，Visual FoxPro 应用程序的开发兼有面向对象程序设计与结构化程序设计。表 10.1 列出了这两种设计方法的比较。

表 10.1　结构化程序设计与面向对象程序设计主要开发活动的比较

	结构化程序设计	面向对象程序设计
设计阶段	简单用户界面设计与算法设计	图形用户界面设计及对象设置
编码阶段	程序编码	对象属性定义与事件过程编码
测试与调试		

Visual FoxPro 应用程序以面向对象程序设计为重点，常常以表单为基本界面来展开其设计。现简要说明如下。

(1) 应用程序的基本功能

在一般情况下，一个 DBAS 包括查询、报表、数据输出、数据库维护等功能。

查询设计具有浏览查询、组合查询等形式。组合查询允许输入含有多个条件的逻辑表达式，使用户拥有更强的控制数据的能力。

报表可设计为允许用户选择预览或打印，还可选择全部打印、部分打印或概要打印。

数据输出可包括查询、报表、标签和通过 ActiveX 控件来共享其他应用程序的信息。

数据库维护包括能对数据库表及自由表的数据进行添加、删除、修改。数据库的安全性也需加以重视，并在应用程序设计中采取相应的措施。

一个 DBAS 通常有一个主控程序，称为系统主文件。该文件一般具有比较规范的内容，下文将专用一节进行介绍。

(2) 用户界面设计

Visual FoxPro 的用户界面主要包括表单集、表单、菜单和工具栏。无论是应用程序的主窗口、子系统或功能模块，都可以通过在表单界面上与用户的交互，直接完成子系统或模块的功能。因此，用户对应用系统是否满意，很大程度上取决于界面功能是否完善，操作是否方便。

由此可见，Visual FoxPro 程序设计其实是一种以表单为基本界面来展开应用程序设计的方法。值得指出的是，仅使用 Visual FoxPro 系统定义的基类，已可满足面向对象程序设计的需要，但如果要创建具有用户特色或风格一致的界面(例如，要求所有表单在其标题栏中都显示“××公司”)，还需由用户自己定义表单或控件的子类，并将这些子类添加到表单控件工具栏中备用。

(3) 两类 Visual FoxPro 应用程序及其运行环境

Visual FoxPro 将具有.app 扩展名的文件称为应用程序(application),它同.PRG 文件一样只能在 Visual FoxPro 环境中运行。通常所说的应用程序或 DBAS 是一种统称,除.PRG 和.APP 文件外,还可能包括扩展名为.exe 的可执行程序(executable program)。在本章第 10.3.1 节,还将对.app 和.exe 两类应用程序的创建进行介绍。

各种 Visual FoxPro 应用程序都可以用 DO 命令运行,但其运行环境可以有两种:一种是 Visual FoxPro 平台(启动 Visual FoxPro 后的状态),另一种是 Windows 中除 Visual FoxPro 外的环境。在下列各类程序中,仅.exe 程序能脱离 Visual FoxPro 独立运行。

```
DO ex          && 运行扩展名为 .prg 的命令文件
DO ex.mpr      && 运行菜单程序
DO FORM ex     && 运行扩展名为 .scx 的表单
DO ex.app      && 运行应用程序(application)
DO ex.exe      && 运行可执行程序
```

4. Visual FoxPro 应用系统的主文件

主文件通常就是主控程序,它可以是.PRG 文件、菜单程序(.MPR)或表单文件(.SCX)。主文件运行后,在屏幕上显示的初始用户界面可能是菜单或表单。在它们之前,还可以插入显示应用系统的封面或注册对话框。

作为应用程序执行的起始点,主文件常用来启动程序的逐级调用;在项目管理器中,它通常也是应用程序"连编"(参阅 10.3.1 节)的起始点。

一般来说,主文件能完成以下的功能:

- 对应用系统的运行环境进行初始化。
- 用控制事件循环的方法来实现程序调用。
- 恢复初始化前的环境。

(1) 运行环境初始化

可能包括以下几方面的内容。

① 设置环境状态。

其中又包括 SET 命令状态、窗口状态(参阅图 10.12)等。

设置 SET 命令状态通常只要直接将它置 ON 或 OFF。比较正规的做法是,先保存某 SET 命令的状态,然后进行状态设置,在应用程序退出时再恢复先前保存的状态。例如,要将 SET TALK 命令置为 OFF,启动程序中可包含如下代码:

```
IF SET("TALK")="ON"
   cTalk="ON"          && 保存 SET TALK 的状态
   SET TALK OFF        && SET TALK 置 OFF,使 Visual FoxPro 不自动显示命令结果
ELSE
   cTalk="OFF"         && 保存 SET TALK 的状态
ENDIF
```

用来保存 SET 状态的变量可设置为公共变量，使之在要恢复 SET 状态时仍然可用。若要恢复保存的 SET 状态，可在命令中使用宏代换函数，例如，SET TALK &cTalk。

② 初始化变量，例如，建立公共变量。

③ 建立应用程序的一条默认路径。

④ 打开需要的数据库、表及索引。

(2) 控制事件循环

若要将 Visual FoxPro 应用程序放到 Windows 环境中运行，通常要控制事件循环，以免出现程序刚启动就终止的情况。这时可以用一条 READ EVENTS 命令来显示相应的界面。

命令格式：

```
READ EVENTS
```

功能：开始事件循环，等待用户操作。例如，

```
* 初始用户界面采用菜单
DO ex.mpr        && 调用主文件菜单
READ EVENTS      && 显示 ex.mpr 菜单，Visual FoxPro 开始处理单击鼠标、按键盘键等用户事件
```

或如：

```
* 初始用户界面采用表单
DO FORM ex        && 调用主文件表单
READ EVENTS       && 显示 ex.scx 表单，Visual FoxPro 开始处理用户事件
```

注意：

① 若不设置 READ EVENTS 命令，菜单程序在开发环境中虽然能正确运行，但在 Windows 环境中独立运行时，程序刚启动就会终止。运行 WindowType 属性为 0(无模式)的表单时也会出现类似情况，除非将该属性设置为 1(模式)。

② 必须在应用程序中用 CLEAR EVENTS 命令来结束事件循环，使 Visual FoxPro 能执行 READ EVENTS 的后继命令。CLEAR EVENTS 命令可用作某菜单项的单条命令代码(参阅 10.2.3 小节第 1 点)，或设置在表单的"退出"按钮中。

(3) 恢复先前的环境

退出应用程序时，应该恢复初始化以前的环境。

综合以上第(1)到(3)步，可以列出一个简单的主文件的主要内容，代码如下：

```
DO setup            && setup.prg 用于设置环境
DO mainmenu.mpr     && 将菜单作为初始显示的用户界面
READ EVENTS         && 显示 mainmenu.mpr 菜单，Visual FoxPro 开始处理单击鼠标、按键盘
                    && 键等用户事件
DO cleanup          && 退出之前，用 cleanup.prg 恢复先前的环境
```

5. 软件测试

应用程序设计的过程中，常需对菜单、表单、报表等程序模块进行测试和调试。通过

测试来找出错误，再通过调试来纠正错误，以使最终达到预定的功能。测试一般可分成模块测试和综合测试两个阶段。Visual FoxPro 提供的调试工具能方便应用程序的调试。

数据库设计和应用程序设计这两项工作完成后系统应投入试运行，即把数据库连同有关的应用程序一起装入计算机，从而考察它们在各种应用中能否达到预定的功能和性能需求。若不能满足要求，还需返回前面的步骤再次进行需求分析或修改设计。

试运行阶段一般只装入少量数据，待确认没有重大问题后再正式装入大批数据，以免导致较大的返工。

6. 应用程序发布

应用程序最好能加密，并且能在 Windows 环境中独立运行，这就需要将应用程序“连编”为.exe 程序，并进行应用程序发布。连编与发布的方法见第 10.3 节。

10.2 一个实例：“汽车修理管理系统”的开发

本节简明地描述开发一个“汽车修理管理系统”的全过程。

10.2.1 需求分析

某汽车修理厂根据业务发展的需要，决定建立一个“汽车修理管理系统”，以取代人工管理，开发目的如下。

(1) 能对汽车修理有关的各类数据进行输入、修改与查询。

(2) 编制季度零件订货计划。

(3) 打印汽车修理发票和工资月报表。

用户提出开发应用系统的要求后，软件开发者应通过调查研究归纳出目标系统的数据需求和功能需求。

1. 数据需求

在调研的过程中，用户提供了该系统所需的输入、输出单据(参阅图 10.2～图 10.8)。输入单据包括修车登记单、汽车修理单、零件入库单和零件出库单 4 种；输出单据包括季度零件订货计划、汽车修理发票和工资月报表 3 种。不少单据都填写过数据，但却正合开发人员所需，因为这为数据库设计提供了数据样例。

修车登记单

编号：5001　　　　日期：99/01/12

修理项目	点火线圈					
汽车牌号	A2020203	型号	S130	生产厂	南方汽车厂	
车主名	李符	地址	岭分路 18 号		电话	8787878

图 10.2　修车登记单

汽车修理单

登记单编号：5005　　　　　　汽车牌号：A2312318

修理项目	大修		送修日期	99/06/28
零 件 号	100001	100004	100005	
数　　量	2	5	2	
修理小时	98.0			

完工日期：99/07/27　　　　　　修理工：李平

图 10.3　汽车修理单

零件入库单

日期：

零件号	零件名	成本	数量	价格	最低库存	订货量

验收人：

图 10.4　零件入库单

零件出库单

编号：　　　　　　日期：

零件号				
数　量				

修理工：

图 10.5　零件出库单

第 1 季度零件订货计划

零件号	零件名	库存量	最低库存	订货量
100003	离合器	3	4	2

图 10.6　零件订货计划

2. 功能需求

功能分析的任务是弄清用户对目标系统数据处理功能所提出的需求。根据系统目标和数据需求，并在与用户充分讨论后，本例的功能需求将归纳为以下 5 个方面。

汽车修理发票

日期：99/07/27

<table>
<tr><td>顾客姓名</td><td>施志秋</td><td>地　址</td><td>东方一路1005号</td></tr>
<tr><td>汽车牌号</td><td>A2312318</td><td>修理项目</td><td>大修</td></tr>
<tr><td>送修日期</td><td>99/06/28</td><td rowspan="5">备注</td><td rowspan="5"></td></tr>
<tr><td>零 件 费</td><td>894.00</td></tr>
<tr><td>修 理 费</td><td>2352.00</td></tr>
<tr><td>总 金 额</td><td>3246.00</td></tr>
</table>

图 10.7　汽车修理发票

工资月报表

工号	姓名	修理小时	小时工资	月工资
0001	李平	6.0	8.00	48.00
0005	凌意扬	3.2	7.00	22.40

图 10.8　工资月报表

(1) 数据登记

登记功能用于把各种手填单据中的数据及时登记到系统将要定义的表中，还要求能进行修改。这些单据包括修车登记单、汽车修理单、零件入库单和零件出库单。

(2) 查询

能查询登记单、修理单、汽车、车主、修理工、零件库存的有关数据。

(3) 编制并显示季度零件订货计划

编制零件订货计划需要找出要订货的零件，订货条件为：零件库存量＜最低库存量。订货量可由用户输入或修改。

(4) 打印发票

发票中除包含顾客、汽车及修理项目等数据外，还要计算出修车费。修车费包括修理费和零件费，按下列各式计算：

$$\text{零件费} = \sum(\text{零件价格} \times \text{耗用数量})$$

$$\text{修理费} = \text{小时工资} \times \text{修理工时} \times 3$$

$$\text{总计} = \text{零件费} + \text{修理费}$$

不难看出，发票包含的信息来自修车登记单、汽车修理单和零件出库单等各种单据，这是一项涉及面很广的功能。

(5) 打印修理工工资月报表

$$\text{某修理工的月工资} = \sum \text{修理小时} \times \text{小时工资}$$

10.2.2　数据库设计

数据库设计的任务是确定系统所需的数据库。数据库是表的集合，通常一个系统只需一个数据库。前已谈到，数据库设计可分为逻辑设计与物理设计两个步骤。第一步确定数据库所包含的表及其字段。第二步确定表的具体结构，即确定字段的名称、类型及宽度；此外还要确定索引，为建立表的关联准备条件。

1. 逻辑设计

小型 DBAS 的逻辑设计可直接从分析输入数据着手，将输入数据中的各类相关数据归纳为不同的数据表。对查询时需要同时调用的若干表，应使它们符合关联要求。对初步设计好的数据库表，可通过分析输出数据来验证其可用性。若发现有的输出数据不能从输入数据导出，须继续向用户征集数据。

本例从修车登记单、汽车修理单、零件入库单和零件出库单等输入单据中，初步找出修理单、修理工、汽车、零件用量等包含相关数据的实体，参照打印发票、打印修理工工资月报表、编制零件订货计划等输出单据的数据需求，归纳出包含 6 个表的数据库。图 10.9 列出了这些表的名称及其关联。

(1) 修理单：XLD(编号，牌号，工号，修理项目，修理小时，送修日期，完工日期)

(2) 汽车：QC(牌号，型号，生产厂，车主名)

(3) 车主：CZ(车主名，地址，电话)

(4) 修理工：XLG(工号，姓名，地址，电话，出生日期，进厂日期，小时工资)

(5) 零件用量：LJYL(编号，零件号，数量)

(6) 零件库存：LJKC(零件号，零件名，成本，价格，库存量，最低库存，订货量)

以上括号外的字符串是表名，括号内为字段名表，有下划线的字段为关联关键字。根据系统数据处理的需要，这些表的关联情况如图 10.9 所示。图中用矩形框表示表，需要关联的两个表用线段联结，联线的一端标出了关联关键字，表明必须在这一端的表中建立索引。

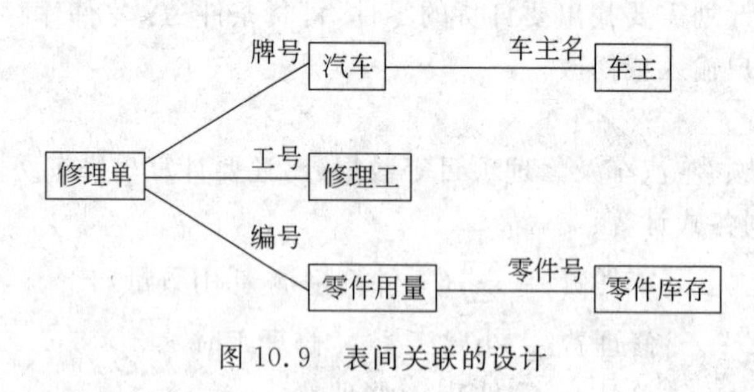

图 10.9　表间关联的设计

下面对上述设计说明两点。

(1) 为同时调用不同表中的数据，须将它们关联，故有时要在表中补充字段。例如，仅从修理的角度而言，QC.DBF 包含牌号、型号和生产厂 3 个字段已很完整，但打印发票时要用到车主名与地址，为使 QC.DBF 与 CZ.DBF 能以车主名关联，在 QC.DBF 中需增加车主名字段。

(2) 数据库设计需注意合理性。若将不同类的数据放进同一个表中，可能会产生数据冗余。例如，若将 QC.DBF 与 CZ.DBF 的字段合并为一个表，由于一个车主可拥有多辆汽车，在登记这些汽车的牌号、型号和生产厂的同时也要登记车主的车主名、地址和电话，那么这些记录中的车主信息将重复记载。数据冗余会多占存储容量，这是易于理解的，更糟糕的是，还会破坏数据的一致性。如果车主易名，只要有一处忘记修改，将来查询或打印时可能会输出不一样的数据。表的分拆往往能减少数据冗余，但表个数的增多又会增加程序的复杂性，因为需在不同的工作区打开这些表，而且为了实现数据联用还要对表进行关联。

2. 物理设计

下面列出汽车修理管理系统所有表的结构与必需的索引，为便于读者理解本例系统，顺便也列出表的部分记录。

(1) 修理单(C：\QCXL\XLD.DBF)

结构：

xld(编号 c(4)，牌号 c(8)，修理项目 c(12)，送修日期 d，完工日期 d，工号 c(4) 普通索引，修理小时 n(4.1))

记录：

记录号	编号	牌号	修理项目	送修日期	完工日期	工号	修理小时
1	5001	A2020203	点火线圈	01/12/99	01/15/99	0003	2.0
2	5002	R1212123	刹车	02/05/99	02/10/99	0005	3.2
3	5003	H210-100	喷漆	02/06/99	02/13/99	0001	6.0
4	5004	K333-667	换转动轴	05/08/99	05/15/99	0003	18.0
5	5005	A2312318	大修	06/28/99	07/27/99	0001	98.0

(2) 汽车(C：\QCXL\QC.DBF)

结构：

qc(牌号 c(8) 普通索引，型号 c(6)，生产厂 c(20)，车主名 c(8))

记录：

记录号	牌号	型号	生产厂	车主名
1	A2020203	S130	南方汽车厂	李符
2	R1212123	760	东环汽车制造厂	马一鼎
3	H210-100	C12-5	国光轿车厂	孔力
4	K333-667	FG323	福铃货车总厂	贾嘉丁
5	A2312318	NA122	全球汽车厂	施志秋

(3) 车主(C：\QCXL\CZ.DBF)

结构：

cz(车主名 c(8) 普通索引，地址 c(16)，电话 c(7))

记录：

记录号	车主名	地址	电话
1	李符	岭分路18号	8787878
2	马一鼎	鸿飞路10号	5656555
3	孔力	虎山路15弄15号	3456789
4	贾嘉丁	法平路213号	3344556
5	施志秋	东方一路1005号	6665578

(4) 修理工(C:\QCXL\XLG.DBF)

结构:

xlg(工号 c(4) 普通索引, 姓名 c(8), 地址 c(16), 电话 c(7), 出生日期 d, 进厂日期 d, 小时工资 n(5.2))

记录:

记录号	工号	姓名	地址	电话	出生日期	进厂日期	小时工资
1	0002	赵小红	虹桥路202号15室	1234567	06/05/60	05/02/83	7.50
2	0003	韩将	荣光路71弄1号5室	2222333	11/08/72	03/02/92	6.50
3	0004	宋若雪	高峰路21号	4343434	08/03/56	06/02/80	9.00
4	0005	凌意扬	杨高路12号2401	7070707	04/24/69	03/20/90	7.00
5	0001	李平	南京路1617弄53号	8765432	12/12/53	08/01/73	8.00

(5) 零件用量(C:\QCXL\LJYL.DBF)

结构:

ljyl(编号 c(4) 普通索引, 零件号 c(6), 数量 n(2))

记录:

记录号	编号	零件号	数量
1	5002	100003	1
2	5005	100001	2
3	5005	100004	5
4	5005	100005	2

(6) 零件库存(C:\QCXL\LJKC.DBF)

结构:

ljkc(零件号 c(6) 普通索引, 零件名 c(10), 成本 n(8.2), 价格 n(8.2), 库存量 n(3), 最低库存 n(3), 订货量 n(3))

记录:

记录号	零件号	零件名	成本	价格	库存量	最低库存	订货量
1	100001	前灯	35.00	40.00	42	20	12
2	100002	方向盘	77.70	80.00	15	5	2
3	100003	离合器	598.00	650.00	3	4	2
4	100004	活塞环	143.00	156.00	60	25	4
5	100005	反光镜	15.00	17.00	100	30	14

除上述 6 个表外，零件入库、出库时还需要有暂存表。零件入库表为 LJRK.DBF，其结构与 LJKC.DBF 相同。零件出库表（C：\QCXL\LJCK.DBF）的结构为：ljck（零件号 c(6)，数量 n(2)）。

10.2.3 应用程序设计

1. 总体设计

（1）系统层次图

按照功能分类是总体设计中常用的方法，系统的总体结构可用层次图（Hierarchy Chart，HC 图）来表示（参阅图 10.10）。这种图自上而下进行分层：第一层为系统层，通常对应主程序；第二层为子系统层，一般起分类控制作用，但是当该层没有下一层次时也可直接用来表达功能（例如，图中的查询功能）；第三层为功能层；第四层为操作层。

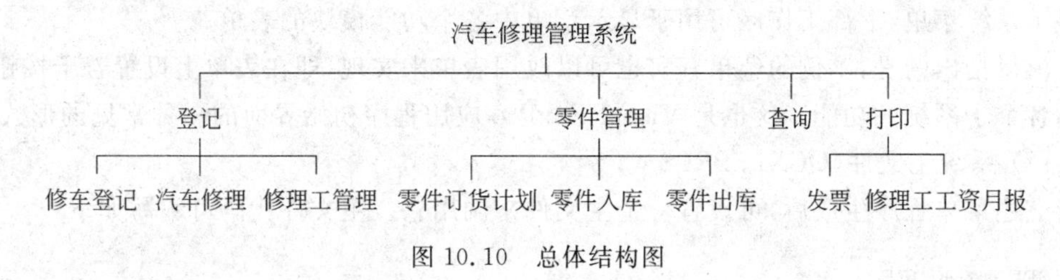

图 10.10　总体结构图

如图 10.10 所示的汽车修理管理系统有 3 个层次，系统功能分类如下：修车登记单、汽车修理单和修理工数据管理等数据的输入与修改归入登记一类，零件订货计划、零件入库和出库归入零件管理一类，查询与打印各成一类。图中未画出操作层，该层次的程序模块将在模块设计时列出。

（2）系统菜单设计

① 将层次图转换为菜单

从系统层次图很容易列出应用程序的菜单。图 10.11 是“汽车修理管理系统”下拉式菜单的示意图，与图 10.10 相比，其对应情况如下：系统层对应菜单文件，子系统层对应菜单选项，功能层对应子菜单选项。

登记	零件管理	查询	打印	退出 （命令）
修车登记 (xcdj.scx)	零件订货计划 (ljdh.scx)		发票 (dyfp.scx)	
汽车修理 (qcxl.scx)	零件入库管理		修理工工资月报	
修理工管理	零件出库管理			

图 10.11　“汽车修理管理系统”的菜单

② 生成菜单程序（QCXLCD.MPR）

向命令窗口输入命令 MODI MENU QCXLCD，就会出现菜单设计窗口，此时即可按

图 10.11 来建立菜单，然后从菜单文件 QCXLCD.MNX 生成菜单程序 QCXLCD.MPR。这里仅说明两点。

- "退出"菜单项可使用命令

```
CLEAR EVENTS        && 停止事件循环，转去执行 READ EVENT 后的命令
```

- 调用各表单的命令可以按图 10.11 逐一设置。例如，对"修车登记"菜单项可输入命令 DO FORM xcdj。

2. 初始用户界面设计

(1) 界面的组成

初始用户界面一般由应用系统封面和配有系统菜单的应用程序主窗口组成。系统初启时，首先打开一个封面，然后显示带有应用程序名称的主窗口(参阅 5.1.4 节)：其上部将显示系统菜单，下部工作区可用于显示菜单中各个功能模块的表单。

值得指出的是，本例的菜单其实也可以改用表单来实现，即在表单上设置若干按钮来表示各个子系统的功能。这也是 Visual FoxPro 应用程序初始界面的一种常见的形式。

(2) 系统主文件(QCXL.PRG)

上述菜单程序生成后，可设置一个主文件来调用它。主文件代码可编写如下：

```
SET TALK OFF
SET DEFA TO c: \qcxl      && 设置文件默认路径，本例所有文件都应装在该目录中
CLOSE ALL
SET VIEW TO sjhj.vue      && 统一设置数据环境，自动关闭所有的工作区后打开视图文件
PUBLIC xldh,zljf          && xldh 用于存储输入的修理单号；zljf 存储总零件费，打印发票时用
xldh=SPACE(4)
DO FORM fm                && 显示封面(参阅例 7-1，并事先将 fm 表单复制到 C：\qcxl)
KEYB '{CTRL+F4}'          && 关闭 Command 窗口
MODI WIND SCREEN TITL '汽车修理管理系统'  && 打开 Visual FoxPro 主窗口并设置窗口标题
CLEA
* 以上为初始化环境代码
DO qcxlcd.mpr             && 菜单文件名定为 QCXLCD(汽车修理菜单)
READ EVENT                && 建立事件循环
QUIT                      && 退出 Visual FoxPro
* 恢复环境代码设置在"退出"菜单项中
```

程序中用到的 SJHJ.VUE(数据环境)文件，需事先打开数据工作期来建立。该视图文件为应用程序设置了如图 10.12 所示的数据环境，它满足图 10.9 中表间关联的要求，另外还打开了 LJRK 表和 LJCK 表。

顺便指出，为了简化说明，本例所用的表都是自由表。

3. 功能模块的设计

由图 10.11 可见，如不计算查询模块，系统至少有 9 个功能模块。作为示例，以下仅

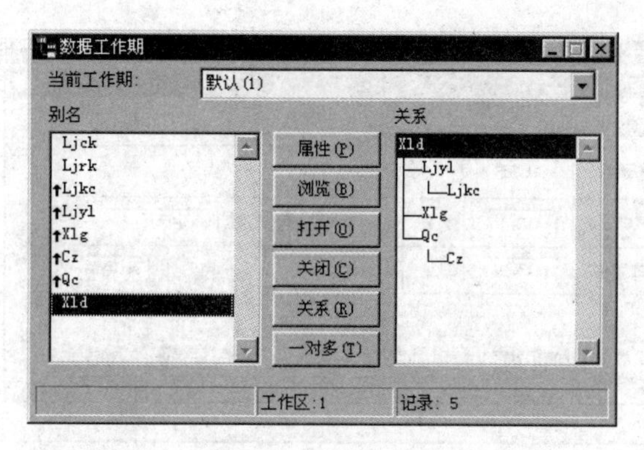

图 10.12　汽车修理管理系统的数据环境

简述4个功能模块的设计，其中又包括5个表单程序(XCDJ.SCX,SRXLDH.SCX,QCXL.SCX,LJDH.SCX 和 DYFP.SCX)与1个报表程序(FP.FRX)。读者从中可见一斑。

4. “修车登记”表单(XCDJ.SCX)

修车登记表单用于输入、修改或添加修车登记单，它具有以下特点。

① 将多个表的输入、修改、添加等多种维护功能集于一体，并使屏幕显示与修车登记单格式一致，方便用户操作。这种风格在本系统中将始终保持。

② 能提供翻页和寻页两种方式来查找修车登记单。寻页按钮供用户直接输入XLD.编号来查找记录。

③ 增页按钮用于增加新的修车登记单，登记单编号自动加1，并可增加新的汽车与车主。

④ 若输入的汽车牌号在 QC.DBF 中已有，则汽车与车主的数据会自动填入表格。这不仅可减少击键次数，而且减少了输入出错机会。自动填入的数据还允许修改，此时系统会更新有关的表，即具有实时维护汽车与车主数据的能力。

⑤ 设有专用按钮，可当场临时维护汽车与车主数据。

现将设计 XCDJ.SCX 表单的主要操作步骤列出如下。

(1) 创建表单：向命令窗口输入命令 MODIFY FORM xcdj，使出现标题为 xcdj.scx 的表单设计器窗口(参阅图 10.13)。

(2) Form1 的属性设置：Caption 属性设置为“修车登记”；AutoCenter 属性设置为.T.，使表单在 Visual FoxPro 主窗口内居中显示(本例其他表单均需设置为居中显示，下文不再一一列出)。

(3) 按图 10.13 在表单上创建各标签和文本框。在数据环境中添加 XLD、QC 和 CZ 3个表(不必关联)，然后将下列9个字段分别拖曳到表单窗口中规定的位置，产生各相应的标签和文本框：XLD 表的编号、送修日期、修理项目和牌号字段，QC 表的型号、生产厂和车主名字段，CZ 表的地址和电话字段。

从数据环境来产生标签和文本框，不仅速度快，而且标签的 Caption 和 Name 属性、

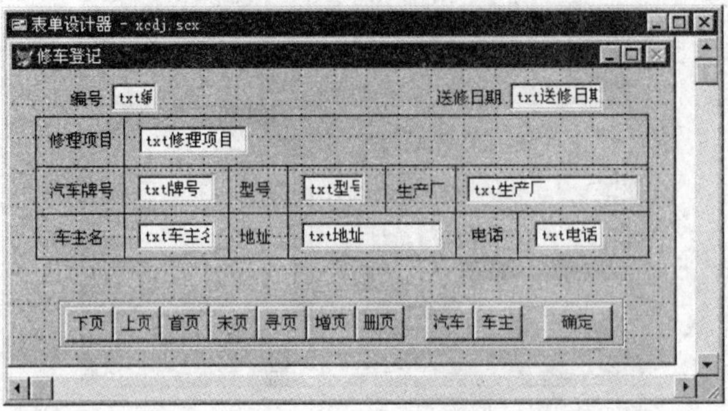

图 10.13 “修车登记”表单窗口

文本框的 Name 属性都会自动设定与源字段有关的名字，文本框也会自动与源表中的源字段绑定。例如，图 10.13 中显示 txt 牌号的文本框由拖曳 XLD 表的牌号字段产生，其 Name 属性值为 txt 牌号，且 ControlSource 属性值为 xld. 牌号。

上述控件中仅牌号和车主名两个文本框需设置事件代码。

① txt 牌号文本框（已与 xld. 牌号绑定）的 Valid 事件代码如下：

```
* 若在该文本框中输入新牌号，qc 表中就会自动增加该牌号
SELE qc
LOCA FOR 牌号=xld.牌号
IF NOT FOUND()
   INSERT INTO qc(牌号) VALUES(xld.牌号)
      && 在 qc 表末尾添加一个记录，并将 xld.牌号存入新记录的牌号字段
ENDIF
```

② txt 车主名文本框（已与 qc. 车主名绑定）的 Valid 事件代码如下：

```
* 若在该文本框中输入新车主名，cz 表中就会自动增加该车主名
SELE cz
LOCA FOR 车主名=xld.车主名
IF NOT FOUND()
   INSERT INTO cz(车主名) VALUES(qc.车主名)
      && 在 cz 表末尾添加一个记录，并将 qc.车主名存入新记录的车主名字段
ENDIF
```

(4) 添加表格线条：利用表单控件工具栏的线条按钮画出表格的所有横线和竖线。

(5) 创建命令按钮组：在表单底部居中处创建一个包含下页、上页到确定等 10 个命令按钮的命令按钮组，其对象名为 Commandgroup1。下面列出为它编写的事件代码。

① Commandgroup1 的 Click 事件代码：

```
SELE xld
DO CASE
   CASE This.Value=1          && 下页
```

```
      IF RECN()<RECC()
         SKIP
      ENDIF
   CASE This.Value=2          && 上页
      IF RECN()>1
         SKIP-1
      ENDIF
   CASE This.Value=3          && 首页
      GO TOP
   CASE This.Value=4          && 末页
      GO BOTT
   CASE This.Value=5          && 寻页
      DO FORM srxldh          && 调用表单,以输入修理单号;返回后寻页按钮获得焦点
   CASE This.Value=6          && 增页
      zy=MESSAGEBOX('是要增页吗? ',1+48+256,'确认增加修理单')
                              && 对话框含确定和取消按钮,惊叹号图标; 第 2 个按钮(取消
                              && 按钮)是默认按钮
      IF zy=1                 && 确定按钮
        GO BOTT               && 为得到当前最大编号
        INSERT INTO xld(编号) VALUES(STR(VAL(编号)+1,4))
                              && 在 xld 表末尾添加一个记录,并将编号加 1 后的值存入新
                              && 记录的编号字段
      ENDIF
   CASE This.Value=7          && 删页
      sy=MESSAGEBOX('是要删页吗? ',1+48+256,'确认删除修理单')
      IF sy=1                 && 确定按钮
         DELETE
         PACK
      ENDIF
   CASE This.Value=8
      SELE qc
      BROW TITL '汽车修改'+SPAC(20)+'单击行首可打删除标记,退出就删去'
      PACK
   CASE This.Value=9
      SELE cz
      BROW TITL '车主修改'+SPAC(20)+'单击行首可打删除标记,退出就删去'
      PACK
   CASE This.Value=10
   Thisform.Release
ENDC
Thisform.Refresh
```

② 寻页按钮的 GotFocus 事件代码:

```
SELE xld
```

```
jlh=RECN()                    && 保存当前记录号
LOCA FOR 编号=TRIM(xldh)      && 若查到,记录指针就指向指定的记录
IF NOT FOUND()
   WAIT WINDOW "无此编号!"
   GO jlh                     && 恢复记录指针指向
ENDIF
THISFORM.Refresh
```

执行“修车登记”表单(XCDJ.SCX)时,只要单击“寻页”按钮,Visual FoxPro 就会执行 DO FORM srxldh 命令来打开一个供输入修理单号的表单(参阅图 10.14),等输入结束关闭 SRXLDH 表单后,再执行本段的 GotFocus 事件代码。关于 SRXLDH 表单的设计请看下文。

5. “输入修理单号”表单(SRXLDH.SCX)

它实际上是一个简单的对话框,其设计步骤如下。

(1) 创建表单:向命令窗口输入命令 MODIFY FORM srxldh,使出现表单设计器窗口(参阅图 10.14)。

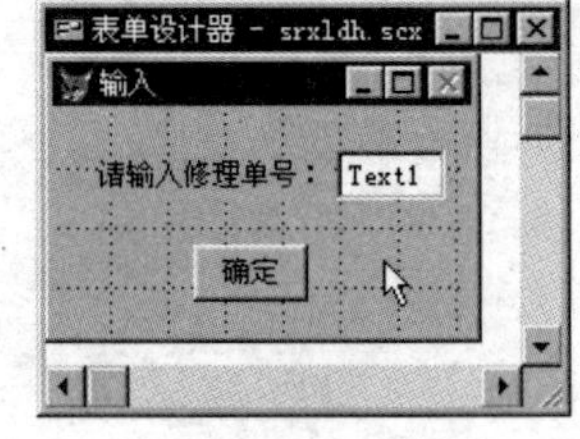

图 10.14 “输入修理单号”表单窗口

(2) 属性设置:Form1 的 Caption 属性为“输入”;Label1 的 Caption 属性为“请输入修理单号:”;Command1 的 Caption 属性为“确定”。

(3) Text1 文本框的 LostFocus 事件代码编写如下:

```
xldh=THISFORM.Text1.VALUE
```

(4) Command1 命令按钮的 Click 事件代码编写如下:

```
THISFORM.Release
```

6. “汽车修理”表单(QCXL.SCX)

汽车修理表单的功能是输入或修改修理小时、完工日期和修理工工号,并且能同时显示修车登记单的主要信息及零件用量。本例假定修车耗用的零件已在零件出库时登记,故这里仅要求显示零件用量,而不是登记。

(1) 创建表单:向命令窗口输入命令 MODIFY FORM qcxl,使出现“表单设计器”窗口(参阅图 10.15)。

(2) Form1 的属性设置:将 Caption 属性设置为“汽车修理.修理情况”。

(3) 按图 10.15 在表单上创建各标签和文本框:在数据环境中添加 XLD、XLG 和 LJYL 3 个表(不必关联),然后分别将 XLD 表的编号、送修日期、修理项目、牌号、修理小时和完工日期 6 个字段拖曳到表单窗口中规定的位置,从而产生相应的标签和文本框。

创建 Text1～Text8 共 8 个文本框,其中 Text1～Text4 分别用于存储 LJYL 表的零件号,Text5～Text8 分别用于存储这些记录的数量。下文为 Form1 的 Refresh 事件编写的过程代码,则用来实现将从 LJYL 表查到的零件号和数量逐项依次存储到文本框中。

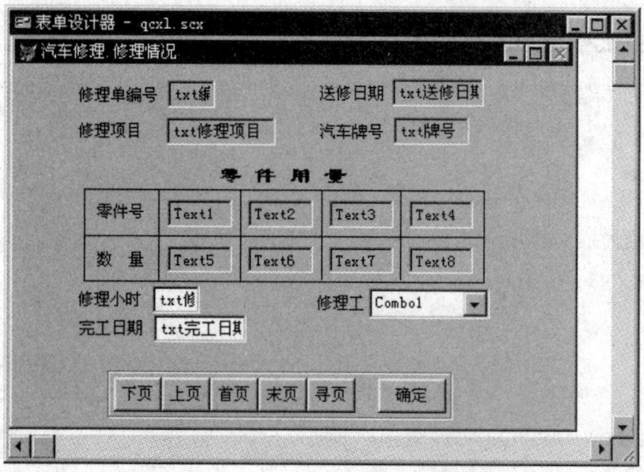

图 10.15 “汽车修理”表单窗口

将关于 XLD 表编号、送修日期、修理项目和牌号字段的文本框，Text1～Text8 等文本框的 ReadOnly 属性都设置为.T.。也就是说，仅 XLD 表的修理小时和完工日期字段允许编辑数据。

(4) 在 xlg 表选取修理工的工号，并存入 xld.工号：在表单上创建 Combo1 组合框，并设置以下属性。

```
RowSourceType: 6              (字段)
RowSource: xlg.工号,姓名      (显示 xlg.工号, xlg.姓名两个字段)
ColumnCount: 2                (显示 2 列)
ControlSource: xld.工号       (数据与 xld.工号绑定)
BoundColumn: 1                (绑定第 1 列)
```

(5) Form1 的 Refresh 事件代码编写如下：

```
THISFORM.TEXT1.Value=""
THISFORM.TEXT2.Value=""
THISFORM.TEXT3.Value=""
THISFORM.TEXT4.Value=""
THISFORM.TEXT5.Value=0
THISFORM.TEXT6.Value=0
THISFORM.TEXT7.Value=0
THISFORM.TEXT8.Value=0
* 以上 8 个命令将文本框值初始化,以免翻页后各文本框保持显示旧值
SELE ljyl
LOCA FOR 编号=xld.编号              && 零件用量表的编号与修理单的编号是否相同
IF FOUN()
   THISFORM.TEXT1.Value=零件号     && ljyl 表当前记录的零件号字段值赋给 TEXT1
   THISFORM.TEXT5.Value=数量       && ljyl 表当前记录的数量字段值赋给 TEXT5
ENDI
CONT
```

```
IF NOT EOF()
   THISFORM.TEXT2.Value=零件号
   THISFORM.TEXT6.Value=数量
ENDI
CONT
IF NOT EOF()
   THISFORM.TEXT3.Value=零件号
   THISFORM.TEXT7.Value=数量
ENDI
CONT
IF NOT EOF()
   THISFORM.TEXT4.Value=零件号
   THISFORM.TEXT8.Value=数量
ENDI
```

(6) 创建命令按钮组：在表单底部居中处创建一个包含下页、上页到确定等 6 个命令按钮的命令按钮组，其对象名为 Commandgroup1。

Commandgroup1 的 Click 事件代码编写如下：

```
SELE xld
DO CASE
   CASE This.Value=1          && 下页
        IF RECN()<RECC()
           SKIP
        ENDI
   CASE This.Value=2          && 上页
        IF RECN()>1
           SKIP-1
        ENDI
   CASE This.Value=3          && 首页
        GO TOP
   CASE This.Value=4          && 末页
        GO BOTT
   CASE This.Value=5          && 寻页
        DO FORM srxldh        && 调用表单,以输入修理单号;返回后寻页按钮获得焦点
   CASE This.Value=6
        Thisform.Release
ENDC
Thisform.Refresh
```

在图 10.15 中所画的表格线，以及某些标签的设置和标签标题的修改不再细述。

7. “零件订货计划”表单(LJDH.SCX)

在表单上设置一个列表框供选定季度，确定季度后能显示 LJKC 表中库存量小于最低库存的零件信息及其订货量。订货量也可当场修改。

为简单计，确定的季度并不作为筛选记录的条件，仅用于在表单窗口标题栏上显示。

(1) 创建表单：向命令窗口输入命令 MODIFY FORM ljdh，使出现表单设计器窗口（参阅图 10.16）。

(2) 按图 10.16 在表单上创建 Label1 标签和 List1 列表框各一个。

(3) 创建变量属性 jd(表示“季度”)：用表单菜单的新建属性命令创建一个变量属性 jd，然后在属性窗口将该变量属性的初值设置为 1。

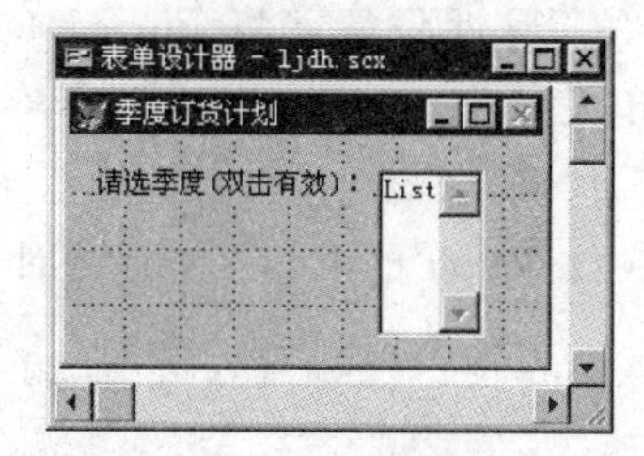

图 10.16 “零件订货计划”表单窗口

(4) 属性设置：见表 10.2。

表 10.2 “零件订货计划”属性设置

对象名	属性	属 性 值	说 明
Form1	Caption	季度订货计划	
Label1	Caption	请选季度(双击有效)：	
List1	ControlSource	jd	数据绑定到变量属性 jd

(5) List1 的 Init 事件代码编写如下：

```
* 在列表框中增入季度号选项
THIS.Additem("1")
THIS.Additem("2")
THIS.Additem("3")
THIS.Additem("4")
```

(6) List1 的 DblClick 事件代码编写如下：

```
SELE ljkc
COUNT FOR 库存量<最低库存 TO jls                && jls 意为记录数
IF jls=0
   MESSAGEBOX('库存量均不小于最低库存, 第'+jd+' 季度不需订货')
ELSE
   SET FILT TO 库存量<最低库存
   BROW FIEL 零件号:R,零件名:R,库存量:R,最低库存:R,订货量;
        TITLE '第'+jd+' 季度零件订货计划'    && 仅订货量可修改,其余字段为只读
   SET FILT TO
ENDI
```

8. “打印发票”表单(DYFP.SCX)

(1) 创建表单：向命令窗口输入命令 MODIFY FORM dyfp，使出现表单设计器窗口（参阅图 10.17）。

(2) 按图 10.17 在表单上创建 Label1 标签、Text1 文本框和 Command1 命令按钮各

一个。

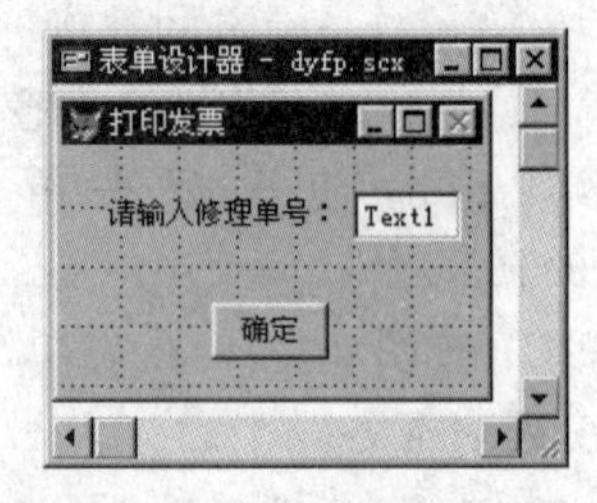

图 10.17 “打印发票”表单窗口

(3) 属性设置：将 Form1 的 Caption 属性设置为“打印发票”；将 Command1 命令按钮的 Caption 属性设置为“确定”。

(4) Text1 的 LostFocus 事件代码编写如下：

```
xldh=THISFORM.Text1.VALUE
```

(5) Command1 的 Click 事件代码编写如下：

```
SELE xld
LOCA FOR 编号==TRIM(xldh)          && 若查到,记录指针就指向指定的记录
IF NOT FOUND()
   WAIT WINDOW "无此编号!"
ELSE
   SELE ljyl
   SUM 数量*ljkc.价格 FOR 编号=TRIM(xldh) AND 零件号=ljkc.零件号 TO zljf
   * ljyl 与 ljkc 表已用零件号关联;zljf 为总零件费
   * 初始时 SET TALK 已置 OFF,否则执行 SUM 命令 dyfp 表单上将会显示求和结果
   REPO FORM fp PREV              && 调用报表文件 fp.frx 来预览发票,zljf 将赋值给报表
                                  && 变量 ljf
   THISFORM.Release               && 释放 dyfp.scx
ENDIF
```

9. “发票”报表(FP. FRX)

“打印发票”表单(DYFP. SCX)中需调用报表文件 FP. FRX,其设计步骤简述如下。

(1) 创建报表：在命令窗口输入命令 MODIFY REPORT fp,使出现 fp. frx 报表设计器窗口(参阅图 10.18)。

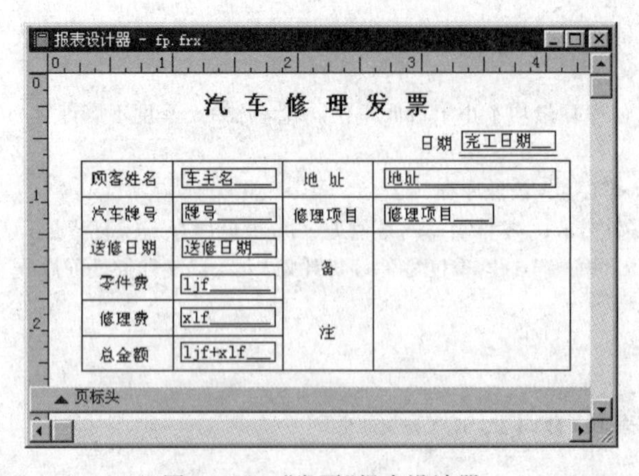

图 10.18 “发票”报表设计器

(2) 创建报表变量 ljf(零件费)和 xlf(修理费)：选定“报表”菜单的“变量”选项→在

“报表变量”对话框的“变量”列表中输入 ljf→在“要存储的值”与“初始值”文本框中均输入 zljf。

可用类似的方法来创建 xlf 报表变量，但在“要存储的值”与“初始值”两框中均输入：xld.修理小时 * xlg.小时工资 * 3(参阅 10.2.1 节的“2.功能需求”中关于发票的计算公式)。

(3) 在报表设计器窗口中创建表达式控件：用报表控件工具栏中的域控件按钮创建如图 10.18 所示的 9 个表达式控件，它们分别是 xld.完工日期、qc.车主名、cz.地址、xld.牌号、xld.修理项目、xld.送修日期、ljf、xlf 和 ljf+xlf。ljf 和 ljf+xlf 两个表达式控件创建时，在“报表表达式”对话框中的“格式”文本框均设置 9999.99。

创建标签、画表格线等操作不再叙述。

编码结束以后，应对系统进行测试与调试，这里不再讨论。

10.2.4 程序试运行

1. 装载数据

在应用系统投入运行之前，通常先要向数据库装入必要的或已有的成批数据。在 10.2.2 节已经为本系统列出第一批数据。本系统在运行中也可装载某些数据，例如，通过登记功能来装载，但是上例中的修理工管理和零件入库程序尚未编写，故这些信息暂时还要打开相应的表来输入。

2. 设置应用系统程序项

本系统可直接在 Visual FoxPro 中运行，只要在命令窗口中输入命令 DO c：\qcxl\qcxl 就行了。也可在 Windows 的“开始”菜单中建立程序项来运行。下面以 Windows 2000 为例，建立程序项的步骤如下。

(1) 进入 Windows。

(2) 选定“开始”菜单中“设置”选项的“任务栏和开始菜单”命令→选定“任务栏和开始菜单属性”对话框的“高级”选项卡→选定“添加”按钮→在“请键入项目的位置：”文本框中输入 c：\qcxl\qcxl→选定“下一步”按钮→在“选择程序文件夹”对话框中，认同默认文件夹“程序”，选定“下一步”按钮→在“键入该快捷方式的名称：”文本框中输入：汽车修理管理系统→选定“完成”按钮返回“任务栏和开始菜单属性”对话框→选定“确定”按钮，“汽车修理管理系统”程序项已建立在“开始”菜单的“程序”子菜单中。

程序运行方法：选定“开始”菜单中“程序”选项的“汽车修理管理系统”命令，即显示汽车修理管理系统封面。

现对“请键入项目的位置：”文本框说明以下两点。

(1) 该文本框用来指定要运行的程序及其路径。Windows 能自动调用 Visual FoxPro 来运行 Visual FoxPro 程序，这仍是不脱离开发环境的一种运行方式。

(2) 也可一并指定 Visual FoxPro 系统执行文件与 Visual FoxPro 程序。例如，c：\vfp\vfp6.exe c：\qcxl\qcxl.prg -t，其中的参数“-t”能屏蔽 Sign On 屏幕，即程序启

动后会跳过显示 Visual FoxPro 系统封面的环节。

10.3 应用程序的管理与发布

项目管理器为 Visual FoxPro 应用系统提供了一个集成的管理环境,它不但是一个良好的维护工具,也给软件开发提供了方便。在 1.4.4 节和 3.6 节,对项目管理器已有过两次介绍,本节将结合"汽车修理管理系统"进一步说明:(1)如何使用项目管理器生成 .EXE 执行文件;(2)怎样发布已生成的应用程序。

10.3.1 应用程序管理

在应用程序的开发过程中,无论程序、菜单、表单、报表,以及数据库与数据库表,都可在项目管理器中新建、添加、修改、运行和移去。本小节将以"连编"(详见下文)为线索,结合"汽车修理管理系统"展开讨论。

1. 项目的建立

为使建立的项目文件能与"汽车修理管理系统"的程序和数据放在一起,可先执行一条 SET DEFAULT TO \QCXL 命令。

MODIFY PROJECT 命令用于打开项目管理器,若在命令窗口输入命令 MODIFY PROJECT QCXLGL,就会出现一个 Qcxlgl 项目管理窗口(参阅图 10.19)。命令中的 QCXLGL 是项目文件名,其默认扩展名为. PJX。项目文件还有一个备注文件,其主名与项目文件相同,扩展名为. PJT。

利用菜单也可打开"项目管理器",此时文件类型应选择"项目"。

2. 项目管理器中的主文件

若项目中包含程序、菜单或表单,则其中必有一个是主文件。项目管理器中的主文件具有如下特点。

(1) 主文件以粗体显示,例如,在图 10.19 中,qcxl 程序便是主文件。

(2) Visual FoxPro 默认添加到项目管理器中的第一个程序、菜单或表单为主文件,但是为了方便管理,通常将应用程序中最上层的文件设置为主文件。更改主文件的方法很简单,在项目管理器中选定一个程序(或菜单,或表单)作为主文件,然后选定"项目"菜单的"设置主文件"命令,该文件就变成以粗体显示。

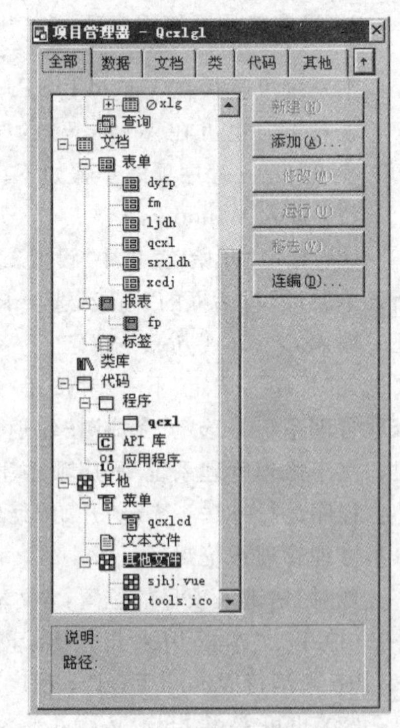

图 10.19 Qcxlgl"项目管理器"窗口

(3) 主文件一旦确定,项目连编时会自动将各级被调用文件增入“项目管理器”窗口，但数据库、表、视图文件等数据文件不会自动增入。图中显示了以 qcxl. prg 为主文件进行项目连编后收入的全部文件，注意其中的 xlg 表、sjhj. vue 和 tools. ico 文件都是用“添加”按钮另行增入的。

3. 连编

当一个项目建立好各个模块文件后，在项目运行前还需对它们“连编”。在项目管理器中选定“连编”按钮就会显示一个如图 10.20 所示的“连编选项”对话框，支持用户创建一个自定义应用程序或者刷新现有项目。现就该对话框的主要组件进行说明。

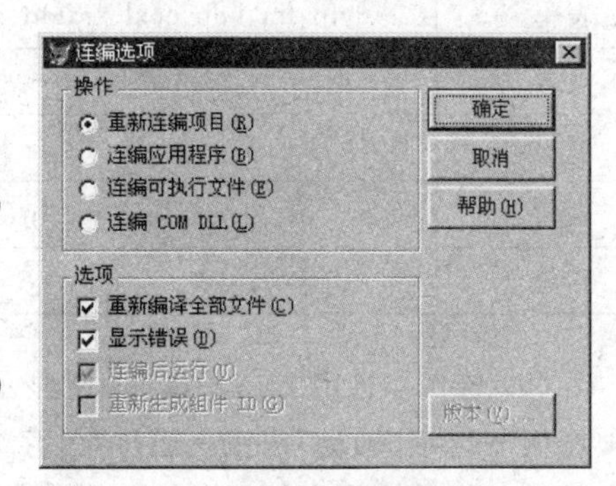

图 10.20 “连编选项”对话框

(1)“操作”区的选项按钮

①“重新连编项目”：该选项对应于 BUILD PROJECT 命令，用于重新编译项目中所有文件，并生成.PJX 和.PJT 文件。

②“连编应用程序”：该选项对应于 BUILD APP 命令，用于连编应用程序，并生成以.app 为扩展名的应用程序。.app 文件必须在开发环境中运行，例如，DO qcxlgl. app。

③“连编可执行文件”：该选项对应于 BUILD EXE 命令，用于生成以.exe 为扩展名的可执行文件。由于可执行文件能够脱离 Visual FoxPro 环境在 Windows 中独立运行，因而常用于制作应用程序安装盘，将已开发好的应用程序发布到其他计算机上使用(参阅 10.3.2 节)。

(2)“选项”区的复选框

①“重新编译全部文件”：用于重新编译项目中的所有文件，并对每个源文件创建其对象文件。

②“显示错误”：用于指定是否显示编译时遇到的错误。

③“连编后运行”：用于指定应用程序连编后是否马上运行。

(3)“版本”按钮

当在“连编选项”对话框中选定“连编可执行文件”或“连编 COM DLL”选项按钮时，“版本”按钮即变为可用。选定它将显示“EXE 版本”对话框，用于指定版本号以及版本类型。

[**例 10-1**] 根据 10.2 节开发“汽车修理管理系统”所得的文件(见表 10.3)，使用项目管理器生成 qcxl. exe 程序。

(1) 设置文件默认路径：确保“汽车修理管理系统”全部文件均放置到“C：\QCXL”文件夹中。为使以后建立的项目文件和生成的 qcxl. exe 文件均继续放到该文件夹中，可在命令窗口输入 SET DEFAULT TO C：\QCXL 命令。

(2) 打开“项目管理器”：在命令窗口输入命令 MODIFY PROJECT QCXLGL，使显示“项目管理器”窗口(参阅图 10.19)。

(3) 设置主文件：选定"代码"结点下的"程序"子结点，使用"添加"按钮添加 qcxl.prg，该文件将自动成为主文件。

(4) 添加文件：按表 10.3 添加表、视图文件和图片文件。

表 10.3 "汽车修理管理系统"的全部文件

类　别	文　件　名	类　型	加入项目的方式
命令文件	Qcxl	.prg	主文件，使用"添加"按钮
表单	dyfp、fm、ljdh、qcxl、srxldh、xcdj	.scx、.sct	连编时自动增入
报表	Fp	.frx、.frt	连编时自动增入
菜单	Qcxlcd	.mnx、.mnt	连编时自动增入
表	xld、qc、cz、xlg、ljyl、ljkc、ljrk、ljck	.dbf、.cdx	使用"添加"按钮
其他	sjhj.vue、tools.ico		使用"添加"按钮

(5) 连编：选定"连编"按钮，使显示"连编选项"对话框→选定"连编可执行文件"选项按钮→选定"确定"按钮→通过"另存为"对话框，将文件保存为"c:\qcxl\qcxl.exe"，主文件的各级被调用文件即自动增入项目管理器，并编译所有的"包含"文件。

4. 文件的包含与排除

项目管理器中的文件可分为包含和排除两种类型，分别代表该文件的使用方式为只读或可写。左侧有∅标记的文件属排除类型(例如，图 10.19 中的 xlg 表)，否则属包含类型。

当项目连编时，Visual FoxPro 将把项目内的所有文件组合为一个单一的应用程序文件，并使这些文件都以只读方式被编译进.app 或.exe 文件中。但对于设定为排除的文件在编译时，将被排除在外，以便用户能更新它们。需要说明，把排除类型的文件也增入项目仅为了方便统一管理，在运行.exe 应用程序时仍需要提供这些文件。

可以执行的文件(如表单、报表、查询、菜单和程序) 通常均应设置为"包含"，但如果应用程序允许用户动态更改某一个报表，那么该报表就应设为"排除"。而数据文件则根据是否允许写入，来决定要否设置为"排除"。总之，凡不需要用户更新的文件均设置为包含类型，而允许在运行时可写的文件应标记为排除类型。需要注意，Visual FoxPro 默认所有的表为排除类型；而主文件则必须为包含类型。

利用"项目"菜单或快捷菜单的"包含"或"排除"命令，就可以改变在项目管理器中选定文件的类型，即变包含为排除，或变排除为包含。

10.3.2 应用程序发布

所谓发布应用程序，是指为所开发的应用程序制作安装程序或安装盘，使之能方便地安装到其他计算机上使用。

不同的 Visual FoxPro 版本，发布应用程序的作法不尽相同。以 Visual FoxPro 6.0 为例，当用户在系统主菜单中选定"工具"菜单内"向导"选项的"安装"命令后，屏幕即显示如图 10.21 所示的“安装向导”对话框。如果在对话框中选定“创建目录”按钮，安装向导就会在 Visual FoxPro 系统目录中自动建立一个 DISTRIB 子目录，然后依次显示后继各步的向导对话框，由它们逐步引导用户操作，直到生成一个应用程序的“磁盘映像”，以供用户复制所需的安装程序磁盘。

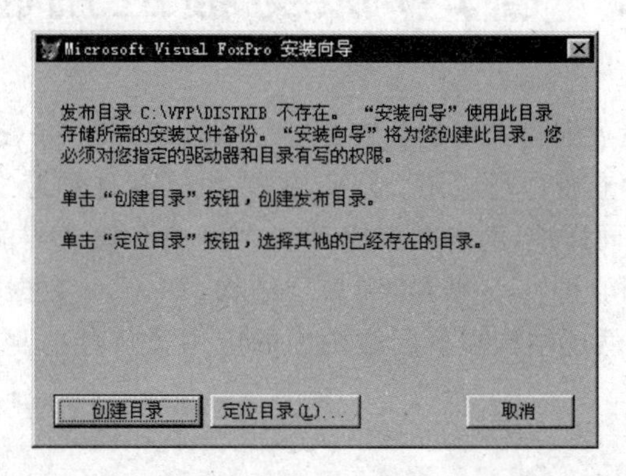

图 10.21 Visual FoxPro 6.0 的“安装向导”对话框

自 7.0 版起，Visual FoxPro 改用多功能安装软件 InstallShield 代替“安装向导”来发布应用程序。到 Visual FoxPro 9.0，其版本已升级为 InstallShield Express 5.0 for Visual FoxPro。本书第 13.4 节将简介该软件的功能和使用方法。

习　题

1. 以树形结构画出“汽车修理管理系统”的总体模块图(表达模块间的调用关系)。

2. 为“汽车修理管理系统”设计或修改模块，并加入到菜单。

(1) 创建“修理工管理”表单。

(2) 修改打印发票表单，要求可进行预览或打印。

(3) 打印修理工工资月报，月报中要求包括以下数据：工号、姓名、修理小时、小时工资、月工资。

(4) 打印修车台账月报，月报中要求包括以下数据：编号、型号、项目、修理小时、修理工工号、修理费、零件费、总计、车主、送修日期、完工日期。

(5) 打印零件耗用月报。

(6) 增加数据备份与备份恢复功能。

3. 创建数据库 qcxl{xld，qc，cz，xlg，ljyl，ljkc，ljrk，ljck}，并参照图 10.9，为有关表建立永久关系(即把关联改为永久关系)。

第11章 客户/服务器应用程序开发

随着网络应用的发展而迅速兴起的客户/服务器(Client/Server)模式(C/S模式),现已在局域网和互联网中获得广泛应用。众所周知,电子邮件和万维网访问等互联网服务普遍采用了C/S模式;同样地,网络数据库系统也是C/S模式当前最重要的应用领域之一,并可区分为两层结构(即C/S结构)和多层结构(如Web数据库)等种类。本章依次介绍Visual FoxPro在两层结构和多层结构中的应用。前者主要用于局域网,后者主要用于互联网。

11.1 客户/服务器模式

C/S模式是网络应用软件采用的一种新模式。由于它同时代表了计算机系统中一类新的体系结构(architecture),所以有时也称为C/S结构或C/S模型。

11.1.1 早期的数据库应用模式

最初的数据库系统多使用于主机(一般为大型机)分时系统。数据集中存放在主机上,各终端对数据库的访问全部由主机处理。这就是所谓"以主机为中心"(mainframe-centric)的集中式数据库系统,有时也称为主从式结构的数据库系统。随后出现了个人计算机数据库系统。PC既是数据库系统的宿主机(host),又是实现数据库访问的终端机,应用程序、数据和DBMS全都集中在同一台PC上。局域网问世后,主机的分时共享(time-sharing)被局域网的资源共享(resource-sharing)所取代,联网的计算机被划分为服务器和工作站两大类。通过打印机服务器或图形服务器,各工作站可以共享打印机或图形显示/打印设备等硬件资源;通过文件服务器或数据库服务器,各工作站可以共享存放在大容量硬盘上的应用程序或数据库数据等软件资源;但这时所有的数据处理仍然由工作站本身承担,服务器的作用仅相当于工作站外部设备的延伸。现在称这类应用软件模式为工作站/服务器(Workstation/Server)模式,简称为W/S模式。

无论是主机的分时共享或W/S模式的资源共享,有一个共同的缺点,即数据处理总是集中于一方(不是集中于主机就是集中于工作站)。为了均衡负荷,C/S模式应运而生。

11.1.2 客户/服务器结构的工作

如图11.1所示,在C/S结构中,应用软件被划分为客户软件和服务器软件两部分。这两个部分允许安装在同一台计算机上,但多数情况下分别安装在网络的不同计算机上;前者称为客户机,一般由PC承担;后者称为服务器,一般由具有较高性能的计算机(如大型机、小型机、超级微机等)承担。当客户软件发出访问数据库的请求后,服务器软件接收这一请求,并为它提供数据的存储和查询,然后将结果返回给客户软件。

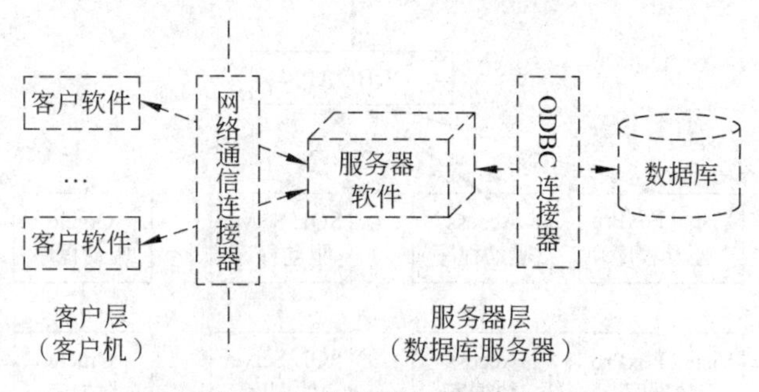

图 11.1 客户机/服务器结构

与 W/S 模式相比,C/S 模式的最大优势是把系统划分为前台和后台,既增加了系统的灵活性,又提高了网络的效率。在通常情况下,客户机运行前端(front-end)应用程序,向用户提供界面(user interface)和显示逻辑(presentation logic);而服务器则负责访问后台数据库,并完成各种事务逻辑(transaction logic)的处理。这样,每次任务都由客户机和数据库服务器共同分担,负荷均衡,有利于充分利用网络资源;另一方面,从客户机到服务器只需要传送访问请求,从服务器返回客户机仅仅是访问结果,同往返都要传送数据库整个文件的 W/S 模式相比,网络传输量也大大减少了。

C/S 结构的第三个成分是连接器,它是沟通客户机和服务器的纽带。其中又包含以下两个部分:

(1) 网卡及其驱动程序,用于保持客户机和服务器的网络通信连接。

(2) 实施数据访问的软件,使服务器成为数据库服务器。最常使用的这类接口软件目前有 ODBC、ADO 等,下文将陆续介绍。

11.1.3 开放数据库连接(ODBC)

ODBC(Open DataBase Connectivity,开放数据库连接)是将服务器连接到后台数据库的一种接口技术。它最初于 1991 年由 Microsoft 公司开发,现已被包括 Visual FoxPro、Access、SQL Server、Oracle 等几乎所有的流行 DBMS 广泛采用,成为在 C/S 系统中实现数据库访问的、事实上的通用接口标准。

需要指出的是,通过 ODBC 访问任何后台数据库,首先都要创建数据源。数据源通常由数据源名(Data Source Name,DSN)来区分。ODBC 驱动程序管理器能够识别以下 3 类数据源,即系统 DSN(面向系统全体用户)、用户 DSN(面向特定用户)和文件 DSN(用于从文本文件获取数据,可供多用户访问)。

如图 11.2 所示,ODBC 提供了一个统一的应用程序编程接口(Application Program Interface,API)。使用 ODBC 的应用程序,还需创建本地数据库与后台数据库之间的连接,才能实现对后台数据库的访问,而不必考虑这些数据库是由哪些厂商所提供的。当数据库服务器按照 API 函数的请求、通过驱动程序对相应的 DBMS 及其数据源进行访问后,便能将结果返回给客户端的应用程序。

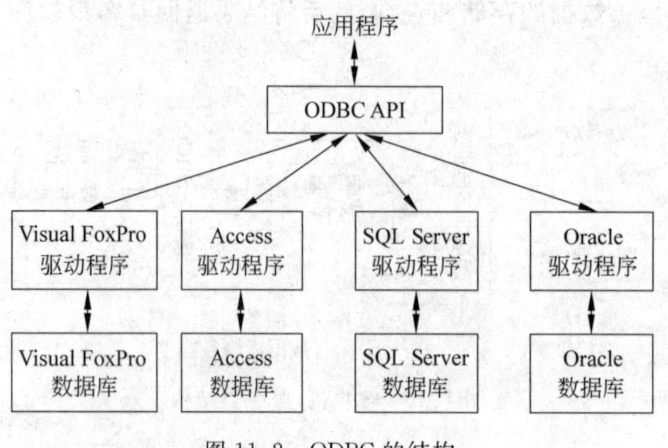

图 11.2　ODBC 的结构

11.2　局域网中的 C/S 系统

局域网上的计算机不仅可拥有自己的本地数据库，还可以通过 C/S 系统共享网上的数据库系统。本节将首先介绍使用 Visual FoxPro 与 SQL Server 配置的 C/S 数据库系统，然后依次说明怎样在 C/S 系统中创建 ODBC 连接，以及通过 ODBC 通道访问远程数据的方法。

11.2.1　配置 Visual FoxPro/SQL Server 的 C/S 系统

在 C/S 数据库应用系统中，远程数据库通常存储在已安装服务器软件的计算机中，供同一网络上的客户机共享。在这种系统中，后端数据可以来自 SQL Server、Visual FoxPro、Access 等 RDBMS 的数据库表，前端数据库则可用 Visual FoxPro 来支持。值得注意的是，SQL Server 不但适合大型数据处理系统存储数据，也能为个人或小企业提供数据存储服务，或者以同时提供数据库和数据库服务器的方式来支持后端数据库。

本小节介绍一种使用 SQL Server 2000 支持后端、Visual FoxPro 支持前端的 C/S 系统，这是常见的 C/S 应用程序支持环境之一。从硬件而言，它通常是局域网的组成部分，其中的一个站点用作服务器，其他站点用作工作站。表 11.1 列出了这种 C/S 系统的软件配置。

表 11.1　C/S 系统的一种软件配置

类　别	服务器端	客户端
操作系统	安装 Windows 2000 Server	安装 Windows 98 以上的 Windows 版本
数据库管理系统	安装 SQL Server 2000，选择"服务器和客户端工具"选项按钮	安装 SQL Server 2000，选择"仅连接"选项按钮
	安装 SQL Server 2000，选择"服务器和客户端工具"选项按钮	安装 Visual FoxPro 6.0 或其以上的版本（例如，Visual FoxPro 9.0）

1. 安装 SQL Server 2000

无论服务器端还是客户端的计算机,均可通过 SQL Server 2000 光盘来安装。把光盘放入光驱后,将自动显示 Microsoft SQL Server 2000 Standard Edition 对话框(如图 11.3(a)所示)。下面列出安装的步骤,其中的第(9)步将决定本机安装为服务器端或客户端。为节省篇幅,部分对话框的图形没有列出。

(a) 安装“SQL Server 2000”的第 1 个对话框

(b) “计算机名”对话框

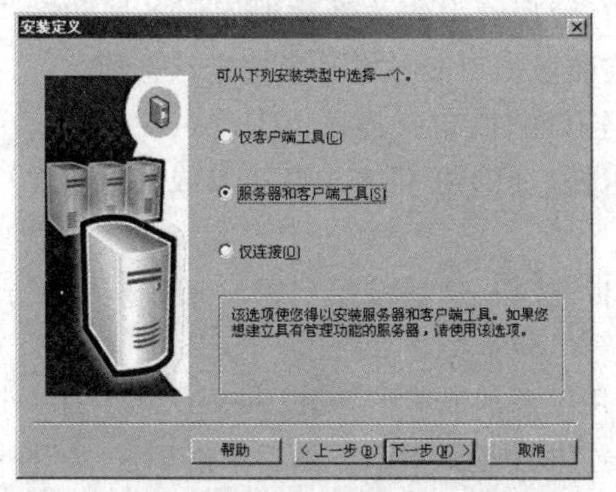

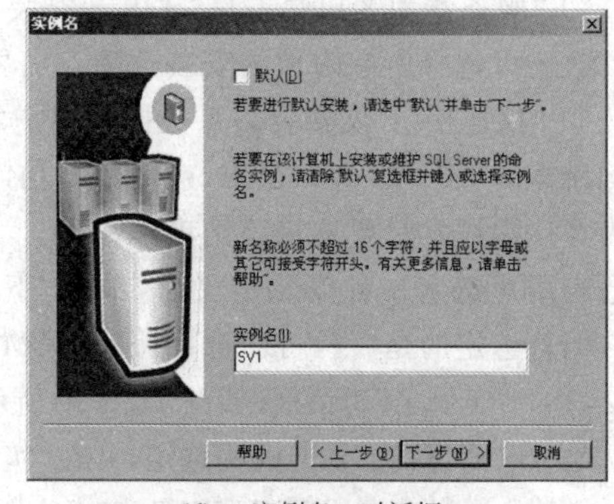

(c) “安装定义”对话框 (d) “实例名”对话框

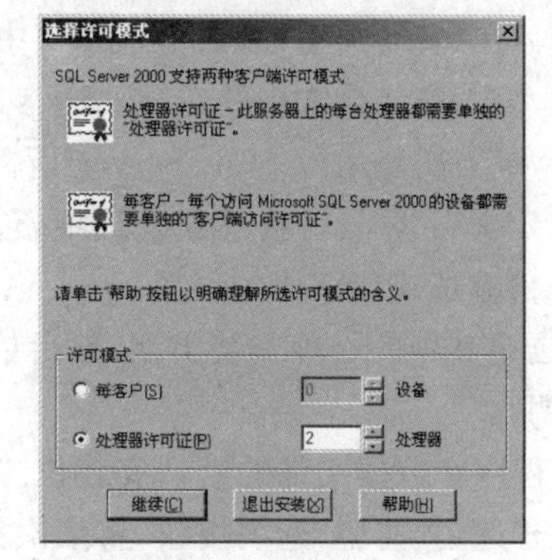

(e) “身份验证模式”对话框 (f) “选择许可模式”对话框

图 11.3 安装 SQL Server 2000

(1) 在如图 11.3(a)所示的对话框中,选定“安装 SQL Server 2000 组件”选项。

(2) 在“安装组件”对话框(图略)中,选定“安装数据库服务器”选项。

(3) 在“欢迎”对话框(图略)中单击“下一步”按钮。

(4) 在“计算机名”对话框(如图 11.3(b)所示)中,指定要创建或修改实例的计算机。选定“在本地计算机”选项按钮,并单击“下一步”按钮。

说明:图 11.3(b)中的文本框默认显示 MYC1,这是本计算机的名称,事先由用户设定。

(5) 在“安装选择”对话框(图略)中,选定“创建新的 SQL Server 实例,或安装客户端工具”选项按钮,然后单击“下一步”按钮。

(6) 在“用户信息”对话框(图略)中输入姓名(如 John)和公司的名称,但公司名允许省略。单击“下一步”按钮。

(7) 在“软件许可证协议”对话框(图略)中单击“是”按钮。

(8) 在“CD-key”对话框(图略)中输入光盘密码,然后单击“下一步”按钮。

(9) 在“安装定义”对话框(如图 11.3(c)所示)中提供如下 3 种选项按钮,供用户选择使当前计算机成为服务器端还是客户端。

① “仅客户端工具”:仅安装客户端关系数据库管理工具,包含管理 SQL Server 的客户端工具和客户端连接组件,此外还可选择其他要安装的组件。

② “服务器和客户端工具”:用于安装具有管理能力的关系数据库服务器和客户端工具。还可选择所有附加的安装选项。若要安装数据库服务器必须选定该选项。

③ “仅连接”:仅安装关系数据库客户端连接组件,包括连接 SQL Server 2000 命名实例所需的 MDAC 2.6(Microsoft 数据访问组件),但不提供客户端工具或其他组件。安装为客户端通常只要选定该选项按钮。

当用户选定一种安装定义后,单击“下一步”按钮,然后按第(10)~(15)步骤完成安装。但若选定的是“仅连接”选项按钮,第(10)~(15)步将全部跳过。

(10) “实例名”对话框(如图 11.3(d)所示)用于添加或维护 SQL Server 2000 的一个实例。此时取消“默认”复选框的选定,并在“实例名”框中输入 SV1。然后单击“下一步”按钮。

说明:通过安装,MYC1\SV1 将成为服务器名称。

(11) 在“安装类型”对话框(图略)中,提供如下 3 种 SQL Server 安装规模。

“典型”:安装最常用的选项。通常采用这种安装。

“最小”:安装运行 SQL Server 所需的最小配置。

“自定义”:可自行选择安装选项,包括选择组件和子组件,或者更改排序规则、服务账户、身份验证或网络库的设置。

可选定其中的一种安装类型,然后单击“下一步”按钮。

说明:

① 程序和数据文件的默认安装位置为“C:\Program Files\Microsoft SQL Server”。

② 若选定“典型”选项按钮,将依次按以下的第(12)~(15)步骤操作。

(12) 在“服务账户”对话框(图略)中,分别选定“对每个服务使用同一账户。自动启动 SQL Server 服务”和“使用本地系统账户”选项按钮。然后单击“下一步”按钮。

(13) 在“身份验证模式”对话框(如图 11.3(e)所示)中,选定“混合模式”。然后为 sa

系统管理员(超级用户)添加登录密码,即分别在“输入密码”文本框和“确认密码”文本框输入同一字符串(如 sa123456)。单击“下一步”按钮。

(14) 在“开始复制文件”对话框(图略)中单击“下一步”按钮。

(15) 在“选择许可模式”对话框(如图 11.3(f)所示)中设置授权模式,以便客户端可以访问所建立的实例。SQL Server 2000 支持两种客户端访问授权模式:“处理器许可证”方式只要指定处理器的数量(一个计算机可能装有多个 CPU),就允许 Intranet 或 Internet 上任意多的设备访问服务器;而“每客户”方式要求每个将访问服务器的设备(工作站、终端等)都备有一个客户端访问许可证。

在修改要授权的设备数或处理器数以后,单击“继续”按钮即可完成安装。

注意:安装过程中使用的一些名称下文还将引用,包括服务器计算机的名称 MYC1,服务器名称 MYC1\SV1,系统管理员的名字 sa 和登录密码 sa123456。

安装完成后,在 Windows 的“开始”|“程序”菜单中就会包含“Microsoft SQL Server”子菜单,支持用户操作 SQL 服务器。

2. 在 SQL Server 上创建数据库与表

为创建 C/S 应用程序,在服务器上必须拥有供客户访问的数据库与表。

[**例 11-1**] 在 SQL Server 服务器上创建“销售”数据库与“销量”表。

(1) 创建“销售”数据库。选定菜单“开始”|“程序”|“Microsoft SQL Server”|“企业管理器”命令,使显示 SQL Server Enterprise Manager(SQL Server 企业管理器)窗口(参阅图 11.4)→展开控制台目录树,右击“数据库”结点,在快捷菜单中选定“新建数据库”命令,使显示“数据库属性”对话框(图略)→在“名称”文本框中输入“销售”,单击“确定”按钮,在“数据库”结点下即显示一个“销售”结点。

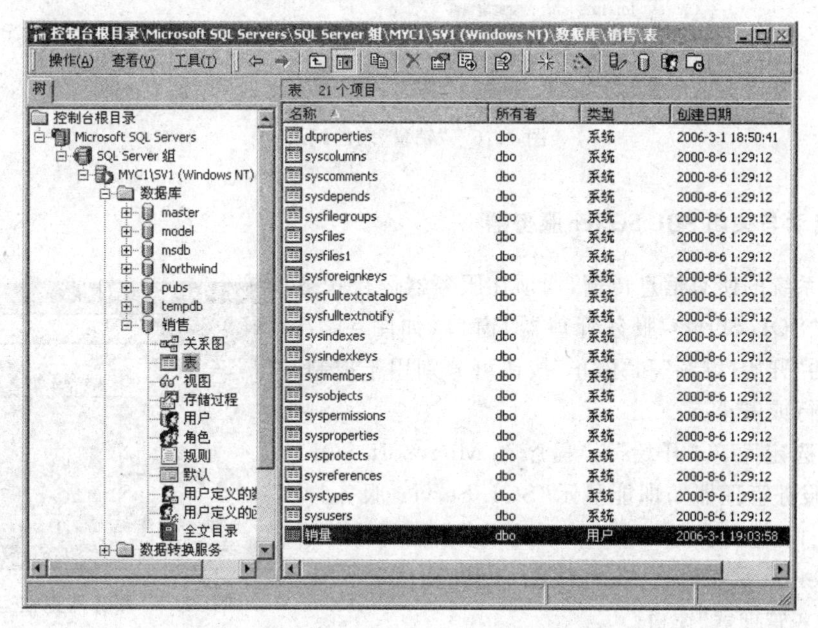

图 11.4 SQL Server Enterprise Manager 窗口

(2) 创建“销量”表。右击“销售”结点，在快捷菜单中选定“新建”|“表”命令，即显示供设计新表的窗口→按图 11.5 输入“营业员代号”、“品名”、“数量”3 个列名→在工具栏中单击“保存”按钮，即显示“选择名称”对话框，然后在“输入表名”框中输入“销量”→单击“确定”按钮，在“表”项目列表的末尾即显示“销量”表项(参阅图 11.4)。

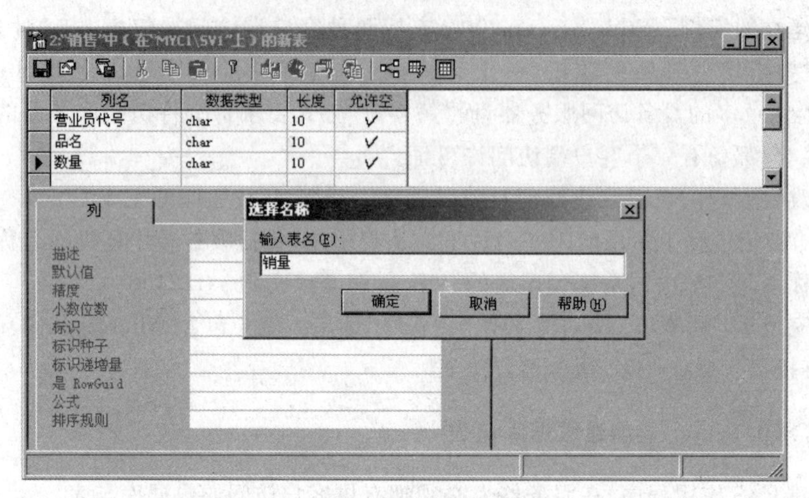

图 11.5 “销量”表的结构

(3) 为“销量”表输入记录。右击“销量”表项，在快捷菜单中选定“打开表”|“返回所有行”命令，使显示表数据窗口→按图 11.6 输入 3 个记录。

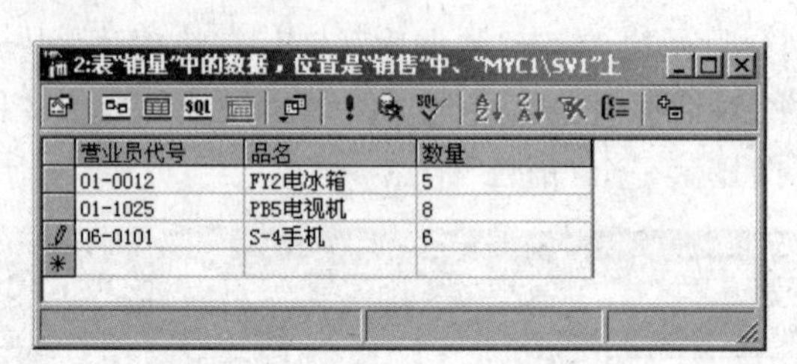

图 11.6 “销量”表的记录

3. 启动与关闭 SQL Server 服务器

C/S 系统的所有信息传输，均须在服务器运行状态下进行。“SQL Server 服务管理器”窗口(如图 11.7 所示)中的“开始/继续”和“停止”按钮可分别用于控制服务器运行或停止。

只要选定菜单“开始”|“程序”|Microsoft SQL Server|“服务管理器”，即能显示“SQL Server 服务管理器”窗口，同时在 Windows 的任务栏中显示 MSSQLServer 图标。双击该图标也能打开“SQL Server 服务管理器”窗口。

图 11.7 服务器正在运行

11.2.2 ODBC 数据源的建立和连接

要访问远程数据，常见的方法是利用 ODBC 连接到后台数据库。其实现一般可分为两步：建立 ODBC 数据源；连接本地数据库与服务器数据源。全部操作均应在要访问 ODBC 数据源的客户端进行。

1. 建立 ODBC 数据源

建立 ODBC 数据源通常包括以下内容：为数据源配置恰当的驱动程序；设定数据源名(DSN)供以后引用；指定想连接的服务器及数据库。下面结合例 11-2 与图 11.8 进行说明。

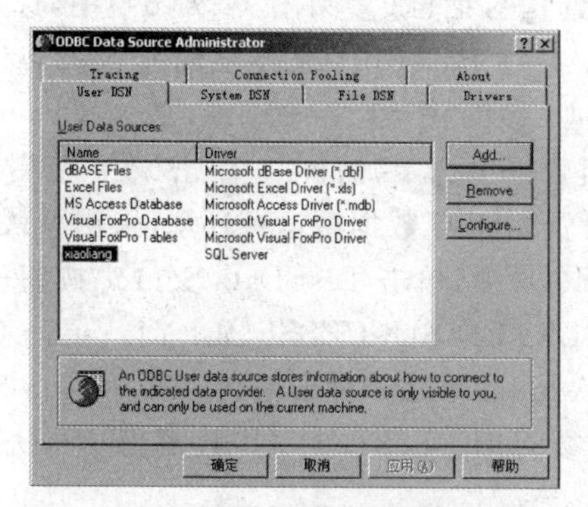

(a) ODBC 数据源管理器窗口

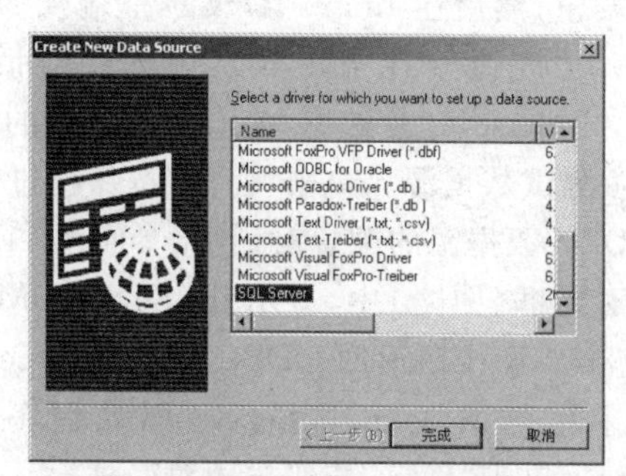

(b) 创建新数据源对话框

(c) 为数据源取名并选定服务器

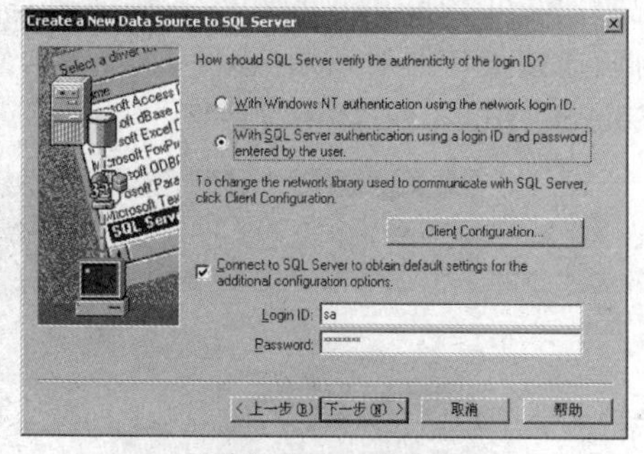

(d) 验证登录 ID 的真伪

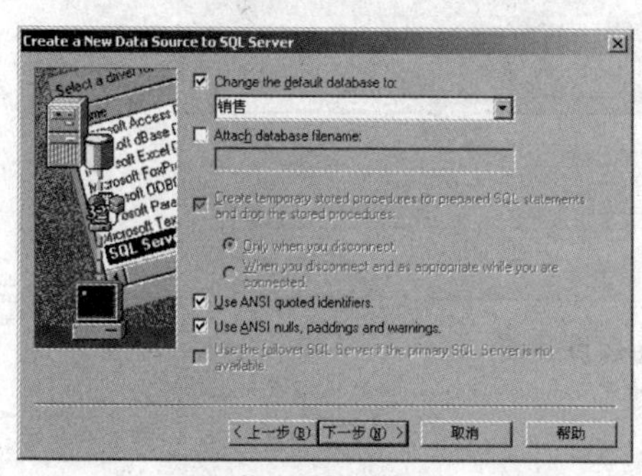

(e) 指定默认数据库

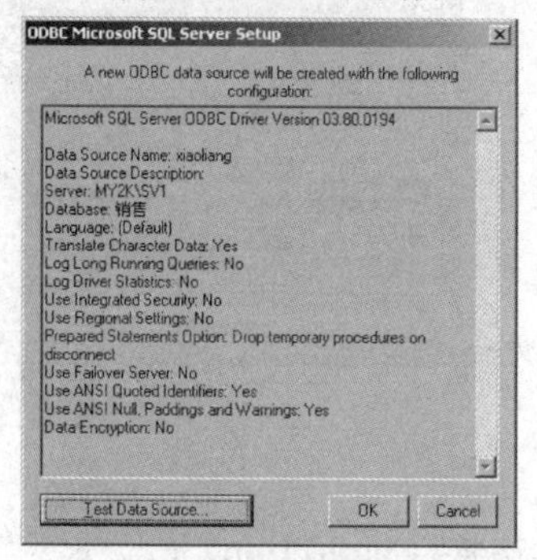

(f) 显示新 ODBC 数据源的配置

图 11.8 建立 ODBC 数据源

[例 11-2] 建立 ODBC 数据源示例(提示:可使用 ODBC 数据源管理器)

具体要求如下:为数据源配置 SQL Server 驱动程序;设定 DSN 为 xiaoliang,并指定 MYC1\SV1 数据库服务器中的"销售"数据库为数据源。

(1) 打开 ODBC 数据源管理器。在客户端使用 Windows 的"控制面板"|"管理工具"|"数据源(ODBC)"图标,来打开 ODBC Data Source Administrator 对话框(参阅图 11.8(a))。

(2) 配置驱动程序。单击 Add 按钮,在 Create New Data Source 对话框(参阅图 11.8(b))的驱动程序列表中选定 SQL Server,然后单击"完成"按钮。

(3) 创建数据源。在 Create New Data Source to SQL Server 对话框(参阅图 11.8(c))中,往数据源 Name 文本框输入 xiaoliang, 在想连接的 Server 文本框选定 MYC1\SV1。单击"下一步"按钮→在验证登录 ID 的真伪对话框(参阅图 11.8(d))中,选定第 2 个选项按钮,然后往 Login ID 文本框输入 sa, 并往 Password 文本框输入 sa123456。单击"下一步"按钮→在指定默认数据库对话框(参阅图 11.8(e))中,选定 Change the default database to 复选框,接着在其下方的组合框中选定"销售"。单击"下一步"按钮。

(4) 测试数据源。单击"完成"按钮跳过设置 ODBC 数据源运行环境(采用默认值)→在新 ODBC 数据源的配置对话框(参阅图 11.8(f))中,单击 Test Data Source 按钮→在测试结果对话框(图略)中,显示 TESTS COMPLETED SUCCESSFULLY!。单击 OK 按钮,再单击 OK 按钮返回 ODBC Data Source Administrator 对话框,在 User Data Source 列表的末尾已增入 SQL Server 驱动程序(参阅图 11.8(a)),其数据源名(DSN)为 xiaoliang。单击"确定"按钮关闭对话框。

说明:也可不通过 Windows 控制面板直接在 Visual FoxPro 中建立 ODBC 数据源。只要打开连接设计器对话框(参阅图 11.9),然后单击新建数据源按钮,就会显示 ODBC Data Source Administrator 对话框。

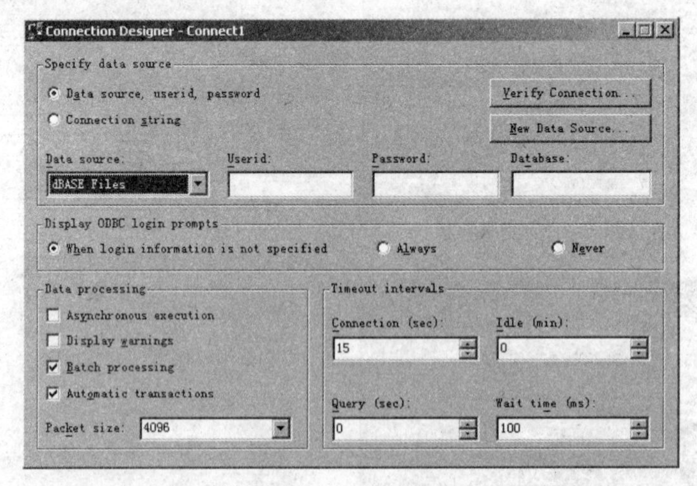

图 11.9 连接设计器

2. 创建连接(Connection)

在建立 ODBC 数据源之后,还需用命令将本地数据库与 ODBC 数据源连接起来,并给出一个连接名称，供用户在创建远程视图时引用该连接。当远程视图激活时，该连接将提供通向远程数据源的通道。必须注意的是，无论是建立连接还是创建远程视图，均需事先打开一个本地数据库。以下是 Visual FoxPro 提供的创建连接命令。

命令格式：

```
CREATE CONNECTION [<连接名>| ?]
    [DATASOURCE <数据源名>] [USERID <用户名>] [PASSWORD <密码>]
    [DATABASE <服务器数据库名>] | CONNSTRING <连接串>]
```

功能：创建与 ODBC 数据源之间的连接，并将它存入当前数据库。

［**例 11-3**］ 根据例 11-2 建立的 DSN 为 xiaoliang 的 ODBC 数据源，创建一个名为 vfpsql 的连接。

在客户端事先创建一个数据库，取名为 vfpxs。然后就可用如下命令序列创建连接：

```
OPEN DATABASE vfpxs      && 必须在客户端打开一个数据库，方能进行连接
CREATE CONNECTION vfpsql DATASOURCE xiaoliang USERID sa PASSWORD sa123456
```

关于创建连接命令还要补充说明几点。

(1) 若改用 CONNSTRING 子句，例 11-3 中的创建连接命令也应更改为：

```
CREATE CONNECTION vfpsql CONNSTRING DSN=xiaoliang;UID=sa;PWD=sa123456
```

(2) 若要显示当前数据库中的连接信息，可使用命令 DISPLAY CONNECTIONS；删除当前数据库中的连接，可使用命令 DELETE CONNECTION ＜连接名＞。

(3) 若在打开数据库后执行带默认参数的 CREATE CONNECTION 命令，会弹出连接设计器对话框(如图 11.9 所示)，供用户以交互方式创建连接。此外，从项目管理器中也可创建连接，其方法是：先展开一个现有数据库的结点，接着在列表中单击连接图标，然后选择"新建"按钮，即显示连接设计器。

注意：以交互方式创建连接时，可以使用连接设计器对话框右上角的 Verify Connection 按钮当场验证连接是否成功。若使用连接命令创建连接，且存在连接错误，需等到创建远程视图才会提示"连接错误"。

要强调指出，ODBC 指明了服务器数据库；连接则提供了本地数据库和服务器数据库的通道。要实现对后台数据库的访问，还需使用适当的访问方法，例如，远程视图方法或 SPT 方法等。现分述如下。

11.2.3 远程视图方法

远程视图是利用 ODBC 通道访问后台数据库的简便工具。建立好 ODBC 连接后，就可以创建远程视图了，其命令可参阅本书 3.6.3 小节。以下是通过远程视图更新数据的一个例子。

［**例 11-4**］ 根据例 11-3 建立的名为 vfpsql 的连接，在客户端创建销量视图 xlst；然后通过该远程视图，将服务器计算机上销量表第 1 个记录的数量由 5 更新为 10。

(1) 在服务器计算机上，启动 MYC1\SV1 服务器使之运行。

(2) 在客户端执行如下命令序列,创建远程视图:

```
OPEN DATABASE vfpxs && 只有先打开一个数据库,方能创建远程视图
CREATE SQL VIEW xlst REMOTE CONNECTION vfpsql AS SELECT * FROM 销量
                    && 引用 vfpsql 连接来创建远程视图 xlst,视图将包含销量表的所有字段
MODIFY VIEW xlst    && 显示视图设计器窗口(参阅图 11.10),窗口中可看到销量表的字段
```

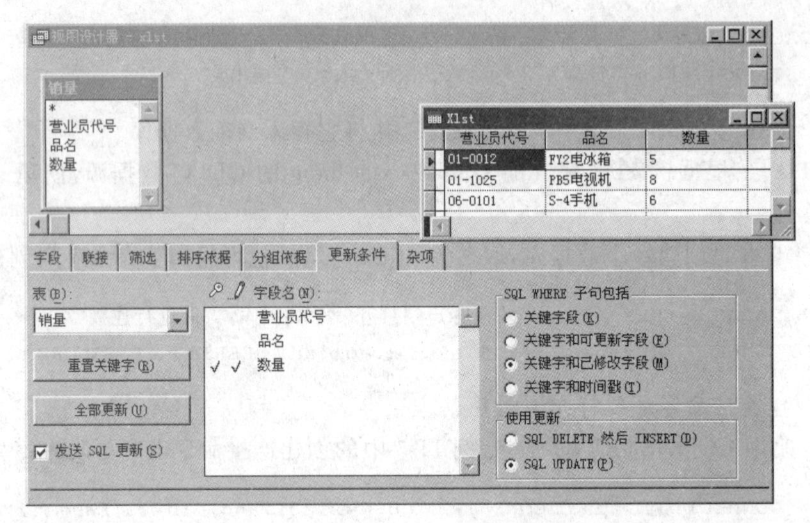

图 11.10　显示远程销量表字段的视图设计器

(3) 设置更新条件。在视图设计器窗口选定"更新条件"选项卡→在"数量"行左侧钥匙符号列处单击两次,使显示对勾;再单击该行左侧铅笔符号列处,也使显示对勾→选定"发送 SQL 更新"复选框。

(4) 修改数量。右击视图设计器窗口,在快捷菜单中选定"运行查询"命令,即显示 xlst 浏览窗口(如图 11.10 所示)→将第 1 个记录的数量 5 改为 10,然后单击另一记录使光标离开当前记录。

(5) 查看销量表。在服务器计算机上打开"企业管理器"窗口(参阅图 11.4)→展开"控制台根目录",选定"销售"数据库下的"表"结点→在右面的"表"项目列表中选定"销量"选项→在"操作"菜单中选定"打开表"选项的"返回所有行"命令,使显示表窗口(参阅图 11.6)→在表窗口的工具栏中单击"运行"按钮,即可见第 1 个记录的数量已更新为 10。

说明:若要从当前数据库删除视图,可使用专用命令 DELETE VIEW <视图名>。

值得注意的是,视图(包括远程视图)与表一样,也支持表单和报表,当用于向导和数据环境设计器时,也能为它们提供字段。图 11.11 表示,在表单的数据环境中可以添加远程视图 xlst,即添加远程数据库 vfpxs 中的数据;图 11.12(a)则表示,表单向导能使用远程视图,即使用远程数据库中的数据。后者请看下面的示例。

[**例 11-5**]　使用表单向导创建表单,数据由远程视图 xlst 来提供。

(1) 确保已启动了数据库服务器,连接了 ODBC 数据源,建立了远程视图 xlst。

(2) 打开本地数据库 vfpxl,然后启动表单向导。通过图 11.12(a)选择字段,再经若

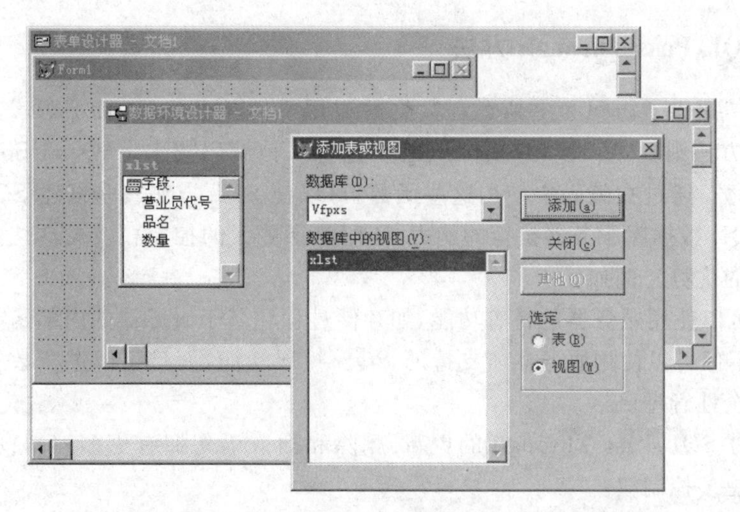

图 11.11　在表单的数据环境中可添加远程视图

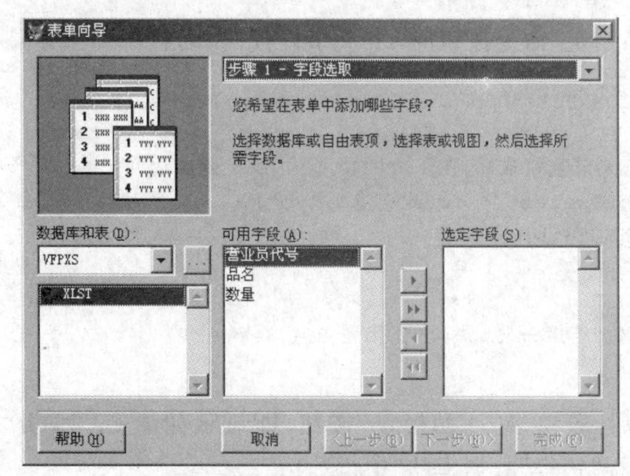

(a) 表单向导可使用远程视图

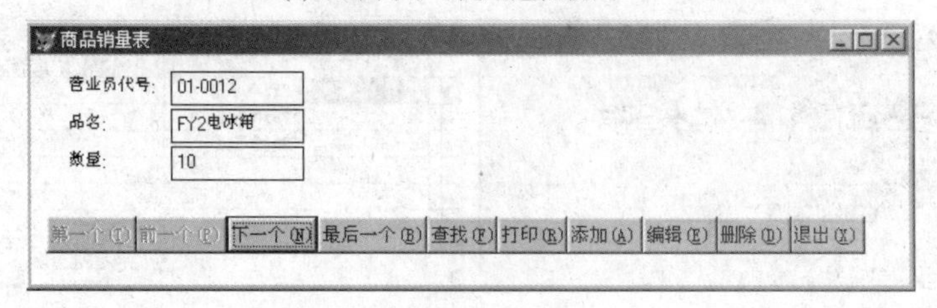

(b) “商品销量表” 表单

图 11.12　本地的表单向导使用远程数据库中的数据来生成“商品销量表”表单

干步操作后，生成标题为“商品销量表”的表单。

(3) 执行 DO FORM 命令运行表单文件，显示的表单将如图 11.12(b)所示。操作该表单可以更新数量，但一旦切断双方数据库之间的连接，表单也就不能运行。

11.2.4 SQL Pass-Through 方法

远程视图提供了访问和更新远程数据的通用又简单的工具，而 SQL Pass-Through（简称 SPT）方法则更进一步，它实际上已扩充为一种编码技术。Visual FoxPro 提供了一组 SPT 函数，通过在编码中使用这些函数，可以使 SPT 方法具有创建 SQL 命令并将其传递给 SQL 数据库服务器执行的能力，从而获得更大的控制权及灵活性，具有远程视图不能提供的优势。例如，

(1) 它可以使用服务器的特有功能，如存储过程和基于服务器的内部函数等。

(2) 它不但可以使用服务器所支持的 SQL 扩展功能，而且可以进行数据定义、服务器管理和安全性管理。

(3) 它对 SQL Pass-Through 的更新、删除和插入语句拥有更多控制权。对于远程事务也拥有更多控制权。

[**例 11-6**] 使用 SPT 方法浏览远程数据库中的表。

(1) 按图 11.13(a)创建一个表单。

(2) 编写“商品销量”命令按钮的 Click 事件代码，内容如下：

```
jb=SQLSTRINGCONNECT("DSN=xiaoliang;UID=sa;PWD=sa123456")  && 接收函数返回值
                                                          && 的 jb 称为句柄
IF jb>0      && 若连接成功,SQLSTRINGCONNECT 函数返回正数
   SQLEXEC(jb,"select * from 销量","yb")        && 执行 SQL 命令,生成临时表
   SQLDISCONNECT(jb)                            && 断开连接
   BROWSE
ELSE
   MESSAGEBOX("连接失败",64,"连接到 SQL Server")
ENDIF
```

(3) 表单运行后，若单击“商品销量”按钮，即显示如图 11.13(b)所示的浏览窗口。其中的数据来自远程“销售”数据库的“销量”表。

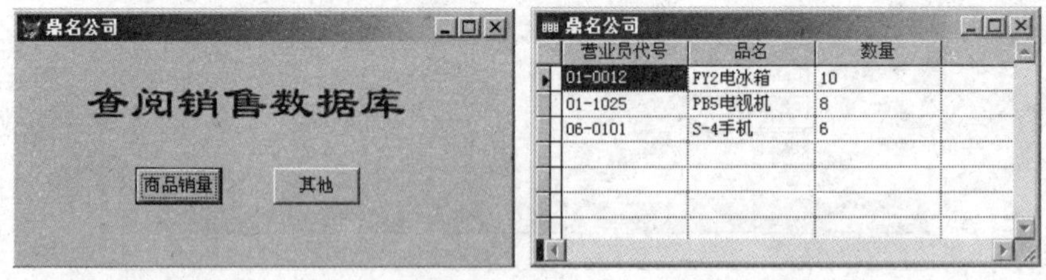

(a) 通过“商品销量”按钮存放 SPT 代码　　(b) 浏览窗口

图 11.13 使用 SPT 技术浏览远程数据库中的表

说明：

(1) 函数 SQLSTRINGCONNECT 仅提供连接数据源的信息，在运行表单前还必须建立 ODBC 数据源，但不必打开本地数据库。从 Visual FoxPro 7.0 起，该函数的功能扩充为能建立 ODBC 数据源并连接数据源，不再需要通过交互操作来建立 ODBC 数据源，真正实现了 Pass-Through。例如，

```
SQLSTRINGCONNECT("DRIVER=SQL Server;Server=MYC1\SV1;;
           UID=sa;PWD=sa123456;DATABASE=销售")
```

(2) 函数 SQLEXEC 第 1 个参数必须是句柄，该函数把 SQL 命令送到 SQL SERVER 上执行，结果生成一个 yb 临时表(称为游标)。在 BROWSE 前临时表已生成，故可断开连接。

(3) 在默认情况下，SPT 查询不能更新远程数据，若要使临时表可更新，必须用 CURSORSETPROP()函数设置它的属性。

由于远程视图创建比较容易，大部分远程数据访问可使用远程视图来完成；而有些需要在远程服务器上执行的特定任务，则可使用 SPT 方法来执行。因此在 Visual FoxPro 开发的 C/S 应用程序中，上述两种方法常结合使用。

11.3 三层结构的数据库模式

在 C/S 结构中增加一个中间层——Web 服务器，就构成了三层结构。在互联网上使用的网络数据库都采用 B/W/S 三层结构，它是构建 Web 数据库的基础。

11.3.1 B/W/S 结构的组成

B/W/S 结构是 C/S 结构的延伸。如图 11.14 所示，它可以视为由两个二层结构级联(cascade)而成。其一是 B/W(Browser/Web Server)结构，即浏览器/Web 服务器结构；其二是 W/S(Web Server/Database Server)结构。实现这类三层结构常用的软件，在浏览器端有 Microsoft 公司的 IE 和 Netscape 公司的 Navigator；数据库服务器端有 Microsoft SQL Server、Oracle 和 Sybase 等；Web 服务器端则可使用 Microsoft 公司的 IIS(Internet Information Server)或 PWS(Personal Web Server)、Netscape 公司的 Enterprise Server，或 Apache HTTP Server、iPlanet Web Server 等。

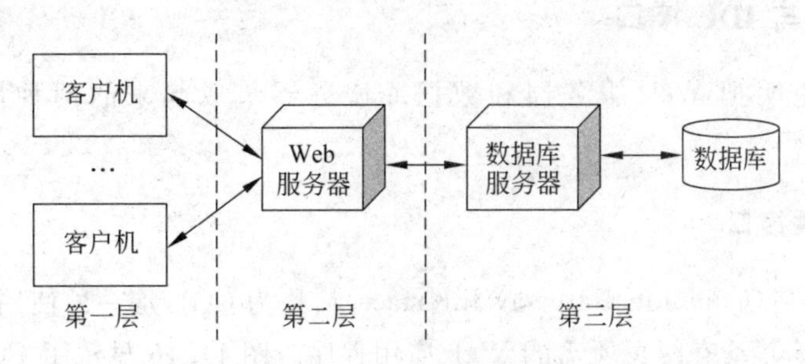

图 11.14 三层 B/W/S 结构的组成

由图可见，Web 服务器在 B/W/S 结构中处于承前启后的核心地位。随后两小节的内容都涉及 Web 服务器的工作。在 11.4 节，还将介绍怎样用 IIS 安装和配置 Web 服务器。

11.3.2 B/W/S 结构的工作

B/W 结构是万维网(World Wide Web，WWW)常用的 C/S 结构。在万维网上，用来显示网页的 HTML 文档总是保存在 Web 服务器上的,如图 11.15 所示。最简单的例子是访问万维网的静态网页(即内容不变的网页)。当 Web 服务器接收来自浏览器的访问请求后,将根据指定的网站地址(URL)找到相应的 HTML 文档,把它下载到客户机,然后由浏览器识别其内容并显示为网页。整个信息交换是在 HTTP(超文本传输协议)的支持下完成的。在浏览器和互联网之间还应接入适当的通信连接器,如调制解调器(MODEM)等。

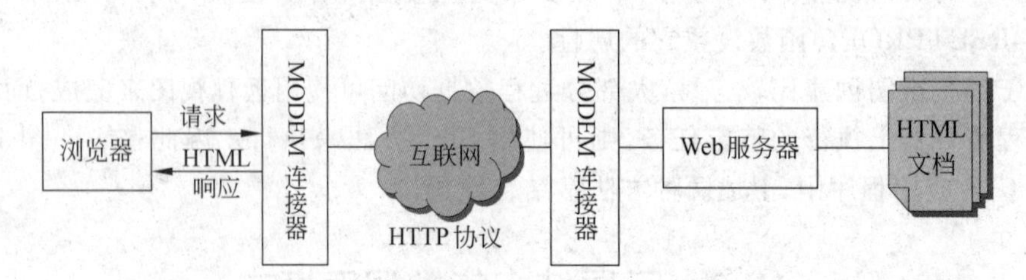

图 11.15　在 B/W 结构中请求和响应(下载)HTML 文档

但如果 URL 指向的不是一个静态的页面文档,而是一个动态的应用程序——如即将在下节介绍的 CGI、IDC 或 ASP 等数据库查询程序,则 Web 服务器将首先运行这一程序,然后将运行结果以 HTML 输出文档的形式送回客户机浏览器。由此可见,如果把 B/W 结构延伸到另一个服务器——数据库服务器,就能从浏览器端直接实现对数据库的查询。鉴于大多数互联网用户已经熟悉浏览器的工作,采用浏览器平台作为客户机端的公共界面,既可方便使用,也减少了对最终用户(end user)的培训费用。

新增加的数据库服务器和 Web 服务器一同,组成了 B/W/S 结构的后半部分,即 W/S 结构。而上述的 CGI 或 ASP 等应用程序则承担了把 Web 与数据库服务器集成起来的角色,故有时也称它们为中间件。从下小节开始,将用两节的篇幅介绍用作中间件的接口应用程序。

11.3.3　CGI 与 IDC 接口

本小节将说明把 Web 服务器和数据库服务器集成起来的两种接口技术: CGI 和 IDC。

1. 公共网关接口

公共网关接口(Common Gateway Interface)简称为 CGI,是一种使用较早的 Web 接口标准,常用于编写动态网页所需的 Web 应用程序。图 11.16 显示了 CGI 在 W/S 结构中的地位,它处于 Web 服务器和数据库服务器之间,负责管理二者的通信。当 Web 服务

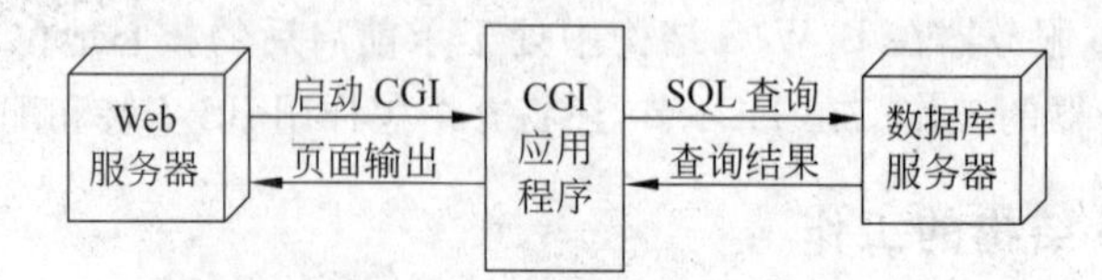

图 11.16　用 CGI 作为中间件的 W/S 结构

器识别从浏览器送来的 URL 地址后，如发现所指向的是一个 CGI 应用程序，将首先读出相关的参数，随即启动并执行该 CGI 程序，通过其中的 SQL 查询获得查询结果；接着形成基于 HTML 标准的输出内容，送回客户机的 Web 浏览器。

CGI 程序可以用 C、C ++ 、VB、Java 等通用编程语言编写，也可使用 VBScript、JavaScript 等脚本语言编写。其优点是技术比较成熟，但需要较强的编程能力才能掌握，只适宜于专业程序人员使用。

2. 互联网数据库连接器

互联网数据库连接器(Internet Database Connector，IDC)方法系由 CGI 方法演变而来，也是由 Microsoft 公司的 IIS Web 服务器所提供的一种方式。它主要通过人-机交互方式操作，直观易用，而且代码量少，所以在很长一段时间内，被大多数网站采用为实现动态网页的首选技术。

在 IDC 应用程序中，除了扩展名为. IDC 的脚本文件外，还需要编写基于 HTML 语言的两种网页文件：一种称为. HTM 文件，通常用作带输入屏幕的主页；另一种称为. HTX 文件，用以构造输出页面的模板文件。IDC 文件和 HTML 模板文件都存储在 Web 服务器上。对数据库的每一次访问，都需要执行一个 IDC 文件和一个 HTML 模板文件，图 11. 17 显示了其工作流程。

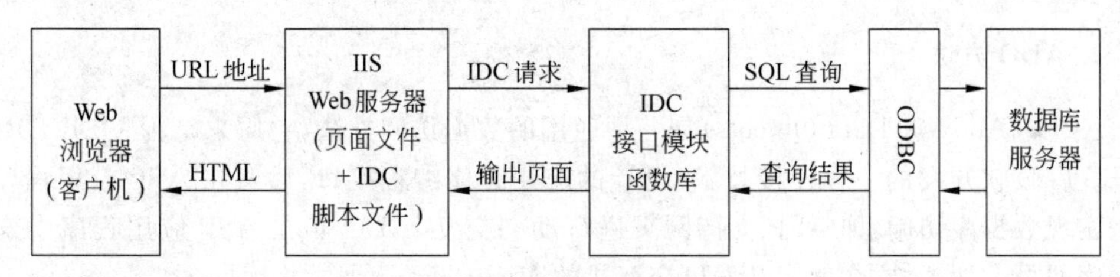

图 11. 17　IDC 的工作流程

(1) 浏览器用 URL 信息向 Web 服务器发出一个 IDC 请求。

(2) Web 服务器响应请求，将 . HTM 文件送回浏览器，显示一个带输入屏幕的主页。

(3) 用户向输入屏幕输入查询参数，通过 Web 服务器将 IDC 请求提交接口模块函数库。

(4) IDC 接口模块函数库读出 IDC 文件，获得指定的数据源和 SQL 查询信息。

(5) 通过 ODBC 与数据库服务器通信，实现对数据源的查询。

(6) 将查询结果返回 IDC 接口模块函数库，通过指定的 HTX 模板文件产生输出页面，送交 IIS Web 服务器。

(7) IIS Web 服务器将输出页面送回 Web 浏览器，结束一次查询。

11. 3. 4　ASP 与 ADO

虽然 IDC 较 CGI 简洁易用，但近来流行的 ASP、JSP、PHP 等技术更适合于非专业用户，因而受到大众的青睐。本节将简介 ASP 技术和与之配套使用的 ADO 方法。

1. ASP 技术

ASP(Active Server Pages,动态服务器网页)是 Microsoft 公司开发的一种网页编程技术,它提供了一个基于服务器端的脚本运行环境,可用来创建动态、交互式的 Web 服务器应用程序。

脚本语言专用于编写嵌入 HTML 中执行的代码,但不能用来编写独立运行的应用程序。在 HTML 中加入脚本语言,可以利用高级语言的大量功能,从而大大地增强文档的交互与动态的效果,如弹出窗口、事件驱动、动画等。常用的脚本语言有 VBScript、Jscript 和 JavaScript 等,其中前两种是微软公司开发的。VBScript 类似于 VB,是 Visual Basic 家族的成员。

ASP 应用程序的扩展名为.asp,编码时除可使用 HTML 语言、VBScript 与 JavaScript 等脚本语言外,还允许引用服务器对象,并用服务器端脚本标记来识别脚本语言。虽然它可用任何文本编辑器来编辑,但 FrontPage 编辑器的功能要比记事本强得多,故常常用后者来编辑。

ASP 应用程序在服务器端运行,服务器仅将执行的结果送回客户机,并全部用 HTML 代码来表示。这种工作机制,使任何浏览器均可胜任对代码的解释,简化了对客户端浏览器的需求,不必担心它能否运行嵌入 HTML 的脚本代码。

2. ADO 方法

ADO (ActiveX Data Objects)是一种通用的数据访问方法,它原来是为 OLE DB(继 ODBC 后微软开发的一种连接技术)设计的应用程序编程接口,后又在 ASP 应用程序中用来实现数据库访问,即 ASP 支持网页进行动态交互,ADO 则在 ASP 应用程序中支持数据库网页。两者结合,就能开发出交互式的 Visual FoxPro 数据库网页。

图 11.18 显示了 ASP—ADO 技术的工作流程。

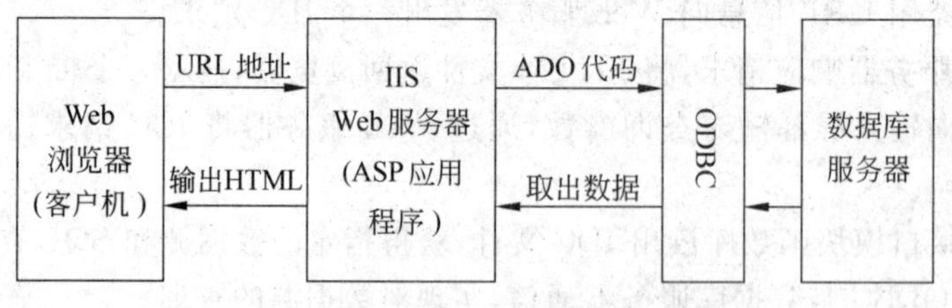

图 11.18 ASP—ADO 技术的工作流程

(1) 浏览器用 URL 地址向 Web 服务器发出浏览网页请求。

(2) Web 服务器执行 ASP 应用程序,通过执行该程序中的 ADO 代码连接 ODBC 数据源,并可修改数据源。

(3) 继续执行 ASP 代码,Web 服务器将输出页面送回 Web 浏览器。

在 11.6.2 节,将给出使用 ASP—ADO 技术访问 Web 数据库的实例。

11.4 Web数据库的开发环境

互联网的普及,使Web成为世界上最大的网络信息系统。Web漫游是当前流行最广的网络信息应用,但它是建立在文件系统基础上的。而Web数据库则采用B/W/S结构,以数据库系统代替文件系统。这样,用户所需的数据仍由DBMS管理,Web服务器仅负责显示数据以及与用户的交互,从而使Web数据库既有Web的优点,又保留了强大的数据管理功能。

本节将介绍Web数据库的应用开发所需要的环境,包括服务器端开发环境和本机开发环境,以及建立Web服务器的方法等。

11.4.1 主要的相关概念

为了方便读者理解下文的内容,这里把前文已多次提到的,与Web数据库直接相关的几个重要概念再集中起来讲一下。

1. Web站点

Web站点(Web site)简称为(万维)网站,由Web服务器和若干网页组成。所谓访问某一网站,其实就是从该网站的Web服务器下载所需的网页,在用户计算机上显示。

另一个与Web服务器相对照的词是Web浏览器,它总是安装在用户计算机上。有时用户计算机亦称为本地计算机,以区别于通常位于B/W/S另一端的服务器网站。

2. 静态和动态网页

网页可区分为静态和动态两种。静态网页是事先已编写好HTML文档、在访问过程中内容不变的网页,而动态网页则是指由Web服务器动态生成的网页。在这种网页中,有部分或者全部内容是尚未确定的,当它被用户访问时,Web服务器即按照用户的请求,调用相关的应用程序访问后台数据库,再根据所得结果生成网页的新内容。由此可见,动态网页将随着应用程序和用户请求的不同而变化,这也是这种网页被称为"动态"的由来。

3. Web应用程序

CGI、IDC,以及ASP、JSP(Java Server Pages)等都是流行较广的动态网页技术,用它们编写的程序统称为Web应用程序。在许多网站上常见的聊天室、BBS论坛、留言板等,就是比较简单的Web应用程序。但Web应用的重心是数据库应用,所以基于Web的MIS系统常被认为是最具代表性的Web应用程序。与传统的MIS不同,这种基于Web的MIS系统不需要专门的操作环境,只要用户处于任何能够上网的地方,都可以通过浏览器来操作MIS系统。

11.4.2 Web数据库的环境要求

在单机数据库应用系统中,所有应用程序都在本地计算机上运行,所有数据也全部保存在本地计算机上。只要有一台 PC 配置了 Visual FoxPro 平台,就可以满足应用系统的开发与运行了。

但 Web 数据库的情况则复杂得多。以图 11.6 为例,在图示的环境中,硬件至少包含有客户机、Web 服务器、数据库服务器 3 台计算机。它们分别要求配置不同的软件。例如,客户机总是配有 Web 浏览器;数据库服务器需要配置 ODBC 或 ADO 等数据源连接软件;而 Web 服务器则需要配置 ASP、IDC 等用于实现动态页面的软件等。显而易见,客户端对环境的要求与服务器端对环境的要求存在着明显的差异。

现在再补充说明几点。

(1) 应用程序服务器。在 B/W/S 结构中,用 CGI、IDC 以及 ASP 等技术编写的应用程序一般都存放在 Web 服务器上,所以有时也把这种 Web 服务器称为应用程序服务器。例如,Microsoft 公司的 IIS 5.0 就可以同时用作 Web 服务器和应用程序服务器。

(2) 开发环境与运行环境。在许多情况下,应用程序服务器可直接用于应用程序的开发,或者说,Web 应用程序的开发环境也就是应用程序的运行环境。但在另一些情况下,也可以先在单机或局域网中开发好应用程序,调试合格后再将它上传到实际的企业服务器上运行。

(3) 教学环境。为了方便学生上机练习 Web 数据库,在向他们提供的教学环境中,通常将本地计算机兼作 Web 服务器。如果本地计算机已经配置了 Windows 2000 或 XP 操作系统,只需直接安装操作系统中内置的 IIS 5.0 即可。下一小节将简介它的安装步骤。

11.4.3 安装 IIS 的 Web 服务器

Web 服务器是创建 Intranet 的基础,它支持将信息和应用程序发布到 Web,从而在 Web 上共享信息,构成网络应用程序和通信的平台。用 IIS(Internet 信息服务)配置的 Web 服务器,可支持 Web 和 FTP、FrontPage、ASP、数据库连接及接收邮件。通过在 Windows 2000 中安装 IIS 5.0,就能实现在 Web 上共享信息,并运行强大的应用程序。

IIS 5.0 是 Windows 2000 的默认安装组件。在安装 Windows 2000 时,只要在 Windows 组件向导的“组件列表”对话框(参阅图 11.19(b))中选定列表中的“Internet 信息服务”复选框,安装完成后,IIS 便安装好了。

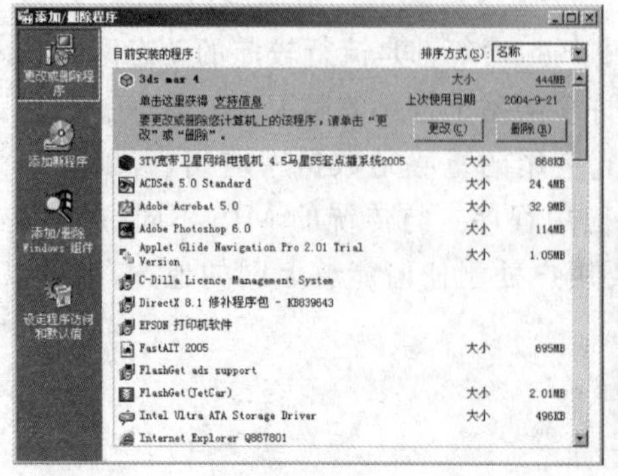

(a) “添加/删除程序”对话框

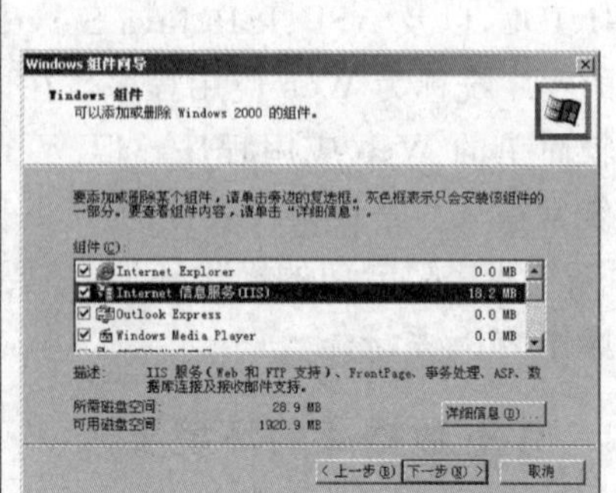

(b) “Windows组件向导”对话框

图 11.19 补充安装 IIS 5.0

如果在安装 Windows 2000 以后补充安装 IIS 5.0，则操作步骤如下：将 Windows 2000 光盘插入光驱→在 Windows 2000 中，打开控制面板→双击“添加/删除程序”应用程序图标，使显示“添加/删除程序”对话框（如图 11.19(a)所示），单击“添加/删除 Windows 组件”按钮→在“Windows 组件向导”对话框的“组件”列表（如图 11.19(b)所示）中选定“Internet 信息服务”复选框，单击“下一步”按钮→等待片刻，在“配置组件”对话框（图略）中单击“下一步”按钮→在“完成”对话框（图略）中单击“完成”按钮，IIS 安装结束。

11.5 网页生成与发布

Web 数据库的出现，使用户能在网页上查询数据库的内容。采用 FrontPage 等编辑工具，比直接用 HTML 语言编写网页往往事半功倍。但 Visual FoxPro 提供了一种更简捷的专用工具——Web Publishing Wizard（Web 发布向导）。通过运行这一向导，可将数据库表、自由表或视图快速转换为数据网页，轻而易举地发布 Web 数据库中的信息。本节介绍用向导生成数据网页，以及发布到 IIS Web 服务器的方法。

11.5.1 用 Visual FoxPro 表生成 Web 页

［**例 11-7**］ 以第 10.2.2 节中的修理单表 xld.dbf 为数据源，运行 Web 发布向导来生成一个 Web 页。

操作步骤如下：选定菜单“工具”|“向导”|“Web 发布”命令，使显示“Web 发布向导”的“字段选取”对话框（见图 11.20(a)）→在“C：\qcxl”选取表 xld.dbf，然后选取所有的字段→先后单击“下一步”按钮，跳过“排序记录”和“选择样式”对话框（见图 11.20(b)）→在“完成”对话框（图略）中，往文本框输入 Web 页的标题“修理单”。单击“完成”按钮→在“另存为”对话框中，保持“另存为”文本框中的默认文件名 xld.htm，单击“保存”按钮。

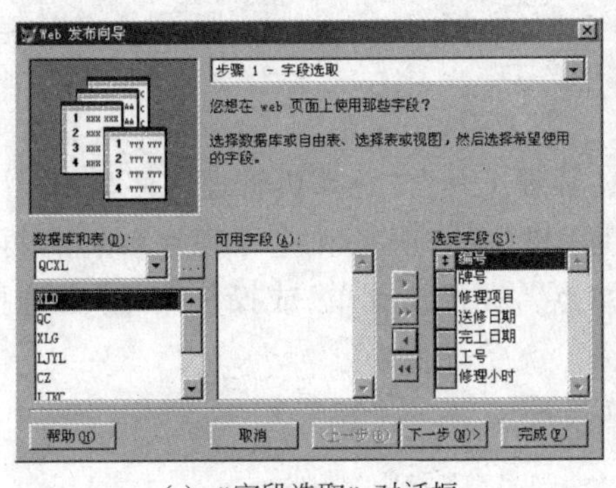

(a) “字段选取”对话框

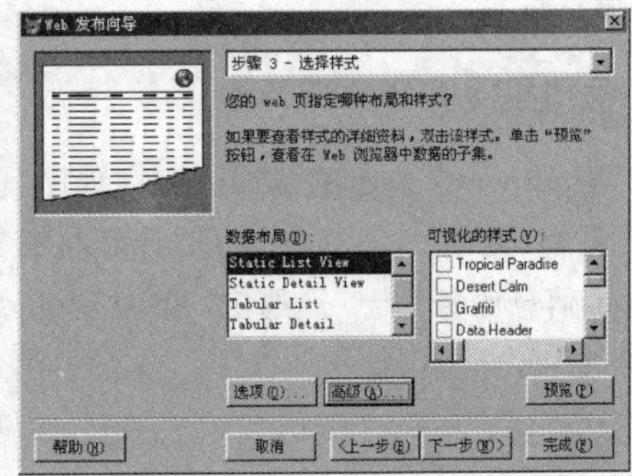

(b) “选择样式”对话框

图 11.20 Web 发布向导

在 IE 的地址框中输入“C：\QCXL\xld.htm”，即能显示如图 11.21 所示的网页。

为使网页美观、醒目，在“选择样式”对话框中还可进行下述选择。

(1)“数据布局”列表框：供选择要在 Web 页中使用的数据布局，选定一项后，在对话框的左上角即显示布局状况。

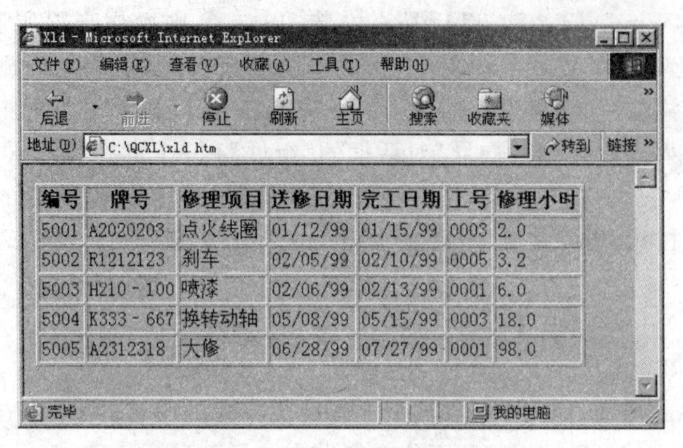

编号	牌号	修理项目	送修日期	完工日期	工号	修理小时
5001	A2020203	点火线圈	01/12/99	01/15/99	0003	2.0
5002	R1212123	刹车	02/05/99	02/10/99	0005	3.2
5003	H210 - 100	喷漆	02/06/99	02/13/99	0001	6.0
5004	K333 - 667	换转动轴	05/08/99	05/15/99	0003	18.0
5005	A2312318	大修	06/28/99	07/27/99	0001	98.0

图 11.21　xld. htm 网页

(2)“可视化的样式”列表框：用于对数据布局应用各种可视化样式。允许一次选择多个样式，还可通过快捷菜单中的“排序样式”命令来调整样式的优先级。

(3)“选项”按钮：用于打开“布局选项”对话框，供修改所选数据布局的具体样式。

(4)“高级”按钮：用于打开“高级”对话框，通过添加级联式样式表(. css)、颜色、图片以及 HTML 标识来修改 Web 页面的外观。

(5)“预览”按钮：用于预览 Web 页面。

11.5.2　将 Web 页发布到 Web 服务器

IIS 安装之后，在“计算机管理”对话框的目录树中就会包含“Internet 信息服务”结点(见图 11.22)，其中又含有默认 Web 站点、管理 Web 站点等 4 个子结点。此外还会生成一个默认主目录“C：\Inetpub\wwwroot”。若要进行网页发布或浏览，必须使 Web 服务器处于运行状态。

1. 启动和停止 Web 服务器

在 Windows 中选定菜单“开始”|“程序”|“管理工具”|“计算机管理”，使显示“计算机管理”对话框(见图 11.22)→展开“计算机管理”树中的“服务和应用程序”结点，再展开“Internet 信息服务”结点→选定“默认 Web 站点”，在快捷菜单(或操作菜单)中选择“启动”、“停止”或“暂停”命令。

2. 发布 Web 站点

向 IIS 的 Web 服务器发布 Web 站点(或网页)十分简单，只要将站点的网页及图片等有关文件复制到主目录就行了。例如，发布例 11-7 生成的 xld. htm，可将该文件复制到默认主目录“C：\Inetpub\wwwroot”。此后若选定“默认 Web 站点”结点，在“计算机管理”对话框的右窗格也会看到上述文件名(见图 11.22)。

顺便说明，若将各种站点的文件都发布到默认主目录，容易造成混杂。IIS 允许更改主目录，将不同站点的文件放在不同的文件夹中。这样，站点的发布工作就转变为将相应

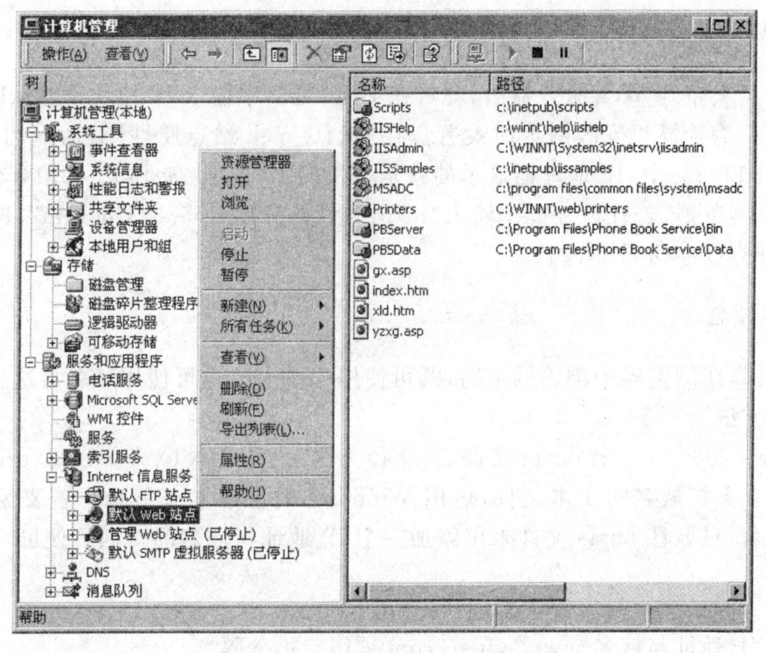

图 11.22 IIS 中的默认 Web 站点

文件夹设置为主目录。若在“默认 Web 站点”结点的快捷菜单中选定“属性”命令，将会显示“默认 Web 站点属性”对话框(见图 11.23)，在其“主目录”选项卡中设置的本地路径，就是所要设置的主目录。

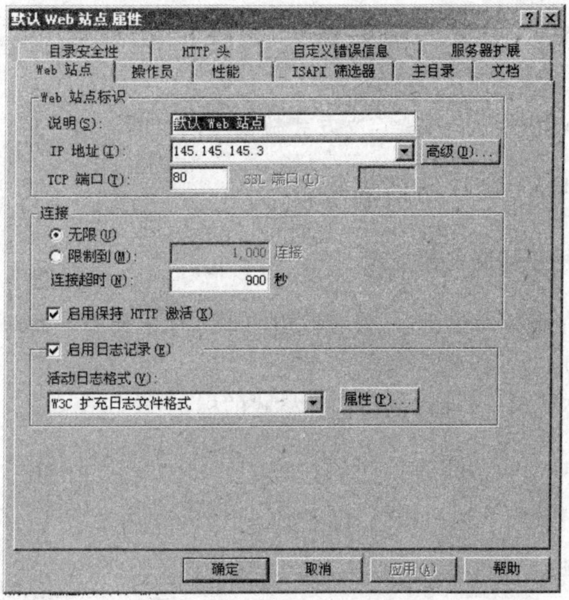

图 11.23 “默认 Web 站点属性”对话框中的 IP 地址

3. 用 IP 地址浏览网页

Web 站点发布到 Web 服务器后，就可在 IE 浏览器中输入 IP 地址来显示网页。

IP 地址在为计算机安装网卡时设置。在“默认 Web 站点属性”对话框的 Web 站点选项卡(见图 11.23)中，IP 地址框显示的就是本机的 IP 地址(如 145.145.145.3)。

打开 IE 浏览器，若在地址框中输入“http://145.145.145.3/xld.htm”，即显示标题为修理单的网页(参阅图 11.21)。

4. 设置域名

众所周知，在浏览器中浏览网页时，既可使用 IP 地址，也可使用域名。这里介绍一下域名的设置方法。

Windows 2000 有一个 hosts 文件，其路径为“C:\WINNT\system32\drivers\etc”。该文件是一个无扩展名的文本文件，可用 Windows 的记事本来编辑。若要为本机的 IP 地址设置域名，只要在 hosts 文件末尾添加一个 IP 地址与域名的对照行便可，例如，

```
145.145.145.3    www.vfpsv.com
```

以上行中的 IP 地址与域名 www.vfpsv.com 须用空格分隔。

若设置了上述域名，在 IE 的地址框中输入“http://www.vfpsv.com/xld.htm”，就会与输入 IP 地址一样显示修理单网页。

注意：在局域网中的每个计算机均可使用域名浏览 Web 页，但必须事先在该计算机的 hosts 文件中设置 IP 地址与域名对照行。

11.6 开发交互式数据库网页

本节介绍使用 ASP 与 ADO 编写交互式数据库网页的方法。

11.6.1 ASP 与 ADO 编程的预备知识

1. ASP 的脚本标记和服务器对象

ASP 应用程序在服务器端运行，具有专用的脚本标记和服务器对象。

(1) 服务器端脚本标记

服务器端的脚本代码，可使用以下两种格式的标记：

① <script language="脚本语言名"runat="server">[脚本代码]</script>

这种格式与客户端脚本标记相仿，仅多加一个 runat 属性。

② <%@ language="脚本语言名"%>
<%>脚本代码</%>

这种格式首先声明使用的脚本语言，然后将脚本代码写在一对＜%＞标记之间。与多数 HTML 标记一样，＜%＞标记允许多次使用。

(2) 服务器对象

只要计算机上安装了 IIS 服务器软件，都可在 ASP 应用程序中引用下述服务器对象。

① 请求对象(request)

request 用来获取从浏览器发送到服务器的数据，即取得用户输入的数据。例如，表单中文本框的 name 为“T1”，则 request. form("T1")能取得文本框中的当前数据。

② 响应对象(response)

response 用来将服务器中的数据送到浏览器。该对象的 Write 方法可将数据显示在浏览器上，数据可以是任何类型。例如，

```
Response.Write "电子商务要闻"
Response.Write 12345
```

注意：VBScript 的 MsgBox 函数在服务器端不能使用。

2. ADO 的连接和记录集操作

ADO 是一种对象编程模型，包括连接、命令、记录集、参数、字段、错误、属性、集合、事件等各种对象，并具有以下基本功能。

(1) 连接到数据源，并确认连接是否成功。

(2) 指定访问数据源的命令，并可带变量参数，或优化执行。

(3) 执行命令。如果执行的结果数据按表行的形式返回，则将这些行存储在易于检查、操作或更改的缓存中。缓存行内容可以用于更新数据源。

(4) 提供常规方法来检测建立连接或执行命令造成的错误。

以下简要解释“连接”对象和“记录集”对象的操作方法。

(1) 连接(CONNECTION)　应用程序需要通过连接来访问数据源。创建连接须先创建连接对象，再根据现有 ODBC 数据源，建立到数据源的物理连接。下面以 Visual Basic 命令为例，说明这个过程。

① 创建 ADO 连接对象的实例 co：

```
SET co=SERVER.CREATEOBJECT("ADODB.CONNECTION")
```

② 事先在 Visual FoxPro 中创建一个“资料. dbc”数据库，然后通过添加驱动程序，使用下列数据来创建名为 vfpdata 的 System DSN(如图 11.24 所示)：

```
driver=microsoft visual foxpro driver
Data Source Name: vfpdata
Path: C: \vfpex\资料.dbc
```

③ 使用 Open 方法建立到 ODBC 数据源 vfpdata 的物理连接：

```
co.OPEN "DSN=vfpdata;server=;uid=;pwd="
```

在应用完成后，还可使用 Close 方法切断连接，例如，co. Close。

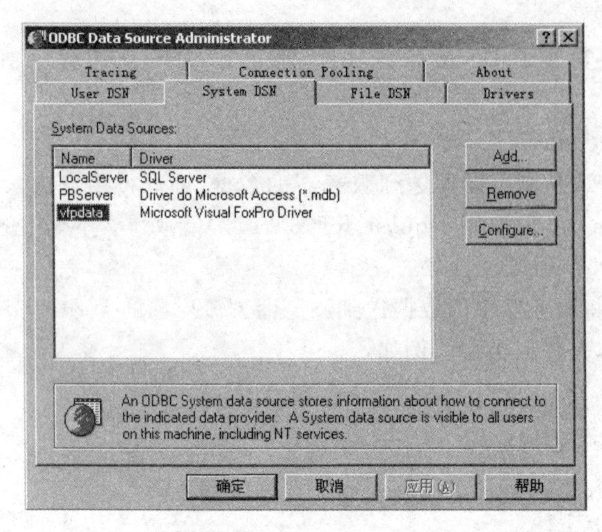

图 11.24　创建了名为 vfpdata 的 System DSN

(2) 记录集(Recordset)　Recordset 对象可用来操作数据源的数据。所有的 Recordset 对象均使用记录(行)和字段(列)构造,并能存储多行数据。

Connection 对象的 Execute 方法能够创建 Recordset 对象。例如,创建特征表的 Recordset 对象 ro 可使用命令:

```
SET ro=co.EXECUTE("SELECT * FROM 特征")
```

引用 Recordset 对象几乎可对所有数据进行操作,这是检查和修改行中数据的最主要方法,包括指定行、移动行、指定移动行的顺序,添加、更改或删除行,以及通过更改行来更新数据源。

在 Recordset 打开时,当前记录位于第一个记录,并且 BOF 和 EOF 属性被设置为 False;如果没有记录,则这两个属性均为 True。通过它们可以查看是否移出了 Recordset 的开始或结尾。

若要指向某个记录,通常可使用 MoveFirst(移动到第一条记录)和 MoveLast(移动到最后一条记录)、MoveNext(移动到下一条记录)和 MovePrevious(移动到前一条记录),以及 Move (移动到指定的记录)方法。

11.6.2　ASP 应用程序示例

下面结合一个简单的示例,帮助读者了解怎样用 ASP+ADO 来开发 ASP 应用程序,以及交互式数据库网页的操作情况。

[**例 11-8**]　某银行把客户账号与密码都存储在称为“特征”的数据表中,如下所示。

结构:特征(姓名 C(8),账号 C(10),密码 C(6))

记录:

```
姓名    账号     密码
王志高  a8888    123456
李铁    b9999    abc
```

(1) 试开发一个 ASP 程序,设计出相关的 Web 页文档,要求:①能提供对话框,让客户输入账号与密码,验证是否有此用户;②在验证通过后请客户输入新密码,给予更改密码。

(2) 列出该 ASP 程序的运行环境与交互式执行的结果。

以下分两点进行说明。

1. 程序开发步骤

(1) 画出如图 11.25 所示的流程图。

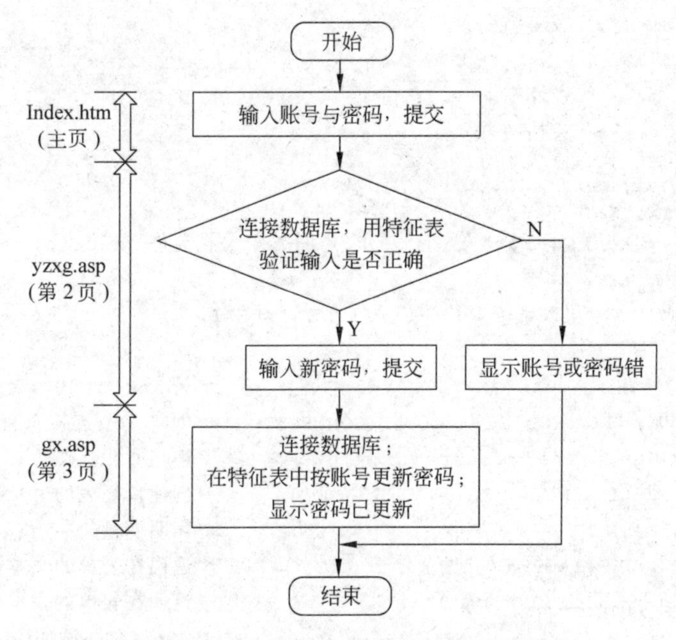

图 11.25 在特征表中更新密码的流程图

由图可知,本例将包含 3 个网页(参阅图 11.26(a),(b),(c)),其中主页为.htm 文档,其余两个网页均为 ASP 文档。

(2) 编写上述 3 个文档的代码,如下所示。

① 主页 index.htm

```
<HTML>            <!--文档起始-->
  <HEAD>          <!--文档头部起始-->
    <TITLE>"更改密码"主页</TITLE>        <!--文本显示在 IE 标题栏上-->
  </HEAD>         <!--文档头部结束-->
  <BODY >         <!--文档主体起始-->
    <CENTER>   <!--居中显示起始-->
      <FORM method="post" action="yzxg.asp">
```

```
        <!--定义表单,post将表单数据发送到服务器,提交时启动yzxg.asp-->
    <font size="5" face="隶书"> 验证账号与密码</font>
        <!--文本以隶书5号(18磅)显示-->
     <P><!--定义一段-->
     账号:<!--文本默认以宋体3号(12磅)显示-->
     <INPUT name="zh" type="password" size="6">
        <!--定义zh文本框,password输入数据以*号显示-->
     </P> <!--段落结束-->
     <P>
     密码:
     <INPUT name="mm" type="password" size="6"><!--定义mm文本框-->
     </P>
     <INPUT type="submit" name="smtbutton" value="提交"><!--定义提交按钮-->
   </FORM> <!--表单结束-->
  </CENTER>
 </BODY>     <!--主体结束-->
</HTML>      <!--文档结束-->
```

② 第2页 yzxg.asp

```
<%@ language="vbscript" %>     <!--声明ASP文档允许vbscript-->
<HTML>
  <HEAD><TITLE>"更改密码"第2页</TITLE></HEAD>
  <BODY>
<%                                                 'vbscript代码起始
SET co=SERVER.CREATEOBJECT("ADODB.CONNECTION") '创建ADO连接对象的实例co
co.OPEN "DSN=vfpdata;server=;uid=;pwd="       '连接ODBC数据源vfpdata
SET ro=co.EXECUTE(""SELECT * FROM 特征")        '创建特征表的Recordset对象ro
DIM zh1,mm1                                      '声明变量
zh1=TRIM(REQUEST.FORM("zh"))                     '返回在表单的文本框中输入的账号
mm1=TRIM(REQUEST.FORM("mm"))                     '返回在表单的文本框中输入的密码
DO                                               'DO…LOOP循环语句
  IF NOT ro.EOF THEN
    IF TRIM(ro(1))=zh1 AND TRIM(ro(2))=mm1 THEN
              <!--属性ro(0),ro(1),ro(2)分别表示姓名、账号、密码字段的值-->
     %>       <!--vbscript代码结束-->
     <FORM method="post" action=""gx.asp">
              <!--定义表单,表单数据发送服务器,提交时启动gx.asp-->
      <CENTER> 请输入新密码:
      <INPUT name="mm" type="password" size="6"><!--定义mm文本框-->
      <INPUT name="zh" type="hidden" value="<%=ro(1)%> ">
              <!--定义隐藏的文本框,由代码馈入ro(1)值供提交后引用-->
      <INPUT type="submit" name="smtbutton" value="提 交">
     </FORM>
```

```
    <%                               'vbscript 代码起始
    EXIT DO                          '退出循环
   END IF
  ELSE
   RESPONSE.WRITE "账号或密码错!"'显示文本
   EXIT DO                           '退出循环
  END IF
  ro.MOVENEXT                        '指向下一记录
LOOP                                 '返至循环头
co.CLOSE                             '断开连接
%>                                   <!--vbscript 代码结束-->
  </BODY>
</HTML>
```

③ 第 3 页 gx. asp

```
<%@ language="vbscript" %> <!--声明 ASP 文档允许 vbscript-->
<HTML>
  <HEAD><TITLE> "更改密码"第 3 页</TITLE></HEAD>
  <BODY>
<%
dim xmm,khzh,sqlgx                   '声明变量
xmm=REQUEST.FORM("mm")
khzh=REQUEST.FORM("zh")              '获得在第 2 页中由代码馈入的主页表单中的账号
SET co=SERVER.CREATEOBJECT("ADODB.CONNECTION")
co.OPEN "DSN=vfpdata;server=;uid=;pwd="
gengx="UPDATE 特征 SET 密码='" & xmm &"'" & "WHERE 账号='" & TRIM(khzh) & "'"
co.EXECUTE gengx              '执行 SQL 的 UPDATE 语句,在特征表中按指定的账号更新密码
co.CLOSE
%>
  <CENTER><font size="5" face="隶书"> 密码已更新!</font>
  </BODY>
</HTML>
```

说明：本例中为 gengx 变量赋值的 SQL 的 UPDATE 语句，如改为以下简单写法就会出错。

```
UPDATE 特征 SET 密码=xmm WHERE 账号=TRIM(khzh)
```

原因是该语句外有双引号，将来执行时不能识别出 xmm 和 TRIM(khzh)是表达式。正确的写法是在表达式两端均添加单引号，并进行字符串连接。

2. ASP 程序的运行

(1) 准备运行环境

① 启动好 IIS Web 服务器。

② 将 index. htm 等 3 个文档复制到默认主目录“C: \Inetpub\wwwroot”中。

③ 确保在 Visual FoxPro 中创建了“资料. dbc”数据库,并将特征表添加进去。

④ 确保在 ODBC Data Source Administrator 对话框创建了名为 vfpdata 的系统 DSN(参阅图 11.25)。

⑤ 若“资料. dbc”已在 Visual FoxPro 打开,则须将它关闭。否则打开有关网页时,将显示[Microsoft][ODBC Visual FoxPro Driver]Cannot open file c: \vfpex\资料. dbc。

顺便指出,构成 C/S 系统至少要有两台计算机,而 C/W/S 系统在 1 台计算机上也可实现。

(2) 浏览网页

假定在 hosts 文件中已添加了域名(例如,www. vfpsv. com),则打开网页时也可使用域名,否则只能使用 IP 地址。

① 打开 IE 浏览器之后,在地址框中输入“http: //www. vfpsv. com/index. htm”,即显示“更改密码”主页(见图 11.26(a))。在两个文本框中分别输入账号 b9999,密码 abc,然后单击“提交”按钮。

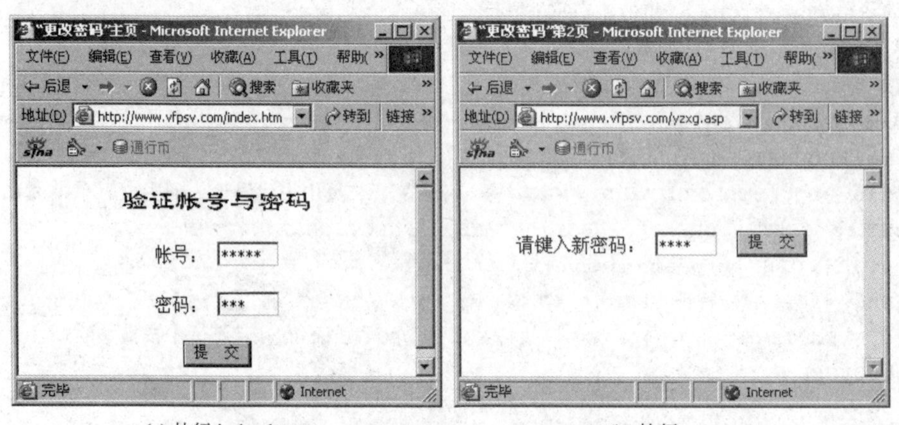

(a) 执行 index.htm　　(b) 执行 yzxg.asp

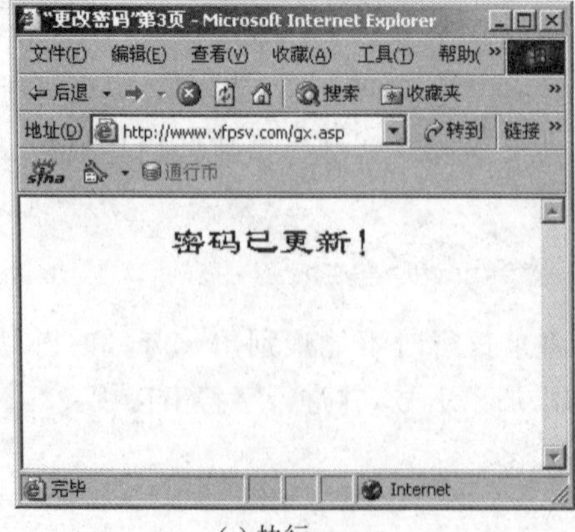

(c) 执行 gx.asp

图 11.26 “更改密码”Web 站点

说明：若输入的账号与密码有一个不对，将在下一页显示“账号或密码错!”，程序执行结束。

② 在“更改密码”第2页(见图11.26(b))，在文本框中输入新密码aaaa，然后单击“提交”按钮，即显示“更改密码”第3页(见图11.26(c))，其中仅显示“密码已更新!”。其后在Visual FoxPro中打开特征表，再执行BROWSE命令，即可见账号为b9999记录的密码已更改为aaaa。

习　题

1. 简单解释在网络应用中经常出现的下列两对名词，并比较它们的异同：

(1) W/S模式和C/S模式；

(2) C/S模式和B/W/S模式。

2. 安装SQL Server 2000时可以有哪几种选择？各适用于什么场合？

3. 什么是ODBC？试说明其作用。

4. 按照例11-2建立ODBC数据源的要求，用项目管理器来创建名为xiaoliang1的用户DSN，试写出操作步骤。

5. 应该满足什么条件，才可以在表单的数据环境中添加远程视图？

6. 何谓SPT方法？试比较它与远程视图方法的不同。

7. 简释下列名词：

(1) Web数据库与Web应用程序；

(2) 静态与动态网页；

(3) CGI、IDC与ASP。

8. Web数据库对环境有哪些要求？

9. 试以IIS Web服务器为例，说明在服务器上发布一个Web站点及其网页，通常应进行哪些工作？

10. 说明用Visual FoxPro数据库表生成Web页面的一般方法。

11. 简述用ASP应用程序开发交互式数据库网页的一般步骤。

12. 修改例11-8的gx.asp，增加显示特征表的全部记录功能。

第12章 关系数据库基本原理

数据库应用系统的开发涉及到许多相关的理论。在前面各章中，已经介绍了数据模型、数据库管理系统、数据库应用模式与开发环境（以上见绪论）、表的数据完整性（见第3章）等与数据库有关的基本概念，以及结构化程序设计和面向对象程序设计（见中篇）等基本知识。本章将联系 Visual FoxPro，继续讲述关系数据库的部分基本原理，如关系模型的基本概念、关系数据操作和关系规范化理论等。

12.1 关系模型的基本概念

Visual FoxPro 按照关系模型来组织数据。"关系"是一个数学概念，关系代数是集合代数的一个分支。关系数据库方法就是应用数学方法来组织、管理数据，并实现系统的一种方法。自1970年 E. F. Codd 提出数据库的关系方法以来，关系数据库的理论研究十分活跃，在理论与实践方面都取得了丰硕的成果。

关系数据模型由数据结构、关系操作集合和关系完整性约束三大要素组成。

12.1.1 关系的数学定义

关系的理论基础是集合代数理论。在本小节中，将用集合代数给出关系的定义。

1. 域（domain）

简言之，域可以看作是值的集合。例如，

```
NAME={张三,李四,王二}
SEX={男,女}
AGE={17,18,19}
```

以上共给出了3个域。其中 NAME、AGE 各有3个值，它们的基数（cardinal number）均为3；SEX 只含2个值，故其基数为2。

2. 笛卡尔乘积（Cartesian product）

按照集合论的观点，上述3个域 NAME、SEX、AGE 的笛卡尔乘积可以表示为：

```
NAME×SEX×AGE ={(张三,男,17),(张三,男,18),(张三,男,19),
(张三,女,17),(张三,女,18),(张三,女,19),(李四,男,17),(李四,男,18),
(李四,男,19),(李四,女,17),(李四,女,18),(李四,女,19),(王二,男,17),
(王二,男,18),(王二,男,19),(王二,女,17),(王二,女,18),(王二,女,19)}
```

由此可见，笛卡尔乘积也是一个集合。它的每一个元素都用圆括号括起，称之为元组(tuple)。本例的笛卡尔乘积共有18个元组，或者说这个乘积的基数为18。显然，笛卡尔乘积的基数等于构成这个乘积的所有域的基数的累乘乘积，即

$$m = \prod_{i=1}^{n} m_i (\text{本例中 } m = 3 \times 2 \times 3)$$

其中：m=笛卡尔乘积的基数；

m_i=第i个域的基数；

n=域的个数。

使用集合论的符号，笛卡尔乘积可定义为：

$$D_1 \times D_2 \times \cdots \times D_n = \{(d_1, d_2, \cdots, d_n) \mid d_i \in D_i, i=1,2,\cdots,n\}$$

其中$(d_1, d_2, \cdots, d_n)$为元组，d_i为元组中的第i个分量(component)。分量d_1是属于(∈)域D_1的一个值，d_2是D_2的一个值，d_n是D_n的一个值。n=1的元组称为单元组，n=2的元组称为二元组，依此类推。

3. 关系(relation)

在笛卡尔乘积中取出一个子集，可以构成关系。

例如，张三、李四、王二是3个学生的姓名，他们的年龄都在AGE的域值内，则从上述笛卡尔乘积的18个元组中，必能找到符合这3个学生情况的3个元组。用二维表来表示，它们的内容见表12.1。

表12.1 学生关系

NAME	SEX	AGE
张三	男	19
李四	女	17
王二	男	18

这个表是上述笛卡尔乘积的一个子集，构成了名为STUDENT的关系，可以记为：

```
STUDENT(NAME,SEX,AGE)
```

其中STUDENT为关系名，NAME、SEX、AGE均为属性(attribute)名。

在实际应用中，关系往往是从笛卡尔乘积中选取的有意义的子集。如果在上面的笛卡尔乘积中，选前6个元组或全部18个元组来构成STUDENT关系，就不再有任何实际意义了。

关系的一般定义如下：

在域$D_1, D_2, \cdots, D_n$上的关系是$D_1 \times D_2 \times \cdots \times D_n$的一个子集，可记为$R(D_1, D_2, \cdots, D_n)$。其中R为关系名，n称为关系的度(degree)。

n=1的关系只含有一个属性，称为单元关系(unary relation)。n=2为二元关系，依此类推。

4. 表文件与关系的对应

以上提到的关系、元组和属性都是数学名称。在日常生活中，如果把关系比作二维表，则元组和属性分别对应于表中的行与列。而在 Visual FoxPro 中，关系表现为表文件，元组相当于记录，属性相当于字段。表 12.2 显示了它们的对应关系。

表 12.2　表与关系

数学名称	Visual FoxPro 名称	常用名称
关系	表文件	二维表
属性	字段	列
元组	记录	行

12.1.2　关系的性质

数据库中的关系具有下列性质：

(1) 在同一个关系中，任意两个元组(两行)不能完全相同。

(2) 在关系中，元组(行)的次序是不重要的，可以任意交换。例如，在表 12.1 中把"张三"和"李四"两行位置对调，对关系的内容并无影响。

(3) 在关系中，属性(列)的次序也是不重要的，可以任意交换。例如，将表 12.1 中的 SEX 移到第 3 列，AGE 移到第 2 列是允许的。

(4) 在关系中，同一列中的分量必须来自同一个域，是同类型的数据。例如，表 12.1 中的第 2 列只能从域 D_2(SEX)中取值，非"男"即"女"，不能取另外的值。

(5) 在关系中，属性必须有不同的名称，但不同的属性可以出自相同的域，即它们的分量可以取值于同一个域。

举个例子。在表 12.3 中，职业与兼职是两个不同的属性，但它们都取自同一个域集合（职业={教师，工人，辅导员}）。

表 12.3　职工关系

姓名	职业	兼职
王红	教师	辅导员
周强	工人	教师
赵刚	工人	辅导员

如果属性也用相同的名称，就无法分辨了。

(6) 在关系中，每一分量必须是原子的(atomic)，即不可再分的数据项。

例如，在表 12.4 中，籍贯中含有省、市两项，出现了"表中有表"的现象，这在关系数据库中是不允许的。解决的方法是把籍贯分成省、市两列，见表 12.5。

表 12.4 含有非原子项的“表中表”

姓名	籍贯	
	省	市
王红	浙江	杭州
周强	江苏	南京

表 12.5 “表中表”的解决方案

姓名	省	市
王红	浙江	杭州
周强	江苏	南京

凡满足这一性质的关系，均称为规范化关系(normalized relation)，它是所有关系模式必须满足的基本要求。但在实际的关系数据库系统中，其余 5 条性质并不一定完全具备。例如，FoxPro 和 Oracle 都允许在关系表中存在两个完全相同的元组(除非规定了相应的约束条件)，就不符合上述第一条性质。

12.1.3 关系数据库的描述

一个关系数据库实际上就是表的集合。表文件由文件结构与记录数据两部分组成。前者称为关系的“型”或“关系框架”，后者称为关系的“值”。一个表可以包含一组关系，也可以只有一个关系。定义一个关系，就是对它所包含的所有关系框架进行描述。

关系由属性组成，属性的值又取自于相应的域，所以“关系”的描述必须以“域”与“关系”的描述为基础。下面以表 2.3 定义的 SB 表文件为例进行说明。

1. 域的描述

域通常由名称、数据类型和宽度来定义。以库文件 SB 为例，它涉及到 8 个域，其定义如下：

域名	类型	宽度	小数位数
编号	字符型	5	
名称	字符型	6	
启用日期	日期型	8	
价格	数值型	9	2
部门	字符型	2	
主要设备	逻辑型	1	
备注	备注型	4	
商标	通用型	4	

在大多数情况下，域名和关系的属性名是一致的。定义了一个域，也即定义了与它相应的属性。本例就属于这种情况。但在有些关系中，多个属性可能取值于相同的域，此时，必须取不同的属性名才能够分辨。例如，在第 4 章习题 8 的 STUD 表文件中，数学、语文、外语、平均全都从域名为“成绩”的域取值，因此，域虽然只有一个“成绩”，属性却可以有 4 个，即数学、语文、外语和平均。

2. 关系的描述

关系由“关系框架”(对应于表文件的结构)和若干元组(对应于数据记录)组成。所谓关系的描述,其实就是对关系框架的描述。下面请看两个例子。

[**例 12-1**] 定义 SB 关系。可以描述为:

```
RELATION  SB(编号,名称,启用日期,价格,部门,主要设备,备注,商标)
          KEY=编号
```

其中第 2 行表示,"编号"是这个关系的主键(primary key)。因为任何元组一旦确定了"编号"属性,其余属性的值也都随之确定了。

主键包含的属性称为主属性,其余的属性为非主属性。如果主键中包含的属性不止一个,则主属性也不止一个,如例 12-7 中的 S# 和 C#。

[**例 12-2**] 定义 STUD 关系。

假设域名为"成绩"的域已经定义为:

```
DOMAIN 成绩,N(5) PIC 999.9
```

表示成绩为数值型 5 位数,小数 1 位,整数 3 位,则 STUD 的关系框架可能描述为:

```
RELATION STUD(姓名,数学,语文,外语,平均)
              KEY=姓名
              DOMAIN(数学)=成绩
              DOMAIN(语文)=成绩
              DOMAIN(外语)=成绩
              DOMAIN(平均)=成绩
```

其中后 4 行表明,"数学"等 4 个属性全部取值于同一个域——成绩。

12.2 关系数据操作

关系模型用二维表来表示关系,直观易懂。关系数据操作则以关系为单位,每次操作的对象和操作的结果都是关系,同每次以记录或片段为处理单位的"网状"或"层次"模型相比,操作效率明显提高。本节将结合 Visual FoxPro,对关系数据操作进行简单的说明。

12.2.1 关系代数运算

Visual FoxPro 命令语言是一种关系代数语言。它可以完成两类关系运算,即传统的集合运算和专门的关系运算。现分述如下。

1. 传统的集合运算

传统的集合运算来源于集合代数,原用于两个集合之间的运算。当用于关系(关系是元组的集合)运算时,参加运算的两个关系必须是相容的,即具有相同的关系框架。

传统集合运算包括并、交、差 3 种二元运算。图 12.1 显示了这 3 种运算的文氏图(Venn diagram)。图中的 R 和 S 表示两个相容的关系,各用一个圆圈来表示,带阴影的区域代表运算的结果。

由图可知,并运算由属于 R 和属于 S 的所有元组,除去重复的元组后构成;交运算由

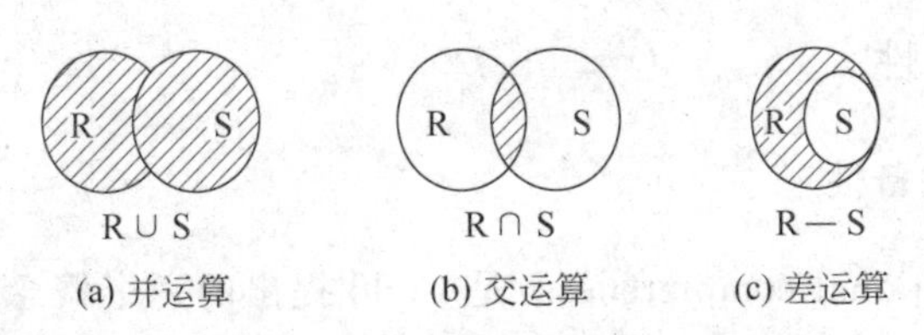

(a) 并运算　(b) 交运算　(c) 差运算

图 12.1　用文氏图表示集合运算

既属于 R，又属于 S 的元组构成；而差运算则由属于 R，但不属于 S 的元组构成。这类运算主要用于数据库的存储操作，如插入、删除、修改等，此处不再细述。

2. 专门的关系运算

关系数据操作包括存储操作和查询操作两大类，而且以查询为核心。为使关系数据库能灵活地实现各种查询操作，Codd 在传统集合运算的基础上，又定义了 4 种专门的关系运算，即选择、投影、连接和除法。其中前两种为一元运算，参加操作的只有 1 个关系；后两种为二元运算，操作对象为两个关系。

(1) 选择　用于在关系的水平方向选择符合给定条件的元组。

[**例 12-3**]　在 SB 表文件中，找出价格在 1 万元以上的设备。

本例可以对关系 SB 执行选择运算，描述为：

SELECT SB WHERE 价格＞10000.00

或 $\sigma_{价格>10000.00}(SB)$

(2) 投影　用于在关系的垂直方向找出含有给定属性全部值的子集。

[**例 12-4**]　在例 2-10 的 DX 表文件中，查询所有设备大修的年月和费用。

本例可通过对关系 DX 执行投影运算来实现，描述为：

PROJECT DX ON 年月，费用

或 $\Pi_{年月,费用}(DX)$

(3) 连接　用于按给定的条件将两个关系中的所有元组用一切可能的组合方式拼接为一个新的关系。连接属二元运算，即参加操作的有两个关系，操作结果生成一个关系，一般可描述为：

JOIN ＜关系 1＞ AND ＜关系 2＞ WHERE ＜条件＞

或 $＜关系 1＞\underset{＜条件＞}{\bowtie}＜关系 2＞$

[**例 12-5**]　找出价格在 1 万元以上的设备大修的年月和费用。

这可以通过连接运算来实现。运算对象就是上文例 12-3 和例 12-4 在运算后生成的两个新关系。本例要执行的连接运算可以描述为：

$$\sigma_{价格>10000.00}(SB)\underset{SB[编号]=DX[编号]}{\bowtie}\Pi_{年月,费用}(DX)$$

其中$\bowtie$代表连接运算，第 2 行的 SB[编号]＝DX[编号]代表连接的条件，即两个被连接关系的关键字值相等。

(4) 除法　除法也是二元运算。其运算过程比前 3 种运算复杂，Visual FoxPro 不支持这种运算，说明从略。

12.2.2 关系完备性

1. 什么是关系完备性

关系完备性(relational completeness)是Codd提出的一个概念,目的是为了衡量关系数据库语言的数据处理能力。它主要包括以下两点内容:

(1) 如果某一关系数据语言相对于关系代数语言所要求的各种运算都有等价的成分,则该语言是关系上完备的。

(2) 直接支持选择、投影和连接3种运算,是对任何关系数据语言的最低要求。

这里所说的等价成分或直接支持,是指只需使用一条命令或函数,就可方便地实现一种运算的功能,不包括需要编写一段程序才能完成某种运算功能的情况。

2. Visual FoxPro语言的关系完备性

下面按上述标准,来衡量Visual FoxPro提供的命令与函数对关系运算的支持情况。

(1) Visual FoxPro支持选择与投影运算

具体地说,它采用了下面两种实现方法:

① 在有关命令中附加用于实现选择与投影的可选项

以DISPLAY|LIST命令为例,其中均有范围(包括ALL、RECORD n与NEXT n)、条件(包括FOR ＜条件＞与WHILE ＜条件＞)与字段(FIELDS ＜字段名表＞)3种可选项可供选用。范围可选项与条件可选项能用于实现选择运算;而字段可选项则用于实现投影运算。类似地,在CHANGE、DELETE、LOCATE、REPLACE、TOTAL等命令中也能使用上述3种或其中部分可选项。总之,Visual FoxPro共有二十几种命令采用了在命令中附加此类可选项的方法,用来实现对关系(相当于表文件)的选择与投影运算。

② 设置过滤器与字段表

过滤器与字段表都是对表文件的状态设置,前者用于实现选择运算,后者用于实现投影运算。它们一旦定义,在未改变之前,就能对所有的数据处理命令都起作用。

(2) Visual FoxPro支持连接运算

Visual FoxPro的JOIN命令不仅能实现两个关系的连接,而且允许在连接时同时进行选择和投影。

(3) Visual FoxPro语言对并、交、差等传统集合运算仅有不完全的支持

Visual FoxPro不支持求差命令,但借助系统提供的SQL命令可直接实现"并"和"交"运算。例如,以下程序段可对关系R和S实现"并"运算。

```
* T=R∪S
SELECT * FROM r UNION SELECT * FROM s INTO TABLE t
SELECT t
BROWSE
```

(4) Visual FoxPro缺乏直接支持除法运算的命令

综上可见,Visual FoxPro 虽然满足"支持选择、投影和连接 3 种运算"的最低要求,但对其他关系运算缺乏直接的支持。例如,要实现求差、求并等运算功能,都需要执行一段程序。

[**例 12-6**] 用 Visual FoxPro 本身的命令,对下列关系 R 和 S 实现"差"、"并"等运算。

```
r.dbf:                        s.dbf:
 记录号   姓名    年级        记录号   姓名    年级
     1    马兰      2             1    马兰      2
     2    林立      1             2    林立      1
     3    李通      3             3    王红      2
```

1. 实现"差"运算的程序

```
 * cha.prg
 * T=R－S
SET SAFETY OFF
SELECT 2
USE s
INDEX on 姓名 TAG xm
SELECT 1
USE r
COPY TO t
USE t
SET RELATION TO 姓名 INTO b
DELETE FOR 姓名=b.姓名 AND 年级=b.年级      && 在 t.dbf 中,为与 s.dbf 相同的记录打上
                                           && 删除标记
PACK                                       && 彻底删除有删除标记的记录
BROWSE                                     && 显示 1 条记录: 李通 3
```

2. 实现"并"运算的程序,要求在结果中不包含重复记录。[提示:求 (R－S)∪S]

```
 * bing.prg
DO cha                  && 调用计算"差"的程序
APPEND FROM S
BROWSE                  && 显示"马兰"、"林立"、"李通"和"王红"4 条记录
```

实际上,按照 Codd 提出的标准,Visual FoxPro 语言的关系完备性是不完全的。

12.3 关系规范化理论

关系规范化用于指导关系模式的设计,是由 Codd 创始的又一重要理论。在 12.1.2 小节已经描述了关系模式中的关系应该具备的性质,并指出,如果一个关系满足其中第 6 条性质规定的要求,该关系就是一个规范化的关系。本节将简介关系规范化的主要内容,包括函数依赖、关系范式,以及关系规范化理论的应用等。

12.3.1 函数依赖

所谓函数依赖,是指在同一个关系中,存在于不同属性之间的相互依赖。例如,在关系R中有X、Y两个属性,如果每个X值只有一个Y值与之对应,就可以说"属性X能唯一地确定属性Y",或者说"属性Y函数依赖于属性X"。

属性间的依赖情况,通常会影响关系的规范化程度。下面将结合实例进行说明。

[**例12-7**] 有一个描述学生课程成绩的关系SDC,如图12.2所示,它的每个数据项都是不可再分的,因此满足第一范式的条件(参阅"12.3.2节定义一")。这个关系的主键应是S# +C#,因为只有这两个属性的组合才能唯一地确定在关系SDC中的某一元组。S# 是不能重复的;同样地,C# 也不能重复;姓名SN则允许有重名。

SDC

学号	姓名	所在院系	院系地址	课程号	课程名	学习成绩
S#	SN	DEPT	ADDR	C#	CN	GRADE
S1	A1	MANA	G201	C1	MATH	90
S1	A1	MANA	G201	C2	ENGL	85
S1	A1	MANA	G201	C3	PHYS	88
S2	A2	COMP	S103	C1	MATH	77
S2	A2	COMP	S103	C2	ENGL	66
S3	A3	FORI	M301	C2	ENGL	96
S3	A3	FORI	M301	C3	PHYS	66
S4	A4	COMP	S103	C4	MACH	70

图12.2 关系SDC

在本例中,主键所包含的S# 和C# 都是主属性,其余属性均为非主属性。以下将结合关系SDC说明属性之间存在的函数依赖。

1. 属性之间的函数依赖

图12.3显示了关系SDC中属性之间的依赖关系。从图可知,一个学号只对应一个学生,一个学生只在一个系,因此当学号值确定之后,姓名和其所在系的值也就被唯一地确定了。属性SN、DEPT、ADDR是函数依赖于属性S# 的,同样地,属性CN函数依赖于C# ,只有属性GRADE依赖于主键S# +C# 。为了区分这两种情况,通常称属性GRADE对于S# +C# 是完全函数依赖的;其他属性对于S# +C# 是部分函数依赖的。在图12.3中,完全函数依赖的箭头是从S# +C# 的围框出发的,而部分函数依赖的箭头则是分别从S# 或C# 出发的。

另外,属性ADDR实际上是由DEPT决定的,亦即ADDR也应函数依赖于属性DEPT。如图12.4所示,S# 确定DEPT,DEPT确定ADDR,因而属性ADDR通过DEPT也间接地函数依赖于S#。通常把这类依赖称为属性ADDR对S# 传递函数依赖,并可在箭头旁加一"t"(transitive)来表示。

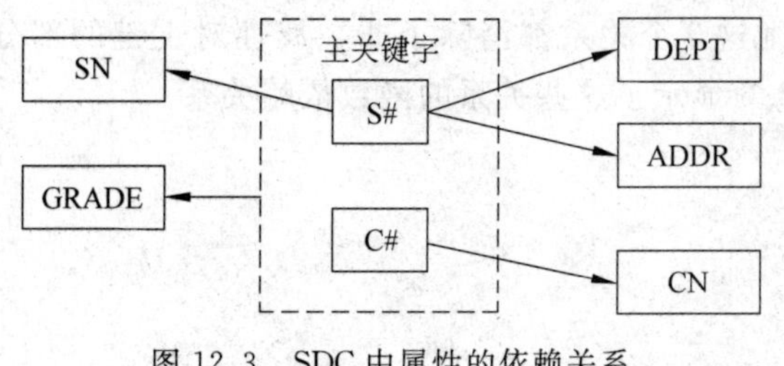

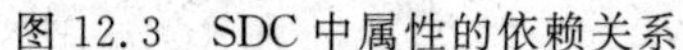
图 12.3 SDC 中属性的依赖关系

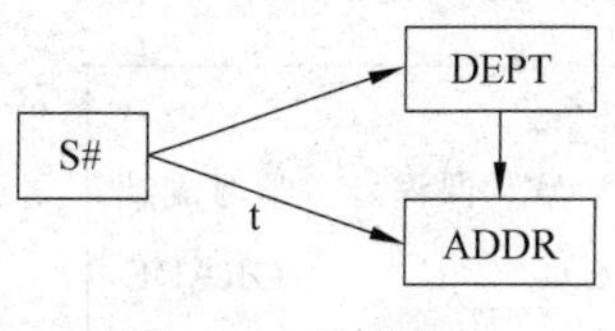

图 12.4 传递依赖

2. 不适当函数依赖引起的问题

由此可见，虽然 SDC 属于第一范式，但是在各个属性间存在着多种函数依赖，因而仍可能出现以下的问题：

1) 冗余度大。SDC 有很多属性值多次重复，修改文件内容时，不易维护数据的一致性。例如，要修改课程号，就有不止一个地方需要进行修改，不能有任何遗漏，否则会造成数据的不一致性。

2) 删除异常。假定学号为 S4 的同学只选了一门课 C4，后来该同学不选这门课了，本来 C4 应删掉。但因为 C4＋S4 是主键，若 C4 删掉，整个元组就不能存在了，也必须跟着删除，从而导致 S4 的其他信息也被删除了。这就是删除异常，即不应删除的信息也被删掉了。

3) 插入异常。如果想插入一个元组，则必须至少具备 S# 和 C# 两个属性的内容。当这两个属性中有一个为空时即无法插入。例如，有一个刚入学的学生，S#＝S7，DEPT＝COMP，但该同学还未选课，不知道 C#。由于此时主键的一部分为空，这个学生的信息就无法插入。

产生上述问题的原因，就在于关系 SDC 中存在着不适当的函数依赖，即虽然属性 GRADE 对主键是完全函数依赖的，但其他属性对主键都是部分函数依赖的。要解决这些问题，就需要消除那些不适当的函数依赖，提高关系 SDC 的范式等级。

12.3.2 关系模式的范式

为了减少数据冗余、避免在数据插入和删除时出现异常，Codd 举出了关系模式的若干种范式(normal form)，并讨论了它们与函数依赖的关系，供数据库设计人员遵循。最初 Codd 仅提出第一、第二和第三 3 种范式，随后，其他学者又补充了 BCNF、4NF 和 5NF 等范式。以下主要介绍前 3 种范式。

定义一：如果一个关系 R 的每一属性都是不可再分的，则 R 属于 1NF(第一范式)。

定义二：若 R 属于 1NF，且它的每一非主属性都完全函数依赖于主键，则 R 也属于 2NF。

定义三：若 R 属于 2NF，且它的每一非主属性都不传递依赖于主键，则 R 也属于 3NF。

由此可见，2NF 可从 1NF 消除非主属性对主键的部分函数依赖后获得，而 3NF 可从 2NF 消除非主属性对主键的传递函数依赖后获得。请看下面的例子。

[**例 12-8**] 已知关系 SDC 属于 1NF。但如果采用投影分解，把 SDC 分解为如

图 12.5 所示的 3 个关系 SC、SD 和 C，则这 3 个关系都消除了非主属性对主键的部分函数依赖，因而是属于第二范式的。图 12.6 显示了这些关系的函数依赖关系。

SC

学号	课程号	学习成绩
S#	C#	GRADE
S1	C1	90
S1	C2	85
S1	C3	88
S2	C1	77
S2	C2	66
S3	C2	96
S3	C3	66
S4	C4	70

SD

学号	姓名	所在院系	院系地址
S#	SN	DEPT	ADDR
S1	A1	MANA	G201
S2	A2	COMP	S103
S3	A3	FORI	M301
S4	A4	COMP	S103

C

课程号	课程名
C#	CN
C1	MATH
C2	ENGL
C3	PHYS
C4	MACH

图 12.5 关系 SDC 分解后得到的三个关系

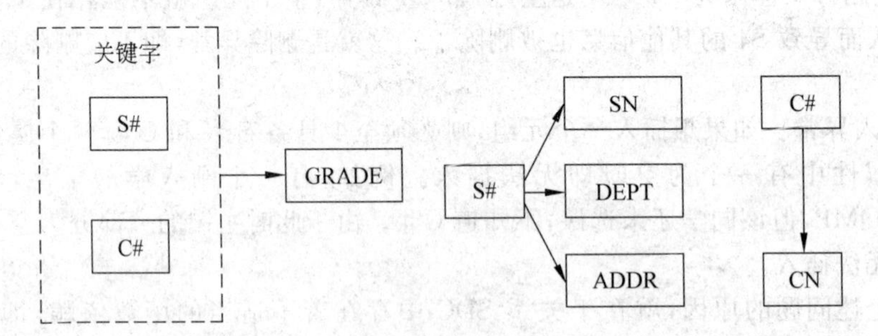

图 12.6 SC、SD 和 C 3 个关系的函数依赖关系

［**例 12-9**］ 前已指出，在关系 SDC 中的属性 S#、DEPT、ADDR 之间存在传递函数依赖（见图 12.4）。这种依赖关系现在也存在于关系 SD 中，使它仍可能与关系 SDC 一样产生前面所讲的各种问题。但若把 SD 继续分解为 S 和 D 两个关系，如图 12.7 所示，则关系 S 和 D 既满足了 2NF，又不存在传递依赖，因而也属于 3NF。

S

学号	姓名	所在院系
S#	SN	DEPT
S1	A1	MANA
S2	A2	COMP
S3	A3	FORI
S4	A4	COMP

D

所在院系	院系地址
DEPT	ADDR
MANA	G201
COMP	S103
FORI	M301

图 12.7 关系 SD 分解后的两个关系 S 和 D

12.3.3 规范化理论的应用

从以上的讨论可知：

(1) 所谓范式，其实就是施加于关系模式的约束条件。如果所有关系模式至少满足1NF的条件，就可以避免“表中有表”给数据操作增加的麻烦。2NF与3NF则分别消除了关系中的部分函数依赖和传递函数依赖，使关系模式的结构更趋简单，从而使数据之间的联系更加清晰，数据操作也更为简便。

(2) 投影分解是提高关系模式范式等级的常用方法。如例12-8和例12-9所显示，随着范式等级的提高，数据冗余将相对降低，插入和删除异常也随之减少或消失。但分解愈细，执行查询操作时花费在关系连接上的时间也往往愈多，有时反而会得不偿失。

(3) 在具体应用中，确定关系模式的范式等级应该从实际出发，并非越高越好。在大多数情况下，使用3NF的关系已能达到比较满意的效果。但对于包含“多值依赖”的关系，还可以使用4NF或5NF等范式，这里就不讲了。

12.4 关系数据库设计

在数据库应用系统中，数据库的设计上升为一项独立的开发活动。一个数据库设计的质量，与设计者的理论知识和实践经验都有密切的关系。本节将联系关系数据库，着重说明数据库设计的3个阶段，同时对著名的SPARC分级结构作简单介绍。

12.4.1 数据库设计的3个阶段

在第10.1节，数据库系统的开发过程被划分为需求分析、数据库设计、应用程序设计、程序调试、系统发布5大步，其中数据库设计又细分为概念设计、逻辑设计和物理设计3个阶段。本小节将结合关系数据库对上述3个阶段的内容作进一步说明。

1. 概念设计

由图10.1可知，数据库开发活动是从对系统的需求分析开始的，其中又包括数据分析与功能分析两方面内容。数据分析的目的是归纳出系统应该包括的数据(通常用数据流程图、数据字典来表示)，为数据库设计提供依据。但传统的数据库设计只包含逻辑设计和物理设计两个阶段。开发人员在需求分析后随即开始数据库的逻辑设计，既要满足数据分析的需求，又要考虑数据库的效率和合理性，往往顾此失彼。《新奥尔良报告》(1978年)建议在逻辑设计前增加一个概念设计阶段，其目的就是把开发人员的注意力首先集中在对系统数据的需求上，暂时不去考虑怎样实现，以免分散精力。由此可见，概念设计是面向问题的，逻辑设计和物理设计才是面向实现的。

众所周知，数据从现实生活进入到数据库，要经历现实世界、信息世界和数据(机器)世界这3种环境。现实世界是存在于人们头脑之外的客观世界，现实世界的事物反映到人脑中，经过认识、选择与加工，将有价值的对象(实体)命名分类后，形成为信息世界。数据世界则是信息世界的数据化，并通过计算机对数据进行存储和处理。数据库的数据模式,其实就是表示“实体”以及实体之间“联系”的模式。

在新奥尔良会议以前,美籍华人陈平山(Peter Pingshan Chen)就在1976年～1978年间连续发表文章,倡议用他提出的“实体-联系(Entity-Relationship)方法”来建立数据库的概念模型,简称为E-R模型。现在,E-R方法已经成为进行概念设计最常用的设计工具。用E-R图来描述概念设计,已经被数据库设计人员广泛接受。

在E-R图中,数据被区分为实体、联系和属性3种成分,分别用矩形框、菱形框和椭圆框(或圆框)来表示。图12.8显示了几个简单的例子(参阅例12-8)。

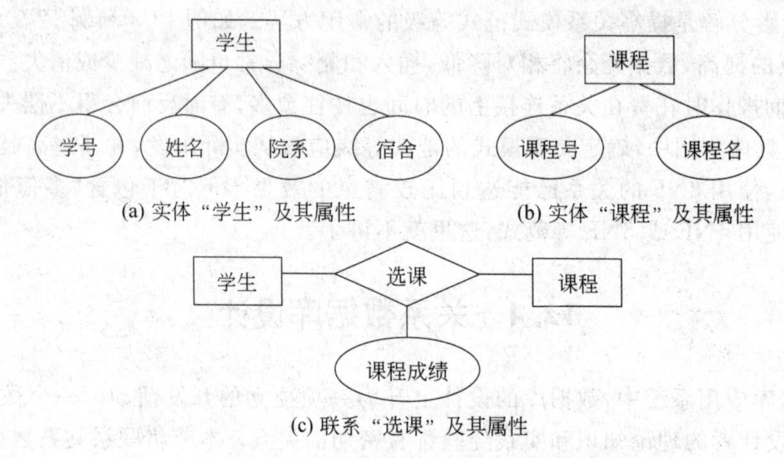

图12.8 用E-R图表示实体或联系的属性

一般来说,概念设计可以遵循以下的步骤。

(1) 对数据分析阶段(主要是其中的数据分析)收集到的各种数据进行分析和组织,确定实体及其属性,以及实体之间的联系(一对一的联系、一对多的联系或多对多的联系)。

(2) 设计局部视图,即按照功能分析中收集到的各种应用,画出能反映每一应用需求的局部E-R图,作为概念模型的一部分。

(3) 设计全局视图,将各个局部E-R图汇合成整个系统的概念模型(总体E-R图)。在这一步除要消除冗余数据和冗余联系外,还须解决属性冲突(包括属性域冲突和属性取值冲突,例如,属性值的类型、取值范围或取值集合发生冲突,或者是属性取值单位冲突等)和可能出现的结构冲突(例如,同一对象在不同的应用中有不同的抽象,在一处应用中用实体表示,而在另一处应用中用属性表示,以及属性名、实体名、联系名在不同场合可能发生的命名冲突,包括同名异义或异名同义)等诸多问题。

2. 逻辑设计

数据库逻辑设计的任务,就是根据前一阶段建立起来的概念模型选择一个特定的DBMS,按照一定的转换规则,把概念模型转换为该DBMS所能接收的逻辑数据模型。

由于目前的DBMS产品绝大多数为关系型DBMS,逻辑设计要解决的问题,主要就是实现E-R图向关系模式的转换。具体地说,这个阶段的工作大体上可包括以下两步。

(1) 按照将 E-R 图转换为关系模型的转换规则，将每一实体转换为一个关系，每一个联系也转换为一个关系，并确定这些关系的主关键字。

[**例 12-10**] 将图 12.8(a)、(b)中的两个实体分别转换为关系。

(a) 实体名：学生

对应的关系：学生(学号,姓名,院系,宿舍)

(b) 实体名：课程

对应的关系：课程(课程号,课程名)

在以上关系中，加下划线的属性为关系的主键。

[**例 12-11**] 将图 12.8(c)中的联系"选课"转换为关系。

联系名：选课

所联系的实体及其主键：学生(学号)；课程(课程号)

对应的关系：选课(学号,课程号,课程成绩)，其中学号,课程号为主键。

(2) 利用关系规范化理论，对通过转换规则得到的关系进行优化，获得改进的关系模式。

[**例 12-12**] 考察例 12-10 和例 12-11 转换得到的 3 个关系，可知"课程"和"选课"已属于 3NF，但"学生"为 2NF，仍存在较大的数据冗余。

通过投影分解，还可把"学生"分解为"学生 2"和"院系"两个关系(参看图 12.7)：

学生 2(学号,姓名,院系)

院系(院系,宿舍)

这样，上述两个新的关系也都是 3NF 了。

3. 物理设计

物理设计的目的，是根据所选定的软硬件确定数据库的存储结构，使之既能节省存储空间，又能提高存取速度。就关系数据库系统而言，其主要工作就是根据逻辑设计的结果，(1)确定各个数据库表文件的名称，以及它们所包含的字段名称、类型与字段宽度；(2)确定各个表文件需要建立的索引，以及在哪些字段上建立索引等。由于这些工作可以在 DBMS 的支持下进行，一般用户都不难完成。

12.4.2 数据库系统的分级结构

1975 年，美国国家标准协会(ANSI)下属的标准规划和要求委员会(SPARC)对数据库系统的结构提出了一个标准模型。这一模型表明，不管实际的数据库系统有多大差异或采用何种模型，其基本结构都可以划分为外模式、概念模式和内模式三级，如图 12.9 所示。这就是著名的 SPARC 分级结构，现分述如下。

1. 外模式

数据共享是数据库的一大特点。一个大型数据库通常拥有许多用户。对某一特定的用户而言，其可能仅对其中的一部分数据感兴趣，不需要访问库中所有的数据，也不必了解数据库的全局结构。以大型企业的管理信息系统为例，在它的数据库中，可能包括生

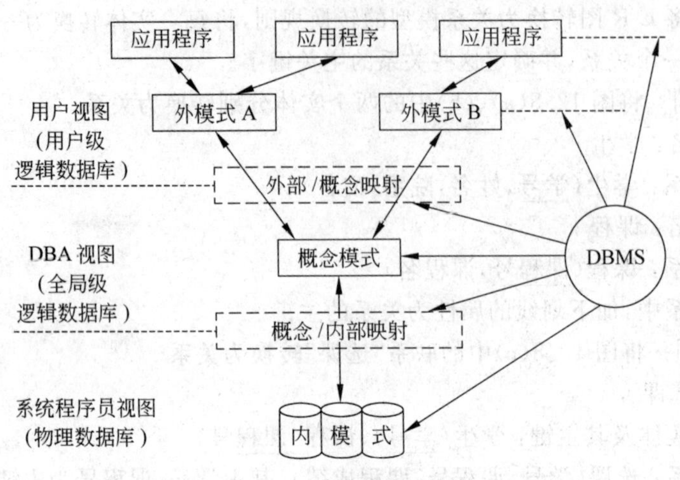

图 12.9　数据库分级结构

产、供销、财务、人员等内容广泛的数据库文件。外模式的作用,就是用来定义满足不同用户需要的数据库。一个数据库只能有一个概念模式,但却允许有多个外模式,每一外模式都是概念模式的一个子集,包含了允许某一特定用户使用的部分数据。由于外模式是对应于用户的,是用户观点下的数据库,所以有时也称为用户视图。

外模式是用户与数据库的接口,是对应用程序可见的数据描述。它由若干个外部记录类型组成。用户使用数据操纵语言的语句对数据库进行操作,实际上就是对外模式的外部记录进行操作。用户对数据库的操作,只能与外模式发生联系,按照外模式的结构存储和操纵数据,不必关心模式。

2. 概念模式

概念模式是对数据库的整体逻辑描述。它仅描述现实世界中的实体、属性和它们之间联系的类型。概念模式的主体就是数据库的数据模型,它是对数据库整体逻辑结构的描述,用图示法可得到数据库的模式图或数据模型图。

规模较大的数据库都设有数据库管理员(Data Base Administrator,简称 DBA),由他们来统一管理对数据库的定义、使用与维护,他们对数据库的全局结构必须有清楚的了解。所以这一模式有时也称为 DBA 视图,表明它是 DBA 观点下的数据库。

3. 内模式

内模式即存储模式,是数据物理结构和存储结构的描述,即是数据在数据库内部的表示方式。它定义所有的内部记录类型、索引和文件的组织方式,以及数据控制方面的细节。

早期的数据库都建立在大、中型计算机上,其内模式通常由系统程序员设计,由其来确定所有数据库文件与索引文件的物理结构。所以内模式有时也称为系统程序员视图,表明它是系统程序员观点下的数据库。

数据库的内模式依赖于它的全局逻辑结构,但独立于外模式,也独立于具体的存储设备。它是将全局逻辑结构中所定义的数据结构及其联系按照一定的物理存储策略进行有效的组织，以实现较好的时间和空间效率。数据按外模式的描述提供给用户，按内模式的描述存储在磁盘中。

小结

(1) 所谓三级模式，其实是对同一数据库所作的3种不同的描述。内模式是计算机上实际存在的数据库，即常说的物理数据库。概念模式是对内模式的逻辑抽象，外模式则是对概念模式中某个局部的抽象，它们分别对应于全局的和用户级的逻辑数据库。

值得注意的是，这里的概念模式与数据库设计中的概念设计是两回事，二者不应混淆。概念设计的结果是E-R模型，而概念模式则代表数据库的全局逻辑模型。

(2) 从一种模式到另一种模式，是通过级间"映射(mapping)"来实现的。在外模式与概念模式之间，在概念模式与内模式之间各有一次映射，以实现相关模式的对应和转换。

这种映射功能通常是由DBMS自动提供的，不需由用户进行干预。本书第3.7节介绍的视图和第11.2.3小节的远程视图，就是外模式在Visual FoxPro中的应用。

(3) 一个数据库应用系统拥有许多用户，不同类的用户对同一数据库系统有不同的观点。SPARC分级结构展示了系统程序员、数据库管理员和普通用户心目中的系统视图，以及它们之间的联系。了解这些知识，对数据库系统的开发有重要的参考价值。

习　题

1. 为下列各题选择正确答案。

(1) Visual FoxPro关系数据库管理系统能实现的3种基本关系运算是________。

A) 查询、排序和索引　　B) 建库、插入和删除

C) 选择、投影和连接　　D) 统计、统计总和和求平均值

(2) 在Visual FoxPro中，执行命令

```
COPY TO <文件名> FOR <条件>
```

时要用到的关系运算是________。

A) 关联　B) 连接　C) 选择　D) 投影

(3) 在关系数据库管理系统中，对数据进行存储与管理的基本形式是________。

A) 目录树　B) 二维表　C) 路径表　D) 多级索引

(4) 以下叙述中，错误的叙述是________。

A) 关系中不允许有完全相同的元组

B) 在一个关系中，元组的次序无关紧要

C) 在一个关系中，属性的次序无关紧要

D) 在Visual FoxPro中，一个表就是一个数据库

(5) 专门的关系运算中，投影运算是________。

A) 在表中选择满足条件的记录组成一个新记录

B）在表中选择字段组成一个新的关系

C）在表中选择满足条件的记录和属性组成一个新的关系

D）上述说法都正确

2. 如果要在一个关系中改变属性的排列顺序，应使用关系运算中的________运算。

3. 在 Visual FoxPro 中，命令子句 FOR ＜条件表达式＞ 对应于关系运算中的________运算。

4. 关系数学中的“关系”，相当于 Visual FoxPro 中的数据库文件。关系中的属性相当于表文件中的________，关系中的元组相当于表文件中的________。

5. 在关系运算中，为查找满足一定条件的元组所进行的运算称为________运算。

6. 用 Visual FoxPro 6.0 提供的 SQL 命令为例 12-6 中的 R、S 二表编写实现“交”运算的程序段。

7. 举例解释完全函数依赖、部分函数依赖和传递函数依赖。

8. 什么是第一、第二和第三范式？它们之间有何联系与区别？

9. 数据库设计一般要经历哪三步？每一步的主要任务是什么？

10. 为什么《新奥尔良报告》建议在逻辑设计前增加一个概念设计阶段？

11. 什么是 SPARC 分级结构？了解这一结构有何意义？

第13章　Visual FoxPro 9.0简介

2001年—2004年,Microsoft公司相继公布了Visual FoxPro 7.0、8.0以及9.0等新版本(均为英文版)。本章将以Visual FoxPro 9.0为代表,简述Visual FoxPro新版本的主要改进。

13.1　Visual FoxPro 9.0概述

当使用光盘安装Visual FoxPro 9.0时,将显示Visual FoxPro 9.0的Setup窗口(图略),其中包含如下4项安装功能(其中后3项是Visual FoxPro 9.0配置的附加软件)。

(1) Install Visual FoxPro:通过Visual FoxPro安装向导来安装Visual FoxPro 9.0。

(2) Install InstallShield Express:安装InstallShield Express 5.0 for Visual FoxPro。这是一种Windows安装软件,可用于发布由Visual FoxPro创建的应用系统。

(3) Install SOAP 3.0 Samples:安装SOAP Toolkit 3.0。该软件用于提供Internet的XML Web服务。

(4) Install Microsoft SQL Server 2000 Desktop Engine (MSDE):MSDE 2000用于提供个人版的SQL Server,支持创建C/S应用程序。

13.1.1　Visual FoxPro 9.0的界面

图13.1显示了Visual FoxPro 9.0启动后的主窗口。与Visual FoxPro 6.0相比,最

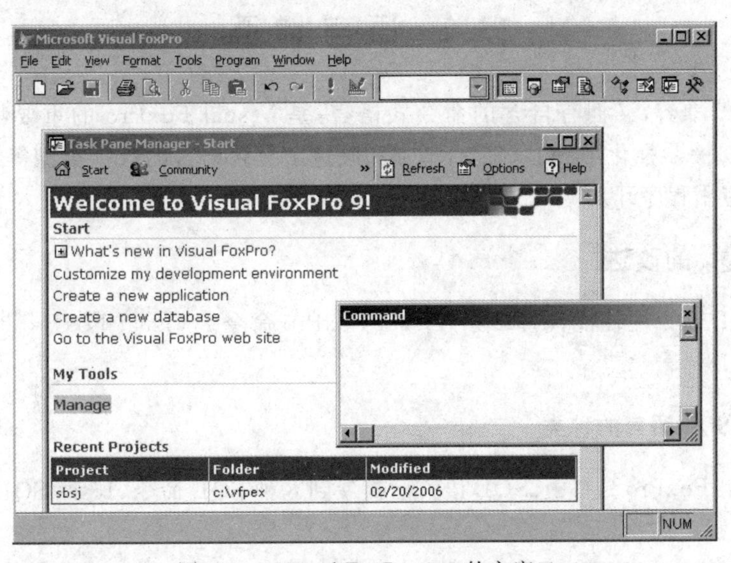

图13.1　Visual FoxPro 9.0的主窗口

明显的差别是用英文界面代替了中文界面，子菜单与工具栏的命令也有较大不同。此外，主窗口中还新增了一个 Task Pane Manager（任务面板管理器），用于显示并执行基本任务，例如，创建应用程序、创建或打开数据库和项目等。需要时还可用工具栏中的 Task Pane 按钮来打开它。

13.1.2　Visual FoxPro 9.0 的新功能

作为 Visual FoxPro 的最新版本，Visual FoxPro 9.0 仍围绕“PC 的单机应用与 C/S 模式中的前端应用”这一定位，在功能上和效率上进行了新的改进。概略地说，这些改进可归纳为如下几个方面。

(1) 增强了语言元素，使它的命令、函数和组件总计达到 1000 余种，仅新增加的菜单命令就有几十条，有力地支持了应用程序开发。

(2) 扩充了系统的组件库（component gallery）。通过由该库提供的数百种“基础类”，提高了“表单”组件的集成度，使用户界面的质量和开发速度都获得明显提高。

(3) 重新设计了可扩展的报表设计器，在保持与以前版本兼容的基础上，支持设计更复杂的应用程序报表，并使报表更加美观，设计效率也大大提高。

(4) 在原有的“开放数据库连接（OBDC）”、“SQL Pass Through 方法”等远程数据访问技术的基础上，提供 MSDE 2000 个人版的 SQL Server，进一步支持创建 C/S 应用程序。此外，还提供了 SOAP Toolkit 3.0，支持 Internet 的 XML Web 服务。

(5) Visual FoxPro 9.0 提供的 InstallShield Express 5.0，比 Visual FoxPro 6.0 安装向导的发布功能更强。

总之，新版中将包含一个更快的本地数据引擎，支持更多的数据类型，在 SQL 语句执行中有更大的一致性；并且拥有一个完全重新设计的报表设计器，以及一系列效率和功能增强特性。从 13.2 节起，将就语言增强、报表改进、应用程序发布等方面择要进行介绍。

13.2　语言增强

既与 SQL 兼容，又拥有自含的命令式语言，是 Visual FoxPro 的重要特点。Visual FoxPro 9.0 进一步强化了 SQL 命令，增加和改进了自含语言的数据类型等语言要素，有力地支持了应用程序开发。

13.2.1　SQL 的改进

一条 SQL 命令往往能代替多条 Visual FoxPro 命令。Visual FoxPro 9.0 从下列方面改进了 SQL 语言。

1. 扩展 SQL 语言的种类

在 Visual FoxPro 9.0 中，SQL 语言已扩展到 8 种 SQL 命令、15 种 SQL 函数和 1 个基础类。

(1) SQL 命令：ALTER TABLE-SQL、CREATE CURSOR-SQL、CREATE SQL VIEW、

CREATE TABLE-SQL、DELETE-SQL、INSERT-SQL、SELECT-SQL、UPDATE-SQL。

(2) SQL 函数：包括 SQLCOMMIT()、SQLCONNECT()、SQLEXEC()等。

(3) SQL 基础类：SQL Pass Through(简称 SPT)，用于访问远程数据。

2. 强化 SQL 命令的功能

(1) 取消 SELECT-SQL 命令的某些限制

在 Visual FoxPro 9.0 以前的版本中，对 SELECT-SQL 命令中引用表的数量、UNION 子句的数量、IN()子句中参数的数量，以及连结和子查询的数量等都有不同的限制，例如，UNION 子句最多只能用 9 个，现在已取消这些限制。假定某商场全年的销售记录原来分别存储在表结构相同的 12 个表中，现在要合并为一个表，只需使用如下的一条 SELECT-SQL 命令即可。

```
Select * from 表 1;
union all select * from 表 2;
…
union all select * from 表 12
```

(2) 增强 SELECT-SQL 命令中的子查询

① 支持多重子查询关联查询，且不限制嵌套深度。

简要语法如下：

```
SELECT … WHERE … (SELECT … WHERE … (SELECT …) …) …
```

② 在 SELECT 清单中，允许将子查询作为表达式表中的一个字段或表达式的一部分。

简要语法如下：

```
SELECT … (SELECT …) … FROM …
```

(3) 用 DELETE-SQL 命令支持关联删除

简要语法如下：

```
DELETE [alias] FROM alias1 [, alias2 … ] … WHERE …
```

［**例 13-1**］ 若 R 和 S 两个表均含有姓名和年级两个字段，要求在 R 表中找出与 S 表不相同的记录。

在关系代数的集合运算中，这相当于一次“求差(R－S)”运算。若通过“置关系”来标记符合要求的记录需要多条命令(参阅 12.2.2 节)，但 Visual FoxPro 9.0 只需一条 DELETE-SQL 命令。

```
DELETE r FROM s WHERE r.姓名=s.姓名 AND r.年级=s.年级
                                    && r 表中与 S 表不相同的记录被打上删除标记
```

(4) 用 UPDATE-SQL 命令支持关联更新

简要语法如下：

```
UPDATE … SET … FROM … WHERE …
```

说明：该命令的可更新字段数已扩大为255个，与表的最大字段数一致。

(5) INSERT-SQL 命令在插入记录时可支持 UNION 子句

简要语法如下：

```
INSERT INTO … SELECT … FROM … [UNION SELECT … [UNION …]]
```

13.2.2 新的数据类型

为了支持与 SQL Server 交换数据和开发国际化应用程序，Visual FoxPro 9.0 增加了 Varchar、Varchar(binary)、Blob 和 Varbinary 等新的数据类型。

1. Varchar 和 Varchar(binary)类型

宽度默认10个字节，在字段中存储尾部无空格的字母数字文本。文本能包含字母、数字、空格、符号和标点。这两种类型为 SQL Server 到 Visual FoxPro 的变量类型映射提供了方便，可用于 ODBC、ADO 和 XML 数据源，还可用于 SPT 方式和远程视图。

Varchar(binary)字段类型类似于 Varchar，但其数据代码页不会被转换。代码页(code page)是计算机解释并显示数据的字符集，不同的代码页对应不同的平台或国家、地区的语言。

2. Blob 类型

宽度为4个字节，可存储任何长度不确定的二进制数据。例如，ASCII 文本、.exe 执行文件，或字节流。这种类型常用来存储 SQL Server 图像数据。

Blob 字段的值存储在.fpt 文件中。在浏览时，Blob 字段的单元格仅显示 Blob 字样，双击它才显示只读的内容窗口。数据将通过其他方式存入字段。例如，假定 b1 表中已创建一个名为 fb 的 Blob 字段，下述命令插入一个记录并存入 0h 开头(表示十六进制)的数据中。

```
INSERT INTO b1(fb) VALUES(0h6ABCDEF)          && 浏览时在内容窗口显示 6ABCDEF
```

3. Varbinary 类型

宽度默认10个字节，存储固定长二进制值或二进制字面值。在浏览窗口中，可直接在 Varbinary 字段输入十六进制代码。例如，在名为 vbina 字段的单元格输入 A19C。执行命令“? vbina”将显示 0hA19C。

Varbinary 存储固定长数据，而 Blob 存储不定长数据。这两种数据的代码页均不会被转换。

13.2.3 新增的函数

Visual FoxPro 9.0 还通过改进和增加函数来简化代码。例如，它改进了 Visual

FoxPro 7.0 已提供的创建输入对话框的 INPUTBOX 函数；又如，新增了简洁的 ICASE()函数来代替 IIF()函数。

1. “输入对话框”函数

在 Visual FoxPro 6.0 可视化设计中，即使输入一个简单数据，也必须创建一个表单。现在只要使用 INPUTBOX 函数，就能显示一个参数化界面的模式对话框(参阅图 13.2)。该对话框包含用于输入单个字符串的编辑框，OK 和 Cancel 两个按钮，还具有设置两种提示文本、指定超时时间等功能。

函数格式：

```
INPUTBOX (cInputPrompt [, cDialogCaption [, cDefaultValue [, nTimeout [,
cTimeoutValue] [,cCancelValue]]]])
```

(1) 参数说明

① cInputPrompt　指定编辑框上方的提示信息。

② cDialogCaption　指定对话框标题栏文本。

③ cDefaultValue　为编辑框指定默认值。

④ nTimeout　指定自动关闭对话框的超时值，单位为毫秒；0 表示无超时限制。

⑤ cTimeoutValue　指定超时的返回值。

⑥ cCancelValue　指定单击 Cancel 按钮或按 Esc 键的返回值。

(2) 函数的返回值

① 单击 OK 按钮返回输入的文本。

② 超时返回在 TimeoutValue 指定的文本，若省略 cTimeoutValue 则超时返回空串。

③ 单击 Cancel 按钮或按 Esc 键，返回由 cCancelValue 指定的文本，如果 cCancelValue 省略则返回空串。

[**例 13-2**]　使用 INPUTBOX 函数产生一个“输入”窗口，要求该窗口能替换图 10.14 所示的“输入修理单号”表单窗口。

```
xldh= INPUTBOX("请输入修理单号：","输入","5001",6000,"已超时!","已取消!")
                        && 显示如图 13.2 所示的“输入”对话框。设置了 6 秒钟内不输入数据为超时
MESSAGEBOX(xldh)&& 显示 INPUTBOX 函数的返回值
```

图 13.2　“输入”对话框

2. ICASE 函数

ICASE 是新增的函数，功能与 IIF 函数一致，但更简洁。它同样允许函数嵌套，但在

函数嵌入时省略了函数名和括号。

[**例 13-3**] 输入一个成绩,确定它的等级。

```
cj= VAL(INPUTBOX("请输入成绩","输入","0",0))   && 显示"输入"对话框(图略),无超时限制
? IIF(cj> =90,"优",IIF(cj<90 AND cj>=75,"良",IIF(cj<75 AND cj>=60,"及格","不及格")))
                                            && IIF 函数嵌套形式
```

下面的 ICASE 函数与上述 IIF 函数效果一样:

```
ICASE(cj>=90,"优",cj<90 AND cj>=75,"良",cj<75 AND cj>=60,"及格","不及格")
```

13.3 全新的报表设计器

为改进报表设计与改善输出效果, Visual FoxPro 9.0 重新设计了报表设计器,在数据环境、报表保护、用户界面、对象布局和多细节带等方面均有了明显改进,并保持了与以前版本的兼容。本节仅介绍重用数据环境(DE)和多细节带(multiple detail bands)两个特色。

13.3.1 数据环境的重用

报表的数据环境既可以从现有报表复制,也可从报表的数据环境类加载。现有报表数据环境的利用既提高了报表设计的效率,也提供了多报表共享数据环境的方法,还便于定制通用数据环境报表。

现在介绍操作步骤。首先为需要获得数据环境的报表打开报表设计器,然后单击 Report 菜单中的 Load Data Environment 命令,即显示 Report Properties 对话框(如图 13.3 所示)。在该对话框中共有两个选项按钮,将以下述两种方法提供数据环境。

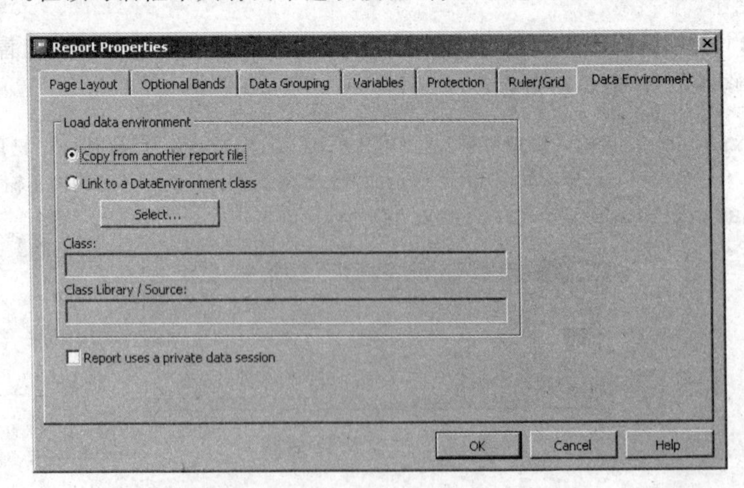

图 13.3 Report Properties 对话框的 Data Environment 选项卡

1. 复制法

选定 Copy from another report file 选项按钮，并单击 Select 按钮，将显示 Open 对话框可从中选择一个要被复制数据环境的已有报表。

2. 类加载法

该方法必须事先将现有报表的数据环境保存为可视类，以后方可从该类为另一报表加载数据环境。

(1) 将数据环境保存为类。打开报表设计器后单击 File 菜单中的 Save As Class 命令，使显示 Save As Class 对话框(图略)。在 As Class 区的 Name 框中输入类名(如 sjhj1)，再在 File 文本框中输入类库文件名(例如，sjhjlk，扩展名默认.vcx)，然后单击 OK 按钮。

(2) 加载数据环境。在 Report Properties 对话框(参阅图 13.3)中选定 Link a Data Environment class 选项按钮，并单击 Select 按钮，使显示 Open 对话框。在该对话框中选择一个类库，并从中指定一个类，然后根据提示操作便可进行加载。

必须注意，使用复制法，源数据环境的改变不会影响复制所得的数据环境；而使用从类加载法，源数据环境的任何改动均会影响所有使用该数据环境的报表。显然，后一方法由于使用了类，具有更强的通用性。

13.3.2 多细节带

在 Visual FoxPro 9.0 的细节带区中允许设置多个细节带，以便处理多表关联的数据，包括处理一对多数据。此外还可以为每个细节带增添一个细节标头带(Detail Header band)和一个细节注脚带(Detail Footer band)，以便更细致地描述报表。

Visual FoxPro 能通过细节带别名来引用表。如果在报表的数据环境中设置了关联表，则父表表名可用为报表细节带的驱动别名(driving alias)，子表表名可用为细节带的目标别名(target aliases)。各细节带是否设置细节带别名将影响其输出结果。

(1) 若未设置驱动别名和目标别名，Visual FoxPro 针对每个父记录将对子表细节带的记录扫描一遍。

(2) 若在第 1 细节带设置驱动别名，而在其他细节带设置子表目标别名，将使第 1 细节带的数据能按一对多处理。原因是，Visual FoxPro 针对每个父记录将多遍扫描子表细节带的记录。但是，非第 1 细节带的数据仍按一对一处理。

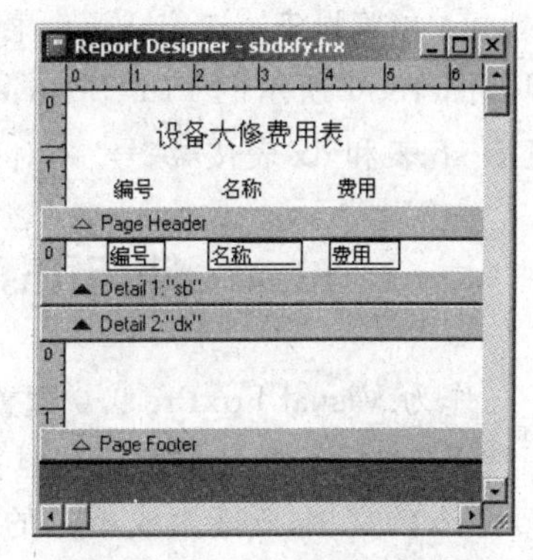

图 13.4 Report Designer 窗口

[**例 13-4**] 为 SB 表和 DX 表设计一对多报表。

操作步骤如下。

① 新建报表：选定 File 菜单的 New 命令，使显示 New 对话框→单击 Report 选项按钮，再单击 New File 按钮，使显示 Report Designer(报表设计器)(参阅图 13.4)→

右击报表设计器，选定 Data Environment 命令，使显示 Data Environment(数据环境)窗口(图略)。

② 添加表并设置字段：右击数据环境窗口，通过选定 Add 命令添加 sb 和 dx 表(两表会自动关联)→从数据环境窗口拖放字段并适当移动，再增添一个“设备大修费用表”报表标题。

③ 添加细节带：右击报表设计器，选定 Properties 命令，使显示 Report Properties(报表属性)对话框(参阅图 13.5)→打开 Optional Bands(选择带区)选项卡，单击 Add 按钮，在 Detail Bands(细节带区)区增添一个 Detail(New)选项→单击 OK 按钮关闭对话框。

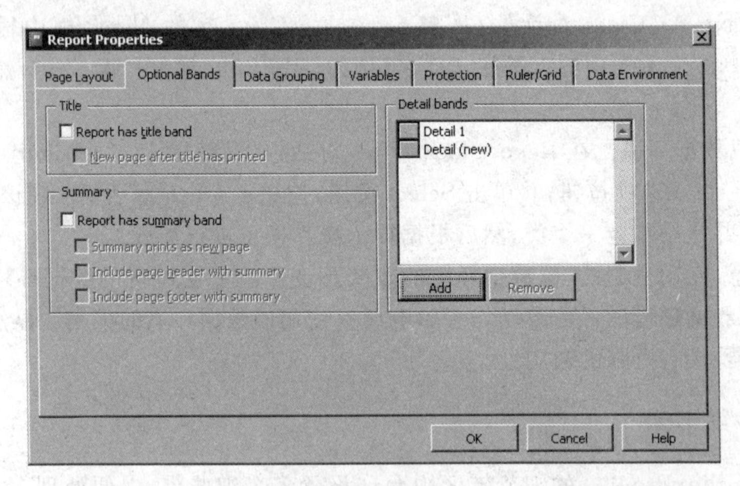

图 13.5 Report Properties 对话框的 Optional Bands 选项卡

④ 设置驱动别名和目标别名：双击 Detail1 细节带的标题栏，使显示 Detail Band Properties(细节带属性)对话框(图略)→在 Target alias expression(目标别名表达式)框中输入驱动别名“sb”，单击 OK 按钮关闭对话框。以同样方法为 Detail2 细节带设置目标别名“dx”。

注意：驱动别名和目标别名必须外加引号。

⑤ 预览报表：选定 View 菜单的 Preview 命令，即出现如图 13.6 所示的 Print Preview(打印预览)窗口，其中显示 sb 表和 dx 表按“编号”一对多的记录。

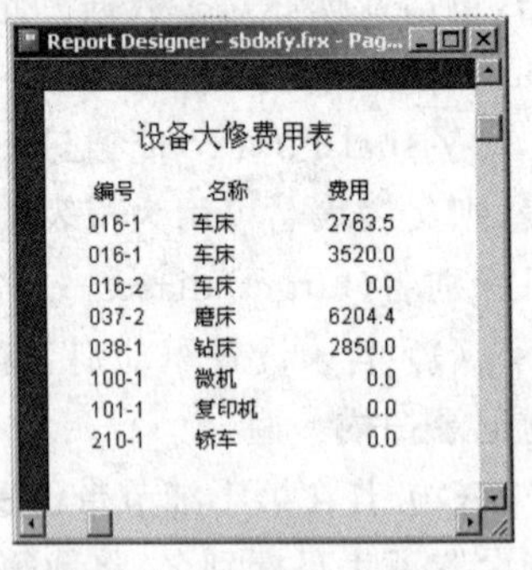

图 13.6 “设备大修费用表”打印预览窗口

13.4 使用 InstallShield Express 发布应用程序

作为 Visual FoxPro 9.0 配置的附件(参阅 13.1 节)，Install Shield Express(ISE)是一种 Windows 安装软件，不但能发布 Visual FoxPro 应用程序，也能发布非 Visual FoxPro 的文档；既能生成单一的 SETUP.EXE 安装程序，也能生成包括多个文件的安装包。

与专用于生成磁盘映像的 Visual FoxPro 6.0“安装向导”相比，ISE 既可指定磁盘或光盘为安装盘的存储介质，也可将安装程序分发到本地/网络驱动器，或上传到网络服务器站点。

1. InstallShield Express 简介

插入 Visual FoxPro 9.0 光盘后，将自动显示 Microsoft Visual FoxPro Setup 对话框(图略)。单击其中的 Install InstallShield Express 选项，即显示 Installation Wizard 对话框，然后按该向导的提示一步步进行操作，直到完成。此时 Windows 菜单中将出现命令“开始”|“程序”|InstallShield|InstallShield Express 5.0 for Visual FoxPro，表示 ISE 已安装完成。

ISE 提供了一个集成的应用程序发布界面，用于创建、编辑和发布应用程序项目，包括 Organize Your Setup(组织安装程序)、Specify Applications Data(指定应用程序资料)、Configure the Target System(配置目标系统)、Customize the Setup Appearance(定制安装界面)，以及 Prepare for Release(准备发布)等功能(参阅图 13.9 和图 13.13)。

2. 应用程序安装包的内容

应用程序安装包通常以.exe 程序为基础。因此在项目开发完成后，首先应在项目管理器中生成一个.exe 可执行程序，然后在 ISE 5.0 支持下完成以下任务。

(1) 指定安装应用程序的目标文件夹，并存入应用程序的全部文件。这些文件包括.exe 程序和设置为“排除”类型的文件。

(2) 提供支持可执行文件运行的动态链接库，如简体中文资源库 VFP 9rchs.msm、运行时刻库 VFP 9Runtime.msm 等。

(3) 使安装程序能在 Windows“开始”菜单中生成应用程序程序项。

(4) 指定安装程序的发布位置，并进行发布。

3. 应用程序发布示例

[例 13-5] 用 InstallShield 发布“汽车修理管理系统”，生成单一文件安装程序 SETUP.EXE。

(1) 创建发布项目。选定 Windows 菜单“开始”|“程序”|InstallShield| InstallShield Express 5.0 for Visual FoxPro 命令，使显示“InstallShield”对话框(图略)→选定 File|New 命令，使显示 New Project 对话框(见图 13.7)→在 Project Name 组合框输入 qcxlxm(汽车修理项目)，在 Project Language 组合框选定 Chinese(Simplified)，在 Location 组合框输入“c:\qcxl”→单击 OK 按钮，即在“c:\qcxl”中产生项目文件 qcxlxm.ise。

(2) 组织安装程序。在图 13.8 中单击 Installation Designer 选项卡→在左窗格单击 Organize Your Setup 结点下的 General Information 选项→在右窗格第 1 行的 Product Name 属性格中输入“汽车修理管理系统”；再将第 5 行的 INSTALLDIR(安装目录)属性格的文本更改为“[ProgramFilesFolder]VFP 应用”(表示在目标计算机中，安装应用程序文件夹的目录全名将是“c:\ProgramFiles\VFP 应用”)。

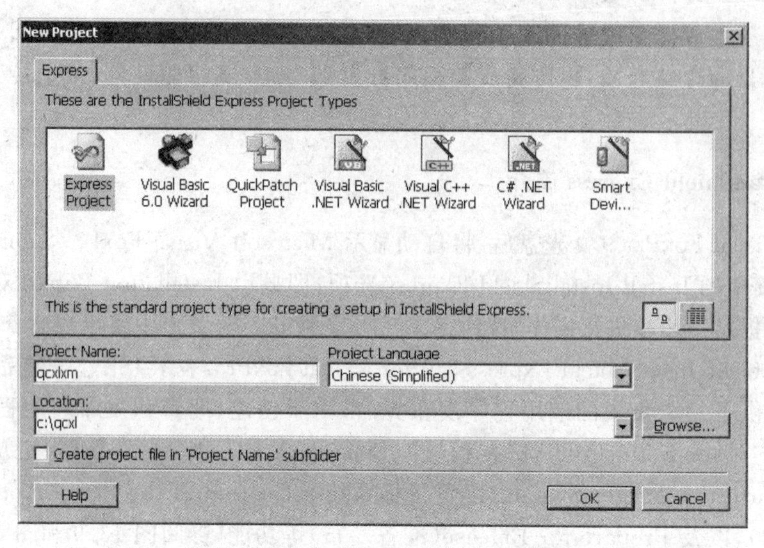

图 13.7　输入项目名、项目语言和位置

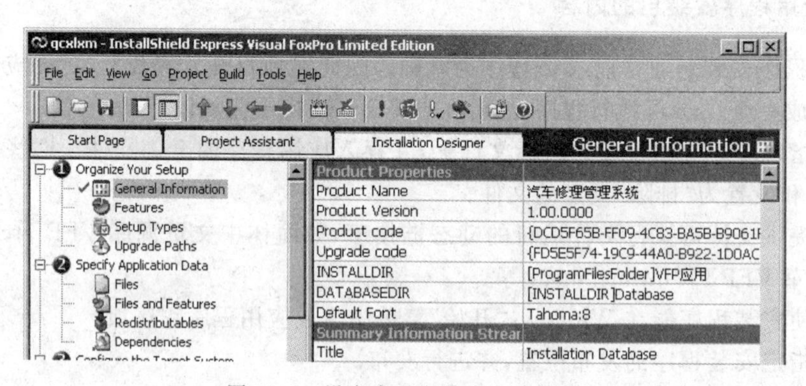

图 13.8　设定产品名称和安装目录

(3) 指定应用程序所含的文件。参阅图 13.9，单击 Specify Application Data 结点下的 Files 选项，在 Destination Computer's Folders 窗格的[ProgramFilesFolder]结点下已显示"VFP 应用"文件夹→在 Source Computer's Folders 窗格选定"c：\qcxl"文件夹，并将 Source Computer's files 窗格的可执行文件 qcxl. exe 和表 10.3 列出的 8 种表文件全部拖放到 Destination Computer's Folders 窗格的"VFP 应用"文件夹。

说明：在连编 qcxl. exe 的过程中，主文件 qcxl. prg 和连编增入项目管理器的文件，以及 sjhj. vue 和 tools. ico 等文件均属于包含类型，已通过连编自动包含在 qcxl. exe 内，不必另行添加到目标文件夹。

(4) 指定再发布的文件。参阅图 13.10，单击 Specify Application Data 结点下的 Redistributables 选项→在 InstallShield Objects/Merge Modules 窗格中选定两个复选框：Microsoft Visual FoxPro 9 Resource 和 Microsoft Visual FoxPro 9 Runtime Libraries。前者用于提供简体中文资源库 VFP 9rchs. msm，后者用于提供运行时库 VFP 9Runtime. msm，使它们都能与 qcxl. exe 文件一起发布。

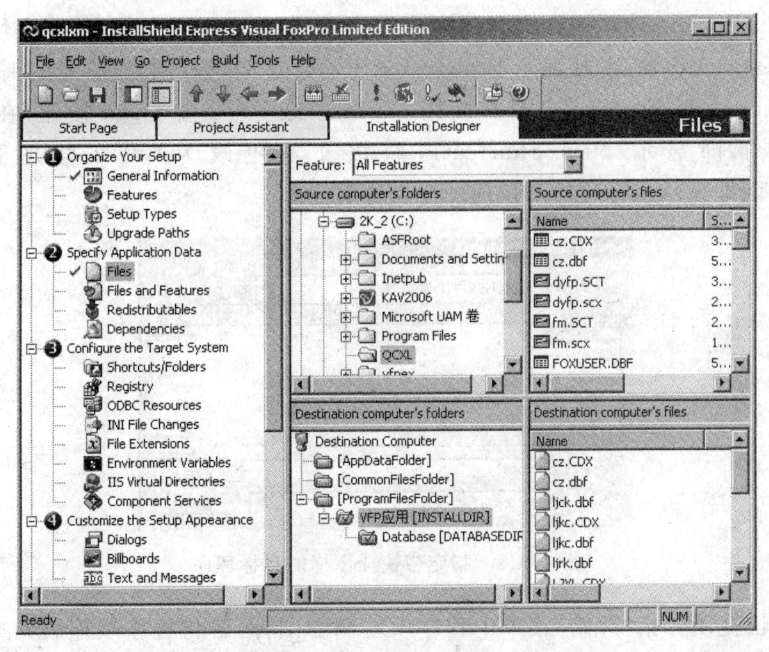

图 13.9　指定应用程序所含的文件

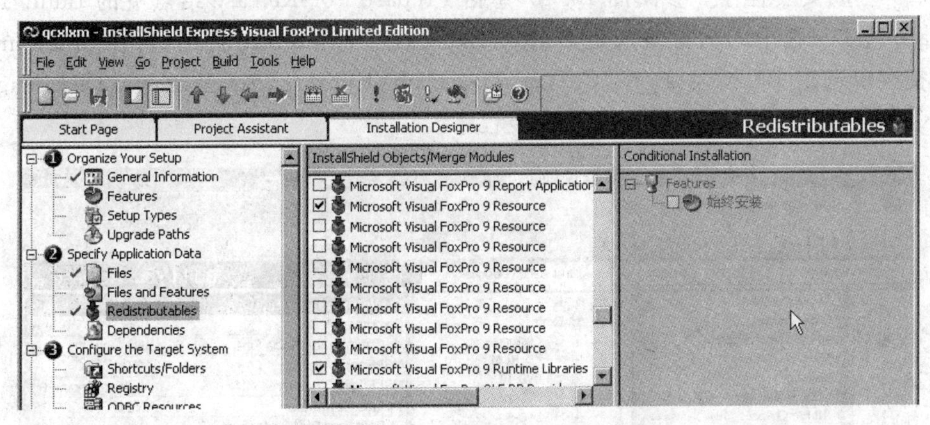

图 13.10　指定应用程序再发布的文件

(5) 配置目标系统程序项。参阅图 13.11,单击 Configure the Target System 结点下

图 13.11　为应用程序配置“开始”菜单的程序项及其快捷图标文件

的 Shortcuts/Folders 选项→在中间的窗格右击 Programs Menu 结点，并在快捷菜单中选定 New Shortcuts 命令，使显示 Browse for Shortcut Target 对话框(见图 13.12)，从中选定“[ProgramFilesFolder]|[VFP 应用]|qcxl. exe”→单击 Open 按钮，在 Programs Menu 结点下即显示 New Shortcut1，将该文本更改为“汽车修理管理”。在图 13.11 中随即显示目标程序和快捷图标文件名。

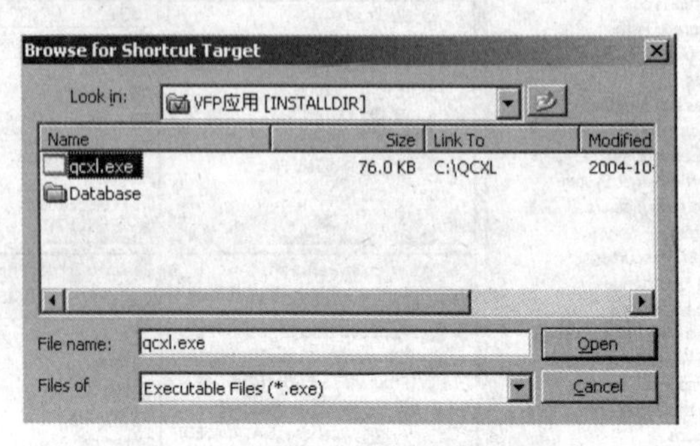

图 13.12　指定带快捷图标的目标程序

说明：快捷图标指“开始”菜单中程序项左侧的图标，若将程序项拖放到桌面上即成为快捷方式图标。

(6) 生成安装程序。参阅图 13.13，单击 Prepare For Release 结点下的 Build Your Release 选项→在中间的窗格选定 Builds|Express|SingleImage 选项，再在 SingleImage 的快捷菜单选定 Build 命令，在“C：\qcxl\qcxlxm\Express\SingleImage\DiskImages\DISK1”将生成单一的 SETUP. EXE 安装程序。

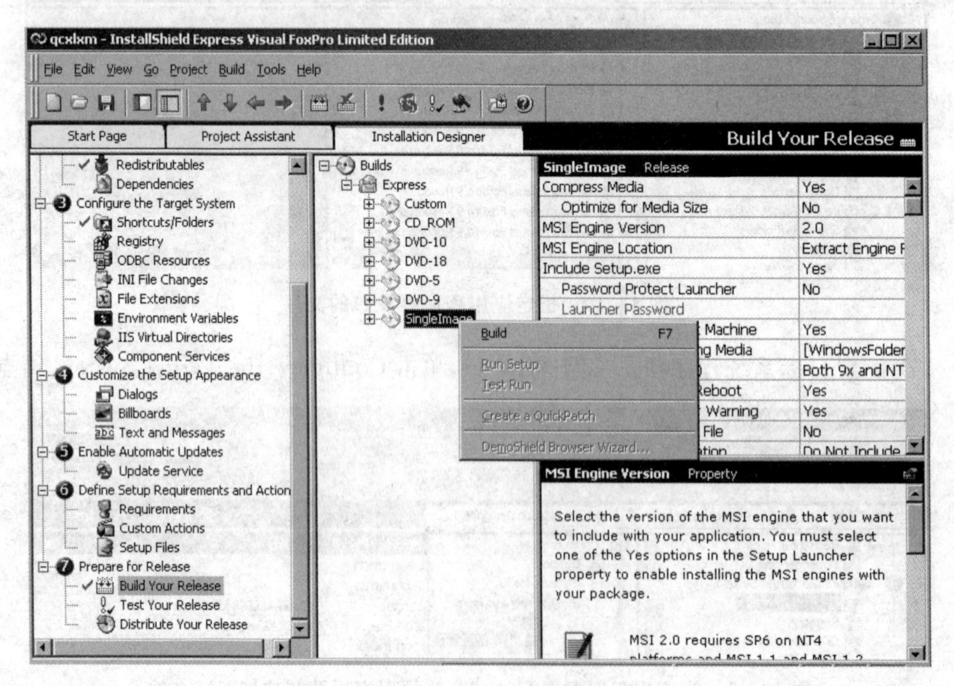

图 13.13　生成安装程序

说明：Builds 结点下的 SingleImage 选项用于生成单一的 SETUP 安装程序；若选定 CD_ROM 选项可指定某种规格的光盘，生成包括 SETUP 安装程序的多个文件。

(7) 发布安装程序。选定 Prepare For Release 结点下的 Distribute Your Release 选项(见图 13.14)，接着单击中间窗格中的 SingleImage 选项，右窗格即显示两个选项按钮，表示可以进行以下两类分发。

① Folder 选项按钮：直接输入路径，或通过 Browse 按钮指定本地或网络驱动器上的文件夹，然后单击 Distribute 按钮，安装程序便复制到指定的位置。图 13.14 的设置能将安装程序发布到本机的"c：\azcx"文件夹。

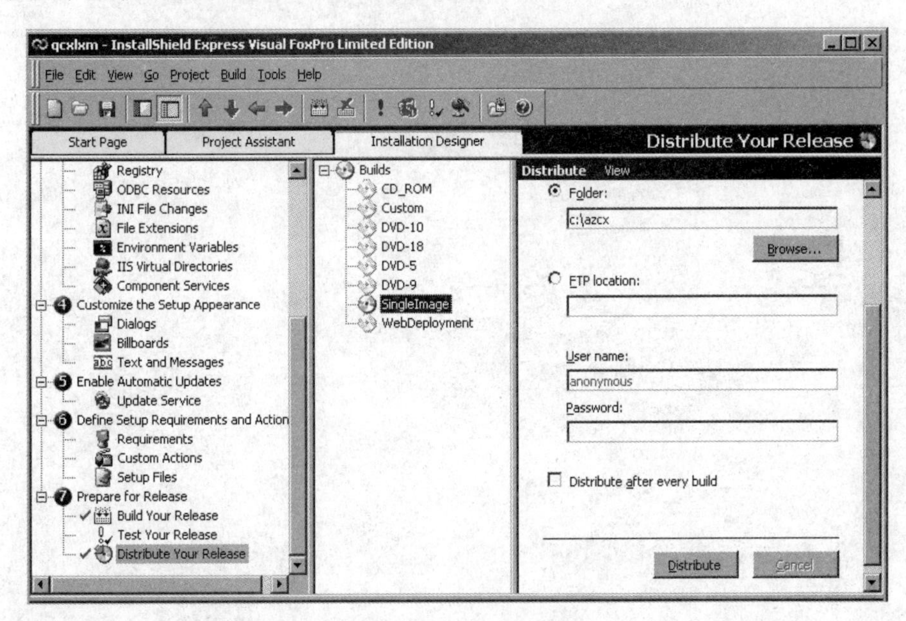

图 13.14　分发安装程序

② FTP Location 选项按钮：输入通过 FTP 上传的网络服务器站点地址，接着单击 Distribute 按钮便可发布。

4. 安装应用程序

假定 SETUP. EXE 已存储到另一计算机的某处，只要在 Windows 的资源管理器中双击该程序，就会显示"汽车修理管理系统 InstallShield wizard"对话框(图略)，即可一步一步地安装应用程序。

应用程序安装好后，Windows 菜单中将包含"开始|程序|汽车修理管理"命令，供启动应用程序。

习　　题

1. 一个完整的 Visual FoxPro 9.0 系统除包括一个 RDBMS 外，还包括哪几个附加的应用软件？简述它们各自的用途。

2. 阅读例 13-2 的程序段，然后解答下列两个问题。

(1) 分别按下述 3 情况求出变量 xldh 的值：直接单击 OK 按钮；超时；单击 Cancel 按钮或按 Esc 键。

(2) 在汽车修理管理系统中，若用该程序段来产生输入修理单号的窗口，应如何调用它？

3. 报表的细节带别名有哪几种？如何为细节带设定别名？

4. 简述 InstallShield Express 5.0 的基本功能。

下篇小结

“系统开发”篇包括第10～13章，依次讲述“系统开发实例”、“客户/服务器应用程序开发”、“关系数据库基本原理”和“Visual FoxPro 9.0 简介”等内容。其中第10章结合“汽车修理管理系统”这一实例，阐明了一个 Visual FoxPro 单机应用系统的整个开发与发布过程，可供读者仿效与借鉴；第11章是新增加的，着重说明 Visual FoxPro 网络应用的原理与方法。第12章阐述的关系数据库设计方法和第13章介绍的 Visual FoxPro 应用程序发布软件，从不同的方面补充了第10章的内容，读者可结合第10章进行学习。

系统开发小结

1. 开发应用系统的一般步骤

如前所述，开发一个 Visual FoxPro 应用系统一般要经历下述 5 步，即需求分析→数据库设计→应用程序设计→软件测试→应用程序发布。就大体上来说，这和早期的 dBASE、FoxBASE 等语言的应用系统开发过程是基本一致的。但这里请读者特别注意以下几点。

(1) Visual FoxPro 是一个可视化程序设计语言，充分体现了面向对象程序语言的特点，而 FoxPro 以前的语言都是面向过程的结构化语言，FoxPro 则是介于二者之间的一种过渡性语言。

(2) Visual FoxPro 提供了功能强大、界面友好的项目管理器，对系统开发给予了有效的支持。它使用户不仅可方便地查阅项目所包含的各种数据、文档、类库和代码，而且能快捷地调用 Visual FoxPro 提供的各种设计器与生成器，使开发与维护都可在项目管理器的集成环境中实施。

(3) Visual FoxPro 6.0 提供的安装向导，能支持用户为所开发的项目创建一套“安装磁盘”，供软件发布使用。Visual FoxPro 9.0 还支持使用专用软件生成 SETUP 安装程序，可存储到光盘或进行网络分发。这就使 Visual FoxPro 的系统开发由单位自用扩大到可以供应市场，为软件商品化创造了条件。

2. 数据库设计

在数据库应用系统中，所有数据都存放在数据库的文件中，可以由不同的用户共享。为了保持数据的独立性，要求尽量减小数据结构与应用程序之间的相互影响与依赖(参阅本书第 0.1.2 小节)。所以在数据库应用系统的开发中，数据库设计通常是一项独立的开发活动，而且总是安排在应用程序设计之前完成。

(1) 在以处理为中心的数据库应用系统中，数据库中的数据主要来源于手工操作时的输入数据。但数据库的设计却不能直接搬用各种输入单据，简单地让一张输入单对应一个表；而是要遵循“效率高、冗余小”的原则，或者把一张单据分拆为几个表，或者把几张单据合并成一个表，以便加快查询速度，减少查询异常，节约表文件占用的存储空间。

例如，在“汽车修理管理系统”中，在“修车登记单”(参阅图 10.2)内的 9 项数据就分装在 XLD(修理单)、QC(汽车)和 CZ(车主)3 个表中，而不是集中存入一个表。这样做的理由如下。

① 如果把送修汽车的 6 项数据全放到 XLD 中，则当一位车主有多辆汽车送修时，车主名及其地址、电话等数据就要重复存储，造成冗余；

② 出于同样理由，“汽车”和“车主”这里也划分为两个表，而不是用一个表来囊括全部 6 种数据。

再例如，“汽车修理单”(参阅图 10.3)中包含的数据也并非全装在 XLD 表中，而是将其中的零件用量单独设计为“零件用量”表。当需要统计工厂因修车耗用的所有零件时，这样的安排显然比合并在 XLD 表中更加方便。

(2) 为了使数据库表的划分更加合理，关系数据库创始人 Codd 又提出了“关系规范化”的理论，用于指导对数据库的设计。其基本思想是，每个关系（或 Visual FoxPro 的数据表）都须在结构上满足一定的规范，才能使数据库设计合理，达到减少冗余，提高查询效率的目的。限于篇幅，本书不再详述。有兴趣的读者可参阅其他有关书籍。

(3) Visual FoxPro 将表区分为数据表与自由表两类。在上述的实例中，所有的表均被定义为自由表，而表间的关联则通过数据环境（数据工作期窗口）来设置。这仅仅是为了叙述上的方便，在实际开发中，该实例中的表都应定义为数据表，以便于充分利用数据词典的作用。

3. 应用程序设计

Visual FoxPro 的应用程序设计要同时用到面向对象程序设计（OOP）与结构化程序设计两种方法。具体地说，应用程序的总体设计可以使用传统的结构程序方法，而应用程序的模块设计则应充分利用 Visual FoxPro 提供的可视化设计工具，从而体现两类程序设计方法的结合。

(1) 在上述实例中，总体结构设计使用了由顶向下按功能分类的方法，并以层次图（hierarchy chart）来表示程序的结构（参阅图 10.10）。这些是结构化程序设计常用的做法，在这里仍然适用。

(2) 正如表 10.1 所指出的，在面向过程的程序设计中，模块设计一般是从算法设计开始；而在 OOP 中，模块设计则常从图形界面的设计开始，即首先设定一个符合界面需要的表单，然后对该表单中的对象进行属性定义和事件代码编写等工作。由于表单及其程序多数可由 Visual FoxPro 提供的工具自动生成，手工编码的工作量大为减少，即使编写一些代码，其控制结构一般也比较简单（多数为顺序或单层的选择结构）。

(3) 从上述的实例可知，表单设计是模块设计的重点。表单布局和报表布局（如图 10.13 的修车登记表单、图 10.15 的汽车修理表单和图 10.18 的汽车修理发票），通常应与手工管理时用户使用的输入/输出单据格式一致（如图 10.2 的修车登记单和图 10.7 的汽车修理发票）或基本一致（如图 10.3 的汽车修理单），以便于用户操作。

参考文献

1. 刘国燊.数据库技术基础及应用.北京：电子工业出版社,2003
2. 王珊.数据库系统概论简明教程.北京：高等教育出版社,2004
3. 瓮正科.Visual FoxPro 数据库开发教程(VFP 8.0).第三版.北京：清华大学出版社,2004
4. 史济民主编.FoxBASE+及其应用系统开发.北京：清华大学出版社,1994
5. 史济民主编.FoxPro 及其应用系统开发.北京：清华大学出版社,1998
6. 王浩等.Visual FoxPro 6.0 开发指南.上海：上海科学技术出版社,1998
7. 张露主编.Visual FoxPro 程序设计.北京：科学出版社,2003
8. 高伟,陈林等.Visual FoxPro 9.0 基础教程.北京：清华大学出版社,2005